西安交通大学"十一五"规划教材

电工电子技术

杨振坤　陈国联

西安交通大学出版社
XI'AN JIAOTONG UNIVERSITY PRESS

内容简介

本书是在近年来建设国家级精品课程,进行教学内容和课程体系改革研究的基础上,依据教育部最新制定的工科高校"电工学"课程教学基本要求而编写,是西安交通大学"十一五"规划教材。

本书包含电工技术和电子技术两部分,内容有电路元件与电路基本定律、电路分析基础、电路的暂态分析、基本放大电路、集成运算放大器、组合逻辑电路、时序逻辑电路、直流稳压电源、数字技术应用电路、变压器与电动机、电气自动控制等。

本书贯彻少而精的原则,精选内容,突出重点,注重基础。内容安排和概念叙述由浅入深。为了便于教与学,各章配有丰富的例题、习题、练习与思考题,章后有小结,书后附有部分习题参考答案和试题及其答案。

本书作为高等学校非电类专业本科生教材,也可供其他相关专业选用和有关工程技术人员参考。

本书的电子教案和相关资料可免费向西安交通大学出版社索取。

图书在版编目(CIP)数据

电工电子技术 / 杨振坤,陈国联编著 . —西安:西安交通大学出版社,2007.10(2022.6 重印)
(西安交通大学"十一五"规划教材)
ISBN 978 - 7 - 5605 - 2572 - 3

Ⅰ. 电… Ⅱ. ①杨… ②陈… Ⅲ. ①电工技术-高等学校-教材 ②电子技术-高等学校-教材 Ⅳ. TM TN

中国版本图书馆 CIP 数据核字(2007)第 153152 号

书 名	电工电子技术
编 著	杨振坤 陈国联
出版发行	西安交通大学出版社
地 址	西安市兴庆南路 1 号 (邮编:710048)
电 话	(029)82668357 82667874(市场营销中心)
	(029)82668315(总编办)
印 刷	西安日报社印务中心
字 数	480 千字
开 本	727mm×960mm 1/16
印 张	25.75
版 次	2007 年 10 月第 1 版 2022 年 6 月第 14 次印刷
书 号	ISBN 978 - 7 - 5605 - 2572 - 3
定 价	38.00 元

前　言

本书系西安交通大学国家级精品课程"电工电子技术"课程集纸质教材、多媒体课件、试题库和资源库于一体的立体化系列教材之一;是西安交通大学"十一五"规划教材。参考学时为 60～75(不含实验)。

本书依据教育部最新制定的工科高校"电工学"课程教学基本要求,并在《电工技术》(杨振坤、刘晓晖、刘晔编,2002 年出版)和《电子技术》(陈国联、王建华、夏建生编,2002 年出版)的基础上,总结提高,精简内容,为适应学时相对少的专业需要而编写。

在满足电工电子技术课程教学基本要求的基础上,本书还具有以下特点。

1. 贯彻少而精的原则,精选内容,教材分量适中,与教学学时相符。

2. 内容安排上符合认知规律,概念叙述由浅入深,条理清楚,有利于读者自学。

3. 各章配合正文均配有较丰富的例题、练习思考题和习题,章后有小结;书后附有部分习题参考答案和期末考试题及其答案;全书内容环环相扣,使读者可以通过不同的角度学习掌握本课程的基本概念和基本分析方法。

4. 在例题和习题的编排上注重综合实例的分析,便于读者应用能力和创新能力的培养。

5. 本书配有经过多年课堂教学实践、反复修改加工提高的多媒体课件,有利于减少授课学时,提高教学质量。

考虑到电工测量知识通常是借助于实验环节完成学习任务的特点,该部分内容未编入本教材。

本书由杨振坤教授和陈国联副教授共同完成编写任务。其中杨振坤教授负责第 1、2、3、7、10、11、12 章的编写及全书的统稿,第 4、5、6、8、9 章由陈国联副教授编写。硕士研究生樊琳、张鹏飞、李文金、张正龙等在本书编写中做了一些工作。

本书的电子教案和相关资料可免费上网查阅、下载,网址:http://202.117.25.166/ee。

在本书编写过程中,作者借鉴了有关参考资料,同时也得到西安交通大学电工电子技术课程组同仁们的关心和支持。在此,对参考资料的作者、课程组同仁以及帮助此书出版的单位和同志们一并表示衷心的感谢。

由于编者的水平所限,且时间仓促,书中难免有疏漏和不妥之处,敬请使用本书的师生和其他读者提出宝贵意见,以便不断改进与提高。

编　者
2007 年 6 月

目 录

第 1 章

电路元件与电路基本定律

电路元件与电路基本定律是电路分析的重要基础。本章主要介绍电路的基本概念和基本定律,包括电路模型、电压和电流的参考方向、基尔霍夫定律以及无源电路元件和有源电路元件的模型及其特性,其中基尔霍夫定律是本章讨论的主要内容之一,是学好电工技术和电子技术的基础。

1.1   电路模型与参考方向

1.1.1   电路与电路模型

电路是电流流通的路径,是按一定的方式由电工、电子器件组成的总体。

电路通常是由电源、负载和中间环节三部分组成。电源是将其他形式的能量如化学能、机械能、原子能以及太阳能等等转换成电能的装置,是电路中提供能量的部分。负载是将电能转换成非电能的装置,如电灯、电炉、电动机、各种仪器仪表和家用电器等。中间环节是将电源和负载联接成闭合回路的导线、开关及保护设备等。

电路的结构形式是多种多样的,按照电路的作用可将其分为两大类。一类是实现电能传输和转换的电路,此类电路的典型例子是电力系统。一般电力系统包括发电厂、输变电环节和负载三个部分。在各类发电厂中,发电机分别把热能、水位能以及核能等转换为电能,并通过输变电环节将电能经济、安全地输送到用户,由用户的电灯、电动机、电炉等负载,再将电能转化为其他所需的能量形式。另一类是实现信号的传递和处理的电路,如计算机电路、电视机电路以及各类测量电路等。就测量电路而言,主要包括信号的转换、信号的放大与处理以及记录显示等环节。

实际的电路是由几种电气元器件所组成的。无论是最简单的手电筒电路还是较复杂的计算机电路,它们的电气元器件所表现出来的电磁现象和能量转换的特征一般都比较复杂,而且不同的实际电路其物理现象千差万别。因此,在对实际电路进行分析和计算时,总是用理想电路元件及其组合来等效代替实际电路。这种由理想电路元件组成的电路称为电路模型,简称为电路。

所谓理想电路元件,是指在一定条件下突出其主要电磁性质,忽略其次要性质,把实际器件抽象为只含一种参数的电路元件。例如由导线绕成的线圈,在直流条件下,可不考虑其电感和匝间电容而用"电阻元件"来表征;在交流情况下,则此实际器件要用"电阻元件"和"电感元件"相串联来表征。

1.1.2 电流和电压的参考方向

电路中的基本物理量是电流、电压和电动势,不论是电能的传输和转换,还是信号的传递和处理,都要通过电流、电压和电动势来实现。在分析和计算电路时,通常要用数学式表示电流、电压等物理量间的关系,因此需要知道电流和电压的方向。在简单的直流电路中,可以根据电源的极性直接判别出电流和电压的实际方向,但在复杂的直流电路中难以预先知道它们的实际方向。因此,在分析计算之前,可以首先任意假设电流和电压的方向作为参考(电流方向用箭头,电压方向用"+"、"-"标出),这些任意假定的方向称为参考方向(或称正方向),如图 1.1.1 所示是电路中电流的参考方向。

图 1.1.1 电流的参考方向

参考方向是可以依习惯或方便任意选定的,所以它既可能与电流的实际方向相同,也可能与电流的实际方向相反。当电流的参考方向与电流的实际方向一致时,电流取正值;反之,如果电流的参考方向与实际方向相反,电流取负值。换言之,规定了某一电流的参考方向,并在此规定下求得了该电流的值,那么它的实际方向就可以由此确定了。例如,按照图 1.1.1 所示电路的参考方向计算出的电流为正值,说明设定的电流参考方向与实际方向一致;若为负值,则说明电流的参考方向与实际方向相反。可见,利用电流的值(正值或负值)并结合参考方向,就能够确定电流的实际方向。

同理,当电路中某两点电压的实际方向未知时,也可以对电压的方向进行假设。只有在规定了电压的参考方向后,才能代入方程式进行计算,最后再根据电压值(正值或负值)来确定电压的实际方向。

在以后的电路分析中,所涉及的电流、电压的方向(除非特殊说明)一般都指的是参考方向,电流、电压的值均为代数值。必须指出,在未标明参考方向的前提下,讨论电路中电流或电压的正、负值是没有意义的。因此,在分析计算电路时,应首先标出电流、电压的参考方向,然后再进行分析与计算。在电路分析中,人们一般习惯把同一元件或同一部分电路的电压和电流的参考方向取为一致,这样设定的参考方向称为关联参考方向。若设定电压和电流的参考方向相反,则称为非关联参考方向。

对电动势来说,同样可以设定它的参考方向。但是应当注意:电动势的实际方向是由电源的低电位端指向高电位端,恰好与电压的实际方向相反。所以对于一个处于开路状态的电源(或虽不处于开路状态,但电源内阻上的压降可以忽略)来说,当电压的参考方向与电动势的参考方向设定为相反时,如图 1.1.2 所示,则

$$U = E \qquad (1.1.1)$$

当电压的参考方向与电动势的参考方向设定为一致时,则

$$U = -E \qquad (1.1.2)$$

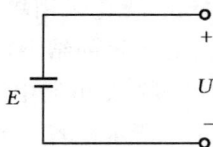

图 1.1.2　电压与电动势的参考方向

1.1.3　电路中的功率

根据物理学中功率的定义,电路中某一元件或某一部分电路的功率为

$$p = ui \qquad (1.1.3)$$

式中,u 是此元件或这一部分电路的端电压,i 是流经此元件或电路的电流。

当电压 u 和电流 i 随时间 t 变化时,功率 $p = ui$ 也随时间变化。工程上则更关心平均功率,如果电压 u 和电流 i 是时间 t 的周期函数,则平均功率为

$$P = \frac{1}{T}\int_0^T p\,\mathrm{d}t = \frac{1}{T}\int_0^T ui\,\mathrm{d}t \qquad (1.1.4)$$

式中 T 是电压、电流的变化周期。

在直流情况下,电压和电流都是常数,则

$$P = UI \qquad (1.1.5)$$

对电路进行分析时,不仅要计算功率的大小,有时还需要确定电能的传递方向,即判断出电路中哪些元件是电源(输出功率),哪些元件是负载(吸收功率)。

在图 1.1.3 所示的简单电路中,电源元件和负载元件以及它们的电压、电流的实际方向都是已知的。由图可知,当元件两端的电压和电流的实际方向相同时,该元件吸收功率(如负载 R);当元件两端的电压和电流的实际方向相反时,该元件输出功率(如电动势 E)。

在电压、电流实际方向未知的电路中,分析研究电路中的功率问题,需要依据电压和电流的参考方向。

图 1.1.3　电路中的功率

在电压和电流参考方向下,功率也是代数量。当元件两端电压和电流的参考方向关联时,元件上消耗电功率的表达式为

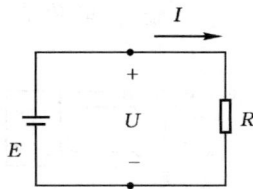

$$P = UI \tag{1.1.6}$$

当电压和电流的参考方向非关联时,消耗电功率的表达式为

$$P = -UI \tag{1.1.7}$$

在上述两种情况下,若计算出的功率为正值表示该元件(或该段电路)吸收功率,在电路中的作用为负载;若为负值则表示该元件输出功率,其作用为电源。

需要指出,无论采用哪一种形式表示功率,在判断元件功率的性质时,其实质都是依据最终计算的结果,即电压和电流的实际方向进行判别的。

【例 1.1.1】 某电路中元件 A 的电压、电流参考方向如图 1.1.4 所示。若 $U = 10$ V,$I = -1$ A,试判断元件 A 在电路中的作用是电源还是负载。若电流参考方向与图中所设相反,则又如何?

【解】(1)因为 U、I 参考方向相同,根据式(1.1.6),其消耗的电功率为

$$P = UI = 10 \times (-1) \mathrm{W} = -10 \mathrm{W} < 0$$

故元件 A 为电源。

(2)若电流参考方向与图中所设相反,则根据式(1.1.7)有

$$P = -UI = -10 \times (-1) \mathrm{W} = 10 \mathrm{W} > 0$$

元件 A 为负载。

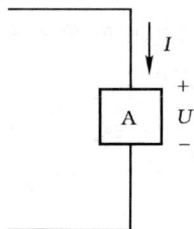

图 1.1.4　例 1.1.1 图

【练习与思考】

1.1.1 何谓电压、电流的参考方向? 参考方向与实际方向有何区别与联系?

1.1.2 电压与电动势有何区别? 对同一个电源来说,其电动势和它的端电压有何关系? 它们的参考方向是否可以任意假设?

1.1.3 如图 1.1.5 所示电路中,已知电源电压 $U = 10$ V,电流 $I = -3$ A,试计算各元件的功率,并判断哪个元件是电源,哪个元件是负载。

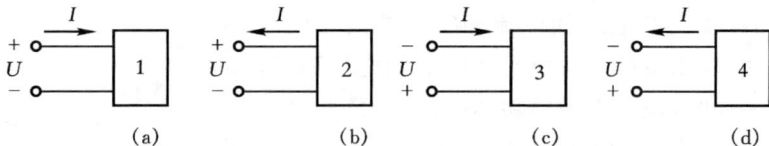

图 1.1.5　练习与思考 1.1.3 图

1.2　基尔霍夫定律

基尔霍夫定律(Kirchhoff's Law)是电路理论的基本定律之一,它从电路的全局和整体出发,阐明了任意电路中各部分电压和电流之间的内在联系,因而是电路分析和计算的理论基础。

基尔霍夫定律包括两个定律,即基尔霍夫电流定律(Kirchhoff's Current Law,简称为 KCL)和基尔霍夫电压定律(Kirchhoff's Voltage Law,简称为 KVL)。为了更好地掌握基尔霍夫定律,先解释几个有关的名词术语。

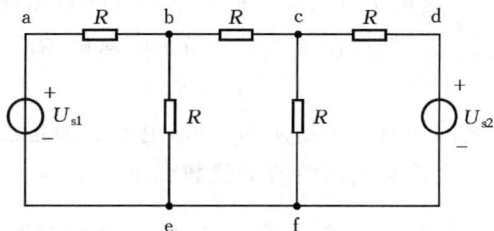

图 1.2.1　支路、结点和回路

支路　电路中的每个分支称为支路,一条支路中各元件流过同一电流。

结点　三条或三条以上支路的汇集点称为结点。

回路　电路中的任一闭合路径称为回路。

网孔　内部不含有其他支路的回路称为网孔。

图 1.2.1 所示的电路中,有 bae,be,bc,cf,cdf 五条支路。e、f 间没有元件,而连线又认为是理想的,所以 e 和 f 是同一个点,ef 不是支路。b、c 和 e(f)为三个结点。abea,bcfeb,cdfc,abcfea,bcdfeb,abcdfea 都是回路,其中 abea,bcfeb,cdfc 是网孔。

1.2.1　基尔霍夫电流定律(KCL)

基尔霍夫电流定律是确定联接在同一结点上各支路电流之间相互关系的基本定律。由于电流的连续性,电路中任何一点(包括结点),都不能有电荷的堆积。因此 KCL 指出:在任意时刻流入任一结点的电流总和等于流出该结点的电流总和。

如图 1.2.2 所示,支路电流 I_1 和 I_2 流进 a 结点,而支路电流 I_3 从 a 结点流出,因此 KCL 表示式为

$$I_1 + I_2 = I_3 \qquad (1.2.1)$$

如果将上式中 I_3 移到等号左边,则

$$I_1 + I_2 - I_3 = 0 \qquad (1.2.2)$$

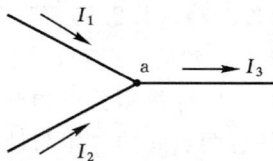

图 1.2.2　同一结点的电流关系

即

$$\sum I = 0 \qquad\qquad (1.2.3)$$

因此,基尔霍夫电流定律也可以表述为:任何时刻,流入任一结点的电流的代数和等于零。

必须指出,应用 KCL 时,应首先在电路图上标定电流的参考方向,然后再写出 KCL 表达式。

基尔霍夫电流定律不仅适用于电路中任一结点,也适用于电路中任何一个假设的封闭面,亦称广义结点。例如在图 1.2.3 所示电路中,有

$$I_1 + I_2 + I_3 = 0 \qquad (1.2.4)$$

这是因为对一个封闭面来说,电流必须是连续的,因此流入该封闭面电流的代数和也等于零。

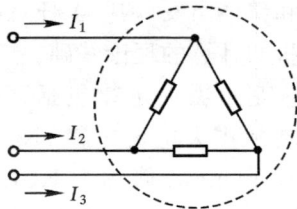

图 1.2.3　闭合面作为广义结点

1.2.2　基尔霍夫电压定律(KVL)

基尔霍夫电压定律是确定电路中任一回路中各部分电压之间相互关系的基本定律。KVL 指出:在任意瞬间,电路中任一个回路沿任一循行方向各段电压的代数和等于零,即

$$\sum U = 0 \qquad\qquad (1.2.5)$$

图 1.2.4 为电路中某一回路。任意选择其循行方向,如选取顺时针方向为回路的循行方向,沿该方向回路中各段电压的代数和为

$$U_{ab} + U_{bc} + U_{cd} - U_{ad} = 0 \qquad\qquad (1.2.6)$$

上式中,U_{ab}、U_{bc}、U_{cd} 的参考方向与回路的绕行方向一致,所以在式中取正值。而 U_{ad} 的参考方向与回路的绕行方向相反,所以在式中取负值。

式(1.2.6)还可以改写成

$$U_{ab} + U_{bc} = U_{ad} - U_{cd} \qquad (1.2.7)$$

又因

$$U_{ab} + U_{bc} = U_{ac} \qquad (1.2.8)$$

$$U_{ad} - U_{cd} = U_{ad} + U_{dc} = U_{ac} \qquad (1.2.9)$$

由式(1.2.7)、(1.2.8)、(1.2.9)可知,通过路径 abc 计算得到的 a 点和 c 点之间的电压 U_{ac},与通过路径 adc 计算得到的电压 U_{ac} 是一样的,也就是说任意两点间的电压与计算路径的选取无关。如果电路中各支路是由电阻元件和电源电动势所组成,则式(1.2.5)也可以写成

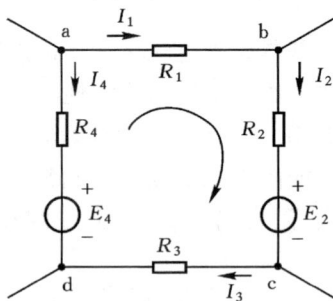

图 1.2.4　单回路电路

$$I_1 R_1 + I_2 R_2 + I_3 R_3 - I_4 R_4 = E_4 - E_2 \qquad (1.2.10)$$

或
$$\sum (IR) = \sum E \qquad (1.2.11)$$

式(1.2.11)为基尔霍夫电压定律的另一种表示形式,可表述为:在任意瞬间,电路中任一回路沿任一循行方向电压降的代数和等于电动势的代数和。其中电流参考方向与回路循行方向一致者取正号,如 $I_1 R_1$,反之则取负号,如 $-I_4 R_4$;电动势的参考方向与回路循行方向一致者取正号,反之则取负号。

基尔霍夫电压定律还可以推广应用于开口电路,如图 1.2.5 所示电路虽然不是闭合电路,但在 ab 开口端存在电压 U,可以假想成一个闭合回路,按图中选取的回路方向,由式(1.2.5)可列出

图 1.2.5　KVL 的推广应用

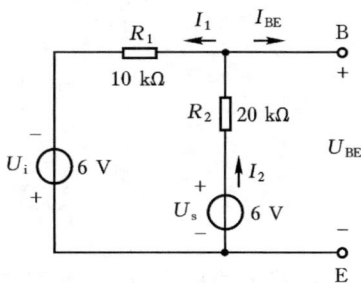

$$-U + IR + U_s = 0 \qquad (1.2.12)$$

这里必须说明,使用基尔霍夫电流定律和电压定律时并没有对电路中的元件性质作出限制,因此基尔霍夫定律具有普遍性,它适用于由各种不同元件所组成的直流电路和交流电路。

【例 1.2.1】 在图 1.2.6 所示电路中,已知 $U_s = 6$ V,$R_1 = 10$ kΩ,$R_2 = 20$ kΩ,$U_i = 6$ V,$U_{BE} = -0.3$ V,试求:电流 I_1、I_2、I_{BE}。

【解】 首先依据 KVL 列方程
$$U_{BE} = I_1 R_1 - U_i \qquad (1)$$
$$U_{BE} = -I_2 R_2 + U_s \qquad (2)$$

由式(1)、(2)解得

$$I_1 = \frac{U_{BE} + U_i}{R} = \frac{-0.3 + 6}{10} = 0.57 \text{ mA}$$

$$I_2 = \frac{-U_{BE} + U_s}{R_2} = \frac{0.3 + 6}{20} = 0.315 \text{ mA}$$

图 1.2.6　例 1.2.1 图

然后依据 KCL 列方程,求得

$$I_{BE} = I_2 - I_1 = 0.315 - 0.57 = -0.255 \text{ mA}$$

【练习与思考】

1.2.1　应用 $\sum (IR) = \sum E$ 或 $\sum U = 0$ 列回路方程的方法步骤有哪些相同点与不同点?

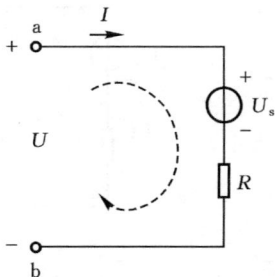

1.2.2 根据图 1.2.7 所示电路的电压 U、电流 I 和电动势 U_s 的参考方向,列出表示三者关系的式子。

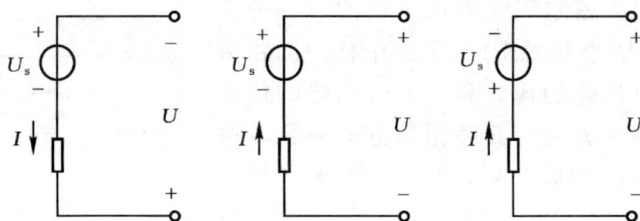

图 1.2.7 练习与思考 1.2.2 图

1.2.3 求图 1.2.8 所示电路的 U_{ab} 和电流 I。

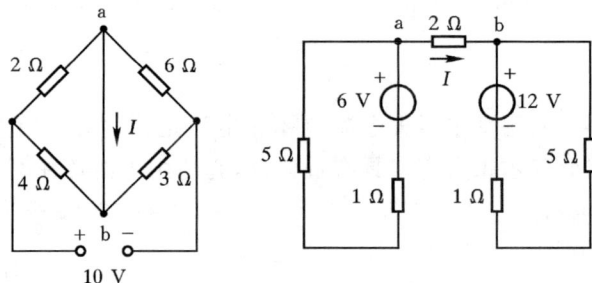

图 1.2.8 练习与思考 1.2.3 图

1.3 无源电路元件

由前述电路模型可知,电工技术、电子技术中所涉及到的电子元件、电路器件和电工设备是多种多样的,在电路分析中,通常是用理想电路元件的组合来等效实际的电路器件。根据某一元件的等效电路中是否含有电源,可以把元件分为有源电路元件和无源电路元件两大类。本节将讨论电阻、电感和电容三个无源电路元件的基本概念及其伏安特性。

1.3.1 电阻元件

电阻元件(简称电阻)上电压和电流之间的关系称为伏安特性。依据电阻元件的伏安特性呈线性还是非线性,可以把电阻元件分为线性电阻和非线性电阻两类。线性电阻两端电压和流过它的电流之间的关系服从欧姆定律,即线性电阻的端电压与流经它的电流成正比。当电压和电流的参考方向如图 1.3.1(a)所示选择一致时(采用关联参考方向),线性电阻的伏安特性可表示为

$$u = iR \tag{1.3.1}$$

或直流情况下　　　　　　　　$$U = IR \tag{1.3.2}$$

在以电压为横坐标,电流为纵坐标的平面直角坐标系中,线性电阻的伏安特性为过原点的一条直线,如图 1.3.1 (b)所示,此直线的斜率为

$$G = \frac{\mathrm{d}i}{\mathrm{d}u} = \frac{i}{u} = \frac{1}{R}$$

可见,用参数 R 或 G 可以描述线性电阻的伏安特性(写出其欧姆定律形式,或确定一条过原点的直线)。在国际单位中,电阻的单位为欧姆(Ω)。电阻的倒数 $G = 1/R$ 称为电导,单位为西门子,简称为西(S)。

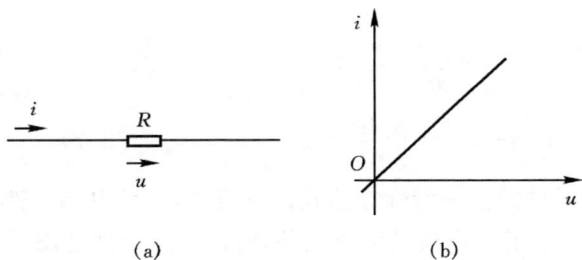

图 1.3.1　线性电阻的伏安特性

(a)电路;(b)伏安特性

电压和电流采用关联参考方向时,电阻的功率为

$$p = ui = i^2R = \frac{u^2}{R} \tag{1.3.3}$$

从能量的角度来看,电阻只消耗电能而不能储存或提供电能,因而它是无源的,被称为耗能元件。电阻从电路吸收能量,并转化为热能,此转化过程是不可逆的。

电阻在一段时间($t_1 \sim t_2$)内所吸收的能量为

$$W = \int_{t_1}^{t_2} p\mathrm{d}t = \int_{t_1}^{t_2} ui\,\mathrm{d}t = \int_{t_1}^{t_2} \frac{u^2}{R}\mathrm{d}t = \int_{t_1}^{t_2} i^2R\mathrm{d}t \tag{1.3.4}$$

若电阻两端的电压和流过它的电流之间的关系不是线性函数关系,则称为非线性电阻,其伏安特性不能用一个简单的参数确定,一般要用函数表达式 $u = f(i)$ 或 $i = f(u)$ 来表示,也可采用平面直角坐标系表示非线性电阻的伏安特性。第 4 章将要介绍的二极管就是一个典型的非线性电阻元件。

1.3.2 电感元件

电感元件(简称电感)是储存磁场能量的理想元件。当有电流 i 通过电感元件时,其周围将产生磁场。用磁通 Φ 表示磁场的强弱,如果电感元件中的磁通 Φ 和电流 i 之间是线性函数关系,则称为线性电感。若电感元件中的磁通 Φ 和电流 i 之间不是线性函数关系,则称为非线性电感。在线性电感的情况下,其特性方程为

$$N\Phi = Li \tag{1.3.5}$$

式中 L 为常量,单位为亨利(H),磁通 Φ 的单位为韦伯(Wb)。

当流过电感元件的电流变化时,将会产生感生电动势 e_L,元件两端就有电压 u。在如图 1.3.2 所示电路标定的参考方向下,有

$$e_L = -\frac{\mathrm{d}N\Phi}{\mathrm{d}t} = -L\frac{\mathrm{d}i}{\mathrm{d}t} \tag{1.3.6}$$

$$u = -e_L = L\frac{\mathrm{d}i}{\mathrm{d}t} \tag{1.3.7}$$

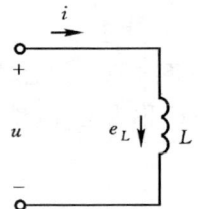

图 1.3.2 电感元件

式(1.3.7)为电感元件的伏安特性表达式。它表明,线性电感元件的端电压 u 与电流 i 的变化率成正比,而与电流的大小无关,所以它是一种动态元件。如果通过电感元件的电流是直流,则 $u = L\dfrac{\mathrm{d}i}{\mathrm{d}t} = 0$。因此,在直流电路中,电感元件相当于短路。

根据电感元件的定义,当电感元件中的电流不为零时,就有磁场存在。电流越大,磁场也就越强。磁场的能量密度 $\omega = \dfrac{1}{2}HB$,对一个电感元件来说,它所具有的磁场能量 W 则为能量密度在整个磁场分布空间的积分

$$W = \int \omega \mathrm{d}V = \int \frac{1}{2}HB\,\mathrm{d}V = \frac{1}{2}Li^2 \tag{1.3.8}$$

上式表明,电感元件储存的磁场能量与流经它的电流的瞬时值的平方成正比。

当电感电压与电流的方向为关联参考方向时,电感所吸收的功率为

$$p = ui = Li\frac{\mathrm{d}i}{\mathrm{d}t} \tag{1.3.9}$$

由上式可知,当电流 $i > 0$,电流的变化率 $\dfrac{\mathrm{d}i}{\mathrm{d}t} > 0$ 时,电感吸收的功率 $p > 0$。当电流 $i < 0$,电流的变化率 $\dfrac{\mathrm{d}i}{\mathrm{d}t} < 0$ 时,电感吸收的功率仍为 $p > 0$。因此,只要电流的绝对值增加就有 $p > 0$,即电感吸收能量。

当电流 $i>0$，电流的变化率 $\dfrac{\mathrm{d}i}{\mathrm{d}t}<0$ 时，或者当电流 $i<0$，电流的变化率 $\dfrac{\mathrm{d}i}{\mathrm{d}t}>0$ 时，即当电流的绝对值减小时，$p<0$，电感则放出能量。可见，电感元件本身不消耗能量，只存储能量，因而它是一种储能元件。

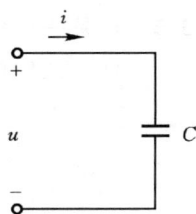

1.3.3　电容元件

电容元件(简称电容)是储存电场能量的理想元件。当电容元件两端施加电压时它的极板上就会储存电荷。如果电荷与电压之间是线性函数关系，则称为线性电容；若电荷与电压之间不是线性函数关系，则称为非线性电容。

线性电容的特性方程为

$$C=\frac{q}{u} \quad 或 \quad C=\frac{\mathrm{d}q}{\mathrm{d}u} \tag{1.3.10}$$

电容的单位是法拉(F)，由于法拉单位太大，通常用微法 $(\mu\mathrm{F}=10^{-6}\mathrm{F})$ 和皮法 $(\mathrm{pF}=10^{-12}\mathrm{F})$ 作为电容的单位。

电流的定义为 $i=\dfrac{\mathrm{d}q}{\mathrm{d}t}$，电荷 q 是指流过导体截面的电荷，电流 i 即为极板上电荷的增加率，代入电容的特性方程，在如图 1.3.3 所示的电压和电流参考方向下，可得电容元件的伏安特性

図 1.3.3　电容元件

$$i=C\frac{\mathrm{d}u}{\mathrm{d}t} \tag{1.3.11}$$

上式表明，线性电容元件的电流 i 与电压 u 的变化率成正比，与电压的大小无关。显然，它也是一种动态元件。

在直流电路中，电容的端电压为一常数。因此，流经电容的电流 $i=C\dfrac{\mathrm{d}u}{\mathrm{d}t}=0$，电压不为零而电流为零，电容元件相当于开路。

对电容元件而言，只要其端电压不为零，它的两个极板之间就必然存在电场，电压越高，电场就越强。电场也是具有能量的，它的能量密度 $\omega=\dfrac{1}{2}ED$，因而电容所具有的电场能量 W 为能量密度在整个电场分布空间的积分

$$W=\int\omega\mathrm{d}V=\int\frac{1}{2}ED\,\mathrm{d}V=\frac{1}{2}Cu^{2} \tag{1.3.12}$$

上式表明，电容元件储存的电场能量与电容两端电压的瞬时值的平方成正比。

在关联参考方向下，电容在电路中所吸收的功率

$$p=ui=Cu\frac{\mathrm{d}u}{\mathrm{d}t} \tag{1.3.13}$$

当电压 $u>0$，电压的变化率 $\dfrac{\mathrm{d}u}{\mathrm{d}t}>0$ 时，电容吸收的功率 $p>0$；当电压 $u<0$，电压的变化率 $\dfrac{\mathrm{d}u}{\mathrm{d}t}<0$ 时，$p>0$。可见，电压的绝对值增加时，$p>0$，电容吸收能量。

当电压 $u>0$，电压的变化率 $\dfrac{\mathrm{d}u}{\mathrm{d}t}<0$ 时，或者当电压 $u<0$，电压的变化率 $\dfrac{\mathrm{d}u}{\mathrm{d}t}>0$ 时，即在电压的绝对值减小时，$p<0$，电容放出能量。可见，电容元件本身不消耗能量，只存储能量，因而它也是一种储能元件。

【练习与思考】

1.3.1　总结电感元件和电容元件的对偶特征，并说明当电压和电流的参考方向不一致时，式 $u=L\,\dfrac{\mathrm{d}i}{\mathrm{d}t}$ 和 $i=C\,\dfrac{\mathrm{d}u}{\mathrm{d}t}$ 是否成立，如果不成立如何改正？

1.3.2　如果一个电感元件的两端电压为零，其储能是否也一定等于零？如果一个电容元件中的电流为零，其储能是否也一定等于零？

1.4　有源电路元件

能向电路提供电能的元件称为有源电路元件。有源电路元件分为独立电源和受控电源两大类。独立电源能独立地向外电路提供电能而不受其他支路电压或电流的影响，而受控电源向外电路提供的电能是受其他支路的电压或电流控制的。

1.4.1　独立电源

一个实际的电源可以用两种不同的电路模型来表示。一种是电压的形式，称为电压源；一种是电流的形式，称为电流源。电压源和电流源都是从实际电源元件中抽象出来的理想元件。

1. 电压源

任何一个实际电源，例如干电池、蓄电池和发电机等不仅能产生电能，而且在能量转换过程中有功率损耗，即存在电阻，如图 1.4.1(a)所示。在分析计算电路时，可以用一个电动势 U_s 和一个内阻 R_0 的串联电路模型来描述电源，此即电压源，如图 1.4.1(b)所示。如果内阻 $R_0=0$，称为理想电压源，如图 1.4.1(c)所示。电压源需要 U_s 和 R_0 两个参数来描述，而理想电压源的特性用一个参数就可以完全描述，即理想电压源的值 U_s。

当电压源向外电路的负载提供电压和电流时，如图 1.4.2(a)所示，其中电压源的输出电流为 I，端电压为 U，依据 KVL 可列出

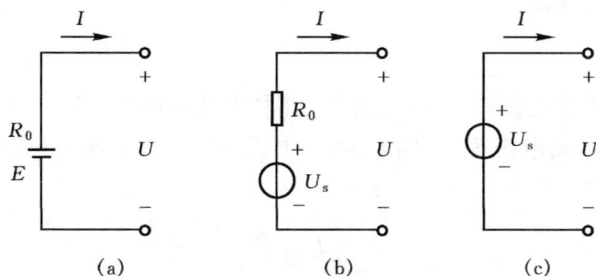

图 1.4.1　电压源

(a)电池；(b) R_0 与 U_s 串联电路模型；(c)理想电压源

$$U = U_s - IR_0 \qquad\qquad (1.4.1)$$

式(1.4.1)反映了电压源输出电流与端电压之间的关系,称为电压源的外特性。由此可作出电压源的外特性曲线,如图 1.4.2(b)所示。由图可以看出,其外特性为一条与 u、i 坐标轴相交的直线。当 $R_L = \infty$,即当电源开路时,$I = 0$,电源端电压 $U = U_s$。随着 I 的增大,R_0 的压降增大,U 随之下降的值也增大。若 R_0 愈大,在同样的 I 值的情况下,U 值下降愈大,则直线的倾斜程度愈大,这种电源的外特性就愈差。

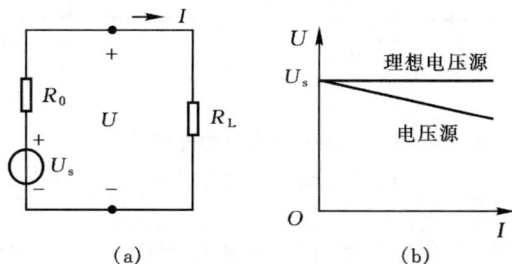

图 1.4.2　电压源的外特性

(a)电压源；(b)伏安特性

由于理想电压源的内阻 $R_0 = 0$,则端电压为

$$U = U_s \qquad\qquad (1.4.2)$$

理想电压源的外特性曲线为一条水平直线。理想电压源具有两个基本性质。一是它的端电压是恒定值 U_s,与流过它的电流无关。二是输出电流 I 的大小是由联接它的外部电路决定。

需要说明:理想电压源是一种理想情况,实际并不存在。当电压源的内阻 R_0 远小于负载电阻 R_L 时,可以看作是理想电压源。若理想电压源 U_s 为零时,则理想电压源为一短路元件。

2. 电流源

电流源是由理想电流源 I_s 和内阻 R_0 并联组成,如图 1.4.3(a)所示,其中电流源的输出电流为 I,端电压为 U,内阻 R_0 中的电流为 I_0,依据 KCL 可列出

$$I = I_s - I_0$$

$$I = I_s - \frac{U}{R_0} \qquad (1.4.3)$$

式(1.4.3)反映了电流源输出电流与端电压之间的关系,称为电流源的外特性。由此可作出电流源的外特性曲线,如图 1.4.3(b)所示,它在横轴上的截距就是理想电流源的值 I_s,直线的斜率为 $-R_0$,所以内阻 R_0 愈大,直线就愈陡,电流源的外特性就愈好。

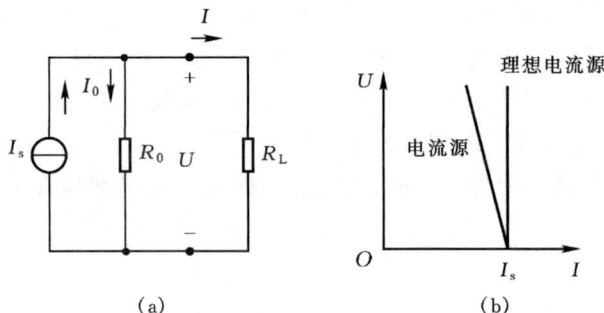

图 1.4.3　电流源的外特性
(a)电流源;(b)伏安特性

理想电流源的内阻等于无穷大,它的输出电流为

$$I = I_s \qquad (1.4.4)$$

理想电流源的外特性曲线是与纵轴平行的一条直线,如图 1.4.3(b)所示。理想电流源也具有两个基本性质。一是它的输出电流是恒定值 I_s,与其端电压的大小无关。二是理想电流源的端电压由联接它的外部电路决定。

需要说明:理想电流源也是一种理想情况,实际并不存在。当电流源的内阻 R_0 远大于负载电阻 R_L 时,可以看作是理想电流源。例如晶体三极管工作于特性曲线的放大区就具有恒流特性。若理想电流源 I_s 为零时,则理想电流源为一开路元件。

3. 电压源与电流源的等效变换

一个实际的电源可以用理想电压源和一个内阻相串联的形式表示,即用电压

源来描述它;也可以用理想电流源和一个内阻相并联的形式表示,即用电流源来描述它。如果这两种电源模型描述的是同一个电源,那么它们的外特性应是相同的。换言之,两种电源模型是等效的,因而在一定的条件下可以等效变换,而变换后的结果不会影响外电路的工作状态。所谓电源的外特性相同是指:两种电源在其输出端上接入同样的负载时,应具有相同的输出电压和电流,这就是电压源与电流源等效变换的条件。

若已知电压源的电动势 U_s 和内阻 R_0,由式(1.4.1)可以解得

$$I = \frac{U_s}{R_0} - \frac{U}{R_0} \tag{1.4.5}$$

将式(1.4.5)与式(1.4.3)相比较,可以看出,只要 $I_s = \dfrac{U_s}{R_0}$,并且内阻 R_0 相同,那么电流源的外特性就和电压源的外特性一致。所以,电压源完全可以用电流源来等效。反之,如果已知电流源的 I_s 和 R_0,由式(1.4.3)可以解得

$$U = I_s R_0 - I R_0 \tag{1.4.6}$$

将式(1.4.6)与式(1.4.1)相比较,可以看出,只要 $U_s = I_s R_0$,内阻 R_0 相同,则电流源也可以等效为电压源。

必须强调指出,电源模型的等效变换仅对外电路而言,对电源模型内部一般并不等效。例如在开路情况下,电压源既不发出功率也不吸收功率;而对电流源来说在其内阻上有电流流过,有功率损耗。

还需注意,电源模型的等效变换只能在电压源和电流源之间进行,而理想电压源与理想电流源之间是不能进行等效变换的,因为它们的外特性不可能相同。

利用电压源和电流源的等效变换可以使某些电路问题的分析简化,使计算简单。

【例 1.4.1】　求图 1.4.4(a)所示电路中的电流 I。

【解】　图 1.4.4(a)所示电路是一个比较复杂的电路,如果利用电压源与电流源的等效变换,则可以一步步化简电路,最终求得电流 I。

首先把电路最左边的 4A 理想电流源与 2Ω 电阻并联电路作为电流源等效变换为电压源。同样,把 2A 理想电流源与 2Ω 电阻并联电路也等效变换为电压源。如图1.4.4(b)所示。

把图 1.4.4(b)所示的两个串联电压源合并如图 1.4.4(c)所示。

再把两个并联支路作为电压源等效变换为电流源,如图 1.4.4(d)所示。

最后合并两个电流源,得到图 1.4.4(e)所示电路,则

$$I = 2 \times \frac{2}{2+2} = 1 \text{ A}$$

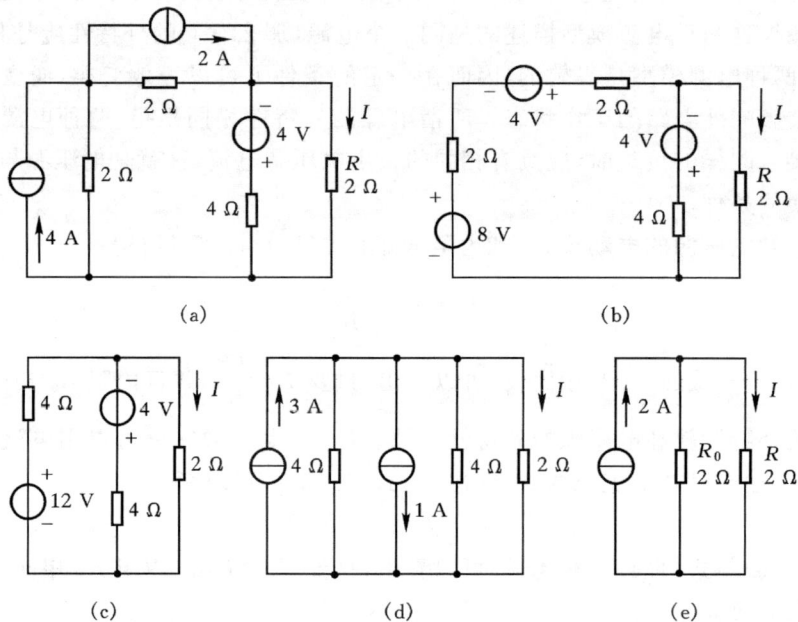

图 1.4.4　例 1.4.1 图

*1.4.2　受控源

在分析电子元件和电路时,常用到另一类电源模型——受控源。受控源的电压值或电流值受电路中某一特定的电压或电流的控制,这个特定的电压或电流称为控制量。根据受控源是电压源还是电流源以及控制量是电压还是电流,可将受控源分为电压控制电压源(VCVS)、电流控制电压源(CCVS)、电压控制电流源(VCCS)以及电流控制电流源(CCCS)四种类型,它们的图形符号如图 1.4.5 所示。图 1.4.5(a)所示的电压控制电压源,它的控制量是电压 U_1,受控量是电压源的电压值 U_2,控制系数 $\mu = U_2/U_1$ 称为电压放大倍数;同理,图 1.4.5(b)所示电流控制电压源中,$r = U_2/I_1$ 称为转移电阻;图 1.4.5(c)所示电压控制电流源,$g = I_2/U_1$ 称为转移电导;图 1.4.5(d)所示电流控制电流源,$\beta = I_2/I_1$ 称为电流放大倍数。例如在分析晶体管电路时,通常把一个处于放大状态的晶体管用它的微变等效电路来表示,以便分析与计算,如图 1.4.6 所示。图中控制量是基极电流 i_b,受控电流源的电流值即是集电极电流 i_c,$i_c = \beta i_b$,控制系数 $\beta = i_c/i_b$ 则是晶体三极管的电流放大倍数。

应该强调指出,受控源与独立电源具有不同的特点,它们的不同在于:独立电

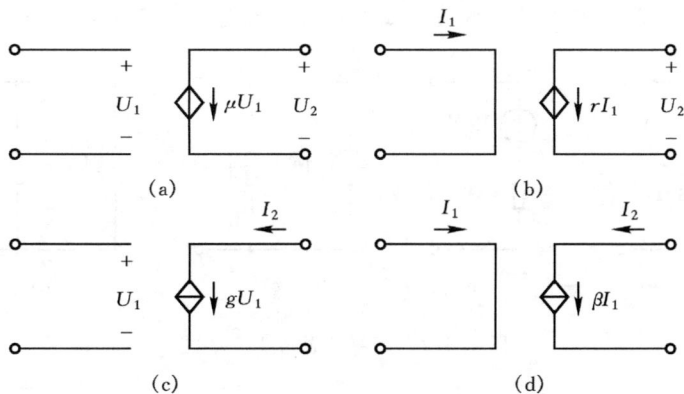

图 1.4.5　受控电源
(a)电压控制电压源；(b)电流控制电压源；
(c)电压控制电流源；(d)电流控制电流源

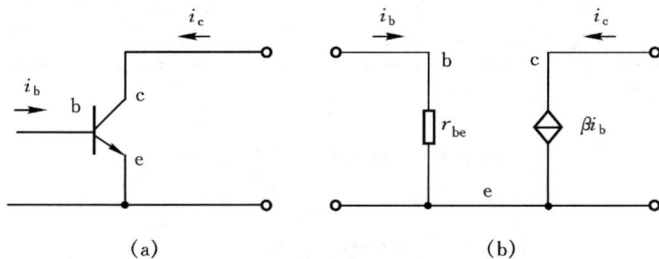

图 1.4.6　晶体管及其微变等效电路
(a)晶体管；(b)微变等效电路

源在电路中起着"激励"作用,因为有了它才能在电路中产生电压和电流;而受控源则不同,它的电压或电流受电路中其他电压或电流控制,当这些电压或电流为零时,受控源的电压或电流也就为零。因此,受控源只用来反映电路中某处的电压或电流能控制另一处的电压或电流这一现象而已,它本身不直接起"激励"作用。

【练习与思考】

1.4.1　当一个理想电压源的电压为零时,它相当于短路;而当一个理想电流源的电流为零时,它相当于开路。这种说法是否正确,为什么?

1.4.2　在分析电路时,如遇到理想电压源与理想电流源串联的情况应如何处理,如遇到理想电压源与理想电流源并联的情况又应如何处理?

1.4.3 将图 1.4.7 中的电压源变换成电流源,电流源变换成电压源。

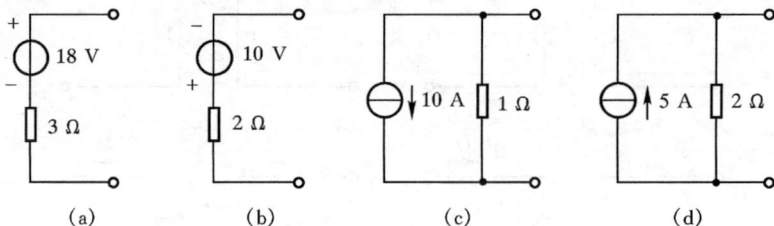

图 1.4.7 练习与思考 1.4.3 图

1.4.4 试用一个理想电压源或理想电流源表示图 1.4.8 所示的各电路。

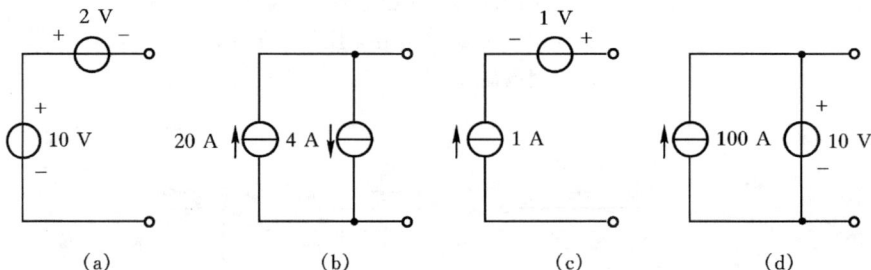

图 1.4.8 练习与思考 1.4.4 图

本章小结

1. 电压、电流的参考方向是为分析电路任意假设的。引入了参考方向后,电压、电流均为代数值,当参考方向与实际方向一致时为正值,反之为负值。在未标定参考方向的情况下,各电量的正、负是没有意义的。

通常将电压、电流的参考方向取为一致,即采用关联参考方向。采用关联参考方向时,欧姆定律表达式为 $U=IR$,反之为 $U=-IR$。采用关联参考方向时,$P=UI$ 表示吸收功率。

2. 判断某电路元件是电源(或起电源作用)还是负载(或起负载作用),可通过计算其消耗或吸收功率来确定。

当 U 和 I 的参考方向一致时,用 $P=UI$ 计算:$P<0$,元件为电源;$P>0$,元件为负载。

当 U 和 I 的参考方向相反时,用 $P=-UI$ 计算:$P<0$,元件为电源;$P>0$,元件为负载。

3. 基尔霍夫定律是分析电路的基本定律,它包括 KCL($\sum I = 0$)和 KVL($\sum (IR) = \sum E$ 或 $\sum U = 0$)。

4. 电路模型主要由无源电路元件和有源电路元件组成。

无源电路元件电阻、电感和电容的伏安特性分别为 $u = iR, u = L\dfrac{\mathrm{d}i}{\mathrm{d}t}, i = C\dfrac{\mathrm{d}u}{\mathrm{d}t}$。有源电路元件分为电压源和电流源,它们的外特性方程分别为 $U = U_s - IR_0$ 和 $I = I_s - \dfrac{U}{R_0}$。

电压源和电流源分别对外电路作用时,它们之间可以进行等效变换,其等效条件为 $U_s = I_s R_0$ 和两个内阻相等。理想电压源与理想电流源之间不存在等效变换关系。依据理想电压源和理想电流源的特性,与理想电压源并联的任一元件,都不会影响其端电压的大小;同样与理想电流源串联的任一元件,都不会影响其向外电路所提供电流的大小。理想电压源的电流和理想电流源的端电压都是由外电路确定的。

习 题

题 1.01 指出题 1.01 图所示电路中哪些元件是电源,哪些元件是负载。
(a) $U = -1$ V, $I = 1$ A;
(b) $U = -1$ V, $I = 1$ A;
(c) $U = 1$ V, $I = 1$ A;
(d) $U = 1$ V, $I = 1$ A

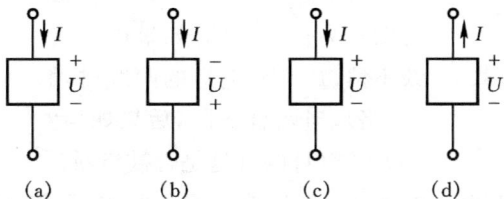

题 1.01 图

题 1.02 在题 1.02 图中,已知 $I_1 = 3$ mA, $I_2 = 1$ mA。试确定电路元件 3 中的电流 I_3 和其两端电压 U_3,并说明它是电源还是负载。校验整个电路的功率是否平衡。

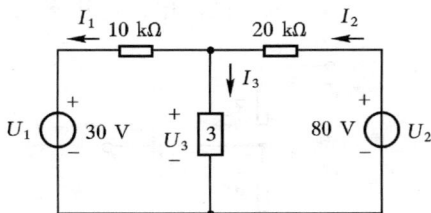

题 1.02 图

题 1.03 试求题 1.03 图所示电路中的电压 U_{ab}。

题 1.04 在题 1.04 图所示电路中,$R_1 = 2.6$ Ω,$R_2 = 5.5$ Ω。当开关 S_1 闭合时,安培计读数为 2 A;开关 S_1 断开,S_2 闭合后,读数为 1 A。试求 U_s 和 R_0。

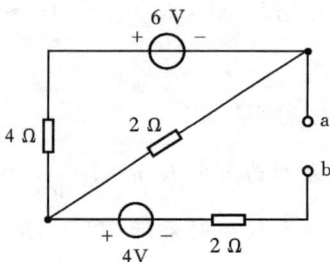

题 1.03 图

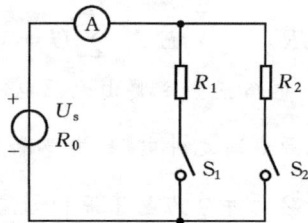

题 1.04 图

题 1.05　在题 1.05 图所示的电路中,(1)试求开关 S 闭合前后电路中的电流 I_1、I_2、I;当 S 闭合时,I_1 是否被分去一些? (2)如果电源的内阻 R_0 不能忽略不计,闭合 S 时,60 W 电灯中的电流是否有所变动? (3)计算 60 W 和 100 W 电灯在 220 V 电压下工作时的电阻,哪个电阻大? (4)设电源的额定功率为 125 kW,端电压为 220 V,当只接上一个 220 V 60 W 的电灯时,电灯会不会被烧毁? 为什么? (5)如果由于接线不慎,100 W 电灯的两线碰触(短路),当闭合 S 时,后果如何? 100 W 电灯的灯丝是否被烧断?

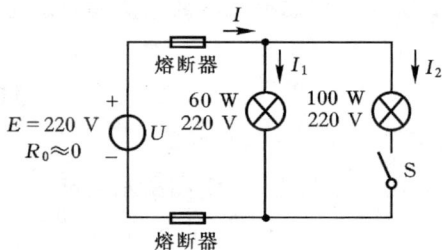

题 1.05 图

题 1.06　在题 1.06 图所示的电路中,已知 $U_1 = 10$ V,$E_1 = 4$ V,$E_2 = 2$ V,$R_1 = 4$ Ω,$R_2 = 2$ Ω,$R_3 = 5$ Ω,1、2 两点间处于开路状态,试计算开路电压 U_2。

题 1.07　在题 1.07 图所示电路中,已知电灯 L 额定电压及电流分别为 12 V 和 0.3 A。试问电源电压多大时,才能使灯泡工作在额定值状态。

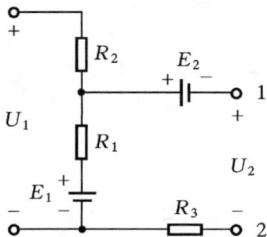

题 1.06 图

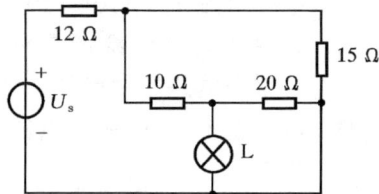

题 1.07 图

题 1.08　写出题 1.08 图所示各电路电压 U 与电流 I 的表达式(伏安特性)。

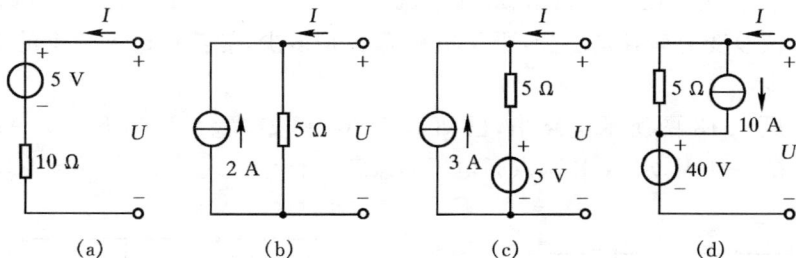

| (a) | (b) | (c) | (d) |

题 1.08 图

题 1.09　在题 1.09 图所示电路中,(1)负载电阻 R_L 中的电流 I 及其两端的电压 U 各为多少? (2)求各元件的功率,并分析功率平衡关系。

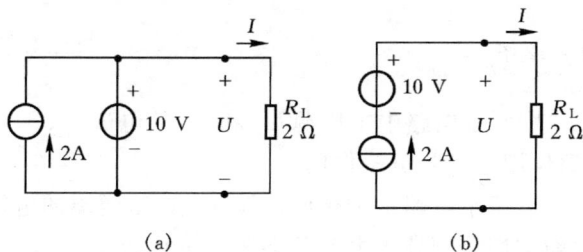

| (a) | (b) |

题 1.09 图

题 1.10　在题 1.10 图所示电路中,求 I_4 的大小并计算理想电流源的功率,说明是产生还是消耗功率?

题 1.11　题 1.11 图所示电路,若电阻 R_1 额定值为 $100\ \Omega$、$2\ W$,电阻 R_2 为 $1\ k\Omega$、$1\ W$,$I_s = 0.15\ A$,$U_s = 50\ V$。检查这两个电阻器能否正常使用。

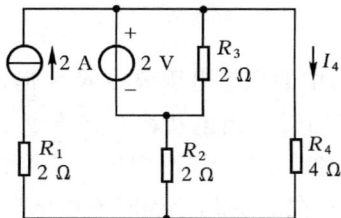

题 1.10 图

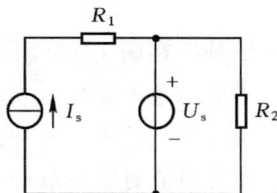

题 1.11 图

题 1.12 题 1.12 图所示电路，$I_{s1}=2$ mA，$I_{s2}=3$ mA，$R_1=R_2=1$ kΩ，$R_3=4$ kΩ。当 R 从 1 kΩ 增加到 5 kΩ 时，试求 R 支路的电流 I 和电压 U 在电阻 R 值改变前后各是多少，所获功率 P 各是多少，能获得最大功率的 R 为多少。

题 1.13 题 1.13 图所示电路中，已知 $R_1=R_2=1$ Ω，$I_{s1}=1$ A，$I_{s2}=2$ A，$U_{s1}=U_{s2}=1$ V，求 A、B 两点间电压 U_{AB}。

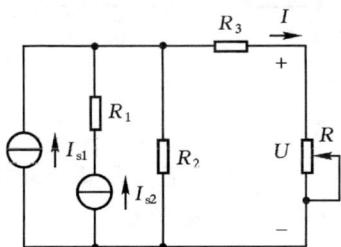

题 1.12 图

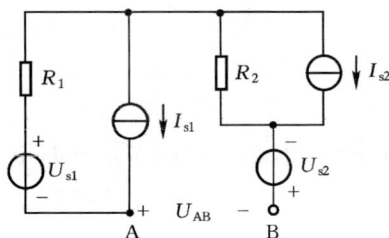

题 1.13 图

题 1.14 求题 1.14 图所示电路中恒压源 U_{s1} 和 U_{s2} 的电流 I_1、I_2 及其功率，并说明是起电源作用还是起负载作用。

题 1.15 求题 1.15 图所示电路中理想电流源 I_{s1} 和 I_{s2} 两端的电压 U_1、U_2 及其功率，并说明它们分别处于电源状态还是负载状态。

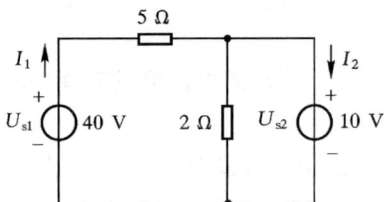

题 1.14 图

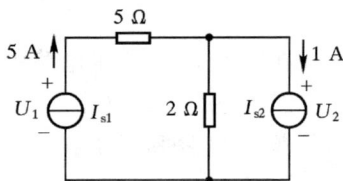

题 1.15 图

题 1.16 试分析在题 1.16 图所示电路中，图(a)中的理想电压源在 R 为何值时既不取用也不输出电功率？ 在 R 为何范围时输出电功率？ 在 R 为何范围时取用电功率？ 而理想电流源处于何种状态？ 图(b)中的理想电流源在 R 为何值时既不取用也不输出电功率？ 在 R 为何范围时输出电功率？

题 1.17 题 1.17 图中，已知 $I_{s1}=0.6$ A，$U_{s2}=6$ V，$R_1=20$ Ω，$R_2=30$ Ω，$R_3=8$ Ω，试用电源模型等效互换的方法求电流 I_2。

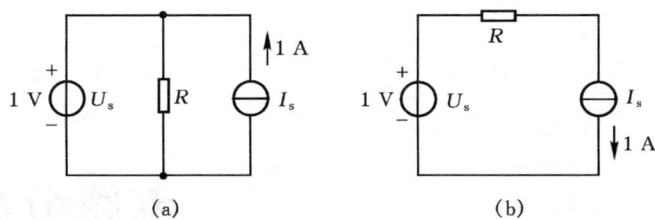

题 1.16 图

题 1.18　试用电压源和电流源等效变换的方法计算题 1.18 图中 1 Ω 电阻上的电流 I(解题时要画出变换过程的电路图)。

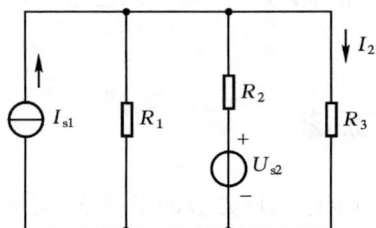

题 1.17 图

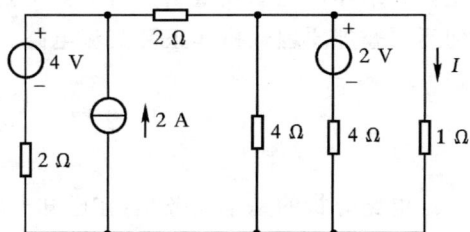

题 1.18 图

第 2 章

电路分析基础

电路分析的依据是基尔霍夫定律和欧姆定律。在前一章的基础上,本章讨论电路分析的基本方法。首先以直流电路为例介绍分析电路的基本方法和定理,如支路电流法、叠加原理和戴维宁定理等,它们同样适用于交流电路。在交流电路中主要介绍如何运用相量法分析计算正弦交流电路,同时介绍安全用电常识以及如何运用叠加原理分析非正弦交流电路。

2.1 支路电流法

电路分析的基本任务是:在已知电路结构和电路元件参数的条件下,求解电路中某些支路的电压或电流,或借助于计算结果来阐明其物理现象的本质。支路电流法是分析电路最基本的方法之一。此种方法把电路中各支路的电流作为变量,直接应用基尔霍夫的电流定律和电压定律列方程,然后联立求解,求得各支路电流。例如在图 2.1.1 所示的电路中,设三条支路的电流分别为 I_1、I_2 和 I_3,它们的参考方向在图中已标出。

首先,利用基尔霍夫电流定律对电路的结点列方程,即

结点 a　　$I_1 + I_2 - I_3 = 0$　　　　(2.1.1)

结点 b　　$-I_1 - I_2 + I_3 = 0$　　　(2.1.2)

上述两个方程是不独立的。对于一个具有两个结点的电路,利用 KCL 只能列出一个独立的方程,或者说,该电路只有一个独立的结点。可以证明,对于一个具有 n 个结点的电路,利用 KCL 可以列出 $n-1$ 个独立的结点方程。

图 2.1.1　支路电流法

其次,利用基尔霍夫电压定律对电路的回路列方程,即

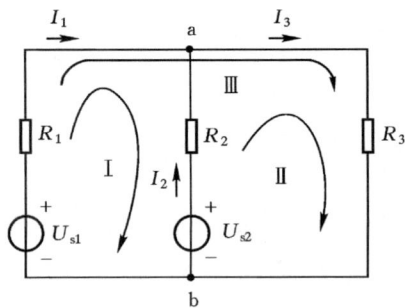

回路 I　　　　　　　　　　　$R_1 I_1 - R_2 I_2 + U_{s2} - U_{s1} = 0$　　　　　　（2.1.3）

回路 II　　　　　　　　　　$R_2 I_2 + R_3 I_3 - U_{s2} = 0$　　　　　　　　（2.1.4）

回路 III　　　　　　　　　　$R_1 I_1 + R_3 I_3 - U_{s1} = 0$　　　　　　　　（2.1.5）

上述三个方程也是不独立的，只有两个独立方程。同样可以证明，对于有 b 条支路 n 个结点的电路，利用基尔霍夫电压定律可列出 $b-(n-1)$ 个独立的方程，也就是说，具有 $b-(n-1)$ 个独立回路，其独立回路数等于网孔数 m。

　　总之，对于具有 b 条支路的电路，应用基尔霍夫电流定律可以列出 $(n-1)$ 个独立结点方程，应用基尔霍夫电压定律可列出 $b-(n-1)$ 个独立回路方程，方程总数为 $(n-1)+[b-(n-1)]=b$，恰好等于支路数，也就是变量数，所以方程组有唯一的解。如图 2.1.1 所示的电路中，有 1 个独立的结点方程，2 个独立的回路方程，因此独立方程总数为 3 个，其方程组为

$$\begin{cases} I_1 + I_2 - I_3 = 0 \\ R_1 I_1 - R_2 I_2 + U_{s2} - U_{s1} = 0 \\ R_1 I_1 + R_3 I_3 - U_{s1} = 0 \end{cases}$$

只要求解上述方程组就可求得三个支路电流。支路电流法是分析求解电路的最基本的方法，在电路分析中应用广泛。但是当电路的支路数目较多时，要解的方程数目相应增加，因而手工计算工作量增大，而显得烦琐。当然，若借助计算机来分析计算，此问题可以迎刃而解。

　　【例 2.1.1】 求图 2.1.2 所示电路中各支路的电流。已知 $U_{s1}=16$ V，$U_{s2}=24$ V，$U_{s3}=16$ V，$R_1=3$ Ω，$R_2=6$ Ω，$R_3=4$ Ω，$R_4=R_5=8$ Ω。

　　【解】 图示电路有 3 个结点，即 2 个独立结点，可列方程

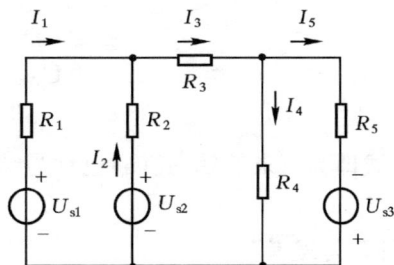

图 2.1.2　例 2.1.1 图

$$I_1 + I_2 = I_3$$
$$I_3 = I_4 + I_5$$

共有 5 条支路，独立回路数为 $b-(n-1)=3$，用网孔作为独立回路列方程

$$R_1 I_1 - R_2 I_2 + U_{s2} - U_{s1} = 0$$
$$R_2 I_2 + R_3 I_3 + R_4 I_4 - U_{s2} = 0$$
$$-R_4 I_4 + R_5 I_5 - U_{s3} = 0$$

代入数值有

$$\begin{cases} I_1 + I_2 - I_3 = 0 \\ I_3 - I_4 - I_5 = 0 \\ 3I_1 - 6I_2 = 6 - 24 \\ 6I_2 + 4I_3 + 8I_4 = 24 \\ -8I_4 + 8I_5 = 16 \end{cases}$$

可解得 $I_1 = -0.667 \text{ A}, I_2 = 2.667 \text{ A}, I_3 = 2 \text{ A}, I_4 = 0, I_5 = 2 \text{ A}$。

【例 2.1.2】 写出图 2.1.3 所示电路的电压方程 U_{AB}。

【解】 在图 2.1.3 所示电路中,取结点 B 为参考节点,U_{AB} 则称为结点电位。依 KCL 可列出

$$I_1 + I_2 + I_3 + I_{s4} = 0 \qquad (1)$$

写出各电流的表达式

$$I_1 = \frac{U_{AB} - U_{s1}}{R_1} \qquad (2)$$

$$I_2 = \frac{U_{AB}}{R_2} \qquad (3)$$

$$I_3 = \frac{U_{AB} - U_{s3}}{R_3} \qquad (4)$$

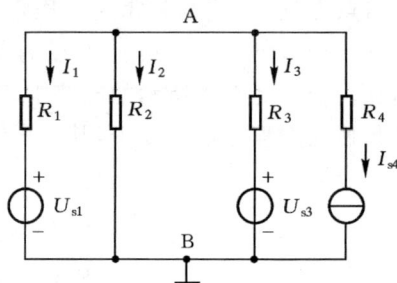

图 2.1.3 例 2.1.2 图

将(2)、(3)、(4)式代入(1)式中,整理后得 U_{AB} 的表达式为

$$U_{AB} = \frac{\dfrac{U_{s1}}{R_1} + \dfrac{U_{s3}}{R_3} - I_{s4}}{\dfrac{1}{R_1} + \dfrac{1}{R_2} + \dfrac{1}{R_3}} \qquad (5)$$

上式即为所求的解,式(5)也称为结点电位方程,适用于解结点电路。

【练习与思考】

2.1.1   试总结用支路电流法求解电路的方法与步骤。

2.1.2   如果电路中含有理想电流源,如何列出独立回路方程?

2.2 叠加原理与等效电源定理

叠加原理是线性电路的基本原理,也是分析线性电路的常用方法之一。所谓线性电路,是指由线性电路元件组成并满足线性性质的电路。

等效电源定理是分析电路的重要定理。等效电源定理包含戴维宁定理(Thevenin's theorem)和诺顿定理(Nortion's theorem),它们是计算复杂线性电

路的有力工具。

2.2.1　叠加原理

叠加原理指出:在多个独立电源共同作用的线性电路中,任一支路电流或电压都是电路中各独立电源单独作用时在该支路产生的电流或电压的代数和。当其中某一个独立电源单独作用时,其余的独立电源应除去(理想电压源予以短路,理想电流源予以开路)。

叠加原理在工程实际中应用广泛。以下通过例题说明应用叠加原理分析线性电路的方法与步骤。

【例 2.2.1】图 2.2.1 所示电路为理想电压源和理想电流源共同作用的电路,试用叠加原理求电流 I 和电压 U。

【解】(1) 首先将原电路画成各个独立电源单独作用时的电路,如图 2.2.1 (b)、(c)所示。图 2.2.1(b)为理想电流源 I_s 单独作用时的电路模型,其中理想电压源 U_s 短路。图 2.2.1(c)为理想电压源 U_s 单独作用时的电路模型,其中理想电流源 I_s 开路。图 2.2.1(a)则是图 2.2.1(b)和图 2.2.1(c)的叠加。

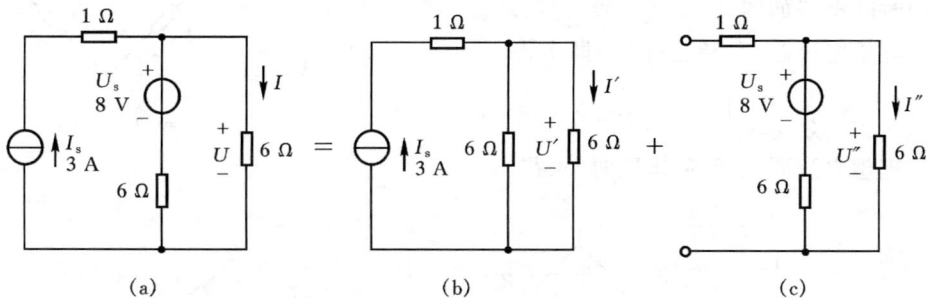

图 2.2.1　叠加原理

(a)电路图;(b)理想电流源单独作用;(c)理想电压源单独作用

(2) 按各电源单独作用时的电路,分别求解电压和电流分量。

由图 2.2.1(b)求得

$$I' = 3 \times \frac{6}{6+6} = 1.5 \text{ A}$$

$$U' = 1.5 \times 6 = 9 \text{ V}$$

由图 2.2.1(c)求得

$$I'' = \frac{8}{6+6} = 0.667 \text{ A}$$

$$U'' = 0.667 \times 6 = 4 \text{ V}$$

（3）根据叠加原理求得

$$I = I' + I'' = 1.5 + 0.667 = 2.167 \text{ A}$$

$$U = U' + U'' = 9 + 4 = 13 \text{ V}$$

通过例 2.2.1 的求解过程可知,应用叠加原理时应注意以下几点。

1. 当考虑某一电源单独作用时,令其他电源中的 $I_s = 0$,$U_s = 0$,即理想电压源 U_s 短路,理想电流源 I_s 开路。

2. 电路中的总电压和总电流是各个分量的代数和。最后叠加时,一定要注意各个电源单独作用时的电压和电流分量的参考方向,是否与总电压和总电流的参考方向一致,若一致取正号,反之则取负号。

3. 叠加原理只限于线性电路中的电压和电流的分析计算,不适用于功率的计算。因为功率与电流(或电压)的平方成正比,不是线性关系。

【例 2.2.2】 在图 2.2.2 所示电路中,已知 $R_1 = 5 \ \Omega$,$R_2 = 6 \ \Omega$,$R_3 = 3 \ \Omega$,$R_4 = 2 \ \Omega$,$I_s = 4 \text{ A}$,$U_s = 2 \text{ V}$。应用叠加原理求电阻 R_4 上的电压 U。

【解】 理想电压源 U_s 和理想电流源 I_s 单独作用时的电路如图 2.2.3(a)和(b)所示。

理想电压源 U_s 单独作用时,求得

$$U' = \frac{R_4}{R_2 + R_4} U_s = \frac{2}{6+2} \times 2 = 0.5 \text{ V}$$

理想电流源 I_s 单独作用时,求得

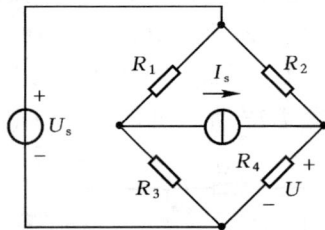

图 2.2.2　例 2.2.2 图

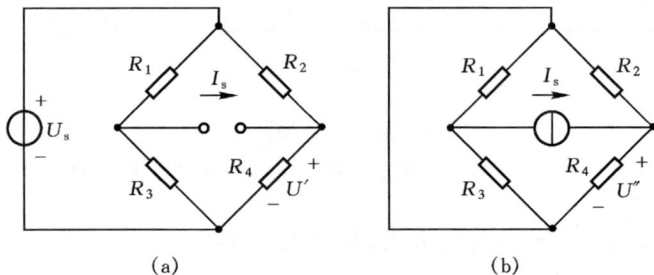

(a)　　　　　　　　　　　(b)

图 2.2.3　电源单独作用时的等效电路
(a)电压源单独作用;(b)电流源单独作用

$$U'' = \frac{R_2 R_4}{R_2 + R_4} I_s = \frac{6 \times 2}{6 + 2} \times 4 = 6 \text{ V}$$

当理想电压源 U_s 和理想电流源 I_s 共同作用时,求得

$$U = U' + U'' = 0.5 + 6 = 6.5 \text{ V}$$

应用叠加原理,可将多个电源组成的线性复杂电路转换为若干单一电源作用的简单电路进行分析计算。不仅如此,叠加原理也是分析计算线性问题的普遍原理。

2.2.2　等效电源定理

在电路分析中通常把电路称为网络,凡是与外电路通过两个出线端联接起来的网络,称为二端网络。若网络是由线性元件组成的,称为线性二端网络。若网络内部含有电源,则称为有源二端网络。相应地,若不含电源则称为无源二端网络。

在实际情况中,有时往往只需计算复杂电路中的某一部分(例如某一条支路)的电压或电流,而不需要求出电路中的所有电压和电流,此种情况应用等效电源定理求解最为简便。该方法是首先将待求的支路从电路中单独划出来,电路的其余部分则为有源二端网络,然后用一个等效电源来替代,从而使计算简化,如图2.2.4所示。

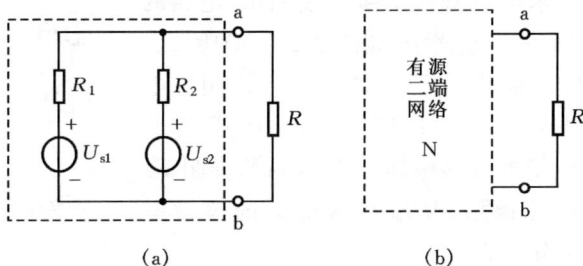

图 2.2.4　等效电源

等效电源可分为等效电压源和等效电流源。用电压源来等效代替有源二端网络的分析方法称戴维宁定理;用电流源来等效代替有源二端网络的分析方法称诺顿定理。

戴维宁定理指出:任何一个线性有源二端网络,对外电路来说,都可以用一个理想电压源 U_s 和内阻 R_0 串联的电压源来等效代替。理想电压源的 U_s 等于线性有源二端网络的开路电压 U_k,内阻 R_0 等于线性有源二端网络化为相应的无源网络后,由端口看进去的等效电阻 R_r,其等效关系如图 2.2.5 所示。图中 N_A 表示有源二端网络,N_P 表示除去 N_A 内部所有独立电源后的无源二端网络。

戴维宁定理可用叠加原理加以证明,此处从略。

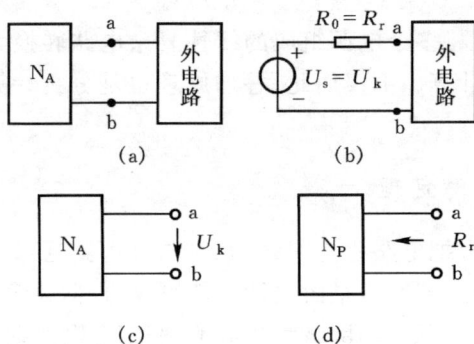

图 2.2.5 戴维宁定理的图解说明

(a)线性有源二端网络；(b)等效电压源；(c)求开路电压；(d)求等效电阻

【例 2.2.3】 图 2.2.6 所示电路中,已知 $R_1=6\ \Omega$, $R_2=3\ \Omega,R=4\ \Omega,U_{s1}=6\ V,U_{s2}=9\ V$。试求电流 I。

【解】 (1)将待求电流所在支路单独划出,电路的其余部分为一线性有源二端网络,如图 2.2.7(a)所示。

(2)依据戴维宁定理,有源二端网络可以用一电压源来等效替代,如图 2.2.7(b)所示。其中电压源的 U_s 等于有源二端网络的开路电压。电压源的内阻 R_0 等于有源二端网络除源后,从端口看进去的等效电阻。所以 U_s 和 R_0 分别为

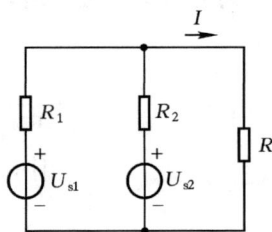

图 2.2.6 例 2.2.3 图

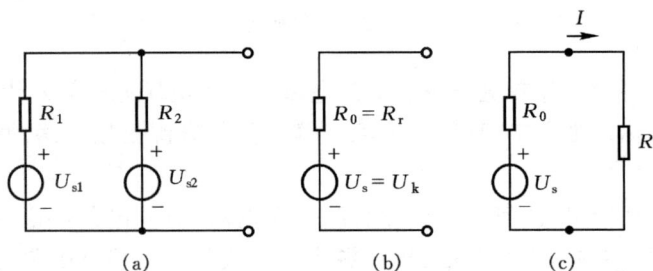

图 2.2.7 例 2.2.3 图的等效电路

(a)线性有源二端网络；(b)等效电压源；(c)等效电路

$$U_s = U_k = U_{s1} + \frac{U_{s2} - U_{s1}}{R_1 + R_2} \times R_1 = 6 + \frac{9-6}{9} \times 6 = 8\ V$$

$$R_0 = R_r = R_1 /\!/ R_2 = \frac{3 \times 6}{3 + 6} = 2\ \Omega$$

（3）将待求支路与等效电压源相连，则原电路化简为图 2.2.7(c)所示电路，由图可得

$$I = \frac{U_s}{R_0 + R} = \frac{8}{2+4} = 1.33 \text{ A}$$

【例 2.2.4】 图 2.2.8(a)所示电路中，已知 $R_1 = R_2 = R_4 = 6$ Ω，$R_3 = R = 3$ Ω，$U_{s1} = 12$ V，$U_{s2} = 3$ V，$U_{s3} = 15$ V，$I_s = 1$ A。试用戴维宁定理求流过电阻 R 的电流 I。

【解】 此电路较为复杂，有 4 个独立电源，6 条支路，4 个结点。若用支路电流法、叠加原理去求解都是比较复杂的，何况只需求某条支路的电流，上述方法均不可取。因此，用戴维宁定理求解是非常合适的。

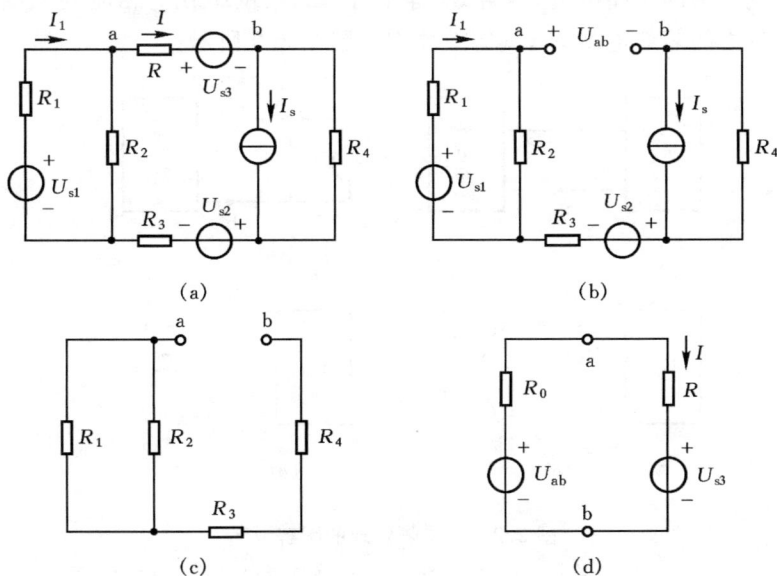

图 2.2.8　例 2.2.4 图

（1）取出待求支路，求有源二端网络的开路电压 U_{ab}，如图 2.2.8(b)所示。

$$U_{ab} = \frac{R_2}{R_1 + R_2} U_{s1} + (-U_{s2}) + I_s R_4 = \frac{6}{6+6} \times 12 - 3 + 1 \times 6 = 9 \text{ V}$$

（2）求无源二端网络的等效电阻 R_0。将 U_{s1}、U_{s2} 短路，I_s 开路，如图 2.2.8(c)所示。

$$R_0 = (R_1 /\!/ R_2) + R_3 + R_4 = \frac{6 \times 6}{6+6} + 3 + 6 = 12 \text{ Ω}$$

（3）作出等效电压源电路，接入待求支路，求流过电阻 R 的电流 I，如图 2.2.8(d)所示，由图可得

$$I = \frac{U_{ab} - U_{s3}}{R_0 + R} = \frac{9 - 15}{12 + 3} = -0.4 \text{ A}$$

从此题求解结果可见,待求支路可以是任意的。此例中的待求支路为一电压源。若待求支路为任意网络(线性的或非线性的),都可应用戴维宁定理。

由前述 1.4.1 节讨论可知,电压源可以等效变换为电流源。因此,有源二端网络的戴维宁定理等效电路,可以用理想电流源 I_s 和内阻 R_0 并联的电流源来等效代替,这就是诺顿等效电路。

诺顿定理指出:任何一个线性有源二端网络,对外电路来说,均可以用一个理想电流源 I_s 和内阻 R_0 并联的电路来等效。诺顿等效电路中的理想电流源 I_s 等于有源二端网络的短路电流,内阻 R_0 等于有源二端网络化为相应的无端网络后,由端口看进去的等效电阻 R_r,其等效关系如图 2.2.9 所示。

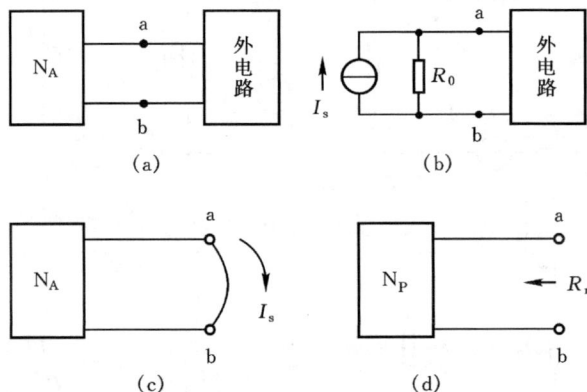

图 2.2.9　诺顿定理的图解说明
(a)原电路;(b)等效电路;(c)短路电流;(d)等效电阻

【例 2.2.5】已知各元件参数如图 2.2.10 所示,试求电路中的电流 I。

【解】(1)求有源二端网络的短路电流,如图 2.2.11(b)所示。

$$I_s = \frac{140}{20} + \frac{90}{5} = 25 \text{ A}$$

(2)求有源二端网络的等效电阻,如图 2.2.11(c)所示。

$$R_0 = \frac{20 \times 5}{20 + 5} = 4 \ \Omega$$

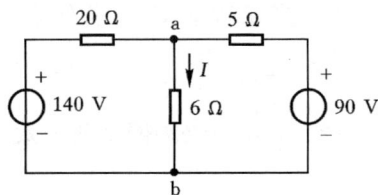

图 2.2.10　例 2.2.5 图

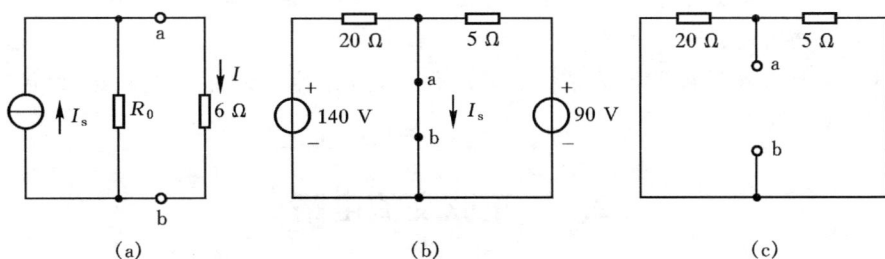

图 2.2.11 例 2.2.5 图的等效电路
(a)等效电路；(b)短路电流；(c)等效电阻

(3) 将待求支路与等效电流源相连,则原电路化简为图 2.2.11(a)所示电路,
由图可得

$$I = 25 \times \frac{4}{4+6} = 10 \text{ A}$$

【练习与思考】

2.2.1 分别用戴维宁定理和诺顿定理将图 2.2.12 所示电路转化为等效电压源和
等效电流源。

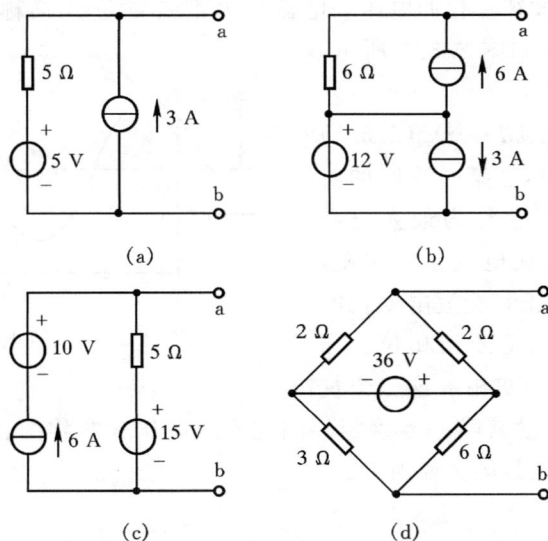

图 2.2.12 练习与思考 2.2.1 图

2.2.2 如何求得戴维宁等效电路的电阻 R_0？共有几种求解方法？计算时应注意哪些问题？

2.2.3 有源二端网络用电压源和电流源代替时，为什么说是对外等效，如何理解其含义？

2.3 正弦交流电路

正弦交流电路的分析在实用和理论上都很重要。这是由于许多电工设备和仪器中的电路都工作在正弦交流状态，尤其是在电力系统中，大量的问题依靠正弦交流电路分析来解决。对于周期性非正弦信号可以用傅里叶级数分解为一系列不同频率的正弦分量，因此，正弦交流电路的分析方法也是线性非正弦周期信号电路分析的基础。

本节主要介绍正弦交流电的三要素、相量表示以及如何运用相量法分析求解正弦交流电路的基本方法。这一节是电工技术的重要基础内容，所讨论的一些基本概念和分析方法必须很好地掌握并会正确运用，为今后学习有关的电气设备及电子技术课程打好理论基础。

2.3.1 正弦量的三要素

随时间按正弦规律变化的电压和电流称为正弦交流量，简称为正弦量。以正弦电压为例，其波形如图 2.3.1 所示，它的数学表达式为

$$u = U_m \sin(\omega t + \varphi) \quad (2.3.1)$$

式中 u 表示交流电压在某一瞬时的实际值，称为瞬时值；U_m 称为最大值或幅值；ω 表示正弦交流电变化的快慢，称为角频率；φ 表示正弦交流电变化的起始位置，称为初相角或初相位。当幅值 U_m、角频率 ω 和初相 φ 这三个量

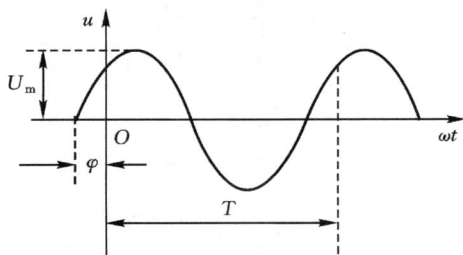

图 2.3.1 交流电压波形

已知时，则这一正弦量就唯一被确定。因此 U_m、ω 和 φ 常称为正弦量的三要素。它们是区别不同正弦量的主要因素。

1. 频率和周期

正弦量往复变化一周所需的时间称为周期，用 T 表示，单位为秒(s)，每秒变化的次数称为频率，用 f 表示，单位是赫兹(Hz)。周期和频率互为倒数，即

$$f = \frac{1}{T} \tag{2.3.2}$$

我国规定电力系统供电的标准频率是 50 Hz。世界上除英国、日本等少数国家规定 60 Hz 为标准频率外，大多数国家都以 50 Hz 为标准频率。但在通讯系统中，使用的频率范围就十分广泛了，许多电信号频率都远高于 50 Hz，因此常用的频率单位还有 kHz 和 MHz。

正弦交流电经历一个周期的时间，角度变化 2π 弧度，所以角频率为

$$\omega = \frac{2\pi}{T} = 2\pi f \tag{2.3.3}$$

单位是弧度/秒（rad/s）。它反映了正弦量变化的快慢。

2. 有效值

表示正弦量大小的物理量有瞬时值、幅值和有效值。而瞬时值和幅值仅表示某一瞬时的值，不能全面反映交流电做功的实际效应。因此，引入有效值来计量正弦量的大小。

交流电的有效值是从电流热效应的角度来规定的，如果正弦电流通过电阻，在一周期时间内所消耗的电能和某一直流电流通过同一电阻，且在相同的时间内所消耗的电能相等，则这个直流电流的量值就称之为该正弦电流的有效值，用大写字母 I 表示。

由上述有效值的定义，可以得到

$$\int_0^T i^2 R \mathrm{d}t = I^2 RT$$

$$I = \sqrt{\frac{1}{T} \int_0^T i^2 \mathrm{d}t} \tag{2.3.4}$$

即正弦交流电的有效值等于它的函数式的平方在一周期内的平均值再开平方根，简称"方均根"值。这一结论适用于任何周期性变化的电压、电流。

设正弦电流的函数式为

$$i = I_\mathrm{m} \sin(\omega t + \varphi)$$

代入式（2.3.4）中，求得交流电流的有效值

$$
\begin{aligned}
I &= \sqrt{\frac{1}{T} \int_0^T \left[I_\mathrm{m} \sin(\omega t + \varphi) \right]^2 \mathrm{d}t} \\
&= \sqrt{\frac{I_\mathrm{m}^2}{T} \int_0^T \frac{1 - \cos 2(\omega t + \varphi)}{2} \mathrm{d}t} \\
&= \frac{I_\mathrm{m}}{\sqrt{2}} = 0.707 I_\mathrm{m}
\end{aligned}
\tag{2.3.5}
$$

同理，正弦电压和电动势的有效值分别为

$$U = \frac{U_m}{\sqrt{2}} = 0.707U_m, \quad E = \frac{E_m}{\sqrt{2}} = 0.707E_m \qquad (2.3.6)$$

式（2.3.5）和式（2.3.6）表明了交流电的有效值与幅值之间的关系。工程上凡谈到正弦量的数值而又不特别说明时，都是指有效值。例如常用的交流电压220 V 或 380 V 等，即为有效值。各种交流电气设备名牌标出的额定电压、额定电流也都是指有效值，交流电压表和交流电流表的读数也都是有效值。

3. 初相位　相位差

我们知道正弦量是随时间变化的函数，对应于不同的时间 t，具有不同的 $(\omega t + \varphi)$，正弦交流电也就变化到不同的数值，所以 $(\omega t + \varphi)$ 反映了交流电变化的进程，称之为相位角或相位。$t = 0$ 时的相位角 φ，则称为初相位或初相角。

在同一电路中电压和电流的频率是相同的，但其初相位不一定相同，例如

$$u = U_m \sin(\omega t + \varphi_1), \quad i = I_m \sin(\omega t + \varphi_2) \qquad (2.3.7)$$

它们的初相位分别为 φ_1 和 φ_2。两个同频率正弦量的相位角之差或初相位之差，称为相位差，用 φ 表示，在式（2.3.7）中，u 和 i 的相位差为

$$\varphi = (\omega t + \varphi_1) - (\omega t + \varphi_2) = \varphi_1 - \varphi_2 \qquad (2.3.8)$$

由上式可知，两个同频率正弦量的相位随时间而改变，但两者之间的相位差却始终保持不变。相位差反映了两个同频率正弦量随时间变化"步调"上的先后。根据不同的相位差角，两个正弦量之间（以 u 与 i 为例）的相位关系大致可分以下几种情况：

（1）当 $\varphi_1 = \varphi_2$ 时，u 与 i 之间的相位差 $\varphi = \varphi_1 - \varphi_2 = 0$，即 u 与 i 将同时达到正的最大值或零值，它们的变化步调是一致的，这时称 u 和 i 同相。

（2）当 $\varphi_1 < \varphi_2$ 时，u 与 i 之间的相位差 $\varphi = \varphi_1 - \varphi_2 < 0$，即 i 比 u 先达到正的最大值。此时它们的相位关系是 i 超前于 u 或者说 u 滞后于 i。

（3）当 $\varphi = \varphi_1 - \varphi_2 = \pm\pi$ 时，u 与 i 的相位相反，称 u 与 i 反相。

在分析计算正弦交流电路时，通常是先选定某一正弦量为参考量，然后再求其他正弦量与参考量之间的相位关系。

必须指出：相位差反映的是同频率正弦量之间的相位关系。对频率不同的正弦量，它们的相位差是时间的函数，不是固定值，在此不予研究。

2.3.2　正弦量的相量表示法

由上述讨论可知，正弦量用三角函数式和波形图表示时，清楚地反映了正弦量的大小和相位关系，这是表达正弦量的基本方法。但在分析和计算电路的过程中，经常需要将几个同频率的正弦量进行加减、微分和积分的运算，如果直接用上述两

种表示法进行运算,计算过程相当繁琐。因此,为了能简便地进行运算,正弦量常用相量来表示。相量表示法的基础是复数,即用复数来表示正弦量。这种表示方法能把正弦函数的运算转化为简单的复数运算。

由数学知识知道,复数是一个由实部 a 和虚部 b 组成的数,用 A 表示,即

$$A = a + \mathrm{j}b \tag{2.3.9}$$

式中的 j 为虚数单位,在数学中是用 i 来表示的,在电工技术中,为了不与瞬时电流混淆,改用 j 来表示。

复数可以用几何方法表示,如图 2.3.2 所示。由图可知,复数的模和幅角分别为

$$r = \sqrt{a^2 + b^2}, \quad \varphi = \arctan\frac{b}{a}$$

图 2.3.2　复数的几何表示法

因为　　　　$a = r\cos\varphi, \quad b = r\sin\varphi$

所以

$$A = a + \mathrm{j}b = r\cos\varphi + \mathrm{j}r\sin\varphi = r(\cos\varphi + \mathrm{j}\sin\varphi) \tag{2.3.10}$$

根据欧拉公式

$$\cos\varphi = \frac{\mathrm{e}^{\mathrm{j}\varphi} + \mathrm{e}^{-\mathrm{j}\varphi}}{2}, \quad \sin\varphi = \frac{\mathrm{e}^{\mathrm{j}\varphi} - \mathrm{e}^{-\mathrm{j}\varphi}}{2\mathrm{j}}$$

可得　　　　　　　　　　$A = r\mathrm{e}^{\mathrm{j}\varphi} \tag{2.3.11}$

或简写为　　　　　　　　$A = r\angle\varphi \tag{2.3.12}$

由此得到复数的几种表示式:代数式(2.3.9)、指数式(2.3.11)和极坐标式(2.3.12)。上述几种表示式可根据运算需要进行互换。同时还可以看出,不论复数是哪种表示形式,都有模和幅角两个要素,只要它们已知,其对应的复数即可确定。

将复数的指数式 $A = r\mathrm{e}^{\mathrm{j}\varphi}$ 推广为时间 t 的函数,则

$$A = r\mathrm{e}^{\mathrm{j}(\omega t + \varphi)} \tag{2.3.13}$$

上式为一时变复函数,应用欧拉公式后变成

$$A = r\cos(\omega t + \varphi) + \mathrm{j}r\sin(\omega t + \varphi) \tag{2.3.14}$$

不难看出上式中的虚部为一正弦函数,即

$$\mathrm{Im}[A] = r\sin(\omega t + \varphi) \tag{2.3.15}$$

式中符号 Im 表示取复数虚部的意思。

可见,当正弦量的 r、ω、φ 一定时,将唯一地确定一个如式(2.3.1)的正弦函数,同时也唯一地确定一个如式(2.3.13)的时变复函数。两者之间存在着一一对应的映射关系。

基于以上所述,的确可以用复数来表示正弦量。由于在同一正弦交流电路中,

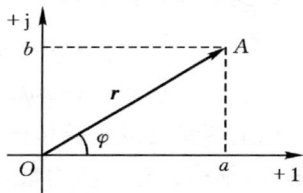

各正弦量的角频率是相同的,因此,只要由其幅值和初相位这两个要素就能确定一个正弦量。如式(2.3.13)可写成

$$A = re^{j\omega t} \cdot e^{j\varphi} \qquad (2.3.16)$$

将其中 $e^{j\omega t}$ 略去,仅用 $A = re^{j\varphi}$ 就可以表示一个正弦量。这样,复数的模即为正弦量的幅值,复数的幅角即为正弦量的初相位角。为了与一般的复数相区别,把表示正弦量的复数称为相量,并在大写字母上打"·"。于是表示正弦电压、电流的相量为

$$\dot{U}_{\mathrm{m}} = U_{\mathrm{m}}(\cos\varphi_1 + j\sin\varphi_1) = U_{\mathrm{m}}e^{j\varphi_1} = U_{\mathrm{m}}\angle\varphi_1 \qquad (2.3.17)$$

$$\dot{I}_{\mathrm{m}} = I_{\mathrm{m}}(\cos\varphi_2 + j\sin\varphi_2) = I_{\mathrm{m}}e^{j\varphi_2} = I_{\mathrm{m}}\angle\varphi_2 \qquad (2.3.18)$$

以上相量均以正弦量的幅值为模,称为幅值相量。若以正弦量的有效值为相量的模,则称为有效值相量,上述正弦量的有效值相量为

$$\dot{U} = \frac{U_{\mathrm{m}}}{\sqrt{2}}e^{j\varphi_1} = U\angle\varphi_1 \qquad (2.3.19)$$

$$\dot{I} = \frac{I_{\mathrm{m}}}{\sqrt{2}}e^{j\varphi_2} = I\angle\varphi_2 \qquad (2.3.20)$$

有效值相量是最常用的形式,本书简称之为相量。必须指出:相量是表示正弦量的复数,而正弦量是随时间变化的正弦函数。因此,相量本身不等于正弦量,它仅仅是正弦量的一种表示形式而已。同时还应明确,相量仅能表示正弦量,不能表示非正弦量。

由于相量表示法实质上就是用与之相对应的复数来表示一个正弦量,所以,可以应用在数学中所掌握的各种复数运算的方法,把正弦量繁琐的加减运算转化为较简便的代数运算。

有时为了能得到较为清晰的概念,可以把相量画出来作为辅助之用。把按照各个正弦量的大小和相位关系,在复平面上用矢量表示的图形,称为相量图。例如将式(2.3.17)和式(2.3.18)用相量图表示,如图2.3.3所示。由相量图可以清楚地看出电压和电流两个正弦量的大小和相位关系。显然,运用相量图分析各正弦交流量之间的关系,其概念清晰,又简明实用,因此它也是分析正弦交流电路的有效方法之一。

运用相量表示法分析交流电路,有时会遇到相量乘以 j 或 $-$j。下面说明 j 的几何意义。设 $\dot{I} = Ie^{j\varphi}$,由于

$$e^{\pm j90^\circ} = \cos90^\circ \pm j\sin90^\circ = \pm j \qquad (2.3.21)$$

所以

$$j\dot{I} = e^{j90^\circ} \cdot Ie^{j\varphi} = Ie^{j(\varphi+90^\circ)} \qquad (2.3.22)$$

$$-j\dot{I} = e^{j(-90^\circ)} \cdot Ie^{j\varphi} = Ie^{j(\varphi-90^\circ)} \qquad (2.3.23)$$

分别画出 $\dot{I}$、$j\dot{I}$、$-j\dot{I}$ 的相量图如图2.3.4所示。由图可见,相量 $\dot{I}$ 乘以 j,就是把相

量 $\dot{I}$ 逆时针旋转 90°;相量 $\dot{I}$ 乘以 $-$j,就是把相量 $\dot{I}$ 顺时针旋转 90°。故 j 称为旋转 90°的算子。

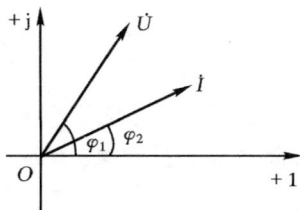

图 2.3.3 相量图

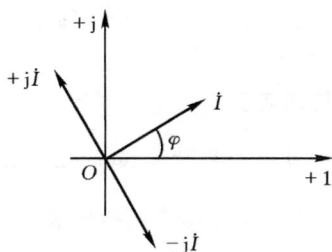

图 2.3.4 j 的几何意义

由上述可知,表示正弦量的相量有两种形式:相量图和复数式(即相量式),也就是说正弦量的相量法包括两方面的内容,一是相量解析法,即先将正弦量变换为复数形式,然后再应用复数的四则运算分析求解正弦交流电路;二是相量图法,即先把同频率正弦量的大小和相位关系在复平面上用图形表示,然后借助相量图的几何关系计算待求量。

【例 2.3.1】已知支路电流 $i_1 = 8\sin(\omega t + 60°)$A,$i_2 = 6\sin(\omega t - 30°)$A,试求正弦电流之和 $i = i_1 + i_2$。

【解】(1)运用相量图计算。i_1 和 i_2 的最大值相量为

$$\dot{I}_{1m} = 8\angle 60° \text{ A}, \quad \dot{I}_{2m} = 6\angle -30° \text{ A}$$

画出相量图如图 2.3.5 所示。由图可得总电流相量的幅值和初相分别为

$$I_m = \sqrt{I_{1m}^2 + I_{2m}^2} = \sqrt{8^2 + 6^2} = 10 \text{ A}$$

$$\varphi = \arctan\frac{I_{1m}}{I_{2m}} - 30° = 53.1° - 30° = 23.1°$$

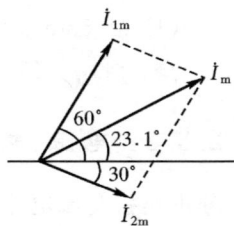

图 2.3.5 例 2.3.1 图

所以总电流为

$$i = i_1 + i_2 = I_m\sin(\omega t + \varphi) = 10\sin(\omega t + 23.1°)\text{A}$$

(2)运用相量式计算。各电流的幅值相量分别为

$$\dot{I}_{1m} = 8\angle 60° = 8\cos60° + \text{j}8\sin60° = 4 + \text{j}4\sqrt{3} \text{ A}$$

$$\dot{I}_{2m} = 6\angle -30° = 6\cos(-30°) + \text{j}6\sin(-30°) = 3\sqrt{3} - \text{j}3 \text{ A}$$

总电流的幅值相量为

$$\dot{I}_m = \dot{I}_{1m} + \dot{I}_{2m} = 4 + \text{j}4\sqrt{3} + 3\sqrt{3} - \text{j}3$$

$$= (4+3\sqrt{3})+j(4\sqrt{3}-3)$$
$$= 10\angle 23° \text{ A}$$

所以总电流为 $i=10\sin(\omega t+23°)$ A

【练习与思考】

2.3.1 设电路中的电流 $i=20\sin(314t-\dfrac{\pi}{4})$mA，试指出它的频率、周期、角频率、

   幅值、有效值及初相各为多少，并画出波形图。

2.3.2 设 $i=20\sqrt{2}\sin(314t+60°)$A，$u=100\sqrt{2}\sin(314t-30°)$V。

   (1) 电压与电流的相位差是多少？

   (2) 画出电压与电流的波形图。

   (3) 说明两者在相位上的超前和滞后关系。

2.3.3 额定值为 220 V、40 W 的电烙铁，接在有效值为 220 V 的正弦交流电源上
   与接在 220 V 的直流电源上消耗的功率是否相同？

2.3.4 把下列相量转化为极坐标形式，并写出相应的瞬时值表达式。

   (1) $\dot{I}_1=10+j10$A； (2) $\dot{I}_2=10-j10$A；

   (3) $\dot{I}_3=-10+j10$A； (4) $\dot{I}_4=-10-j10$A

2.3.5 指出下列各式中的错误，并改正之。

   (1) $i=5\sin(\omega t-30°)=5\angle -30°$ A； (2) $I=15\sin(314t+45°)$A；

   (3) $I=5\angle 45°$ A； (4) $\dot{U}=100e^{20°}$V

2.3.3 电阻、电感、电容元件的交流电路

分析正弦交流电路时，主要分析电路中电压和电流之间的大小和相位关系以及能量转换和功率问题。最简单的交流电路是由电阻、电感或电容单一元件组成的电路。工程实际中的某些电路也可以作为单一参数元件的电路来处理。较复杂的电路只不过是一些单一参数元件的不同组合而已。因此，必须首先掌握单一参数电路的基本规律，在此基础上再进一步分析较为复杂的电路。

1. 电阻电路

线性电阻元件的交流电路如图 2.3.6(a)所示。在正弦交流电压 u 的激励下，电路中产生电流 i，它们之间的关系由欧姆定律确定。在图示参考方向下，则有

$$i=\frac{u}{R} \tag{2.3.24}$$

设正弦电压的初相位为零，即 $u=U_m\sin\omega t$，则电路中的电流为

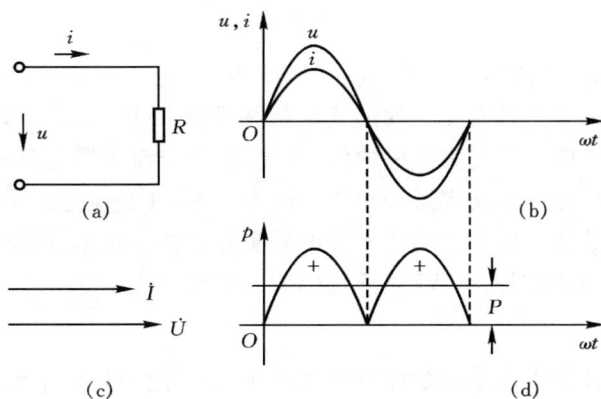

图 2.3.6　电阻元件的交流电路

(a)电路；(b)电压、电流波；(c)相量图；(d)瞬时功率波形

$$i = \frac{u}{R} = \frac{U_m}{R}\sin\omega t = I_m\sin\omega t = \sqrt{2}I\sin\omega t \qquad (2.3.25)$$

由此可见，电阻元件交流电路的电压和电流是同频率的正弦量且相位相同。它们的大小关系为

$$\frac{U_m}{I_m} = \frac{U}{I} = R \quad 或 \quad U = IR \qquad (2.3.26)$$

若用相量表示电压与电流的关系，则为

$$\dot{U}_m = \dot{I}_mR \quad 或 \quad \dot{U} = \dot{I}R \qquad (2.3.27)$$

式(2.3.27)为欧姆定律的相量形式，它既表示了电阻电压和电流的大小关系，也表示了电阻电压与电流的同相位关系。电阻元件交流电路中电压、电流的波形、相量图如图 2.3.6(b)、(c)所示。

电阻元件通入正弦交流电压后，电路的瞬时功率为

$$p = ui = U_m\sin\omega t \cdot I_m\sin\omega t = UI(1 - \cos2\omega t) \qquad (2.3.28)$$

上式表明瞬时功率是由固定分量 UI 和交变量 $UI\cos2\omega t$ 组成，其变化规律如图 2.3.6(d)所示。从图中可以看出，瞬时功率总是正值，即 $p>0$，这说明电阻在任何时刻都从电源取用电能，并把它转换成热能散发至周围空间介质中，这种由电能转变为热能的能量转换过程是不可逆的。

电阻元件瞬时功率在一周期内的平均值，称为平均功率。用大写字母 P 表示。根据式(2.3.28)，电阻电路的平均功率为

$$P = \frac{1}{T}\int_0^T p\,dt = \frac{1}{T}\int_0^T UI(1 - \cos2\omega t)\,dt$$

即
$$P = UI = I^2R = \frac{U^2}{R} \tag{2.3.29}$$

上式表明,电阻元件交流电路的平均功率等于电压、电流有效值的乘积,它和直流电路中计算功率的公式具有相同的形式。从物理意义上讲,由于交流电的有效值就是与它们的热效应相等的直流电的值,因此,正弦交流电阻电路平均功率的形式必然与直流电阻电路中的功率形式相同。但要注意,在交流电路中,平均功率的电压和电流均指有效值。由于平均功率是电阻实际消耗的功率,故又称为有功功率,简称功率。功率的单位是瓦(W)或千瓦(kW)、毫瓦(mW)等。

2. 电感电路

线性电感元件的交流电路如图 2.3.7(a)所示。图中标出了电压、电流以及感应电动势的参考方向。设通过电感元件的电流为 $i = I_m\sin\omega t$,则电感元件两端的电压,由式(1.3.7)可得

$$U = L\frac{\mathrm{d}i}{\mathrm{d}t} = L\frac{\mathrm{d}(I_m\sin\omega t)}{\mathrm{d}t} = I_m\omega L\cos\omega t$$

$$= U_m\sin(\omega t + 90°) \tag{2.3.30}$$

由式(2.3.30)可知,在电感元件的交流电路中,电压与电流仍然是同频率的正弦量,但在相位上电压超前于电流 90°,或者说电流在相位上滞后于电压 90°。其波

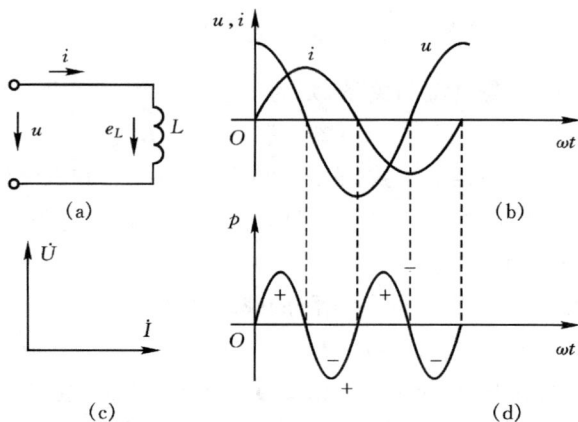

图 2.3.7　电感元件交流电路
(a)电路;(b)电压电流波形;(c)相量图;(d)瞬时功率波形

形如图 2.3.7(b)所示。为什么电阻元件的电压与电流同相,而电感元件的电压与电流在相位上相差 90°? 这是因为电感元件上产生的自感电势企图阻止电流的变化,因此使得电感电流的变化落后于电感电压的变化。至于电压与电流之间存在

$90°$的相位差,则是由式(1.3.7)具体确定的。电感元件电压与电流的大小关系由式(2.3.30)可得

$$\frac{U_{\mathrm{m}}}{I_{\mathrm{m}}} = \frac{U}{I} = \omega L \qquad (2.3.31)$$

令

$$X_L = \omega L = 2\pi fL \qquad (2.3.32)$$

则

$$\frac{U}{I} = X_L \quad \text{或} \quad I = \frac{U}{X_L} \qquad (2.3.33)$$

上式中 X_L 是电感电压与电流最大值或有效值之比,称为电感电抗,简称感抗,单位是欧姆(Ω)。感抗 X_L 是交流电路中的一个重要的物理量,它表示电感对交流电流阻碍作用的大小,这种阻碍作用和电阻的作用类似,但是性质不同。电阻是由于电荷定向运动与导体分子之间碰撞磨擦引起的,而感抗的阻碍作用则是自感电动势反抗电流的变化而引起的。感抗 X_L 的大小正比于电感 L 和通过电感线圈的电流频率 f。频率愈高,意味着$\frac{\mathrm{d}i}{\mathrm{d}t}$愈大,自感电动势愈大,它对电路中电流的阻力也愈大,电压一定时,电流愈小。所以自感电动势对电流的阻碍作用是通过感抗 X_L 反映出来的。在直流电路中,电源频率 $f=0$, $X_L=0$,它对直流电无阻碍作用,可以视为短路。当电压有效值一定时,电流 I 与频率 f 成反比。X_L、I 与 f 的关系曲线如图 2.3.8 所示。

若用相量表示电感元件两端电压和电流的关系为

$$\dot{I} = I\angle 0° = I\mathrm{e}^{\mathrm{j}0°}$$

$$\dot{U} = U\angle 90° = U\mathrm{e}^{\mathrm{j}90°}$$

所以

$$\frac{\dot{U}}{\dot{I}} = \frac{U\mathrm{e}^{\mathrm{j}90°}}{I\mathrm{e}^{\mathrm{j}0°}} = X_L\mathrm{e}^{\mathrm{j}90°} = \mathrm{j}X_L$$

或

$$\dot{U} = \mathrm{j}\dot{I}X_L \qquad (2.3.34)$$

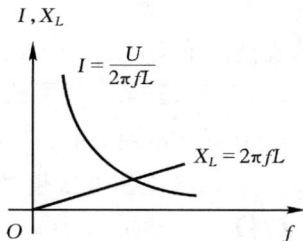

图 2.3.8　X_L、I 与 f 的关系

上式为电感元件交流电路中欧姆定律的相量形式。它同时表明了电感元件交流电路中电压与电流的大小和相位关系。相量图如图 2.3.7(c)所示。需要注意:感抗 X_L 是有效值 U 与 I 之比而不是瞬时值 u_L 与 i_L 之比。

电感电路中的瞬时功率为

$$\begin{aligned} p = ui &= U_{\mathrm{m}}I_{\mathrm{m}}\sin(\omega t + 90°)\sin\omega t \\ &= U_{\mathrm{m}}I_{\mathrm{m}}\cos\omega t \sin\omega t \\ &= \frac{U_{\mathrm{m}}I_{\mathrm{m}}}{2}\sin 2\omega t = UI\sin 2\omega t \end{aligned} \qquad (2.3.35)$$

其变化曲线如图 2.3.7(d)所示。从图中可以看出它与电阻电路的瞬时功率波形

完全不同,其波形有正有负且完全对称,所以在一个周期内的平均值显然为零,即

$$P = \frac{1}{T}\int_0^T p\mathrm{d}t = 0 \qquad (2.3.36)$$

它说明电感电路是不消耗电能的,这是由于理想电感元件本身没有电阻,所以没有能量消耗。

由图 2.3.7(d)所示的瞬时功率波形图可以看出,在第一和第三个 1/4 周期内,由于 u 和 i 同为正值或同为负值,所以瞬时功率 p 为正值,其间电流的绝对值增大,这说明电感从电源吸收电能,并把电能转换为磁场能储存在线圈的磁场中;在第二和第四个 1/4 周期内,u 和 i 方向相反,所以 p 为负值,这时电流的绝对值减小,磁场能减小,说明电感元件在此间释放能量,把原来储存在线圈中的磁场能变换成电能返送回电源。

可见,在电流变化的一周期内,电感向电源吸取的电能和返送给电源的能量相等,所以在理想电感元件的交流电路中,没有能量的消耗,只有电感与电源之间的能量交换。显然,这是一个可逆的能量转换过程。

为了衡量电感与电源之间能量交换规模的大小,通常用瞬时功率的最大值,即电感电压和电流有效值的乘积来表示,称为无功功率,并用符号 Q_L 表示。即

$$Q_L = U_L I_L = I^2 X_L \qquad (2.3.37)$$

无功功率 Q_L 不是电感元件作功的功率,它仅反映了电感元件与电源进行能量互换的规模。单位是乏(var)或千乏(kvar)。

【例 2.3.2】 某一线圈的电感 $L = 28.8$ mH,电阻忽略不计。将它接入电源电压 $u = 110\sqrt{2}\sin(314t + 30°)$ V 的交流电源上。求:(1)感抗 X_L;(2)电流 i 和无功功率 Q_L;(3)若电源电压频率提高一倍,再求 X_L、I、Q_L。

【解】 (1) 感抗 $X_L = \omega L = 314 \times 28.8 \times 10^{-3} = 9$ Ω

(2) 电源电压 $\dot{U} = 110 \angle 30°$ V

$$\dot{I} = \frac{\dot{U}}{\mathrm{j}X_L} = \frac{110 \angle 30°}{\mathrm{j}9} = \frac{110 \angle 30°}{9 \angle 90°} = 12.22 \angle -60° \text{ A}$$

所以 $\qquad\qquad i = 12.22\sqrt{2}\sin(\omega t - 60°)$ A

无功功率 $\qquad\qquad Q_L = U_L I_L = 110 \times 12.22 = 1.34$ kvar

(3) 当电源频率提高一倍时

$$X_L = \omega L = 2\pi f L = 2\pi \times 100 \times 28.8 = 18 \text{ Ω}$$

$$I_L = \frac{U}{X_L} = \frac{110}{18} = 6.11 \text{ A}$$

$$Q_L = U_L I_L = 110 \times 6.11 = 672.1 \text{ var}$$

可见,当电源的电压不变而频率增大时,电感元件的感抗增加,电流则减小。

3. 电容电路

线性电容元件的交流电路如图 2.3.9(a)所示。设电容两端电压 $u=U_\mathrm{m}\sin\omega t$，则电容元件电路中的电流由式(1.3.11)可得

$$i = C\frac{\mathrm{d}u}{\mathrm{d}t} = C\frac{\mathrm{d}(U_\mathrm{m}\sin\omega t)}{\mathrm{d}t} = U_\mathrm{m}\omega C\cos\omega t$$

$$= I_\mathrm{m}\sin(\omega t + 90°) \tag{2.3.38}$$

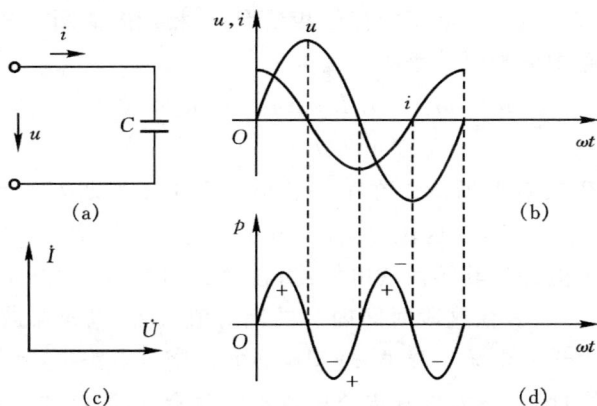

图 2.3.9　电容元件的交流电路

(a)电路；(b)电压、电流波形；(c)相量图；(d)瞬时功率波形

可见，电容元件电路中的电流也是同频率的正弦量。电流在相位上超前于电容电压 $90°$，其波形如图 2.3.9(b)所示。由式(2.3.38)可得

$$I_\mathrm{m} = U_\mathrm{m}\omega C \quad 或 \quad \frac{U_\mathrm{m}}{I_\mathrm{m}} = \frac{U}{I} = \frac{1}{\omega C} \tag{2.3.39}$$

令

$$X_C = \frac{1}{\omega C} = \frac{1}{2\pi fC} \tag{2.3.40}$$

上式中 X_C 称为容抗，单位是欧姆(Ω)。容抗 X_C 表示电容对交流电的阻碍作用。其阻碍作用的大小与电容 C 和频率 f 成反比，这是因为在一定电压下，电容愈大、频率愈高，充放电的电流就愈大，表现出的容抗就愈小。因此，电容对高频信号阻碍作用小，可视作短路，而对直流 $f=0$，$X_C=\infty$，电路中的电流为零，即电容有隔直作用。当电压 U 和电容 C 一定时，容抗 X_C、电流 I 与频率 f 的关系如图 2.3.10 所示。

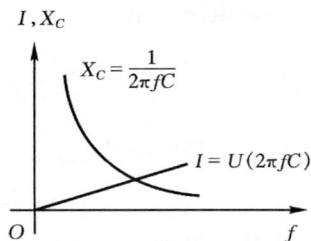

图 2.3.10　X_C、I 与 f 的关系

若用相量表示电压、电流的关系,则为

$$\dot{U} = Ue^{j0} = U\angle 0°$$

$$\dot{I} = Ie^{j90°} = I\angle 90°$$

$$\frac{\dot{U}}{\dot{I}} = \frac{U\angle 0°}{I\angle 90°} = X_c\angle -90° = -jX_c$$

所以 $$\dot{U} = -j\dot{I}X_c \qquad\qquad (2.3.41)$$

上式为电容元件交流电路中欧姆定律的相量形式,相量图如图 2.3.9(c)所示。

电容元件电路中的瞬时功率为

$$p = ui = U_m I_m \sin\omega t \sin(\omega t + 90°)$$

$$= U_m I_m \sin 2\omega t \qquad\qquad (2.3.42)$$

其变化曲线如图 2.3.9(d)所示。在第一和第三个 1/4 周期内,i 和 u 同为正值或同为负值,瞬时功率 $p>0$,在这段时间内,电压 u 的绝对值增大,电容被充电,此时电容吸收电源的电能并将其转换成电场能;在第二和第四个 1/4 周期内,i 和 u 方向相反,瞬时功率 $p<0$,在这段时间内 u 的绝对值减小,电容器放电,此时电场能又被转换成电能返送回电源。显然,理想电容元件交流电路中,平均功率同电感元件一样也为零。因此,电容元件在电路中也不消耗能量,而是和电源不断地进行能量互换,这也是一个可逆的能量转换过程。通常也用无功功率 Q 来衡量其能量互换的规模,即

$$Q_C = UI = I^2 X_C \qquad\qquad (2.3.43)$$

Q_C 的单位也是乏(var)或千乏(kvar)。

【例 2.3.3】 如图 2.3.9(a)所示电路中,已知 $C=47~\mu F$,电流 $i = 2\sqrt{2}\sin(314t + 30°)$A,要求:(1)计算电路的容抗和电容电压瞬时值表达式及无功功率 Q_C。(2)若流过该电路的电流频率增加一倍,再求 X_C、U_C、Q_C。

【解】 (1) 容抗 $$X_C = \frac{1}{\omega C} = \frac{1}{314 \times 47 \times 10^{-6}} = 67.8~\Omega$$

电容电压相量为

$$\dot{U}_C = -j\dot{I}_C X_C = 2\angle 30° \times \angle -90° \times 67.8$$

$$= 135.6\angle -60°~V$$

电容电压瞬时值表达式为

$$u_C = 135.6\sqrt{2}\sin(314t - 60°)~V$$

无功功率为

$$Q_C = U_C I_C = 135.6 \times 2 = 271.2~var$$

(2)电流频率提高一倍时

$$X_C = \frac{1}{\omega C} = \frac{1}{314 \times 2 \times 47 \times 10^{-6}} = 33.9 \ \Omega$$

$$U_c = IX_C = 2 \times 33.9 = 67.8 \ \text{V}$$

$$u_C = 67.8\sqrt{2}\sin(2 \times 314t - 60°) \text{V}$$

$$Q = U_c I_c = 67.8 \times 2 = 135.6 \ \text{var}$$

【练习与思考】

2.3.6　为什么感抗 X_L 与交流电频率成正比？容抗 X_C 与交流电频率成反比？并说明在直流电路中电感相当于短接、电容相当于开路的道理。

2.3.7　在正弦交流电路中,如何理解电感电流滞后电压 $90°$,电容电压滞后电流 $90°$？

2.3.8　无功功率是否是无用的？如何理解有功功率、无功功率的含义？

2.3.9　在电感元件的正弦交流电路中,$L = 100$ mH,$f = 50$ Hz,(1)已知 $i = 7\sqrt{2}\sin\omega t$ A,求电压 u;(2)已知 $\dot{U} = 127\angle{-30°}$ V,求 i,并画出相量图。

2.3.4　简单正弦交流电路的分析与计算

1. *RLC* 串联电路

电阻、电感、电容串联交流电路是一个很典型的电路,许多实际的电路均可以由两个或三个不同理想元件的串联形式来表示电压和电流的关系。如图 2.3.11 所示电路中,在外加交流电源 u 的作用下,电路中的电流为 i,R、L、C 元件上的电

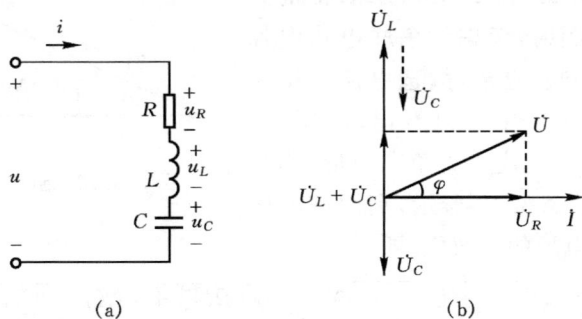

图 2.3.11　电阻、电感、电容串联的交流电路

(a)电路图；(b)相量图

压分别为 u_R、u_L 和 u_C。依据 KVL 可得

$$u = u_R + u_L + u_C \tag{2.3.44}$$

上式中的 u_R、u_L、u_C 都是同频率的正弦量,因此可以用相量式来表示,即

$$\dot{U} = \dot{U}_R + \dot{U}_L + \dot{U}_C \tag{2.3.45}$$

又 $$\dot{U}_R = \dot{I}R, \quad \dot{U}_L = j\dot{I}X_L, \quad \dot{U}_C = -j\dot{I}X_C$$

故得

$$\begin{aligned}
\dot{U} &= \dot{I}R + j\dot{I}X_L - j\dot{I}X_C \\
&= \dot{I}[R + j(X_L - X_C)] \\
&= \dot{I}(R + jX) \\
&= \dot{I}Z
\end{aligned} \tag{2.3.46}$$

则 $$Z = \frac{\dot{U}}{\dot{I}} \quad 或 \quad \dot{I} = \frac{\dot{U}}{Z} \tag{2.3.47}$$

$$Z = R + j(X_L - X_C) = |Z| \angle \varphi \tag{2.3.48}$$

式(2.3.47)称为欧姆定律的相量形式,式中的 Z 称为复数阻抗,简称阻抗。它只是一般的复数计算量,不是相量,因此在字母 Z 上不加小点。$|Z|$ 称为阻抗模,辐角 φ 称为阻抗角,它们分别为

$$|Z| = \sqrt{R^2 + X^2} = \sqrt{R^2 + (X_L - X_C)^2} \tag{2.3.49}$$

$$\varphi = \arctan \frac{X_L - X_C}{R} \tag{2.3.50}$$

式(2.3.49)反映了 RLC 串联电路对正弦电流的阻碍作用。在这里,它概括了电阻、电感、电容的性质。

RLC 串联交流电路中的电压、电流的关系,还可以通过图 2.3.11(b)所示的相量图来表示。作相量图时,考虑到串联电路中各元件中通过的是同一电流,故选电流 $\dot{I}$ 作为参考相量。从相量图中可以看出,电压 $\dot{U}$、$\dot{U}_R$ 及 $\dot{U}_L + \dot{U}_C$ 三者构成了直角三角形,称为电压三角形,如图 2.3.12 所示,利用该电压三角形可求得总电压的有效值,即

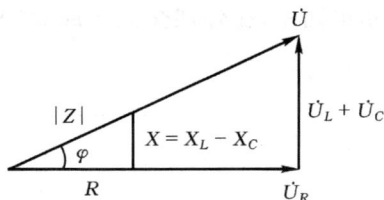

图 2.3.12　阻抗、电压三角形

$$U = \sqrt{U_R^2 + (U_L - U_C)^2} = \sqrt{(IR^2) + (IX_L - IX_C)^2}$$
$$= I\sqrt{R^2 + (X_L - X_C)^2} = I|Z|$$

阻抗模 $|Z|$、电抗 $X = (X_L - X_C)$ 和电阻 R 三者的数量关系也是直角三角形三个边的关系。该直角三角形称为阻抗三角形,它与电压三角形相似。利用电压三角形或阻抗三角形也可求出电压与电流的相位差,即

$$\varphi = \arctan \frac{U_L - U_C}{U_R} = \arctan \frac{I(X_L - X_C)}{IR} = \arctan \frac{X_L - X_C}{R} \tag{2.3.51}$$

由上式可知,电压与电流的相位差 φ 的大小和正负完全由电路的参数来决定,且与频率有关。在式(2.3.51)中,若 $X_L > X_C$ 即 $X > 0$,则 $\varphi > 0$,说明总电压超前于电流,这时电路中的电感作用大于电容作用,称这种电路为电感性电路;若 $X_L < X_C$ 即 $X < 0$,则 $\varphi < 0$,说明总电压滞后于电流,这时电路中的电感作用小于电容作用,称这种电路为电容性电路。若 $X_L = X_C$ 即 $X = 0$,则 $\varphi = 0$,说明电压 u 与电流 i 同相,这时电感作用和电容作用相互抵消,这种电路称为电阻性电路,这是电路的一种特殊情况,又称为串联谐振电路,将在 2.3.5 节中详细讨论。

【例 2.3.4】 图 2.3.13(a)所示电路为测量电感线圈参数的实验电路,已知三个交流电压表的读数分别是 $U = 36$ V,$U_1 = 20$ V,$U_2 = 22.4$ V,电阻 $R_1 = 10$ Ω,电源频率为 50 Hz,求线圈的参数 R 和 L。

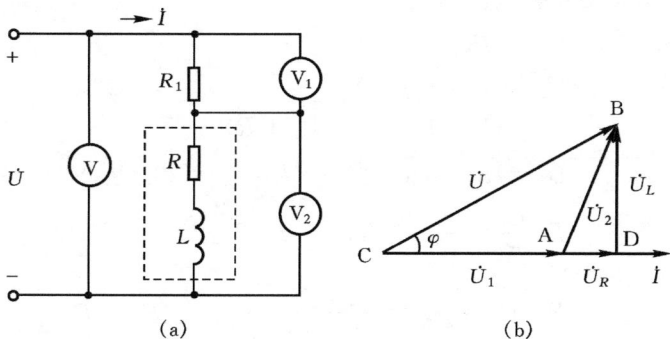

图 2.3.13　例 2.3.4 图
(a)电路图;(b)相量图

【解】(1)相量图法

首先定性画出各电压、电流的相量图,如图 2.3.13(b)所示。由于图 2.3.13(a)是串联电路,各串联元件上的电压都与电流有关,因此以电流 $\dot{I}$ 作为参考相量。$\dot{U}_1$ 与 $\dot{I}$ 同相位,$\dot{U}_2$ 超前 $\dot{I}$。故电压 $\dot{U}$、$\dot{U}_1$ 和 $\dot{U}_2$ 构成三角形。在△ABC 中,因 U_1、U_2、U 均已知,即三角形的三个边长已知,所以用余弦定律可求出 φ 角,即为总电压 u 与总电流 i 的相位差。

由

$$AB^2 = CB^2 + CA^2 - 2 \times CB \times CA \times \cos\varphi$$

得

$$\cos\varphi = \frac{36^2 + 20^2 - 22.4^2}{2 \times 36 \times 20} = 0.829$$

所以

$$\varphi = 34°$$

在直角三角形△BCD 中

$$U_L = U\sin\varphi = 36 \times \sin34° = 20.1 \text{ V}$$

又因 $\qquad I = \dfrac{U_1}{R_1} = \dfrac{20}{10} = 2 \text{ A}$

$$X_L = \dfrac{U_L}{I} = \dfrac{20.1}{2} = 10.05 \ \Omega$$

所以 $\qquad L = \dfrac{X_L}{2\pi f} = \dfrac{10.05}{314} = 32.2 \text{ mH}$

$$U_1 + U_R = U\cos\varphi = 36 \times \cos 34° = 29.8 \text{ V}$$

$$U_R = 29.8 - U_1 = 29.8 - 20 = 9.8 \text{ V}$$

所以 $\qquad R = \dfrac{U_R}{I} = \dfrac{9.8}{2} = 4.9 \ \Omega$

（2）相量解析法

以电流 $\dot{I}$ 为参考相量，则

$$\dot{U}_1 = \dot{I}R_1 \tag{1}$$

$$\dot{U}_2 = \dot{I}(R + jX_L) \tag{2}$$

$$\dot{U} = \dot{U}_1 + \dot{U}_2 = \dot{I}[(R_1 + R) + jX_L] \tag{3}$$

由（1）式得 $\qquad \dot{U}_1 = \dot{I}R_1 = IR_1 \angle 0° = U_1 \angle 0° = 20\angle 0° \text{ V}$

又因 $\qquad I = \dfrac{U_1}{R_1} = \dfrac{20}{10} = 2 \text{ A}, \qquad \dot{I} = 2\angle 0° \text{ A}$

由（2）式得 $\qquad R + jX_L = \dfrac{\dot{U}_2}{\dot{I}} = \dfrac{22.4\angle\varphi_L}{2\angle 0°} = 11.2\angle\varphi_L \quad \Omega \tag{4}$

式中 φ_L 是线圈的相位差角。

由（3）式得 $\quad (R_1 + R) + jX_L = \dfrac{\dot{U}}{\dot{I}} = \dfrac{U\angle\varphi}{2\angle 0°} = \dfrac{36\angle\varphi}{2\angle 0°} = 18\angle\varphi \quad \Omega \tag{5}$

式中 φ 是总电压与总电流之间的相位差角。

由（4）式得 $\qquad R^2 + X_L^2 = 11.2^2 \tag{6}$

由（5）式得 $\qquad (R_1 + R)^2 + X_L^2 = 18^2 \tag{7}$

联立（6）和（7）式，求解得

$$R = 4.9 \ \Omega, \quad X_L = 10.05 \ \Omega, \quad L = \dfrac{X_L}{2\pi f} = \dfrac{10.05}{314} = 32.2 \text{ mH}.$$

2. 阻抗的串联和并联

如果电路由若干个复阻抗串联组成，如图 2.3.14 所示。根据基尔霍夫电压定律，电路的总电压等于各部分电压的相量和，即

$$\begin{aligned} \dot{U} &= \dot{U}_1 + \dot{U}_2 + \dot{U}_3 + \cdots \\ &= \dot{I}Z_1 + \dot{I}Z_2 + \dot{I}Z_3 + \cdots \\ &= \dot{I}(Z_1 + Z_2 + Z_3 + \cdots) \end{aligned}$$

$$= \dot{I}Z \tag{2.3.52}$$

所以电路的等效阻抗

$$Z = Z_1 + Z_2 + Z_3 + \cdots$$

$$= R_1 + jX_1 + (R_2 + jX_2) + (R_3 + jX_3) + \cdots$$

$$= \sum_{k=1}^{n} R_k + j\sum_{k=1}^{n} X_k = R + jX \tag{2.3.53}$$

上式表明：串联电路的总阻抗等于各部分的阻抗相加，即串联总复阻抗的电阻等于各部分电阻之和，总电抗等于各部分电抗的代数和。必须指出：分析交流电路时要注意到各个交流量之间不仅有大小关系，而且还有相位关系。因此，总电压的有效值不一定等于各部分电压有效值的代数和。

　　并联是电路的另一种重要联接方式，所要解决的问题和分析方法与串联电路基本相同。

　　如果电路由若干个阻抗并联组成，如图 2.3.15 所示。并联电路的等效阻抗

$$\frac{1}{Z} = \frac{1}{Z_1} + \frac{1}{Z_2} + \cdots + \frac{1}{Z_{n-1}} + \frac{1}{Z_n} = \sum_{k=1}^{n} \frac{1}{Z_k} \tag{2.3.54}$$

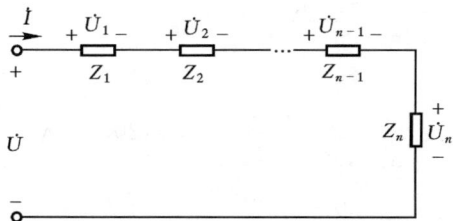

图 2.3.14　阻抗串联电路　　　　　图 2.3.15　阻抗并联电路

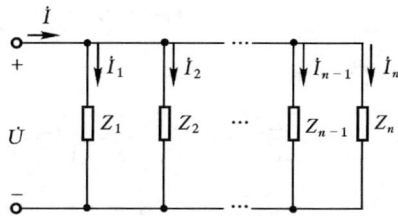

　　需要指出，在正弦交流电路中，应用相量法求解电路时，只要将电路中的各个参数及求解量用复数表示，直流电路的分析方法都可采用。

　　【例 2.3.5】　在图 2.3.16(a)所示电路中，$Z_1 = 4 + j10\ \Omega$，$Z_2 = 8 - j6\ \Omega$，$Z_3 = j8.33\ \Omega$，$U = 60\ V$。求电流 $\dot{I}_1$、$\dot{I}_2$ 和 $\dot{I}_3$，并画出电压和电流的相量图。

　　【解】　令电压 $\dot{U}$ 为参考相量，即

$$\dot{U} = U\angle 0° = 60\angle 0°\ V$$

两并联负载的等效复阻抗

$$Z_{23} = \frac{Z_2 Z_3}{Z_2 + Z_3} = \frac{(8 - j6)(j8.33)}{(8 - j6) + j8.33}$$

$$= \frac{50 + j66.5}{8 + j2.33} = \frac{83.3\angle 53.4°}{8.33\angle 16.2°} = 8 + j6\,\Omega$$

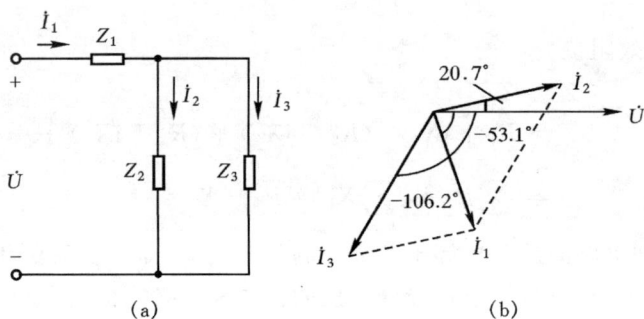

图 2.3.16　例 2.3.5 图

(a)电路图；(b)相量图

Z_1 和 Z_{23} 串联的等效复阻抗为

$$Z = Z_1 + Z_{23} = (4 + \mathrm{j}10) + (8 + \mathrm{j}6) = 20 \angle 53.1° \; \Omega$$

电源输入电流

$$\dot{I}_1 = \frac{\dot{U}}{Z} = \frac{60 \angle 0°}{20 \angle 53.1°} = 3 \angle -53.1° \; \mathrm{A}$$

各支路电流

$$\dot{I}_2 = \frac{Z_3 \dot{I}_1}{Z_2 + Z_3} = \frac{\mathrm{j}8.33 \times 3 \angle -53.1°}{8 - \mathrm{j}6 + \mathrm{j}8.33} = \frac{24.99 \angle 36.9°}{8.33 \angle 16.2°} = 3 \angle 20.7° \; \mathrm{A}$$

$$\dot{I}_3 = \frac{Z_2 \dot{I}_1}{Z_2 + Z_3} = \frac{(8 - \mathrm{j}6) \times 3 \angle -53.1°}{8.33 \angle 16.2°} = \frac{30 \angle -90°}{8.33 \angle 16.2°}$$

$$= 3.6 \angle -106.2° \; \mathrm{A}$$

电压和电流的相量图如图 2.3.16(b)所示。

3. 功率计算

在电阻、电感、电容串联交流电路中，以电流为参考相量，即 $i = I_\mathrm{m} \sin\omega t$，设 u 与 i 相位差为 φ，则 $u = U_\mathrm{m} \sin(\omega t + \varphi)$，电路的瞬时功率为

$$
\begin{aligned}
p = ui &= U_\mathrm{m} \sin(\omega t + \varphi) I_\mathrm{m} \sin\omega t \\
&= \sqrt{2} U \sin(\omega t + \varphi) \sqrt{2} I \sin\omega t \\
&= 2UI \sin(\omega t + \varphi) \sin\omega t \\
&= UI \cos\varphi - UI \cos(2\omega t + \varphi)
\end{aligned}
\tag{2.3.55}
$$

有功功率为

$$P = \frac{1}{T} \int_0^T p \mathrm{d}t = \frac{1}{T} \int_0^T [UI \cos\varphi - UI \cos(2\omega t + \varphi)] \mathrm{d}t$$

$$= UI\cos\varphi \tag{2.3.56}$$

上式是计算交流电路有功功率的一般公式,它说明有功功率的大小不仅与电压、电流有效值的乘积有关,还取决于电压电流间的相位差角的余弦($\cos\varphi$)。由图 2.3.12 所示的电压三角形中可得出

$$U\cos\varphi = U_R = IR$$

因此,有功功率还可表示为

$$P = U_R I = I^2 R = \frac{U^2}{R} \tag{2.3.57}$$

由电压三角形还可得出,$(U_L - U_C) = U\sin\varphi$,则电路中总的无功功率

$$Q = UI\sin\varphi \tag{2.3.58}$$

上式表明,交流电路中总的无功功率不仅与电压、电流有效值的乘积有关,而且与电压、电流之间的相位差 φ 的正弦成正比。式(2.3.58)为计算交流电路无功功率的一般公式。在此电路中,由于电感吸收能量时,电容放出能量;而当电容吸收能量时,电感放出能量,二者互相补偿,与电源进行交换的只是它们的差值。因此,电路总的无功功率还可表示为 $Q = Q_L - Q_C$。若 $Q_L > Q_C$,电路为感性,反之则为容性。

在交流电路中电压有效值和电流有效值的乘积称为视在功率,用字母 S 表示,即

$$S = UI \tag{2.3.59}$$

视在功率的单位用伏安(VA)或千伏安(kVA)表示。

视在功率通常用来表示电源设备的容量。交流电源设备,如交流发电机、变压器等都是按照规定的额定电压 U_N 和额定电流 I_N 来设计和使用的。把额定电压和额定电流的乘积称为额定视在功率(或称之额定容量),即

$$S_N = U_N I_N \tag{2.3.60}$$

需要注意,S_N 只代表电源设备允许提供的最大有功功率。而它究竟向电路提供多大的有功功率,不是取决于电源本身,而是由电路的性质所决定。电源在额定电压下工作时,若所接电路的功率因数愈高,电源实际发出的有功功率愈大。若功率因数等于 1,有功功率与额定容量相等。

以上论述了有功功率 P、无功功率 Q 和视在功率 S,它们分别代表着三种含义不同的功率,而三种功率之间又存在着相互联系,即

$$S^2 = P^2 + Q^2 \tag{2.3.61}$$

$$S = \sqrt{P^2 + Q^2} \tag{2.3.62}$$

$$\varphi = \arctan\frac{Q}{P} \tag{2.3.63}$$

因此,P、Q、S 三者之间的关系也可以用直角三角形来表示,称为功率三角形。

在同一电阻、电感、电容串联交流电路中,阻抗、电压和功率三个三角形是相似三角形,如图 2.3.17 所示。应当强调指出：P、Q、S 三者虽然都称为"功率",但它们所表示的意义却不同,P 是电路中电阻消耗的功率;Q 反映电源与储能元件之间能量交换的情况;S 则是用来表征电气设备的容量。P、Q 和 S 均不是正弦量,因此不能用相量来表示。功率三角形中的三条边只是代表它们的数值关系。

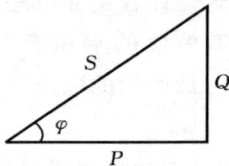

图 2.3.17 功率三角形

在交流电路中,通常把有功功率与视在功率的比值称为电路的功率因数。由功率三角形可得功率因数

$$\cos\varphi = \frac{P}{S} \tag{2.3.64}$$

上式中的 φ 也称为功率因数角,它是由电路参数决定的。例如,在纯电阻电路中,$\varphi = 0$,功率因数 $\cos\varphi = 1$,电路有功功率 $P = UI$;纯电感或纯电容电路 $\varphi = \pm 90°$,功率因数 $\cos\varphi = 0$,电路有功功率 $P = 0$。在一般情况下,电路中有 R、L、C 元件存在,功率因数角为 $-90° < \varphi < +90°$,功率因数为 $0 < \cos\varphi < 1$,则 $0 < P < UI$。

【例 2.3.5】 有一无源二端网络,已知端电压 $u = 220\sqrt{2}\sin(314t - 30°)$ V,电流 $i = 6.4\sqrt{2}\sin(314t + 33°)$ A,试求：(1)电路的有功功率、无功功率和视在功率;(2)该网络的等效阻抗参数 R 和 X 的值。

【解】 (1) 该电路的阻抗角 φ 可由电压、电流相位差求得

$$\varphi = \varphi_u - \varphi_i = -30° - 33° = -63°$$

有功功率 $\quad P = UI\cos\varphi = 220 \times 6.4 \times \cos(-63°) = 639.2$ W

无功功率 $\quad Q = UI\sin\varphi = 220 \times 6.4 \times \sin(-63°) = -1\ 254.5$ var

视在功率 $\quad S = UI = 220 \times 6.4 = 1\ 408$ VA

(2) 将该网络等效为 R、X 参数串联组成电路,则网络等效阻抗为

$$|Z| = \frac{U}{I} = \frac{220}{6.4} = 34.4 \ \Omega$$

在阻抗三角形中,$|Z|$ 和 φ 已求出,所以

$$R = |Z|\cos\varphi = 34.4 \times \cos 63° = 15.6 \ \Omega$$

$$X = |Z|\sin\varphi = 34.4 \times \sin 63° = 30.7 \ \Omega$$

R 和 X 也可由有功功率和无功功率表达式求得

$$R = \frac{P}{I^2} = \frac{639.2}{6.4^2} = 15.6 \ \Omega$$

$$X = \frac{Q}{I^2} = \frac{1254.5}{6.4^2} = 30.7 \ \Omega$$

4. 功率因数的提高

如前所述,电源的额定容量是由额定电压和额定电流的乘积决定的。当电源的容量一定时,根据 $P = U_N I_N \cos\varphi = S_N \cos\varphi$ 可知,当负载的功率因数 $\cos\varphi = 1$ 时,电源向负载提供的有功功率 $P = S_N \cos\varphi = S_N$,使电源恰恰工作在额定状态。如果负载的功率 $\cos\varphi < 1$,而电源的电压和电流又不容许超过其额定值,显然这时电源发出的有功功率减小。例如,容量为 800 kVA 的电源设备,当所接负载电路的功率因数 $\cos\varphi = 0.9$ 时,能输出 720 kW 的有功功率;当所接电路的功率因数 $\cos\varphi = 0.6$ 时,则只能输出 480 kW 的有功功率。而电源的作用是将尽可能多的电能输送给负载,以转化为人们所需要的其他形式的能量。可见,当负载的功率因数低时,电源设备的容量得不到充分利用。其次,当电源电压 U 和负载所需要的有功功率 P 一定时,输电线路上的电流,即 $I = \dfrac{P}{U} \cdot \dfrac{1}{\cos\varphi}$,其大小与负载的功率因数 $\cos\varphi$ 成反比,即功率因数愈低,输电线路上的电流愈大,线路功率损耗就愈大。这样不仅影响输电效率,又影响供电质量。因此提高功率因数,不仅为供电部门企业本身提高了经济效益,而且还为国家节省了能源。

一般可采用并联电容的方法提高电路的功率因数,其电路图和相量图如图 2.3.18(a)、(b)所示。由图可以看出,在未并联电容时,电路的总电流 $\dot{I} = \dot{I}_1$,并联电容器后,电路总电流 $\dot{I} = \dot{I}_1 + \dot{I}_C$,总电压与总电流的相位差角 $\varphi < \varphi_1$,所以 $\cos\varphi > \cos\varphi_1$,即整个电路的功率因数提高了,总电流 I 比 I_1(未并电容之前的总电流)也减小了。由于电容不消耗功率即 $P_C = 0$,所以电路的有功功率不变。又因电容与负载并联,感性负载的端电压及负载参数均未变化,所以对原负载的工作状态也无影响。

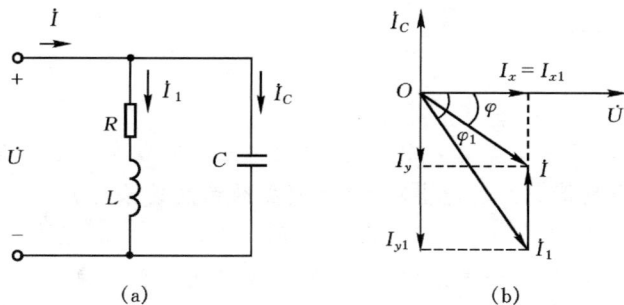

图 2.3.18　并联电容提高功率因数

(a)电路图；(b)相量图

【例 2.3.6】 图 2.3.18(a)所示电路中,已知交流电源电压为 220 V,频率为 50 Hz,额定容量等于 8.9 kVA。感性负载的功率因数为 0.7,所需有功功率为 5 kW。用并联电容的方法将电路的功率因数提高到 0.9,试求并联电容的电容值,以及并联电容前后总电流的变化情况。

【解】 由图 2.3.18(b)中的相量图可得

$$I_C = I_{y1} - I_y = I_1 \sin\varphi_1 - I \sin\varphi$$

$$= (\frac{P_1}{U\cos\varphi_1})\sin\varphi_1 - (\frac{P}{U\cos\varphi})\sin\varphi \quad (P = P_1)$$

$$= \frac{P}{U}(\tan\varphi_1 - \tan\varphi)$$

又因

$$I_c = \frac{U}{X_c} - U\omega C$$

所以

$$C = \frac{I_c}{U\omega} = \frac{P}{U^2\omega}(\tan\varphi_1 - \tan\varphi) \tag{2.3.65}$$

已知

$$\cos\varphi_1 = 0.7, \quad \varphi_1 = 45.6°, \quad \cos\varphi = 0.9, \quad \varphi = 25.8°$$

则

$$C = \frac{5 \times 10^3}{220^2 \times 314}(\tan 45.6° - \tan 25.8°) = 177 \ \mu F$$

未并电容之前电路总电流

$$I = I_1 = \frac{P}{U\cos\varphi_1} = \frac{5 \times 10^3}{220 \times 0.7} = 32.5 \ A$$

并联电容后电路总电流

$$I = \frac{P}{U\cos\varphi} = \frac{5 \times 10^3}{220 \times 0.9} = 25.3 \ A$$

可见,并联电容后,电路的总电流减小了。这样供电设备还可扩大供电用户,以提高设备利用率。

【练习与思考】

2.3.10 在 RLC 串联交流电路中,各元件上电压有效值与总电压有效值之间能否出现下列情况? 若能出现,请指明必须满足的条件。
$U_R > U; U_L > U; U_R < U_C; U_R = U; U_L = U_C$。

2.3.11 在 RLC 并联交流电路中,下列各式或提法是否正确?

(1) 并联等效阻抗 $Z = R + j(\omega L - \frac{1}{\omega C})$;

(2) 阻抗模 $|Z| = \sqrt{R^2 + (\omega L - \frac{1}{\omega C})^2}$;

（3）$X_L > X_C$ 时,电路呈电感性;$X_C > X_L$ 时,电路呈电容性。

2.3.12　在并联交流电路中,总电流是否一定大于每一支路的电流? 试举例说明之。

2.3.13　什么是瞬时功率、有功功率、无功功率和视在功率? 正、负无功功率是什么意思? 电路的总视在功率 S 是否等于各元件的视在功率之和?

2.3.14　某交流电源容量为 1 000 kV·A,现已输出有功功率 500 kW,感性无功功率 200 kvar,问其最多还可输出多少有功功率?

2.3.15　电感性负载串联电容能否提高电路的功率因数? 为什么不能采用?

2.3.5　电路中的谐振

如前所述,在电阻、电感、电容元件串联的正弦交流电路中,电路的复阻抗是电源频率的函数,随着频率的不同,它可以是电感性、电容性及电阻性三种电路状态。当适当改变电源的频率或电路的参数使整个电路呈现纯电阻状态时,这种现象称为电路的谐振。谐振现象在无线电工程中得到广泛应用。但对电力系统,会因谐振而影响系统的稳定运行,甚至造成危害。因此,研究电路中的谐振是十分重要的。

根据电路的不同联接方式,分为串联谐振和并联谐振。

1. 串联谐振

在图 2.3.19(a)所示 RLC 串联电路中,当 $X = \omega L - \dfrac{1}{\omega C} = 0$ 时,电路呈电阻性,RLC 串联电路的这种状态称为串联谐振。

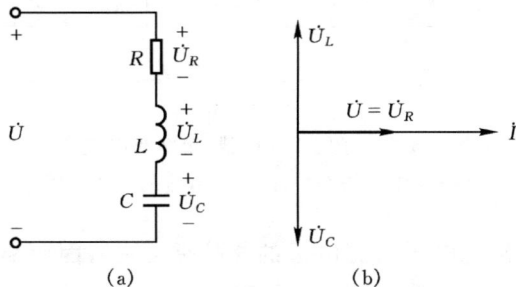

图 2.3.19　串联谐振电路及其相量图

(a)谐振电路;(b)相量图

根据串联谐振的条件 $\quad X=\omega L-\dfrac{1}{\omega C}=0$

得
$$\omega_0 = \frac{1}{\sqrt{LC}} \tag{2.3.66}$$

式中 ω_0 称为串联谐振的角频率，又因 $\omega_0=2\pi f_0$，所以

$$f_0 = \frac{1}{2\pi\sqrt{LC}} \tag{2.3.67}$$

式中 f_0 称为串联谐振的频率。由式(2.3.66)和式(2.3.67)可知，改变电源频率 f 或在一定频率下改变电路的参数 L 或 C，均可满足串联谐振的条件，使电路发生谐振。

串联谐振电路具有以下特点。

(1) 电路阻抗达到最小值且具有纯电阻性质，其阻抗

$$|Z| = \sqrt{R^2 + (X_L - X_C)^2} = R = Z_0 \tag{2.3.68}$$

当电路电压一定时，电路中的电流 $I=\dfrac{U}{Z_0}$ 达到最大值。阻抗和电流随频率变化的曲线如图 2.3.20 所示。

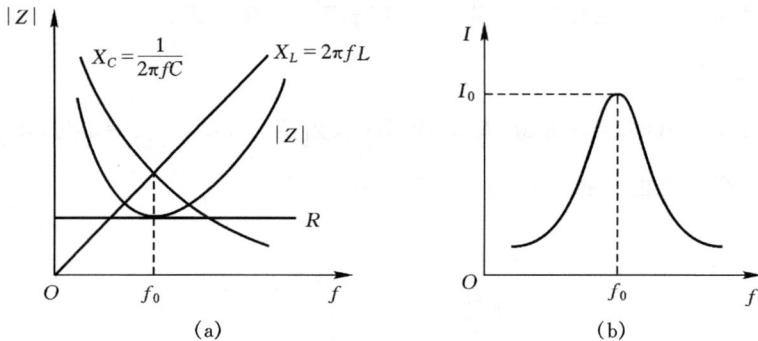

图 2.3.20　阻抗和电流随频率变化的曲线
(a)电路的频率特性；(b)电流的谐振曲线

(2) 谐振时，电路总电压与总电流的相位差 $\varphi=0$，因而 $\sin\varphi=0$，总无功功率 $Q=UI\sin\varphi=|Q_L|-|Q_C|=0$。可见，谐振时电感中的磁场能量与电容中的电场能量相互转换，相互补偿，此时电源与电路之间不发生能量互换，电源仅提供电路中 R 所消耗的有功功率。

(3) 当电路的感抗或容抗远大于电阻时，谐振时电感和电容上的电压有可能远大于电源电压。即当 $X_L=X_C\gg R$ 时，$U_L=U_C\gg U_R$，又因谐振时 $U=U_R$，所以

$U_L = U_C \gg U$。可见,当电路发生谐振时,有可能出现 $U_L(U_C)$ 超过外加电压 U 许多倍的现象。因此,串联谐振又称电压谐振。

电力工程中一般应避免电压谐振或接近谐振情况的发生,因为串联谐振时,电感线圈或电容元件上的高电压有可能击穿电感线圈或电容器的绝缘而损坏设备。但在无线电工程中,串联谐振得到广泛的应用,例如在收音机的接收电路中则通过谐振来选择信号。

【例 2.3.7】 图 2.3.21(a)是收音机的接收电路,当各地电台所发射的无线电波被天线线圈 L_1 接收后经电磁感应作用,在 L_2 中感应出不同频率的电动势,例如图中 e_1、e_2、e_3,等效电路如图 2.3.21(b)所示。调节可变电容器,使其对应于某一频率的信号发生串联谐振,从而使该频率的电台信号在输出端产生较大的输出电压,以起到选择收听该电台广播的目的。已知线圈 L_2 的电阻 $R = 20~\Omega$,$L = 0.25~\text{mH}$,为了接收到某广播电台 $560~\text{kHz}$ 的信号,试求:(1)可变电容应调至何值;(2)当输入电压 $U = 10~\mu\text{V}$ 时,求谐振电流及此时调谐电容上的端电压 U_C;(3)对另一 $820~\text{kHz}$ 电台的信号,此时电路中的电流以及电容上的电压各为多少?

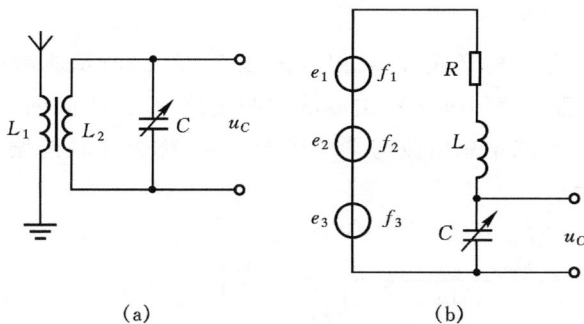

图 2.3.21 例 2.3.7 图

(a)电路图;(b)等效电路图

【解】 (1)串联谐振时 $f = f_0 = \dfrac{1}{2\pi\sqrt{LC}}$,可得

$$C = \frac{1}{(2\pi f)^2 L} = \frac{1}{(2 \times 3.14 \times 560 \times 10^3)^2 \times 0.25 \times 10^{-3}} = 323~\text{pF}$$

(2) $$I_0 = \frac{U}{R} = \frac{10 \times 10^{-6}}{20} = 0.5~\mu\text{A}$$

$$X_C = \frac{1}{2\pi f C} = \frac{1}{2\pi \times 560 \times 10^3 \times 323 \times 10^{-12}} = 880~\Omega$$

$$U_C = I_0 X_C = 0.5 \times 10^{-6} \times 880 = 440~\mu\text{V} \gg U$$

（3）当 $f=820\ kHz$ 时

$$\omega = 2\pi f = 2 \times 3.14 \times 820 \times 10^3 = 5.15 \times 10^6\ rad$$

$$|Z| = \sqrt{R^2 + (\omega L - \frac{1}{\omega C})^2}$$

$$= \sqrt{20^2 + (5.15 \times 10^6 \times 250 \times 10^{-6} - \frac{1}{5.15 \times 10^6 \times 323 \times 10^{-12}})^2}$$

$$\approx 686.7\ \Omega$$

$$I = \frac{U}{|Z|} = \frac{10 \times 10^{-6}}{686.7} \approx 0.0146\ \mu A$$

$$U_C = IX_C = 0.0146 \times 10^{-6} \times \frac{1}{5.15 \times 10^6 \times 323 \times 10^{-12}} \approx 8.78\ \mu V$$

从上述运算结果可以看出，当电容调到 323 pF 对应 560 kHz 的频率信号发生谐振时，电容两端电压比输入电压大得多。而此时，对于频率为 820 kHz 的信号不发生谐振，电容两端电压还不到谐振时电容电压的 2%，因此，这时只能收听到 560 kHz 广播电台的信号。

2. 并联谐振

并联谐振的电路结构形式很多，仅以图 2.3.22(a)所示典型电路为例加以说明，图中所示为电感线圈和电容器组成的并联电路，L 是线圈的电感，R 是线圈自身的电阻。当图示电路中总电流与端电压同相时，称为并联谐振。此时的相量图如图 2.3.22(b)所示。

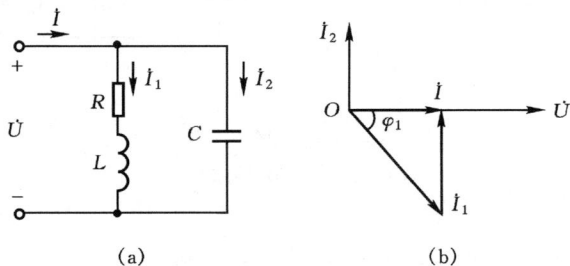

图 2.3.22 并联谐振电路及相量图

(a)并联电路；(b)相量图

图 2.3.22(a)电路中的总电流 $\dot{I}$ 为

$$\dot{I} = \dot{I}_1 + \dot{I}_2 = \frac{\dot{U}}{R + jX_L} + \frac{\dot{U}}{-jX_C} = \frac{\dot{U}}{R + j\omega L} + \frac{\dot{U}}{-j\frac{1}{\omega C}}$$

$$= \left[\frac{1}{R + j\omega L} + \frac{1}{-j\frac{1}{\omega C}} \right] \dot{U}$$

$$= \left[\frac{R}{R^2 + (2\pi f L)^2} - j\left(\frac{2\pi f L}{R^2 + (2\pi f L)^2} - 2\pi f C \right) \right] \dot{U} \qquad (2.3.69)$$

设并联谐振时的频率为 f_0，谐振时式(2.3.69)中括号内的虚部为零，即

$$\frac{2\pi f_0 L}{R^2 + (2\pi f_0 L)^2} = 2\pi f_0 C$$

得
$$f_0 = \frac{1}{2\pi \sqrt{LC}} \sqrt{1 - \frac{C}{L}R^2} \qquad (2.3.70)$$

在实际使用中，往往采用损耗(电阻)很小的线圈。若满足 $R \ll 2\pi f_0 L$ 时，式(2.3.70)可近似表达为

$$f_0 \approx \frac{1}{2\pi \sqrt{LC}} \qquad (2.3.71)$$

在这种情况下，并联谐振频率与串联谐振频率相等。

并联谐振电路主要有以下特点。

(1) 并联谐振时，电路阻抗很大，且为电阻性，其等效阻抗为

$$Z_0 = R_0 = \frac{R^2 + (2\pi f_0 L)^2}{R} = \frac{L}{RC} \qquad (2.3.72)$$

(2) 电路中的总电流在谐振时达到最小。阻抗与电流的谐振曲线如图 2.3.23 所示。

(3) 谐振时支路电流有可能远远大于电路总电流。由图 2.3.2(b)相量图可知，谐振时 $I_2 = I_1 \sin\varphi_1$，　$I = I_1 \cos\varphi_1$

$$\frac{I_2}{I} = \tan\varphi_1 = \frac{\omega_0 L}{R} = Q \qquad (2.3.73)$$

上式表明并联谐振时，支路电流是总电流的 Q 倍，这里 Q 称为电路的品质因数。当满足 $R \ll 2\pi f_0 L$ 时，$I_1 \approx I_2 \gg I$，即在谐振时并联支路的电流近于相等，而比总电流大许多倍。因此并联谐振又称电流谐振。

由上述可知，并联电路发生谐振时电路呈高阻状态。这样，当电路由恒电流源供电时，其谐振电路两端可获得较高的电压。因此，利用并联谐振也可以实现选频目的。如在电子技术的振荡器中，广泛应用并联谐振电路作为选频环节。

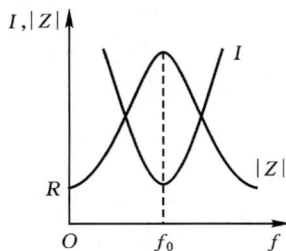

图 2.3.23　阻抗和电流的谐振曲线

【练习与思考】

2.3.16 试总结 RLC 电路中发生并联谐振和串联谐振时,电路具有哪些相同点和不同点?

2.3.17 当频率高于或低于谐振频率时,RLC 串联电路是感性还是容性?RLC 并联电路呢?

2.4　供电与用电

目前,工农业生产及日常生活中所使用的交流电源,几乎都是三相正弦交流电源。上一节所讨论的单相交流电源也是由三相电源中的一相提供的。三相电源供电的电路称之为三相电路。由于三相电路具有输电经济,用电设备结构简单、性能好等优点。因此,三相交流电路得到广泛的应用。

2.4.1　三相电源与三相负载

1. 三相电源

三相交流发电机可以同时产生三个频率相同、幅值相等、相位互差 $120°$ 的正弦交流电压。将它们按照一定方式联接,可以构成对称三相正弦交流电源,简称三相电源。对称三相电源的电压波形如图 2.4.1 所示。如果选 u_A 为参考正弦量,对称三相电压的瞬时值表达式为

$$\left.\begin{aligned}
u_A &= \sqrt{2}U\sin\omega t \\
u_B &= \sqrt{2}U\sin(\omega t - 120°) \\
u_C &= \sqrt{2}U\sin(\omega t - 240°) \\
&= \sqrt{2}U\sin(\omega t + 120°)
\end{aligned}\right\} \tag{2.4.1}$$

相量式为

$$\left.\begin{aligned}
\dot{U}_A &= U\angle 0° \\
\dot{U}_B &= U\angle -120° \\
\dot{U}_C &= U\angle -240°
\end{aligned}\right\} \tag{2.4.2}$$

相量图如图 2.4.2 所示。三个交流电压出现最大值(或零值)的先后顺序称为相序,如图 2.4.1 所示三个交流电压,它们的相序是 A－B－C,称为正相序。若相序变为 A－C－B,则称为反相序。以后的分析中如无特殊说明,均指正相序而言。

由于三相电压是对称的,可以证明,它们的瞬时值之和或相量和都等于零,这是对称三相交流电的重要特点。

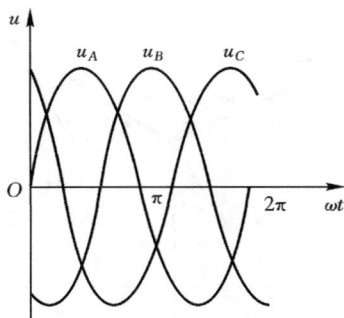

图 2.4.1　对称三相电压的波形图

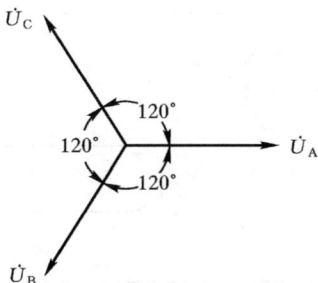

图 2.4.2　对称三相电压的相量图

如图 2.4.3 所示,将发电机三相绕组的尾端 X、Y、Z 连在一起,作为公共点 N,首端 A、B、C 引出三条线,就成为星形联接,它是三相电源的一种联接方式。其中公共点 N 称为中点或零点。由中点引出的导线称为中线。三相绕组的首端引出的导线称为端线,俗称火线。

三相电源的三相绕组接成星形时,可以得到两种电压,一种是端线与中线间的电压,称为电源的相电压,用 u_A、u_B、u_C 表示,参考方向由绕组首端指向尾端;另一种是端线与端线之间的电压,称为线电压,用 u_{AB}、u_{BC}、u_{CA} 表示。作星形联接的三相电源共有四根导线向用户供电,这种供电方式称为三相四线制供电,在低压供电系统中普遍被采用。下面分析线电压与相电压之间的关系,按图 2.4.3 所示参考方向,根据基尔霍夫电压定律,可得出线电压与相电压的相量关系式

$$\left.\begin{array}{l} \dot{U}_{AB} = \dot{U}_A - \dot{U}_B \\ \dot{U}_{BC} = \dot{U}_B - \dot{U}_C \\ \dot{U}_{CA} = \dot{U}_C - \dot{U}_A \end{array}\right\} \tag{2.4.3}$$

通常三相电源的相电压是对称的,如果以 $\dot{U}_A$ 为参考相量,可以先画出相量 $\dot{U}_A$、$\dot{U}_B$、$\dot{U}_C$,再根据式(2.4.3)分别画出线电压相量 $\dot{U}_{AB}$、$\dot{U}_{BC}$、$\dot{U}_{CA}$,如图 2.4.4 所示。由图可见,当相电压对称时,线电压也是对称的。如相电压有效值用 U_p 表示,线电压的有效值用 U_l 表示,则它们之间的大小关系为

$$U_l = \sqrt{3} U_p \tag{2.4.4}$$

在相位上,$\dot{U}_{AB}$ 超前 $\dot{U}_A$ $30°$,$\dot{U}_{BC}$ 超前 $\dot{U}_B$ $30°$,$\dot{U}_{CA}$ 超前 $\dot{U}_C$ $30°$。三相四线制电源的线电压与相电压的大小和相位关系可以统一用相量式表示,即

$$\left.\begin{array}{l} \dot{U}_{AB} = \sqrt{3} \dot{U}_A \angle 30° \\ \dot{U}_{BC} = \sqrt{3} \dot{U}_B \angle 30° \\ \dot{U}_{CA} = \sqrt{3} \dot{U}_C \angle 30° \end{array}\right\} \tag{2.4.5}$$

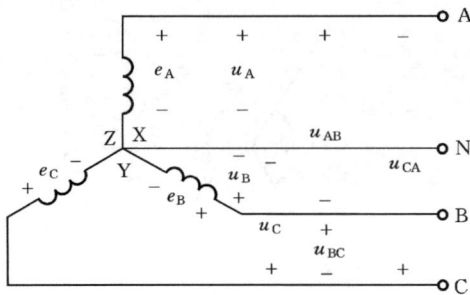

图 2.4.3 三相电源的星形联接

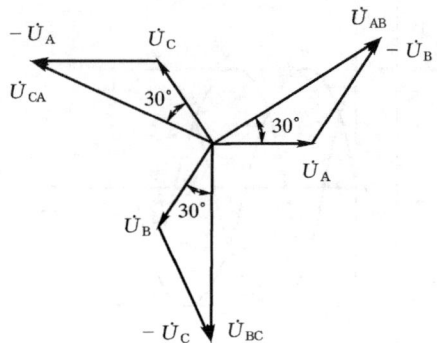

图 2.4.4 线电压与相电压的相量图

必须指出:工程上一般所说的三相电源是指对称电源。三相电源的电压是指线电压,如低压三相四线制供电方式中的 380 V/220 V,就是指它的线电压为 380 V,而相电压是线电压的 $1/\sqrt{3}$,即 220 V。

2. 三相负载

交流用电设备种类很多,可分为单相和三相两大类。三相负载如三相电动机、三相电炉等;单相负载如电灯、家用电器等。但不论哪一种负载,它们与电源之间的联接,首先应该确保电源加在负载上的电压等于负载的额定电压,否则负载就不能正常工作,甚至被损坏。其次单相负载接入时,应尽可能均衡分配在三相电源上,这样,按着一定方式接在三相电源上的单相负载,其整体也可以看作三相负载。

三相负载通常是对称的。所谓对称三相负载是指各相负载的复阻抗相等,即阻抗大小相等,阻抗角相同。一般三相电动机、三相电炉都可视为对称三相负载。由对称三相电源和对称三相负载组成的电路,称为对称三相电路。

(1) 负载的星形联接 如图 2.4.5 所示,将三相负载 Z_A、Z_B、Z_C 的三个尾端联在一起接到电源的中线上,三个首端分别接到电源的三根端线上,这种联接方式称为负载的星形联接。在三相负载中,每相负载首尾端之间的电压称为负载的相电压,由图可知,当负载作星形联接有中线时,加在每相负载上的电压就是电源的相电压,由于电源提供的线电压和相电压一般都是对称的,因此,这时三相负载的线电压和相电压也是对称的。

在三相电路中,流过每相负载的电流称为相电流,相电流的有效值用 I_p 表示,流过火线的电流称为线电流,线电流的有效值用 I_1 表示。显然,负载作星形联接时,相电流等于线电流。各相电流的相量式如下

$$\dot{I}_A = \frac{\dot{U}_A}{Z_A}, \quad \dot{I}_B = \frac{\dot{U}_B}{Z_B}, \quad \dot{I}_C = \frac{\dot{U}_C}{Z_C} \tag{2.4.6}$$

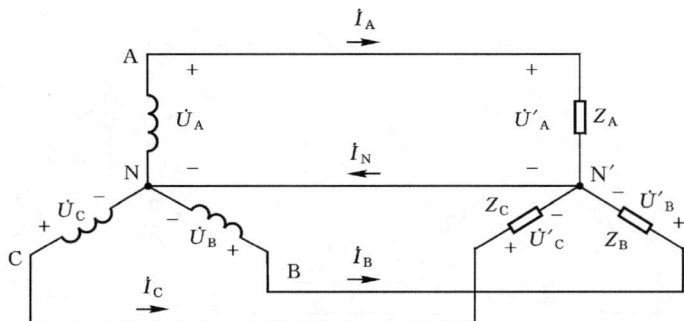

图 2.4.5　对称三相负载的星形联接

中线电流 $\qquad\dot{I}_N = \dot{I}_A + \dot{I}_B + \dot{I}_C$ $\qquad\qquad$ (2.4.7)

当三相负载对称时，即 $Z_A = Z_B = Z_C$，且各相电压对称，因此各相电流（线电流）也必然是对称的，分别等于

$$\dot{I}_A = \frac{\dot{U}_A}{Z} = \frac{U_p \angle 0°}{|Z| \angle \varphi} = \frac{U_p}{|Z|} \angle - \varphi \qquad (2.4.8)$$

$$\dot{I}_B = \frac{\dot{U}_B}{Z} = \frac{U_p \angle -120°}{|Z| \angle \varphi}$$

$$= \frac{U_p}{|Z|} \angle -120° - \varphi = \dot{I}_A \angle -120° \qquad (2.4.9)$$

$$\dot{I}_C = \frac{\dot{U}_C}{Z} = \frac{U_p \angle -240°}{|Z| \angle \varphi}$$

$$= \frac{U_p}{|Z|} \angle -240° - \varphi = \dot{I}_A \angle -240° \qquad (2.4.10)$$

设三相负载为电感性，其相量图如图 2.4.6 所示。在负载对称星形联接情况下，由于电流对称，其相量和等于零，所以通过中线的电流等于零，即

$$\dot{I}_N = \dot{I}_A + \dot{I}_B + \dot{I}_C = 0$$

由此可见，当对称负载作星形联接且有中线时，中线电流等于零。这时，电源中点 N 与负载中性点 N′ 等电位。由于中线电流等于零，不必与中线相连，如图2.4.7所示，称为三相三线制电路。

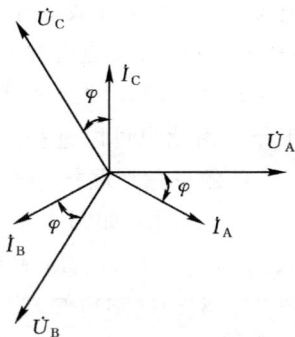

图 2.4.6　对称负载星形联接的相量图

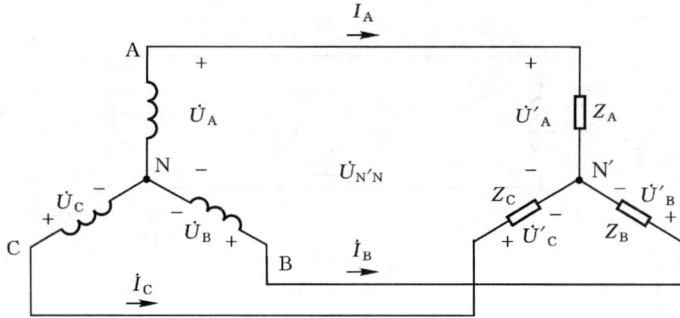

图 2.4.7 三相三线制电路

当负载不对称时,即 $Z_A \neq Z_B \neq Z_C$,有中线时,每相的负载电压等于电源的相电压,因此可分别按式(2.4.6)、(2.4.7)计算出各相电流和中线电流。但这时各相电流不对称,中线电流不等于零。若无中线如图 2.4.7 所示,虽然线电压仍然是对称的,但由于没有中线,负载的相电压不一定等于电源的相电压。依据 KVL 和 KCL 可列出

$$\dot{I}_A + \dot{I}_B + \dot{I}_C = 0$$

$$\dot{U}_A = Z_A \dot{I}_A + \dot{U}_{N'N}$$

$$\dot{U}_B = Z_B \dot{I}_B + \dot{U}_{N'N}$$

$$\dot{U}_C = Z_C \dot{I}_C + \dot{U}_{N'N}$$

$$\dot{U}_{N'N} = \frac{\dfrac{\dot{U}_A}{Z_A} + \dfrac{\dot{U}_B}{Z_B} + \dfrac{\dot{U}_C}{Z_C}}{\dfrac{1}{Z_A} + \dfrac{1}{Z_B} + \dfrac{1}{Z_C}} \tag{2.4.11}$$

可见,负载不对称又无中线时,由于 $U_{N'N} \neq 0$,则负载中性点 N′ 与电源中点 N 不是等电位,因而引起负载的相电压不对称,这就势必造成负载中有的相电压过高,有的相电压过低,致使负载不能正常工作。因此,三相四线制供电线路中,中线是不允许断开的。有了中线才能使三相不对称负载上获得对称电压,从而保证负载正常工作。由此也可以进一步看出中线的作用。

(2) 负载的三角形联接 当三相负载的额定电压等于电源的线电压时,三相负载应作三角形联接,如图 2.4.8 所示。图中标出各相负载的相电流及线电流,分别用 $\dot{I}_{AB}$、$\dot{I}_{BC}$、$\dot{I}_{CA}$ 和 $\dot{I}_A$、$\dot{I}_B$、$\dot{I}_C$ 表示。

由图 2.4.8(a)电路可知,当负载作三角形联接时,由于每相负载接于两根火线之间,所以各相负载的相电压等于电源的线电压,不论负载对称与否,其相电压总是对称的。设各相负载为 Z_{AB}、Z_{BC}、Z_{CA},每相负载电流为

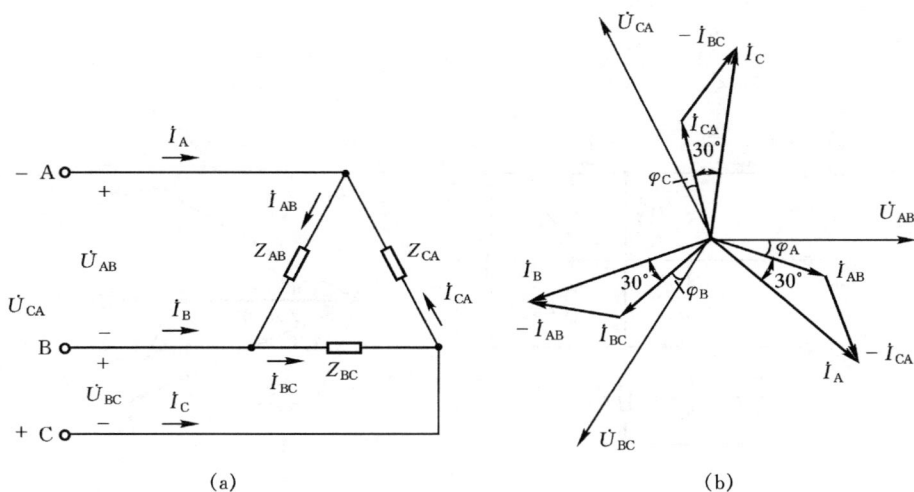

图 2.4.8　对称负载三角形联接及其相量图

(a)电路图；(b)相量图

$$\left.\begin{aligned} \dot{I}_{AB} &= \frac{\dot{U}_{AB}}{Z_{AB}} \\ \dot{I}_{BC} &= \frac{\dot{U}_{BC}}{Z_{BC}} \\ \dot{I}_{CA} &= \frac{\dot{U}_{CA}}{Z_{CA}} \end{aligned}\right\} \tag{2.4.12}$$

如果三相负载是对称的,即 $Z_{AB}=Z_{BC}=Z_{CA}$,则各相电流也是对称的。根据基尔霍夫电流定律,各线电流为

$$\left.\begin{aligned} \dot{I}_A &= \dot{I}_{AB} - \dot{I}_{CA} \\ \dot{I}_B &= \dot{I}_{BC} - \dot{I}_{AB} \\ \dot{I}_C &= \dot{I}_{CA} - \dot{I}_{BC} \end{aligned}\right\} \tag{2.4.13}$$

设以 $\dot{U}_{AB}$ 为参考相量,并设负载是感性的,根据式(2.4.12)和(2.4.13)作出电压和电流的相量图如图 2.4.8(b)所示。由图可以看出,在对称负载的三角形联接电路中,相电流和线电流都是对称的,其大小关系是线电流等于相电流的 $\sqrt{3}$ 倍,即 $I_l=\sqrt{3}I_p$;在相位上线电流滞后相应的相电流 30°。如果负载不对称,则不存在上述关系,各相电流和线电流须按式(2.4.12)和(2.4.13)进行计算。

【例 2.4.1】已知三相电源电压为 380 V,接入两组对称三相负载,分别接成三角形和星形,如图 2.4.9(a)所示,其中 $Z_A=3+j4\Omega$,$Z_B=10\ \Omega$,试求线电流 $\dot{I}_A$。

【解】因负载对称,可取其中一相计算,负载做星形联接时的相电流等于线电

流。设以 $\dot{U}_\mathrm{A}$ 为参考相量,即

$$\dot{I}_1 = \frac{\dot{U}_\mathrm{A}}{Z_\mathrm{A}} = \frac{220\angle 0°}{3+\mathrm{j}4} = \frac{220\angle 0°}{5\angle 53.1°} = 44\angle -53.1° \ \mathrm{A}$$

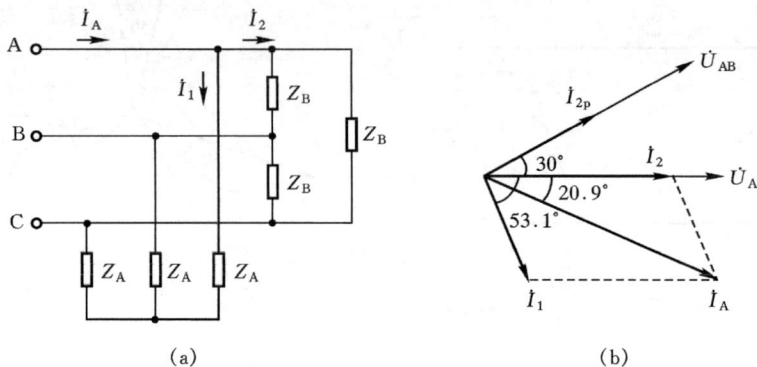

图 2.4.9 例 2.4.1 图

负载作三角形联接时相电流为

$$\dot{I}_{2\mathrm{p}} = \frac{\dot{U}_\mathrm{AB}}{Z_\mathrm{B}} = \frac{380\angle 30°}{10} = 38\angle 30° \ \mathrm{A}$$

线电流

$$\dot{I}_2 = \sqrt{3}\dot{I}_{2\mathrm{p}}\angle -30° = \sqrt{3}\times 38\angle 0° = 65.8\angle 0° \ \mathrm{A}$$

依 KCL 可列

$$\dot{I}_\mathrm{A} = \dot{I}_1 + \dot{I}_2 = 65.8 + 44\angle -53.1° = 65.8 + 26.4 - \mathrm{j}35.2$$

$$= 98.7\angle -20.9° \ \mathrm{A}$$

其相量关系图如图 2.4.9(b)所示。

3. 三相电路的功率

在三相电路中,三相总功率为各相功率之和,即

$$P = P_\mathrm{A} + P_\mathrm{B} + P_\mathrm{C} = U_\mathrm{A}I_\mathrm{A}\cos\varphi_\mathrm{A} + U_\mathrm{B}I_\mathrm{B}\cos\varphi_\mathrm{B} + U_\mathrm{C}I_\mathrm{C}\cos\varphi_\mathrm{C} \quad (2.4.14)$$

式中 U_A、U_B 和 U_C 分别为各相电压的有效值,I_A、I_B 和 I_C 分别为各相电流的有效值,φ_A、φ_B 和 φ_C 分别为各相负载的功率因数角,即相电压和相电流的相位差角。

负载对称时,由于 $U_\mathrm{A}=U_\mathrm{B}=U_\mathrm{C}$,$I_\mathrm{A}=I_\mathrm{B}=I_\mathrm{C}$,$\cos\varphi_\mathrm{A}=\cos\varphi_\mathrm{B}=\cos\varphi_\mathrm{C}$ 所以三相总功率为

$$P = 3U_\mathrm{p}I_\mathrm{p}\cos\varphi \quad (2.4.15)$$

当三相对称负载作星形联接时,$U_\mathrm{l}=\sqrt{3}U_\mathrm{p}$,$I_\mathrm{l}=I_\mathrm{p}$ 所以三相总功率为

$$P = \sqrt{3}U_1I_1\cos\varphi \tag{2.4.16}$$

当三相对称负载作三角形联接时，$U_1 = U_p$，$I_1 = \sqrt{3}\,I_p$，故三相总功率同式 (2.4.16)。

式(2.4.15)和式(2.4.16)是对称负载三相电路总功率的一般计算公式。须提醒注意：以上两式中的功率角 φ 均为相电压与相电流的相位差角。

同理，三相对称负载的总无功功率为

$$Q = \sqrt{3}U_1I_1\sin\varphi \tag{2.4.17}$$

三相总视在功率为

$$S = \sqrt{P^2 + Q^2} = \sqrt{3}U_1I_1 \tag{2.4.18}$$

【练习与思考】

2.4.1 什么样的电源称之为对称三相电源？当对称三相电源联接成星形或三角形时，分别说明其相电压与线电压之间的关系。

2.4.2 若三相负载的复阻抗分别为 10Ω，$j10\Omega$，$-j10\Omega$，此三相负载是否对称？为什么？

2.4.3 在某对称星形联接的负载电路中，已知线电压 $u_{AB} = 380\sqrt{2}\sin\omega t\ \text{V}$，试写出 C 相电压的瞬时值表达式。

2.4.4 在三相电路中以下关系式在何种条件下适用？

$$U_1 = \sqrt{3}U_p, \quad I_1 = \sqrt{3}I_p, \quad P = \sqrt{3}U_1I_1\cos\varphi_A$$

2.4.5 额定电压为 380/220 V 的某三相异步电动机，在何种情况下需接成星形或三角形。

2.4.6 如果保持电源电压不变，同一三相负载由三角形改接成星形时，负载线电流、相电流以及功率将如何变化？

2.4.2　安全用电常识

随着科学技术的不断发展，电的应用越来越广泛，它对人们的精神文明和物质文明生活起到了巨大的促进作用。但同时也必须注意到，如果使用不当，也将会给人们带来灾害，即造成触电、损坏设备，甚至引起火灾和爆炸等事故。因此，必须掌握安全用电知识，防止人身和设备发生不应有的损失。

安全用电包括人身安全和财产安全。人身安全主要防止人身遭受电击引起的伤亡；财产安全主要指防止电气火灾、电气设备损坏和工作不正常引起的经济损失。

本部分扼要介绍安全用电、静电防护及电气设备防火、防爆的一些基本常识。

1. 触电分析

按照人体触及带电体的方式和电流通过人体的路径,常见的触电可分为以下两种类型。

(1) 单相触电　单相触电就是人体只触及一根带电的火线(裸线或绝缘损坏)。单相触电事故约占触电事故的 60%～70%。其危害程度与电网运行方式有关,一般接地电网比不接地电网的单相触电危险性大。

如图 2.4.10 所示,在电网的中性点接地系统中,当人碰到任一根火线时,电流从火线经过人体、大地以及接地电阻构成回路,此时作用于人体上的电压是相电压。流过人体的电流主要取决于相电压 U_p、人体电阻 R_t 及接地电阻 R_0,即

$$I = \frac{U_p}{R_t + R_0}$$

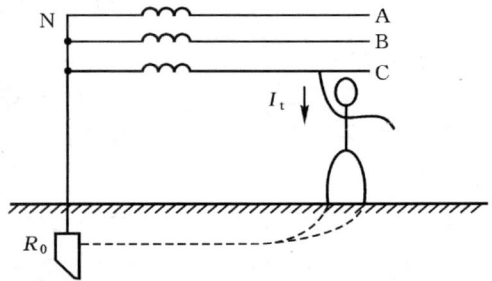

图 2.4.10　中性点接地系统的单相触电

上式中 R_0 一般很小,忽略不计,这时,流过人体的电流仅仅与人体电阻有关。因此,这类触电是十分危险的。如果人穿上绝缘鞋或地面垫有橡胶绝缘垫,则回路中电阻增加,通过人体的电流减小,危险性就大为减小。反之如果湿手、身体出汗或赤脚、湿脚着地,危险性将大大增加,这种情况是绝对禁止的。

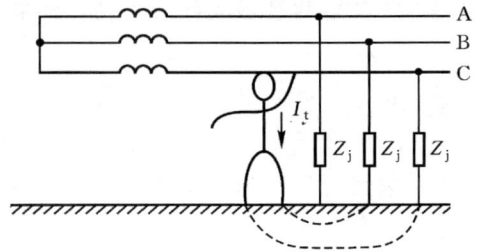

图 2.4.11　中性点不接地系统的单相触电

一般 10 kV 和 35 kV 的高压电网多采用不接地电网,井下配电也常采用低压不接地电网。在此类电网系统中,当人体触及相线时,如图 2.4.11所示,因输电线与大地之间存在分布电容 C_0(图中 Z_j 为输电线对地绝缘电阻 R_j 和对地电容 C_j 的并联等效复阻抗),通过人体的电流经分布电容和大地形成回路,同样会造成危险。

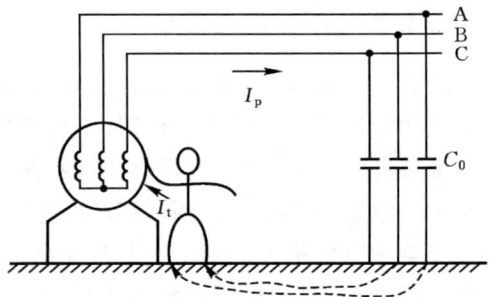

图 2.4.12　设备外壳带电造成的单相触电

在正常情况下,电气设备的金属外壳是不带电的,但如果设备内部绝缘损坏而漏电,便成了外壳带电体。人一旦接触这个带电体,如图 2.4.12 所示,相当于单相触电,这是常见的触电事故。因此对电气设备金属外壳必须采用接地或接零的保护措施。

(2) 两相触电　两相触电就是人体同时触及两根相线。此时人体处于线电压下,电流流经人的中枢神经系统和心脏,对人的危害最严重,但此种触电情形较少见。

2. 触电预防

触电事故的发生,大多数是由于不重视安全用电,违反操作规程而引起的。因此要预防触电,必须做好以下工作。

(1) 合理使用安全工具,遵守操作规程。安装检修电气设备时,应先切断电源,切勿带电操作。用验电笔检测设备或导线等带电与否,切不可用手触摸。

操作电气设备时,应穿绝缘良好的胶底鞋、塑料鞋。在配电屏等电气设备周围的地面上,应放上干燥木板或橡胶垫。

(2) 正确使用和安装电气设备或器材。各种电气设备和器材都有其规定的适用范围,导线和保险丝都有一定的规格,必须合理选择和正确使用。照明线路的开关应装在火线上,不应装在地线上。

(3) 定期检修电气设备,防止绝缘部分破损或受潮。对于正常情况下带电的导体,应保持其绝缘良好,定期检查。移动式电器如手提灯、手电钻以及家用电器的电源线有破损老化时,要及时更换。电线接头处要用黑胶布等绝缘带包扎牢。

为防止电线受损,严禁把导线挂在铁钉上或者在导线上挂东西或随意乱拉线等等。

(4) 电气设备都应装设必要的保护装置,如熔断器、自动开关、漏电保护器等。当设备发生短路、漏电或人身触电时,能及时自动切断电源。

(5) 对于操作人员经常接触的电气设备,应使用 $36V$ 以下的安全电压。

(6) 电气设备的金属外壳一定要进行保护接地或保护接零。

3. 电气设备的保护接地和保护接零

(1) 保护接地　将电气设备的金属外壳或机架与大地可靠联接,称为保护接地,如图 2.4.13 所示。保护接地宜用于三相电源中点不接地的供电系统中。

在三相电源的中点不接地而电气设备又没有接地的情况下,当一相绝缘损坏时,如有人触及设备的外壳,就会发生如图 2.4.12 所示的触电情况。如果电气设备已有保护接地(接地电阻 R_d 一般不大于 $4\ \Omega$),这时设备外壳通过导线与大地有良好的接触,当人体触及带电的外壳时,人体电阻与接地电阻相并联,而人体电阻又远比接地电阻大得多,因此,大部分电流通过接地电阻入地,而流过人体的电流极微小,从而避免了触电的危险。

　　(2) 保护接零　　在低压三相四线制供电系统中,将中性点接地,这种接地方式称为工作接地。在该系统中应采用保护接零(接中线)。保护接零就是把电气设备的外壳或构架用导线和零线联接,如图 2.4.14 所示。若电气设备的绝缘损坏而使机壳带电,则一相电源经机壳和零线形成短路,致使该相熔丝熔断,避免了触电事故。

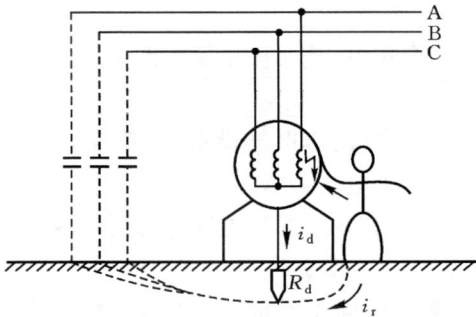

图 2.4.13　保护接地　　　　　　　　　　　图 2.4.14　保护接零

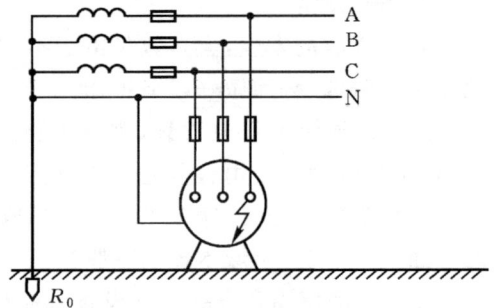

　　应当说明,在三相四线制中点接地系统中,必须采用保护接零,不能采用保护接地。这是因为如果将设备的金属外壳或构架等接地,而不是直接与中性点相联,如图 2.4.15 所示,一旦发生相线碰壳时,设电源相电压为 220 V,R_d 和 R_0 分别等于 4 Ω,其事故电流则为

$$I = \frac{U_p}{R_0 + R_d} = \frac{220}{4+4} = 27.5 \text{ A}$$

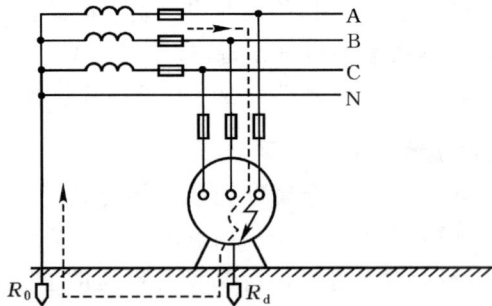

图 2.4.15　中性点接地系统中错用保护接地

一般情况此电流小于熔断器熔断电流,则熔断器不断。此时,220 V 相电压分别降在 R_0 和 R_d 两个电阻上,零线和外壳上的对地电压将会升高到相电压的一半。这样,不仅人体触及设备外壳是危险的,而且触及零线也是危险的。同时,还使得接在这个电网上的所有接零保护的设备外壳都带上较高的电压,从而造成更多的触电危险。因此,在三相四线制中点接地系统中,只能采用保护接零措施,不允许采用保护接地措施或两种措施混用。

4. 静电防护

相对静止的电荷称为静电,它是由物体间的相互摩擦或感应而产生的。静电在工农业生产中得到广泛应用,如静电喷漆、静电除尘、静电脱水等。但静电也会给人类带来不便和危害。如生产中,液体、气体、粉尘在管道中输送、混合及搅拌等产生静电,如遇可燃物质,静电火花可能导致火灾、爆炸和人身触电。消除静电的基本途径有以下几种。

(1)尽量利用工艺措施控制生产中不产生静电或少产生静电。如在易燃易爆的场所,应以齿轮传动或联轴器传动代替皮带传动,以减少摩擦;灌注可燃液体时要防止液体冲击和溅出;气体、液体和粉尘流速要限制等。

(2)采用防静电接地措施。对于一切可能产生静电的设备,如管道、容器及加工设备等都应该接地,以防止静电积累,消除其危害。

(3)采用泄漏措施使静电迅速泄漏。如提高空气湿度以降低静电绝缘体的电阻率,有利于电荷的泄放。在非导电物质中掺入导电物质,以增强其导电性能,利于静电的泄漏。

(4)人体防静电的措施有人体接地,穿防静电鞋,穿防静电工作服,工作地面导电化等。

5. 电气设备的防火防爆

电气设备使用不当或设备本身发生故障,都有可能引起火灾或爆炸等事故,而这类事故在所有的火灾和爆炸事故中占有很大的比例。

电气设备的绝缘材料大多是可燃物质。由于老化可能引起电火花、电弧等,如遇到设备周围的易燃易爆物质,就会导致火灾。电气设备的短路或过载会使绝缘材料温升过高,引起绝缘材料的燃烧。又如一些电热器使用不当,安装位置不当或在其附近违章放置可燃物质等,均可引起火灾。

总之,由电气设备引起火灾和爆炸事故的原因,相当一部分是由于操作人员麻痹大意,不按规章使用,维护管理不善造成的。因此应严格遵守安全操作规程,勤于观察和检测设备的运行情况、温升情况,并定期进行设备维修,以防止事故的发生。另外在易发生火灾或爆炸的危险场所,应按国家有关技术规范选用合理的电气设备,保持必要的防火间距,保持电气设备正常运行,保持通风良好,采用耐火设施及良好的保护装置等防火防爆的安全技术措施。

【练习与思考】

2.4.7 保护接地和保护接零的作用和应用范围有何不同。为什么中性点不接地的系统中不采用保护接零?

2.4.8 工作接地、保护接地和保护接零有什么区别?

2.5　非正弦周期信号电路

在工程实际中,常常遇到非正弦的周期电压和电流,例如数字电路中的脉冲电压、示波器中的锯齿波扫描电压以及整流电路的输出电压等等,都是非正弦周期信号。

非正弦周期信号有着各种不同的变化规律,分析计算这种信号激励下线性电路的响应是一个新问题。但是,只要能将其分解成一系列不同频率的正弦量,就能根据线性叠加原理,把非正弦信号电路的分析计算转化为一系列正弦电路的计算。

2.5.1　非正弦周期信号的分析

由数学理论可知,任何周期函数只要满足狄里赫利条件(即周期函数在一个周期内包含有限个最大值和最小值以及有限个第一间断点),都可分解成傅里叶级数,即直流分量和一系列正弦分量之和。在电工、电子技术中所遇到的周期信号,通常都能满足狄里赫利条件,因此都可以展开成傅里叶级数。

设非正弦周期函数为 $f(\omega t)$,其角频率为 ω,周期为 T,则 $f(\omega t)$ 的傅里叶级数表示式为

$$f(\omega t) = A_0 + A_{1\mathrm{m}}\sin(\omega t + \varphi_1) + A_{2\mathrm{m}}\sin(2\omega t + \varphi_2) + \cdots$$

$$= A_0 + \sum_{k=1}^{\infty} A_{km}\sin(k\omega t + \varphi_k) \tag{2.5.1}$$

式中常数项 A_0 是周期函数 $f(\omega t)$ 的恒定分量(即直流分量);$A_{1\mathrm{m}}\sin(\omega t + \varphi_1)$ 称为 $f(\omega t)$ 的基波(或 1 次谐波),$A_{2\mathrm{m}}\sin(2\omega t + \varphi_2)$ 的角频率是基波角频率的 2 倍,称为 2 次谐波,以后各项依次称为 3 次谐波,4 次谐波等。又将等于或高于 2 次谐波的正弦波称为高次谐波。通常将一个周期为 T 的非正弦量利用傅里叶级数分解为一系列频率不同的正弦量,又称为谐波分析。常见的非正弦周期信号的傅里叶级数展开式,可查阅相关的书籍或手册。

非正弦周期信号有效值与正弦量的有效值定义一样,为非正弦周期函数瞬时

值的方均根值。通过证明可得

$$I = \sqrt{I_0^2 + I_1^2 + I_2^2 + \cdots} \tag{2.5.2}$$

$$U = \sqrt{U_0^2 + U_1^2 + U_2^2 + \cdots} \tag{2.5.3}$$

式中 I_0、U_0 为直流分量，I_1、I_2、$I_3\cdots$ 和 U_1、U_2、$U_3\cdots$ 为 1 次、2 次、3 次等各次谐波分量的有效值。由此可见，非正弦周期信号的有效值等于它的直流分量和各次谐波分量有效值平方和的平方根。

2.5.2　线性非正弦周期信号电路的分析与计算

分析计算线性非正弦周期信号电路的理论基础是谐波分析和叠加原理。首先将非正弦周期信号分解成直流分量和各次谐波之和，其次分别计算各分量单独作用于电路时的响应。这样，将非正弦周期信号电路的计算，化为直流电路和一系列正弦电路的计算，其具体步骤如下。

（1）将给定的非正弦周期电压源或电流源分解为傅里叶级数（即谐波分析），由于傅氏级数的收敛性，一般取级数的前几项即可，具体取几项应视要求的精确度而定。

（2）分别计算各分量单独作用时在电路各部分产生的电压和电流。计算时注意两点：一是当直流分量单独作用时，电路中的电容元件相当于开路，电感元件相当于短路。二是当各次谐波单独作用时，每次谐波均采用求解正弦交流电路的方法。应该强调指出，不同次谐波的容抗和感抗值不同，而电阻则是相同的。

（3）将直流分量和各次谐波的响应叠加即为所得的结果。必须注意，不同频率的正弦量不能用相量图或复数式相加，而只能以瞬时值叠加。

【例 2.5.1】在图 2.5.1 所示 RC 并联电路中，已知 $R=1.2\ \text{k}\Omega$，$C=50\ \mu\text{F}$，电流 $i = 1.5 + \sin 3\ 140t$ mA，试求各支路中的电流和两端电压。

【解】用叠加原理进行分析计算。

（1）直流分量单独作用时

$$I_0 = 1.5\ \text{mA}$$

电容 C 对直流相当于开路，故 I_0 全部通过 R 支路，在 R 两端产生的压降为

$$U_0 = I_0 R = 1.5 \times 1.2 = 1.8\ \text{V}$$

此时，电容器两端电压也充电到 $1.8\ \text{V}$。

（2）交流分量单独作用时

$$i_1 = \sin 3\ 140t\ \text{mA}$$

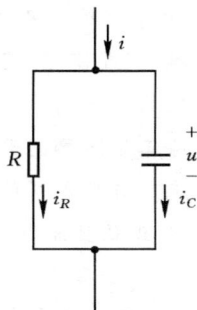

图 2.5.1　例 2.5.1 图

$$f_1 = \frac{\omega}{2\pi} = \frac{3\ 140}{2\pi} = 500\ \text{Hz}，容抗为$$

$$X_{C1} = \frac{1}{\omega C} = \frac{1}{3\ 140 \times 50 \times 10^{-6}} = 6.37\ \Omega$$

由于 $X_{C1} \ll R$，所以电流几乎全部通过电容支路，电阻 R 中基本上无交流分量，此时在电容 C 两端产生的电压为

$$U_{C1m} = I_{1m}X_{C1} = 1 \times 10^{-3} \times 6.37 = 6.37\ \text{mV}$$

（3）由于 $U_{C1m} \ll U_0$，叠加时可以忽略，所以并联支路两端电压为

$$U \approx U_0 = 1.8\ \text{V}$$

由上述计算可知，当 R 和 C 并联，且在参数上使 $X_{C1} \ll R$ 时，X_C 对交流起"旁路"作用，且电容 C 两端的交流电压很小，它与直流电压降比较可以忽略不计，因而保证 R 两端的电压基本上不变（直流分量），这一电路在电子技术中经常被采用。

本章小结

1. 支路电流法是一种最基本的分析求解电路的方法。以支路电流为求解对象，依 KCL 可列出 $(n-1)$ 个独立结点方程，依 KVL 可列出 m 个独立回路方程，联立求解方程组即可获得电路的解。它适用于求解计算全部电流且支路又不太多的情况。

2. 叠加原理是线性电路的重要定理。在线性电路中，任一支路电流或电压都是电路中各独立电源单独作用时在该支路产生的电流或电压的代数和。某独立电源单独作用时，令其他电源等于零，即理想电压源予以短路，理想电流源予以开路。叠加原理适用于多个独立电源作用的线性电路。

3. 复杂网络可用等效变换法化简分析。任何一个线性有源二端网络，都可以根据戴维宁（或诺顿）定理等效化简。等效电路的内阻 R_0 等于线性有源二端网络化为相应的无源网络后，由端口看进去的等效电阻。戴维宁等效电路的 U_s 等于线性有源二端网络的开路电压 U_k；诺顿等效电路的 I_s 等于线性有源二端网络的短路电流。当只需求解某一支路的电流或电压时，采用戴维宁定理最简单方便。

4. 对正弦交流电路的分析是本课程的重点内容之一。随时间按正弦规律变化的量，称为正弦量。

（1）正弦量三要素为幅值、角频率和初相。相位差表示两个同频率正弦量的初相位之差，相位关系有超前、滞后、同相和反相。正弦量的大小通常用有效值表示。

（2）正弦量可以用三角函数式、正弦波和相量表示。其中相量表示既能反映正弦量的大小，又能反映正弦量的相位。相量以复数为其符号（相量式），以矢量为其图形（相量图）。相量表示法是分析计算正弦交流电的主要工具，一定要熟练掌握。同时要明确只有同频率的正弦量才能进行相量计算；相量仅仅是正弦量的一种表示方法，相量并不等于正弦量。

（3）当电路中的正弦量都以相量表示，电路参数用复阻抗表示时，直流电路中的基本定理、定律及分析方法都可以用于正弦交流电路。需注意：各相量的约束关系为 $\sum \dot{I} = 0, \sum \dot{U} = 0, \dot{U} = \dot{I}Z$。

（4）正弦交流电路中电阻消耗有功功率；电感和电容不消耗有功功率，但与电源之间存在着能量的相互交换，用无功功率表示；视在功率常用以表示电源设备的容量。它们的一般计算公式分别为：$P = UI\cos\varphi, Q = UI\sin\varphi, S = UI$，三者之间的关系是 $S = \sqrt{P^2 + Q^2}$。

（5）在含有 R、L、C 元件的电路中，当电路的电压与电流同相时，电路呈谐振状态。谐振的实质就是电容中的电场能量与电感中的磁场能量相互转换、相互补偿，从而使电路呈电阻的性质。

电路的谐振条件、谐振角频率和谐振时的等效复阻抗视电路结构的不同而不同。串联谐振的特点为阻抗最小、电流最大，谐振角频率为 $\omega_0 = \dfrac{1}{\sqrt{LC}}$；并联谐振时阻抗达最大值，电流最小，当满足一定条件时其谐振角频率与串联谐振时相同。

（6）$\cos\varphi$（φ 为 u 和 i 之间的相位差）称之为电路的功率因数。提高功率因数不仅能减少输电线路上的功率消耗，而且能提高供电质量，使电源的供电能力得以充分利用。通常用并联电容的方法提高感性电路的功率因数。

5. 三相电源通常是指三个交流电动势为对称正弦量的电源。它们的幅值、频率相等，相位互差 $120°$。目前低压供电普遍采用三相四线制方式，可提供线电压和相电压两种电源，在大小上 $U_l = \sqrt{3}U_p$，在相位上线电压超前相应的相电压 $30°$。

在三相电路中，负载作星形联接时，$i_l = i_p$。当负载对称时，各相电压、相电流、线电流是对称的，中线电流等于零。负载做三角形联接时，$\dot{U}_l = \dot{U}_p$。当负载对称时，$\dot{I}_l = \sqrt{3}\dot{I}_p \angle{-30°}$。

对称三相电路分析可先计算其中一相，其他各相根据对称关系直接得出。中线的作用是保证三相负载的相电压对称，使负载正常工作。中线上不允许接入熔断器和开关。

对称负载不论是星形联接还是三角形联接，其有功功率的计算公式为

$$P = \sqrt{3}U_l I_l \cos\varphi = 3U_p I_p \cos\varphi$$

应该了解安全用电、静电防护及电气设备防火、防爆的一些基本常识。

6. 非正弦周期性波形可利用傅里叶级数展开成直流分量和一系列不同频率的正弦波,称之为谐波。分析非正弦周期电流电路可以利用叠加原理先求出不同分量单独作用时的电压和电流,然后将它们的瞬时值相加。要注意不能采用相量相加,因为它们的频率不相同。

习 题

题 2.01 电路如题 2.01 图所示,求各支路电流。

题 2.02 求题 2.02 图所示电路中流过 4 Ω 电阻的电流 I。

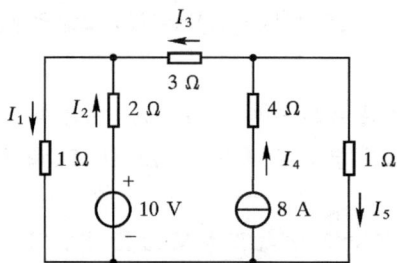

题 2.01 图

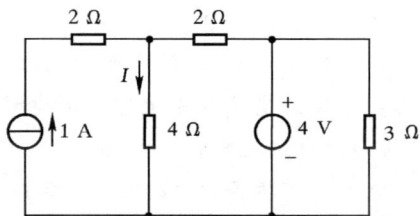

题 2.02 图

题 2.03 在题 2.03 图所示电路中,试用叠加原理求 U_4。

题 2.04 试用戴维宁定理求题 2.04 图所示电路中的电流 I。

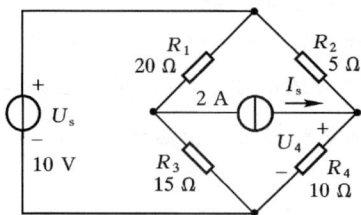

题 2.03 图

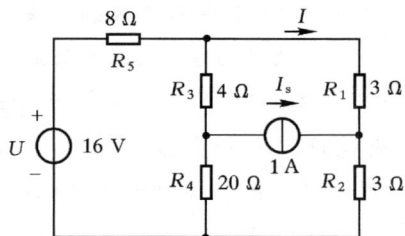

题 2.04 图

题 2.05 试用戴维宁定理计算题 2.05 图中的电流 I。

题 2.06 试用叠加原理求题 2.05 图中的电流 I。

题 2.07 求题 2.07 图所示电路中流过电阻 R_L 的电流。

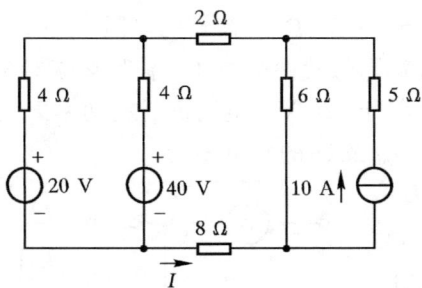

题 2.05 图

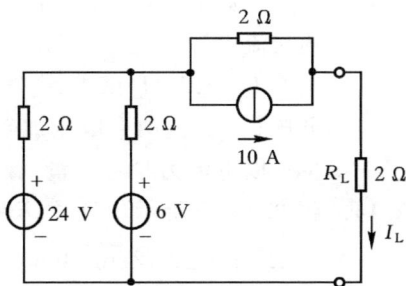

题 2.07 图

题 2.08 试用戴维宁定理计算题 2.08 图中的电流 I_3。

题 2.09 在题 2.09 图中,已知 $U_{s1}=15$ V,$U_{s2}=13$ V,$U_{s3}=4$ V,$R_1=R_2=R_3=R_4=1\ \Omega$,$R_5=11\ \Omega$。(1)当开关 S 断开时,试求电阻 R_5 上的电压 U_5 和电流 I_5;(2)当开关 S 闭合后,试用戴维宁定理计算 I_5。

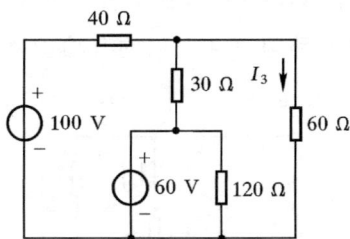

题 2.08 图

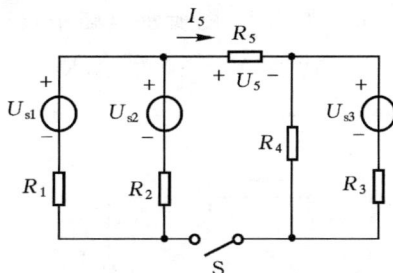

题 2.09 图

题 2.10 已知电路中某支路的电流和该支路两端的电压分别为 $i=10\sqrt{2}\sin(\omega t-30°)$ A,$u=220\sqrt{2}\sin(\omega t+45°)$ V。要求:

(1) 说明电压、电流的相位关系,并画出它们的波形图;

(2) 写出相量表达式(指数式和极坐标式),画出相量图;

(3) 如果电流的方向相反,再回答(1)和(2)。

题 2.11 已知 $i_1=10\sin(314t+30°)$ A,$i_2=10\sqrt{2}\sin(314t-60°)$ A,$i=i_1+i_2$,试用相量法求 i,并画出三个电流的相量图。

题 2.12 电阻和电感串联的电路中,已知电阻 $R=20\ \Omega$,$L=0.1$ H,电源电压 $U=220$ V,频率 $f=50$ Hz,试求电流 I、电阻的端电压 U_R 和电感的端电压 U_L,并画出相量图。

题 2.13 一日光灯电路,灯管和整流器串联接在电源 $U=220$ V,频率 $f=50$ Hz 的交流电源上,已知灯管等效电阻 $R_1=300$ Ω,整流器的电阻 $R_2=20$ Ω,电感 $L=1.5$ H,试求:电路中的电流 I;灯管两端电压 U_{R1} 和整流器两端电压 U_{RL}。这两个电压加起来是否等于 220 V? 电路消耗的功率 P 为多少? 以电流为参考相量,做出 $\dot{U}_{R1}$、$\dot{U}_{RL}$ 及 $\dot{U}$ 的相量图。

题 2.14 题 2.14 图所示电路中 $R=1$ Ω,$L=5$ mH,$u=10\sqrt{2}\sin 1\,000t$ V,调节 C,使得开关 S 断开和接通时电流表的读数不变,求这时的 C 值。

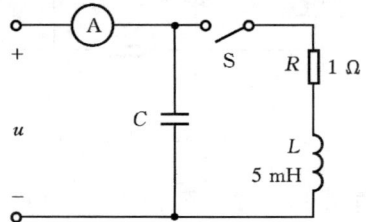

题 2.14 图

题 2.15 如题 2.15 图所示为一 RC 移相电路,已知 $R=8.4$ kΩ,输入电压 $u_i=\sin 314t$ V,要求输出电压 $\dot{U}_o$ 的相位超前 $\dot{U}_i$ $60°$,问电容 C 应配多大? 输出电压的有效值 U_o 为多大?

题 2.16 题 2.16 图所示电路中,已知正弦交流电压的有效值 $U=220$ V,$R_1=10$ Ω,$X_L=10\sqrt{2}$ Ω,$R_2=20$ Ω,试求各支路电流和电路的有功功率。

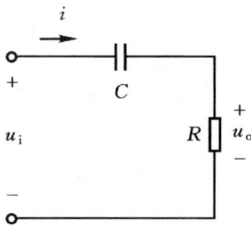

题 2.15 图

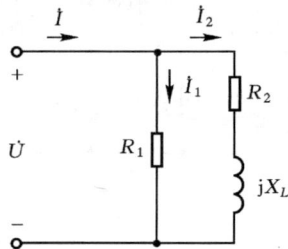

题 2.16 图

题 2.17 题 2.17 图所示电路,已知 $u=220\sqrt{2}\sin 314t$ V,$i_1=22\sin(314t-45°)$ A,$i_2=11\sin(314t+90°)$ A,试求各仪表读数及电路参数 R、L 和 C。

题 2.18 试证明题 2.18 图所示 RC 串并联交流电路中,当 $f_0=\dfrac{1}{2\pi RC}$ 时,$\dfrac{\dot{U}_o}{\dot{U}_i}=\dfrac{1}{3}\angle 0°$。

题 2.19 电路参数如题 2.19 图所示,已知 $I_1=10$ A,$U_1=100$ V,试求总电压和总电流的有效值,并画出各电压和电流的相量图。

题 2.20 题 2.20 图所示电路,已知 $I_1=10$ A,$I_2=10\sqrt{2}$ A,$U=200$ V,$R=5$ Ω,

$R_2 = X_L$。试求 I、X_C、X_L 及 R_2。

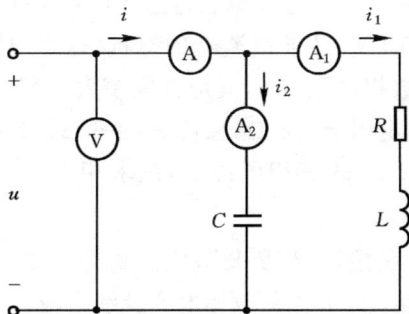

题 2.17 图

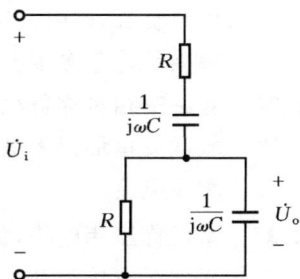

题 2.18 图

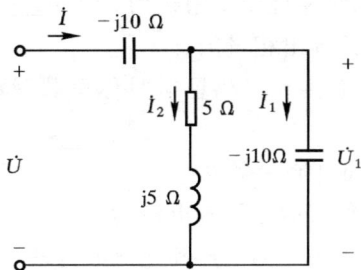

题 2.19 图

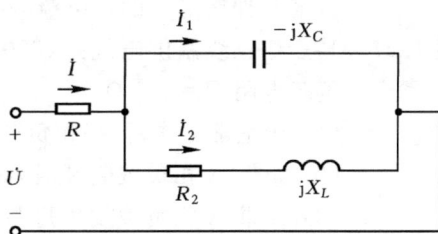

题 2.20 图

题 2.21　题 2.21 图所示电路中,已知 $I_1 = I_2 = 10$ A,$U = 100$ V,u 与 i 同相,试求 I、R、X_C 及 X_L。

题 2.22　题 2.22 图所示电路中,已知 $U = 220$ V,$C = 58$ μF,$R = 2$ Ω,$L = 63$ mH。求电路的谐振频率、谐振时的支路电流和总电流。

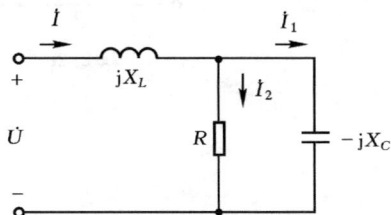

题 2.21 图

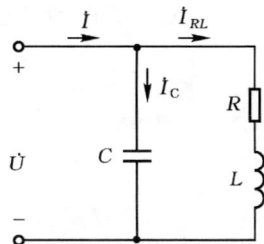

题 2.22 图

题 2.23 有一 40 W 的日光灯,使用时灯管与镇流器(可近似地把镇流器看做纯电感)串联在电压为 220 V、频率为 50 Hz 的电源上。已知灯管工作时属纯电阻负载,灯管两端电压等于 110 V,试求镇流器的感抗,这时电路的功率因数等于多少? 若将功率因数提高到 0.9,问应并联多大电容?

题 2.24 有一三相对称负载,每相负载的电阻 $R=8$ Ω,感抗 $X_1=6$ Ω。如果将负载联成星形接于电源电压为 380 V 的三相电源上,试求相电压、相电流和线电流。

题 2.25 某对称三相电路,负载作三角形联接,每相负载阻抗为 $9\angle 30°$ Ω,若把它接到线电压为 220 V 的三相电源上,求各负载相电流及线电流。

题 2.26 三相电动机每相绕组的额定电压为 220 V,电源有两种电压:线电压为 380 V 和线电压为 220 V,试问:上述两种不同情况下,这台电动机的绕组应当怎么联接? 已知这台电动机的每相绕组复阻抗为 $Z=36\angle 30°$ Ω,试求两种情况下的相电流与线电流,并画出相量图。

题 2.27 某三相三线制供电线路(380/220 V)上接入三相星形对称负载,每一相负载电阻 $R=500$ Ω。

(1) 在正常工作时,每相负载的电压和电流为多少?

(2) 如果 A 相负载断开时,其他两相负载的电压和电流为多少?

(3) 如果 A 相负载发生短路,其他两相负载的电压和电流又为多少?

(4) 如果采用三相四线制供电,试重新计算一相短路或一相断路时,其他各相负载的电压和电流。

题 2.28 题 2.28 图所示电路,三相对称负载为三角形联接,已知线电压 $U_1=220$ V,线电流 $I_1=17.3$ A,三相负载消耗的功率 $P=4.5$ kW。

(1) 设负载为电感性,求 R 和 X_L;

(2) 若电源 C 线断线,求电流 I_A 和 I_B。

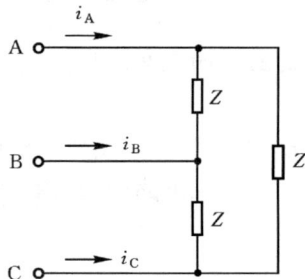

题 2.28 图

第 3 章

电路的暂态分析

前两章所讨论的电路问题都属于电路的稳态情况。本章将讨论有关电路的暂态问题。主要分析 RC 和 RL 一阶线性电路的暂态过程。重点分析暂态电路中电压和电流随时间变化的规律以及影响电路暂态过程长短的时间常数问题。

在电路结构不变以及电源恒定的情况下,电路中的电流和电压都稳定在一定的数值(交流电路中电压、电流的幅值、频率保持稳定)而不随时间变化,这时电路所处的状态称为稳定状态,简称稳态。那么什么是暂态呢? 在含有储能元件 L、C 的电路中,当电路接通、断开、局部短路以及电源或元件的参数值发生变化时,都会使电路从一种稳定状态变化到另一种稳定状态,这个变化过程称为过渡过程或暂态过程。

当电路与电源接通、断开或电路参数、结构变化等引起电路状态变化时,统称为电路换路。

为什么换路后电路不是由一种稳态立即跳变到另一种新的稳态,而是要经历一个暂态过程呢? 这是因为在储能元件 L、C 存在的电路中,电流、电压的改变必然伴随着磁场、电场能量的变化。例如对于电感元件来说,它所储存的磁场能量 $W=\frac{1}{2}Li^2$ 与电感中电流的平方成正比;对于电容元件来说,它所储存的电场能量 $W=\frac{1}{2}Cu^2$ 与电容两端的电压平方成正比。那么,如果电感中的电流或电容两端的电压发生突变,就意味着磁场或电场能量发生突变,则功率 $P=\frac{\mathrm{d}W}{\mathrm{d}t}$ 为无穷大,这在实际电路中是不可能的。因此,电感元件中的电流和电容元件两端的电压只能渐变,或者说连续变化,这就决定了含有储能元件的电路中存在暂态过程。

尽管暂态过程是短暂的,但在工程应用中颇为重要。例如在电子技术中,信号的变换、开关特性的研究以及电路速度的提高等无一不与暂态问题紧密相关。电路在暂态过程中会出现过电压或过电流现象,有时还会损坏设备,造成严重事故。总之,暂态问题是电路中的一个很重要的问题。

3.1 换路定律及初始值的确定

如前所述,电感中的电流和电容两端的电压不能突变。因此,电感电流和电容电压在换路后的初始值应等于换路前的终了值,这一规律称为电路的换路定律。设在 $t=0$ 瞬间换路,用 $t=0_-$ 来表示换路前的终了时刻,用 $t=0_+$ 来表示换路后的初始时刻,则换路定律可表示为

$$\left.\begin{array}{l} u_C(0_+) = u_C(0_-) \\ i_L(0_+) = i_L(0_-) \end{array}\right\} \tag{3.1.1}$$

换路定律仅适用于换路瞬间,利用它可以确定暂态过程中的 $u_C(0_+)$ 或 $i_L(0_+)$,并由此求得电路中其他电流、电压的初始值,求解步骤和原则如下。

(1) 换路瞬间电容元件视为恒压源。如果 $u_C(0_-)=0$,则 $u_C(0_+)=0$,电容元件在换路瞬间相当于短路。

(2) 换路瞬间电感元件视为恒流源。如果 $i_L(0_-)=0$,则 $i_L(0_+)=0$,电感元件在换路瞬间相当于开路。

(3) 运用 KCL、KVL 及直流电路中的分析方法计算电路在换路瞬间各个电压、电流的初始值。

【例 3.1.1】 确定图 3.1.1(a)所示电路在换路后(S 闭合)各电流和电压的初始值。设开关 S 闭合前(换路前)电容元件和电感元件均未储存能量。

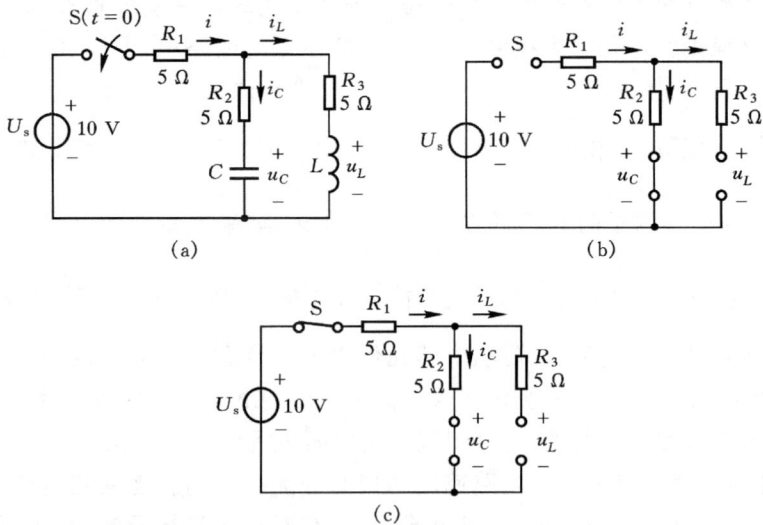

(a)

(b)

(c)

图 3.1.1 例 3.1.1 图

【解】(1) 先求出 S 闭合前的 $u_C(0_-)$ 及 $i_L(0_-)$ 值。可根据已知条件作出 $t=0_-$ 时的等效电路，如图 3.1.1(b)所示。因电容未储能，$u_C(0_-)=0$，电感未储能，$i_L(0_-)=0$，所以在图中分别用短路和开路处理。由图可见，除 $U_s=10$ V 外，所有元件上的电压和电流均为零。

(2) 作出 $t=0_+$ 时的等效电路，如图 3.1.1(c)所示。此电路就是换路后初始瞬间的电路结构。因 $u_C(0_+)=u_C(0_-)=0$，$i_L(0_+)=i_L(0_-)=0$，所以电容元件和电感元件仍分别以短路和开路处理。

(3) 根据 $t=0_+$ 时的等效电路可求出

$$i(0_+) = i_C(0_+) = \frac{U_s}{R_1+R_2} = \frac{10}{5+5} = 1 \text{ A}$$

$$u_{R_1}(0_+) = i(0_+)R_1 = 1 \times 5 = 5 \text{ V}$$

$$u_{R_2}(0_+) = i_C(0_+)R_2 = 1 \times 5 = 5 \text{ V}$$

$$u_{R_3}(0_+) = i_L(0_+)R_3 = 0 \text{ V}$$

$$u_L(0_+) = u_{R_2}(0_+) = 5 \text{ V}$$

从计算结果可见，尽管电感中的电流和电容两端的电压不能突变，但 $i_C(0_+) \neq i_C(0_-)$、$u_L(0_+) \neq u_L(0_-)$，发生了突变。

【例 3.1.2】图 3.1.2 所示电路中，已知电压表的内阻 R_V 等于 100 kΩ 且换路前电路已处于稳定状态，开关 S 在 $t=0$ 时断开，求 $i(0_+)$、$u_L(0_+)$ 以及电压表的端电压 $u_V(0_+)$。

【解】先求出换路前的电流 $i(0_-)$ 为

$$i(0_-) = \frac{U_s}{R} = \frac{50}{50}\text{A} = 1 \text{ A}$$

由换路定律得

$$i(0_+) = i(0_-) = 1 \text{ A}$$

$$u_V(0_+) = R_V i(0_+)$$

$$= 100 \times 10^3 \times 1$$

$$= 10\ 000 \text{ V}$$

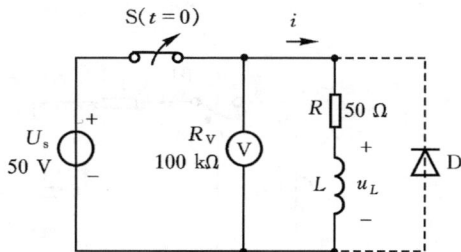

图 3.1.2　例 3.1.2 图

由计算结果可知，当电感元件从电源切除时，会在电感元件两端产生瞬时过电压，将对电气设备造成损坏。为了限制过电压，可在电感两端反向并联一个二极管，如图中虚线所示。换路前，二极管 D 因承受反向电压而截止。当开关 S 断开时，电感 L 产生的自感电动势使二极管 D 承受正向电压而导通，其压降近似为零，因此线圈两端压降几乎为零，从而保护了相关电气设备。

【练习与思考】

3.1.1 含有储能元件的电路在换路时是否一定有暂态过程发生?

3.1.2 在含有储能元件的电路中,电容和电感什么时候可看成开路? 什么时候可看成短路?

3.1.3 在确定电路中电压或电流的初始值时,如果电容电压为零则可把电容看作短路;如果电感电流为零则可把电感看作开路,为什么? 如果电容电压不为零或电感电流不为零时应怎样处理?

3.2　一阶电路的暂态分析

当电路中只含有一个储能元件或可以化简为一个独立储能元件,并能用一阶微分方程来描述的电路称为一阶电路。本节讨论的 RC 和 RL 电路都是一阶电路。

3.2.1　零输入响应

图 3.2.1(a)所示的电路中,开关 S 原来处于"1"位置,且电路已处于稳定状态,即电容两端电压等于电源电压 U_s,电路中电流等于零。在 $t=0$ 瞬间,开关 S 由"1"切换到"2",电容通过电阻 R 释放电容所储存的电场能量,直至为零。把这种外加激励源等于零,仅仅在原始储能作用下的电路响应称为零输入响应。

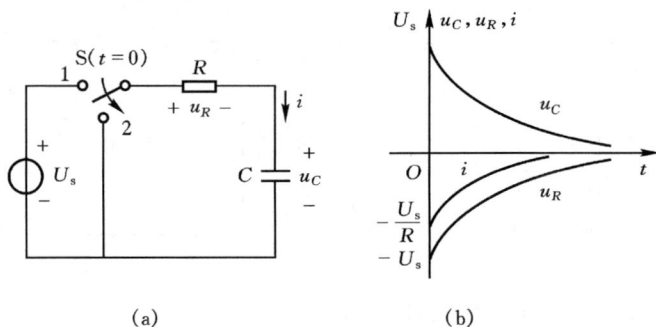

图 3.2.1　RC 电路的零输入响应
(a)电路;(b)电压、电流波形

首先利用 KVL 对换路以后的电路列方程,有

$$u_R + u_C = 0 \tag{3.2.1}$$

将电阻元件和电容元件的伏安特性关系式 $u_R = iR$ 及 $i = C\dfrac{\mathrm{d}u_C}{\mathrm{d}t}$ 代入式(3.2.1)，则有

$$RC\frac{\mathrm{d}u_C}{\mathrm{d}t} + u_C = 0 \qquad\qquad (3.2.2)$$

上式是一阶常系数线性齐次微分方程。根据线性微分方程解的理论,此方程的通解为

$$u_C = Ae^{pt} \qquad\qquad (3.2.3)$$

其中 A 为积分常数,p 则是微分方程所对应的特征方程的根。式(3.2.2)所对应的特征方程为

$$RCp + 1 = 0 \qquad\qquad (3.2.4)$$

解出 p

$$p = -\frac{1}{RC} \qquad\qquad (3.2.5)$$

代入式(3.2.3),得

$$u_C = Ae^{-\frac{t}{RC}} = Ae^{-\frac{t}{\tau}} \qquad\qquad (3.2.6)$$

式中 $\tau = RC$,称为 RC 电路的时间常数,具有时间的量纲,单位为秒(s)。

根据换路定则 $u_C(0_+) = u_C(0_-) = U_s$。将此初始条件代入式(3.2.6)可确定积分常数 A,得 $A = U_s$。则零输入响应电路微分方程的解为

$$u_C(t) = U_s e^{-\frac{t}{\tau}} \qquad\qquad (3.2.7)$$

电阻两端的电压
$$u_R = -u_C = -U_s e^{-\frac{t}{\tau}} \qquad\qquad (3.2.8)$$

电流
$$i = \frac{u_R}{R} = -\frac{U_s}{R} e^{-\frac{t}{\tau}} \qquad\qquad (3.2.9)$$

式(3.2.8)和(3.2.9)中的负号表示电阻电压和电流的实际方向与图中的参考方向相反。RC 电路零输入响应随时间变化的波形如图 3.2.1(b)所示,它们都是按指数规律衰减。

时间常数 $\tau = RC$ 决定着电路暂态过程的长短,它表示电容电压衰减到初始值的 36.8% 所需的时间,其物理意义是很明显的。当 R 一定时,C 越大,在相同电压下电容存储的电场能量越多,将此能量释放完所需的时间就越长,即时间常数越大。当 C 一定时,R 越大,在一定的电压下电流 i 越小,能量消耗越慢,时间常数也就越大。时间常数 τ 对 u_C 波形的影响如图3.2.2

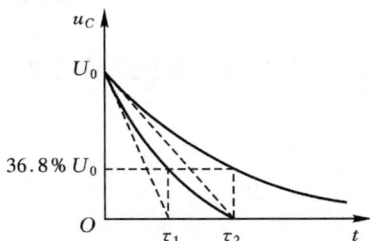

图 3.2.2　不同 τ 情况下 u_C 的曲线

所示。理论上 $e^{-\frac{t}{\tau}}$ 衰减到零需要无限长时间,但指数函数衰减较快,如表3.2.1所示。工程上一般认为 $t=3\tau\sim5\tau$ 时暂态过程基本结束,电路进入新的稳定状态。

表 3.2.1　$e^{-\frac{t}{\tau}}$ 随时间而衰减

t	τ	2τ	3τ	4τ	5τ	6τ
$e^{-\frac{t}{\tau}}$	e^{-1}	e^{-2}	e^{-3}	e^{-4}	e^{-5}	e^{-6}
u_C	0.368	0.135	0.050	0.018	0.007	0.002

综上所述,RC 电路的零输入响应是由 $t=0_+$ 时电容的初始储能所引起的。在暂态过程中,电场能量不断为电阻所消耗,电容电压和电流都是按指数规律衰减的。至于衰减的快慢则由时间常数 $\tau=RC$ 所决定,τ 越大衰减得越慢,暂态过程越长。τ 的大小只与电路参数和结构有关。

图 3.2.3(a)为 RL 零输入响应电路。换路前开关 S 长期处于"1"位置,电路中的电流 $i=U_s/R$,电感在直流稳态相当于短路,$u_L=0$,电阻上的电压 $u_R=U_s$。$t=0$ 时电路发生换路,开关由"1"切换到"2",这时电路与电源脱开,激励为零,但由于电感中的电流不能突变为零,所以其他各电压和电流也不会突变为零。

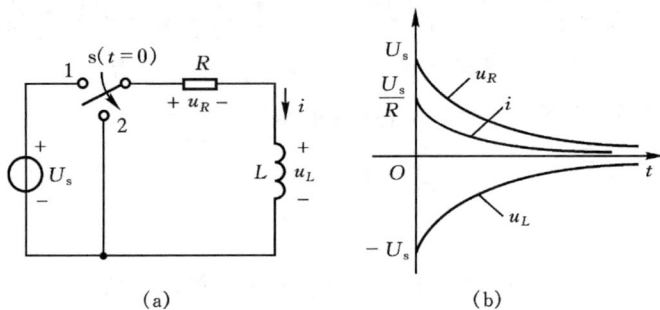

图 3.2.3　RL 电路的零输入响应
(a)电路;(b)电压、电流波形

根据 KVL 可得电路换路后的电压方程

$$u_R + u_L = 0 \tag{3.2.10}$$

因为 $u_L = L\dfrac{\mathrm{d}i}{\mathrm{d}t}$,而 $u_R = Ri$,则

$$L\frac{\mathrm{d}i}{\mathrm{d}t} + Ri = 0 \tag{3.2.11}$$

上式同样是一阶常系数线性齐次微分方程,它的通解为

$$i = Ae^{pt} \tag{3.2.12}$$

其中 p 可由微分方程所对应的特征方程得出

$$Lp + R = 0$$

$$p = -\frac{R}{L} \tag{3.2.13}$$

将其结果代入式(3.2.12),则

$$i = Ae^{-\frac{R}{L}t} = Ae^{-\frac{t}{\tau}} \tag{3.2.14}$$

积分常数 A 可由初始条件来确定,由换路定则得

$$i(0_+) = i(0_-) = \frac{U_s}{R}$$

代入式(3.2.14)解得积分常数为

$$A = \frac{U_s}{R}$$

微分方程的解为

$$i(t) = \frac{U_s}{R}e^{-\frac{t}{\tau}} \tag{3.2.15}$$

电阻上的电压为

$$u_R = Ri = U_s e^{-\frac{t}{\tau}} \tag{3.2.16}$$

电感上的电压为

$$u_L = -u_R = -U_s e^{-\frac{t}{\tau}} \tag{3.2.17}$$

它们随时间变化的波形如图 3.2.3(b)所示。

　　同样,时间常数决定着 RL 电路暂态过程的长短。RL 电路的时间常数 $\tau = L/R$,其物理意义也不难理解,当电感的初始电流一定时,电感 L 越大,储能越多,将此能量释放完所需的时间就越长;而 R 越大,消耗的功率 i^2R 就越大,耗尽能量所需的时间就越短,所以 τ 与 L 成正比,与 R 成反比。通过改变电路参数 R 和 L,同样可以控制 RL 电路暂态过程的快慢。

3.2.2　零状态响应

　　电路换路前储能元件的初始能量为零,由电路的外加激励信号所产生的响应称为零状态响应。

　　图 3.2.4(a)所示 RC 电路中,换路前,开关在"2"位置,电容中无储能,即处于零状态。$t=0$ 时,开关 S 切换至"1",电路与恒压源接通,电容开始充电。

　　同理,按换路后的电路列出方程

$$u_R + u_C = U_s \tag{3.2.18}$$

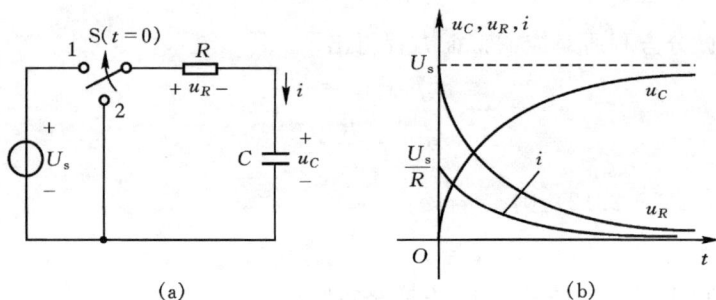

图 3.2.4　RC 电路的零状态响应
(a)电路；(b)电压、电流波形

将 $i=C\dfrac{\mathrm{d}u_C}{\mathrm{d}t}$ 和 $u_R=iR$ 代入上式得

$$RC\frac{\mathrm{d}u_C}{\mathrm{d}t}+u_C=U_s \qquad (3.2.19)$$

上式同样是一阶常系数线性非齐次微分方程，根据线性微分方程解的理论，此方程的通解由两部分组成，方程的特解 u'_C 和原方程对应的齐次方程的通解 u''_C，即

$$u_C=u'_C+u''_C \qquad (3.2.20)$$

原方程所对应的齐次方程为 $RC\dfrac{\mathrm{d}u''_C}{\mathrm{d}t}+u''_C=0$，在前面分析零输入响应时已知，此方程的通解为

$$u''_C=Ae^{-\frac{t}{RC}}=Ae^{-\frac{t}{\tau}} \qquad (3.2.21)$$

特解是满足原方程的任意一个解，由于方程是依据换路以后的电路列出的，所以它可以描述电路换路以后的所有状态。为简便起见，可以把电路达到稳态后的状态作为特解。显然，当 $t\to\infty$ 时 $u_C\to U_s$ 即

$$u'_C=U_s \qquad (3.2.22)$$

所以原方程的通解为

$$u_C=u'_C+u''_C=U_s+Ae^{-\frac{t}{\tau}} \qquad (3.2.23)$$

为确定积分常数 A，把初始条件 $u_C(0_+)=0$ 代入方程的通解式(3.2.23)中，可得出 $A=-U_s$。

所以方程的全解为

$$u_C=U_s-U_se^{-\frac{t}{\tau}}=U_s(1-e^{-\frac{t}{\tau}}) \qquad (3.2.24)$$

电阻电压为 $\qquad u_R=U_s-u_C=U_se^{-\frac{t}{\tau}} \qquad (3.2.25)$

电流为
$$i = \frac{u_R}{R} = \frac{U_s}{R} e^{-\frac{t}{\tau}} \qquad (3.2.26)$$

式中的 τ 为电路的时间常数。RC 电路零状态响应电压、电流随时间变化的波形如图 3.2.4(b)所示。

图 3.2.5(a)所示 RL 电路,由于换路前开关 S 断开,$i=0$,换路后的初始瞬间 $i(0_+)=0$,储能元件的初始能量为零,同样是讨论其零状态响应问题。

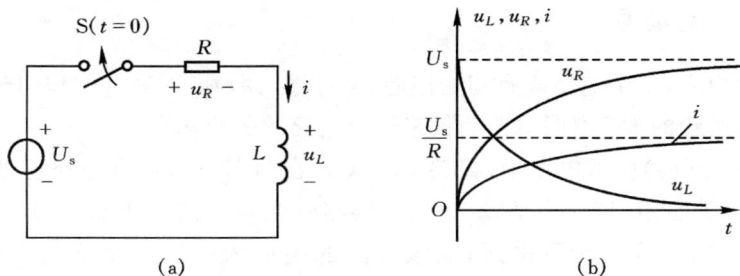

图 3.2.5 RL 电路的零状态响应

(a)电路;(b)电压、电流波形

首先利用 KVL 对换路后的电路列方程
$$u_R + u_L = U_s \qquad (3.2.27)$$

将 $u_R = iR$ 和 $u_L = L\dfrac{\mathrm{d}i}{\mathrm{d}t}$ 代入,得

$$L\frac{\mathrm{d}i}{\mathrm{d}t} + iR = U_s \qquad (3.2.28)$$

上式也是一阶常系数线性非齐次微分方程。同样,此方程的解由两部分组成,即

$$i = i' + i''$$

其中 i'' 是原方程所对应齐次方程 $L\dfrac{\mathrm{d}i''}{\mathrm{d}t} + i''R = 0$ 的通解,由上述分析零输入响应时已知

$$i'' = A e^{-\frac{R}{L}t} = A e^{-\frac{t}{\tau}}$$

电路的稳态解为特解 $i' = \dfrac{U_s}{R}$,则有

$$i = i' + i'' = \frac{U_s}{R} + A e^{-\frac{t}{\tau}} \qquad (3.2.29)$$

将初始条件 $i(0_+)=0$ 代入,确定出积分常数 $A = -\dfrac{U_s}{R}$

所以
$$i = \frac{U_s}{R} - \frac{U_s}{R}e^{-\frac{t}{\tau}} = \frac{U_s}{R}(1 - e^{-\frac{t}{\tau}}) \tag{3.2.30}$$

$$u_L = L\frac{\mathrm{d}i}{\mathrm{d}t} = U_s e^{-\frac{t}{\tau}} \tag{3.2.31}$$

$$u_R = iR = U_s(1 - e^{-\frac{t}{\tau}}) \tag{3.2.32}$$

RL 电路零状态响应的波形如图 3.2.5(b)所示。

3.2.3　全响应

所谓全响应,就是电路既有初始储能,又有输入激励,两者共同作用时的响应。下面以阶跃激励的 RC 串联电路为例来讨论电路的的全响应。

如图 3.2.6(a)所示电路中,换路前开关 S 在"1"位置,而且电路已处于稳态。换路时,将开关 S 由"1"切换至"2"。由于换路时电容上的电压 $u_C = U_0$,初始状态不为零。换路后,输入阶跃电压,故该电路的响应为阶跃激励下的全响应。由 KVL 知换路后的电路方程仍为一阶常系数线性非齐次微分方程,其形式与式(3.2.19)相同。

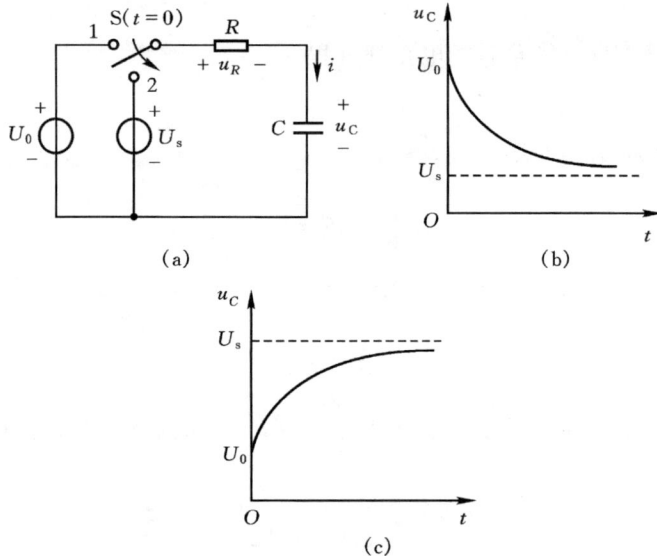

(a)

(b)

(c)

图 3.2.6　RC 电路的阶跃全响应

(a)电路图;(b) $U_0 > U_s$ 时的 u_C 变化曲线;(c) $U_0 < U_s$ 时的 u_C 变化曲线

其解为
$$u_C = U_s + Ae^{-\frac{t}{\tau}} \tag{3.2.33}$$

与式(3.2.19)方程求解不同的仅是初始条件不同。

由换路定则知，$u_C(0_+)=u_C(0_-)=U_0$，代入式(3.2.33)得 $A=U_0-U_s$，

所以全响应为
$$u_C=U_s+(U_0-U_s)e^{-\frac{t}{\tau}} \tag{3.2.34}$$

或
$$u_C=U_s(1-e^{-\frac{t}{\tau}})+U_0 e^{-\frac{t}{\tau}} \tag{3.2.35}$$

式(3.2.34)和(3.2.35)表明，电路的全响应有两种分解方式：一种是暂态响应与稳态响应之和；另一种是零输入响应与零状态响应之和。它们的变化规律与 U_0 和 U_s 的相对大小有关。以 u_C 为例，当 $U_0>U_s$ 时，电容放电，变化曲线如图3.2.6(b) 所示。当 $U_0<U_s$ 时，电容充电，变化曲线如图 3.2.6(c)所示。

【练习与思考】

3.2.1　在一阶电路中，R 一定，而 C 或 L 越大，换路时的暂态过程进行得越快还是越慢？

3.2.2　一阶电路的时间常数是由电路的结构形式决定的，对吗？

3.3　一阶电路暂态分析的三要素法

由上述分析可知，含有一个储能元件的线性电路，不论电路复杂与简单，按换路后列出的方程都是一阶常系数线性微分方程，它的解是由两部分构成的，可写出一般表达式

$$f(t) = f'(t) + f''(t)$$
$$= f(\infty) + Ae^{-\frac{t}{\tau}} \tag{3.3.1}$$

式中，$f(t)$ 表示电压或电流，$f'(t)=f(\infty)$ 是稳态分量，$f''(t)=Ae^{-\frac{t}{\tau}}$ 是暂态分量。设初始值为 $f(0_+)$，则积分常数 $A=f(0_+)-f(\infty)$。一阶电路的全响应为

$$f(t) = f(\infty) + [f(0_+)-f(\infty)]e^{-\frac{t}{\tau}} \tag{3.3.2}$$

由式(3.3.2)可知，求解一阶线性电路的暂态响应，只需求出稳态值 $f(\infty)$、初始值 $f(0_+)$ 和电路的时间常数 τ，代入其一般公式就可以直接写出全响应的解。通常把稳态值 $f(\infty)$、初始值 $f(0_+)$ 和电路的时间常数 τ 称为一阶电路暂态分析的三要素，把求出三要素，并直接由式(3.3.2)求解的方法称为三要素法。

【例 3.3.1】 如图 3.3.1(a)所示电路，要求用三要素法求 S 闭合后的 u_3，并画出其变化曲线。设电路原已处于稳定状态。已知 $U_s=12\ V$，$R_1=R_3=5\ k\Omega$，$R_2=10\ k\Omega$，$C=100\ pF$。

【解】（1）首先求电容电压的初始值为

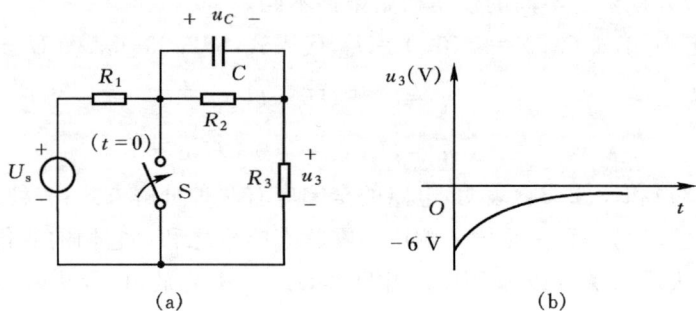

图 3.3.1　例 3.3.1 图

$$u_C(0_+) = u_C(0_-) = \frac{R_2 U_s}{R_1 + R_2 + R_3} = \frac{10 \times 12}{5 + 10 + 5} = 6 \text{ V}$$

由 KVL 知

$$u_3(0_+) + u_C(0_+) = 0$$

所以

$$u_3(0_+) = -u_C(0_+) = -6 \text{ V}$$

(2) $u_3(\infty) = 0$

(3) $\tau = RC = (R_2 /\!/ R_3)C = \frac{R_2 R_3}{R_2 + R_3}C = \frac{10 \times 5}{10 + 5} \times 10^3 \times 100 \times 10^{-12} = \frac{1}{3} \times 10^{-6}$ s

(4) $u_3 = u_3(\infty) + [u_3(0_+) - u_3(\infty)] e^{-\frac{t}{\tau}} = -6 e^{-3 \times 10^6 t}$ V

u_3 的变化曲线如图 3.3.1(b)所示。它按指数规律衰减到零,曲线在横轴以下,说明 u_3 为负值,衰减时 u_3 电压的实际极性与电路中设定的参考方向相反。

【例 3.3.2】 图 3.3.2 所示电路中,开关 S 闭合前电路已处于稳定状态,$t = 0$ 时开关闭合。求 S 闭合后的 i_L 和 u_L。

【解】 首先根据换路前的电路
求 $i_L(0_-)$,设 $i_L(0_+) = I_0$,则

$$i_L(0_+) = I_0 = \frac{R_1}{R_1 + R_2} I$$

$$= \frac{5}{5 + 10} \times 3 = 1 \text{ A}$$

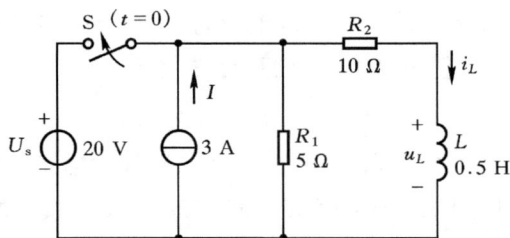

图 3.3.2　例 3.3.2 图

设 $i_L(\infty) = I_s$,由换路后的电路求
得

$$i_L(\infty) = I_s = \frac{U_s}{R_2} = \frac{20}{10} = 2 \text{ A}$$

电路的时间常数　　　$\tau = \frac{L}{R_2} = \frac{0.5}{10} = 0.05$ s

故可求得

$$i_L = I_s + (I_0 - I_s)e^{-\frac{t}{\tau}} = 2 + (1-2)e^{-\frac{t}{0.05}} = 2 - e^{-20t} \text{ A}$$

$$u_L = L\frac{di_L}{dt} = (-0.5) \times (-20)e^{-20t} = 10e^{-20t} \text{ V}$$

【例 3.3.3】 在图 3.3.3 所示电路中，$U = 20$ V，$C = 4$ μF，$R = 50$ kΩ。$t = 0$ 时 S_1 闭合，$t = 0.1$ s 时 S_2 闭合，求 S_2 闭合后的电压 u_R。设 $u_C(0_-) = 0$。

图 3.3.3　例 3.3.3 图

【解】 (1) $t = 0$ 时，S_1 闭合、S_2 打开，应用三要素法先求出 u_C：

确定初始值　　$u_C(0_+) = u_C(0_-) = 0$

确定稳态值　　$u_C(\infty) = 20$ V

确定时间常数

$$\tau_1 = RC = 50 \times 10^3 \times 4 \times 10^{-6} = 0.2 \text{ s}$$

可得　　$u_C = u_C(\infty) + [u_C(0_+) - u_C(\infty)]e^{-\frac{t}{\tau}} = 20(1 - e^{-50t}) \text{ V}$

于是得　　$u_R = U - u_C = 20e^{-50t}$ V

(2) $t = 0.1$ s 时，S_1、S_2 均闭合，可直接应用三要素法求 u_R：

确定初始值　　$u_R(0.1\text{s}) = 20e^{-\frac{0.1}{0.2}} = 20e^{-0.5} = 20 \times 0.607 = 12.14$ V

确定稳态值　　$u_R(\infty) = 0$

确定时间常数　　$\tau_2 = \frac{R}{2}C = 25 \times 10^3 \times 4 \times 10^{-6} = 0.1$ s

于是可写出　　$u_R = u_R(\infty) + [u_R(0.1\text{s}) - u_R(\infty)]e^{-\frac{t-0.1}{\tau_2}}$

$$= 0 + [12.14 - 0]e^{-\frac{t-0.1}{0.1}} = 12.14e^{-10(t-0.1)} \text{ V}$$

通过上述例题可知，利用三要素法求解一阶电路的暂态问题，关键是正确地求得三个要素 $f(0_+)$、$f(\infty)$ 和 τ。$f(0_+)$、$f(\infty)$ 的求解法已在 3.3.1 节中讨论过了。电路时间常数在一阶 RC 电路中为 $\tau = RC$，在一阶 RL 电路中为 $\tau = L/R$，式中的 C 或 L 是储能元件电容或电感的参数值；R 是等效电阻，即电路换路后从储能元件两端看进去（电源除去）的等效电阻。

【例 3.3.4】 如图 3.3.4(a) 所示输入信号 u_i 为一矩形脉冲信号，脉冲幅度为 U_m，脉冲宽度 $t_w = 20$ μs。图 3.3.4(b) 所示 RC 电路中，$R = 2$ kΩ，$C = 500$ pF，电容 C 无初始储能，求输出电压 $u_o(u_R)$。

【解】 本例题不同于上述电路，电路输入信号 u_i 为脉冲信号，其响应为脉冲响应。

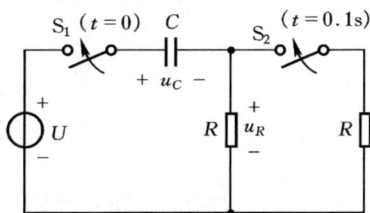

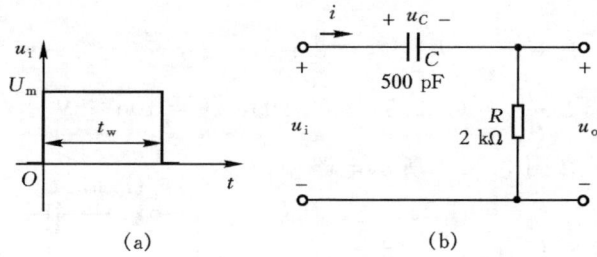

图 3.3.4　例 3.3.4 图

(1) 在 $0 \leqslant t \leqslant t_w$ 期间，$u_i = U_m$，C 充电。

$u_C(0_+) = u_C(0_-) = 0$，$u_C(\infty) = U_m$，

$\tau = RC = 2 \times 10^3 \times 500 \times 10^{-12} = 10^{-6} \mathrm{s} = 1\ \mu\mathrm{s}$

故

$$\left.\begin{array}{l} u_C = U_m(1 - \mathrm{e}^{-\frac{t}{\tau}}) = U_m(1 - \mathrm{e}^{-t}) \\ u_o = u_i - u_C = U_m \mathrm{e}^{-t} \end{array}\right\} \quad (0 \leqslant t \leqslant t_w, t\ \text{的单位为}\ \mu\mathrm{s})$$

可见当 $t = 5\ \mu\mathrm{s}$(即 $t = \frac{1}{4} t_w$)时，$u_C \approx U_m$，$u_o \approx 0$，C 充电结束。

(2) 在 $t \geqslant t_w$ 时，$u_i = 0$，C 放电。

$\tau = RC = 1\ \mu\mathrm{s}$，$u_C(\infty) = 0$，

$u_C(t_{w+}) = u_C(t_{w-}) = U_m(1 - \mathrm{e}^{-20}) \approx U_m$

故

$$\left.\begin{array}{l} u_C(t - t_w) = U_m \mathrm{e}^{\frac{t - t_w}{\tau}} = U_m \mathrm{e}^{-(t-20)} \\ u_o(t - t_w) = -u_C(t - t_w) = -U_m \mathrm{e}^{-(t-20)} \end{array}\right\}$$

$$(t \geqslant t_w, t\ \text{的单位为}\ \mu\mathrm{s})$$

可见当 $t = 25\ \mu\mathrm{s}$ 时，$u_C \approx 0$，$u_o \approx 0$，C 放电结束。

u_i、u_C、u_o 的波形如图 3.3.5 所示。由图可见，由于 $\tau \ll t_w$，C 的充放电迅速完成，故 u_C 的波形与 u_i 很接近，而 u_o 波形为正、负尖脉冲。由于 $u_C \approx u_i$，$u_o = Ri = RC \dfrac{\mathrm{d}u_C}{\mathrm{d}t} \approx RC \dfrac{\mathrm{d}u_i}{\mathrm{d}t}$，输出电压 u_o 与输入电压 u_i 近似成微分关系，故这种电路称为微分电路。但应注意，必须在 $\tau = RC \ll t_w$ 的条件下，u_i 与 u_o 的微分关系才成立。

在脉冲电路中，常应用微分电路把矩形脉冲

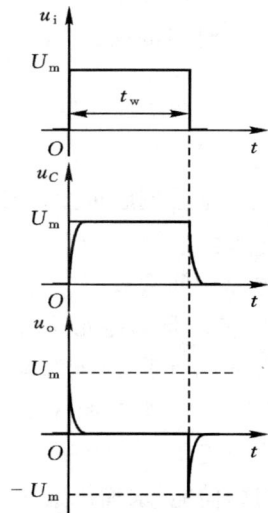

图 3.3.5　例 3.3.4 波形图

变换为尖脉冲,作为触发信号。

【练习与思考】

3.3.1 试求图示电路的时间常数和电容电压初始值、稳态值。

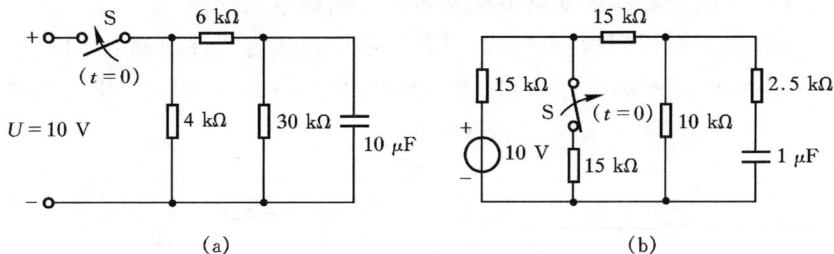

图 3.3.6 练习与思考 3.3.1 图

3.3.2 一阶电路的三要素法不仅可用于求取电路中的 $u_C(t)$ 或 $i_L(t)$,而且对一阶电路中的任意电压或电流都适用,试说明之。

本章小结

1. 含有储能元件的电路,当从一种稳定状态变为另一种稳定状态时,由于能量不能跃变,必然经历一个暂态过程。换路定律是求解电路暂态过程初始值的重要定律。换路定律的内容是

$$u_C(0_+) = u_C(0_-), \quad i_L(0_+) = i_L(0_-)$$

2. 一阶电路的暂态响应包括零输入响应、零状态响应和全响应。全响应的表达式为

$$u_C = u_C(\infty)(1 - e^{-\frac{t}{\tau}}) + u_C(0_+)e^{-\frac{t}{\tau}} = u_C(\infty) + [(u_C(0_+) - u_C(\infty)]e^{-\frac{t}{\tau}}$$

$$i_L = i_L(\infty)(1 - e^{-\frac{t}{\tau}}) + i_L(0_+)e^{-\frac{t}{\tau}} = i_L(\infty) + [i_L(0_+) - i_L(\infty)]e^{-\frac{t}{\tau}}$$

全响应是零输入响应与零状态响应之和,也可看成稳态响应与暂态响应之和。

3. 一阶电路暂态分析的重点是三要素分析法。即通过求得初始值 $f(0_+)$、稳态值 $f(\infty)$ 和电路时间常数 τ 三个要素,就可根据公式 $f(t) = f(\infty) + [f(0_+) - f(\infty)]e^{-\frac{t}{\tau}}$ 直接求出电流或电压的响应。这种方法概念清楚,求解电路简单迅速。

4. 电路的时间常数 $\tau = RC$ 或 $\tau = L/R$,式中的 R 是电路的等效电阻,是从储能元件两端看进去的等效电阻。时间常数 τ 的大小反映暂态过程的长短。τ 越小,暂态过程越短。工程上认为,当 $t = (3 \sim 5)\tau$ 时,暂态过程基本结束。

习　题

题 3.01　题 3.01 图所示电路中，$U=100$ V，$R_1=1$ Ω，$R_2=99$ Ω，$C=10$ μF，试求：

(1) S 闭合瞬间各支路电流及各元件两端电压的值；

(2) S 闭合后到达稳定状态时各支路电流及各元件两端电压的值。

题 3.02　题 3.02 图所示电路，换路前电路已处于稳态，$t=0$ 时，开关 S 闭合，求 $i_1(0_+)$、$i_L(0_+)$、$i_k(0_+)$、$u_L(0_+)$。

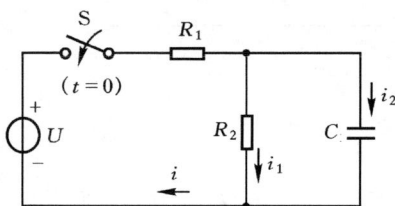

題 3.01 图

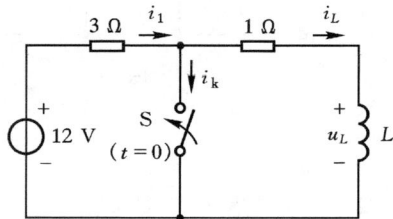

題 3.02 图

题 3.03　题 3.03 图所示电路中，已知 $U=10$ V，$R_1=R_3=10$ kΩ，$R_2=20$ kΩ，$C=10$ μF，开关 S 在"1"位置时，电路已处于稳态。当 $t=0$ 时，将开关 S 由"1"切换到"2"位置，求电流 i。

题 3.04　题 3.04 图所示电路中，开关 S 闭合后电路已达稳态，已知 $U=10$ V，$R_1=20$ kΩ，$R_2=30$ kΩ，$C=10$ μF。求 S 断开后各支路电流及电容两端电压。

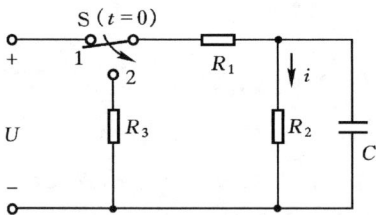

題 3.03 图

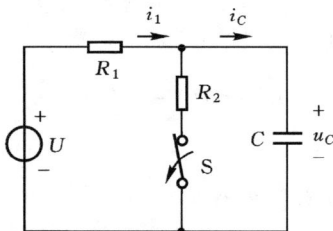

題 3.04 图

题 3.05　电路如题 3.05 图所示，已知 $R_1=1$ kΩ，$R_2=2$ kΩ，$C=3$ μF，$U_{s1}=3$ V，$U_{s2}=5$ V，开关长期合在位置"1"上，在 $t=0$ 时，把它合到位置"2"上，试求 i_C。

题 3.06　电路如题 3.06 图所示,电路原已稳定,开关 S 在 $t=0$ 时闭合,求开关 S
　　　　闭合后的电流 i。

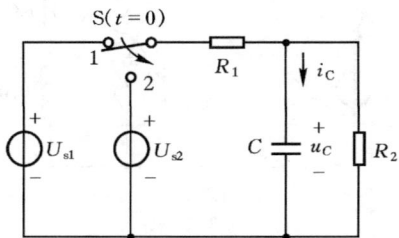

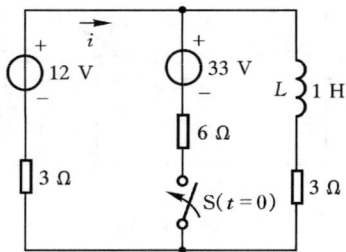

　　　　题 3.05 图　　　　　　　　　　　　　　　　　　题 3.06 图

题 3.07　题 3.07 图所示电路中,开关 S 闭合时电路已处稳态,试求开关 S 断开
　　　　后,电感中的电流 i_L 和 6 Ω 电阻上的电压。

题 3.08　电路如题 3.08 图所示,已知 $R_1=2$ kΩ,$R_2=1$ kΩ,$C=3$ μF,$I_s=3$ mA,
　　　　开关 S 长期闭合。在 $t=0$ 时将开关 S 打开,试求开关 S 打开后恒流源
　　　　两端的电压响应 u。

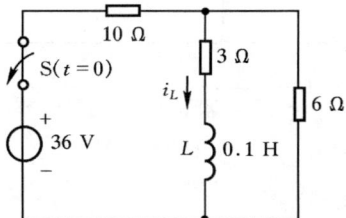

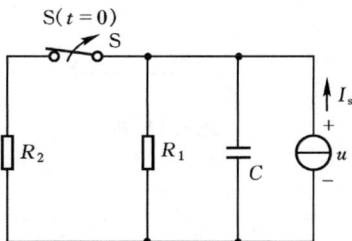

　　　　题 3.07 图　　　　　　　　　　　　　　　　　　题 3.08 图

题 3.09　在题 3.09 图所示电路中,已知线圈在 $t<0$ 时没有储存能量。若在 $t=0$
　　　　时将开关 S_1 闭合,经 1 s 后再闭合 S_2。要求:
　　　　(1) 计算 i_L,并画出其随时间变化的曲线;
　　　　(2) 计算 $t=0$,$t=1$ s 和 $t=\infty$ 时电感线圈中电流的大小。

题 3.10　在题 3.10 图所示电路中,试求:
　　　　(1) 开关 S_1 闭合后各支路电流的变化规律,设 S_1 闭合前电路已处于稳态;
　　　　(2) 开关 S_1 闭合,电路稳定后再将 S_2 闭合,计算 i_1、i_2 的变化规律。

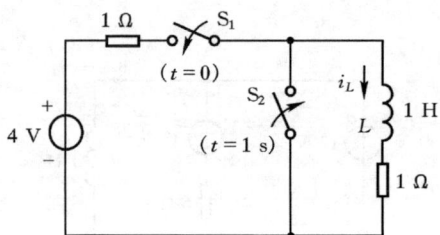

题 3.09 图

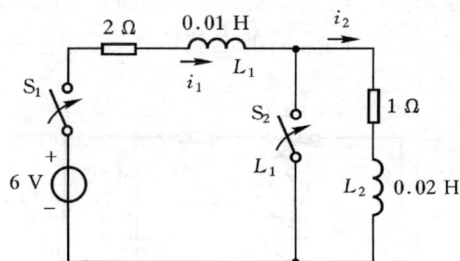

题 3.10 图

题 3.11　试用三要素法求题 3.11 图所示电路在 $t \geqslant 0$ 时的 u_C、u_o，设 $u_C(0_-)=0$。

题 3.12　电路如题 3.12 图所示，试用三要素法求 $t \geqslant 0$ 时的 i_1、i_2 及 i_L。

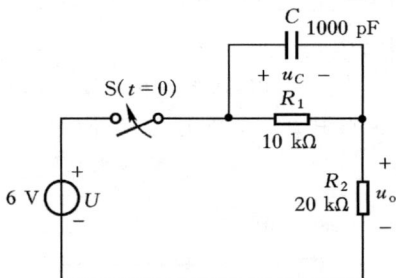

题 3.11 图

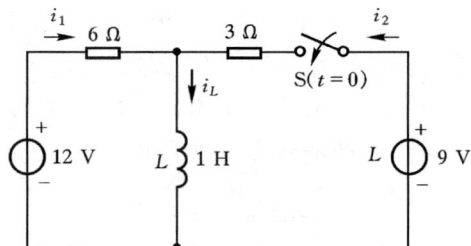

题 3.12 图

第 4 章

半导体器件

半导体器件具有重量轻、体积小、寿命长以及工作可靠等特点,因而在电子技术中得到广泛的应用。了解其基本原理和外特性是学习电子技术必不可少的基础。

本章在简要介绍半导体知识的基础上,重点讨论二极管、稳压管、晶体三极管和绝缘栅场效应管的结构、工作原理、特性曲线和主要参数。对器件内部的微观物理过程只作简单介绍,重点讨论其外部特性和参数。

4.1　半导体二极管

4.1.1　PN 结及其单向导电性

根据导电能力的大小可以把自然界的物质分为导体、半导体和绝缘体三大类。半导体的导电能力介于导体和绝缘体之间。常用的半导体材料是硅和锗,它们的外层电子数目都是四个。当纯净的半导体材料经过适当的加工,使所有的原子按一定规则整齐排列而形成晶体结构时,每一个原子的四个外层电子与周围四个原子的外层电子相结合而形成共价键,这就是本征半导体。当本征半导体被加热或受到光照时,共价键中的价电子将获得能量而挣脱共价键的束缚成为自由电子,同时在共价键中留下一个空位,称之为空穴。本征激发产生的自由电子带负电。具有空穴的原子因失去一个价电子而带正电,它可以吸引相邻原子中的价电子来填补这个空穴。因此,在相邻原子的共价键中形成了一个新的空穴,这样就随着价电子的迁移而形成了空穴的反向移动。由于空穴移动到哪里,那里的原子就因失去电子而带正电,所以可以等效地看作空穴带有正电荷。在半导体中存在着自由电子和空穴两种带电粒子,这是半导体导电机理的特殊之处,通常把这两种带电粒子称为载流子。

本征激发的自由电子和空穴总是成对出现的,同时也在不断地复合消失。在一定温度下,载流子的产生和复合达到动态平衡,半导体中的载流子数量便保持不变。当温度升高时,由于本征激发加强,半导体中的载流子数目便增加,其导电性能会显著地提高,这一特性称为半导体的热敏性。本征半导体的导电能力还随着掺入微量的其他杂质元素而发生明显的改变。例如,在纯净的硅半导体中掺入百万分之一的硼后,硅的电阻率就从大约 $2 \times 1\Omega \cdot m$ 减小到约为 $4 \times 10^{-3}\Omega \cdot m$。这一特性称之为半导体的掺杂性。利用半导体的掺杂性可以制成各种不同用途的半导体器件。

如果在本征半导体材料(主要是硅或锗)中掺入微量的三价杂质元素硼,因硼原子外层只有三个价电子,在形成共价键结构时,将因缺少一个价电子而形成一个空位,硼原子就会吸引周围共价键上的价电子来填补这个空位,硼原子得到一个价电子而成为负离子,同时在失去价电子的共价键上形成了一个带正电的空穴。虽然掺入的三价杂质相对数量很少,但绝对原子数很多。在这种掺杂半导体中空穴是多数载流子,自由电子是少数载流子,称为 P 型半导体。如果在本征半导体材料中掺入微量的五价杂质元素磷,因磷原子外层有五个价电子,而在形成共价键结构时只需四个价电子,这样多余的第五个价电子就很容易挣脱磷原子的束缚而成为自由电子,同时磷原子因失去一个价电子而成为正离子。在这种掺杂半导体中自由电子是多数载流子,空穴是少数载流子,称为 N 型半导体。多子是由掺杂产生的,多子数目取决于掺杂浓度;少子是由本征激发所产生,少子数目的多少与环境温度有很大关系。

无论是 P 型半导体还是 N 型半导体,从整体上看,其中的正、负电荷量总是相等的,对外保持电中性。

1. PN 结的形成

如果在 N 型(或 P 型)半导体基片上,采用离子注入工艺在局部区域掺入高浓度的三价(或五价)元素作为补偿杂质,使该区域形成 P 型(或 N 型)区,则在 P 区和 N 区之间的交界面附近,将形成一个很薄的空间电荷区,称为 PN 结。

PN 结的形成机理如下:由于 P 型和 N 型半导体之间存在着多子浓度上的显著差异,P 区内有大量的空穴,而电子数目很少;N 区内有大量的电子,而空穴数目很少。因此 P 区的空穴要向 N 区扩散;N 区的电子要向 P 区扩散。扩散到对方的载流子便与该区的多子相遇而复合,这样,在 P 区一侧留下不能移动的负离子,在N 区一侧留下不能移动的正离子,如图 4.1.1 所示。由正负离子组成的空间电荷区就是 PN 结,也称耗尽层。

随着 PN 结的形成产生了由 N 区指向 P 区的内电场。内电场一方面会阻止多子的进一步扩散;另一方面它会吸引少子(P 区的电子和 N 区的空穴)越过空间电荷区而进入对方区域,这称为少子的漂移,少子的漂移将使内电场减小。实际上,在 PN 结开始形成时,多子的扩散运动占优势,随着扩散运动的进行,空间电荷区逐渐加宽,内电场增强,于是多子的扩散运动减弱而少子的漂移运动加强,直到多子的扩散运动与少子的漂移运动达到动态平衡以后,空间电荷区的宽度才相对稳定下来,此时多子的扩散电流与少子的漂移电流相等,通过 PN 结的净电流为零。

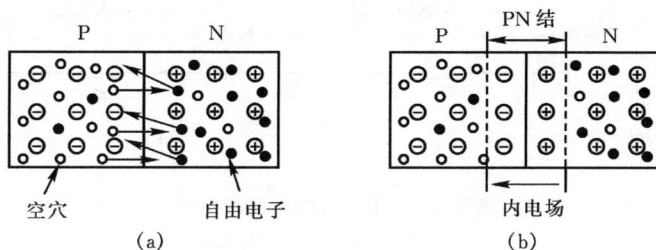

图 4.1.1　PN 结的形成

(a)多子扩散示意图;(b)稳定后的 PN 结

2. PN 结的单向导电性

如果给 PN 结施加电压,则会打破 PN 结内多子扩散运动和少子漂移运动的平衡状态,从而使 PN 结的导电性能发生变化。

如果给 PN 结施加正向电压,如图 4.1.2(a)所示,此时 P 区电位高于 N 区,称为正向偏置(简称正偏)。外加电场方向与 PN 结内电场方向相反,P 区内的多子空穴和 N 区内的多子电子将在外电场的作用下向 PN 结内移动。当 P 区的空穴进入 PN 结后,PN 结内 P 区一侧的负电荷量将减少;同样,当 N 区的电子进入 PN 结后,PN 结内 N 区一侧的正电荷量也将减少,因此空间电荷区变窄,内电场被削弱。多数载流子易于通过 PN 结,形成较大的正向电流 I_F,此时 PN 结呈现低阻导通状态。

如果给 PN 结施加反向电压,如图 4.1.2(b)所示,此时 N 区电位高于 P 区,称为反向偏置(简称反偏)。外加电场方向与 PN 结内电场方向一致,内电场被加强,空间电荷区加宽,多数载流子很难通过 PN 结。但是,内电场的加强,却有利于少子的漂移运动,因此少子的漂移形成了反向电流 I_R。由于少子数量很少,反向电流 I_R 数值很小,并且受环境温度影响较大。此时可以认为 PN 结基本上不导通,呈现高阻截止状态。

综上所述,PN 结具有单向导电性,即正向偏置时,PN 结导通;反向偏置时,PN 结截止。二极管、晶体三极管等半导体器件的工作特性都是以 PN 结的单向导电性为基础的。

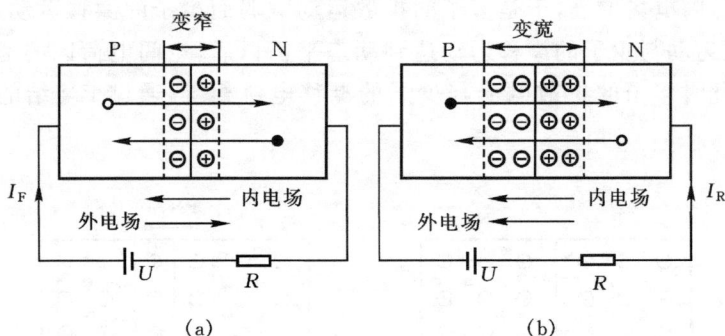

图 4.1.2　PN 结的单向导电性

(a)正向偏置；(b)反向偏置

4.1.2　半导体二极管的伏安特性和主要参数

半导体二极管是由 PN 结加上相应的电极引线和管壳构成的。与 P 区相连的引线称为阳极或正极，与 N 区相连的引线称为阴极或负极，电路符号如图 4.1.3 所示。

按内部结构不同，二极管可分为点接触型、面接触型和平面型三种。点接触型二极管的结面积小，因而结电容效应也小，适用于高频场合，主要用在高频

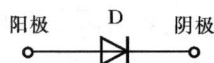

图 4.1.3　二极管电路符号

检波、脉冲电路中，但允许通过的电流也小。面接触型二极管的结面积较大，可通过较大的电流，适用于工频整流，但电容效应也较大，不适用于高频场合。结面积大的硅平面型二极管适宜作大功率整流用，结面积小的硅平面型二极管适宜作高频开关用。依据半导体材料的不同，二极管又分为硅管和锗管。

二极管的伏安特性是指加在二极管两端的电压与通过管子的电流之间的关系，图 4.1.4 所示为二极管 2AP15(锗管)和 2CZ52(硅管)的伏安特性曲线。

当二极管承受的正向电压较低时，几乎没有电流通过二极管。当正向电压超过一定数值 U_T 后才有电流流过二极管，U_T 称为死区电压或阈值电压。硅管的死区电压 U_T 约为 0.5 V，锗管约为 0.1 V。二极管导通后，正向电流随电压增大而迅速增大。当正向电流大到一定数值后，二极管的端电压几乎维持不变，称为正向导通电压 U_D。普通硅二极管的正向电压 U_D 约为 0.6～0.8 V，锗管约为 0.2～0.3 V，如图 4.1.4 所示。

当二极管承受反向电压时，只有很小的反向电流流过二极管，二极管处于截止状态。反向电压达到一定数值之后，反向电流基本上不随反向电压变化而呈饱和

状态,故又称为反向饱和电流。反向电流是由少子的漂移运动所形成的,受温度影响较大。当二极管承受的反向电压增大到一定数值 $U_{(BR)}$ 时,反向电流将急剧增大,这种现象称为反向击穿,击穿时的反向电压 $U_{(BR)}$ 称为反向击穿电压。发生电击穿后,二极管将失去单向导电性。电击穿后二极管不一定损坏,在撤除外加反向电压后,其性能仍可恢复。但如果发生电击穿后,没有采取适当的限流措施致使流过二极管的反向电流过大,就会使二极管因内

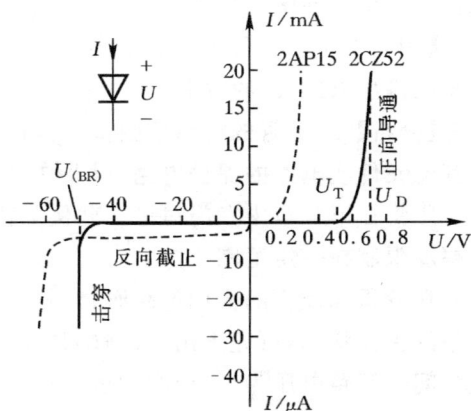

图 4.1.4 二极管的伏安特性曲线

部温度过高而损坏,这种现象称为热击穿。电击穿是可逆的,而热击穿是不可逆的,将造成二极管的永久损坏。

由于二极管伏安特性是非线性的,给实际应用带来不便,所以常将二极管理想化:当二极管正向偏置导通时,认为其正向电压为零,二极管相当于短路;当二极管反向偏置截止时,认为其反向电流为零,二极管相当于开路。

除用伏安特性曲线外,二极管的特性还可用参数来说明,生产厂家将这些参数汇编成手册,供用户选择器件时参考。二极管的主要参数如下。

1. 最大整流电流 I_F

I_F 指二极管长期运行时,允许通过的最大正向平均电流,由 PN 结的面积和散热条件以及半导体材料来决定。电流超过此值过多时,将导致二极管因过热而损坏。

2. 反向工作峰值电压 U_{RMW}

U_{RMW} 为保证二极管不被反向击穿而规定的最大反向工作电压,通常规定为反向击穿电压 $U_{(BR)}$ 的一半或三分之二,以保证使用时有一定的安全裕度。

3. 反向峰值电流 I_{RM}

I_{RM} 是指在二极管加上反向工作峰值电压时通过的反向电流值。反向电流小,说明管子的单向导电性能好。温度增加时,反向电流将增加。小功率硅管的反向电流较小,一般在几个 μA 以下。锗管的反向电流较大,为硅管的几十到几百倍,且受温度的影响比硅管大。

4. 最高工作频率 f_M

二极管在高频下应用时,由于 PN 结具有电容效应,当频率大到一定程度时,

二极管的单向导电性将明显地变差，f_M 是二极管的最高工作频率。

【例 4.1.1】 在图 4.1.5(a)中，设 D_1、D_2 均为理想二极管，且 $U_m > E_1 > E_2$。试画出输出电压 u_o 的波形。

【分析】 二极管的应用范围很广，可用来整流、限幅、钳位和检波等，也可以构成其他元件或电路的保护电路，以及在数字电路中作为开关元件等。二极管的整流应用将在第 7 章中专门讨论。此例为限幅电路，限幅电路的作用是把输出电压的幅度限制在一定范围之内。

在分析二极管的应用电路时，常将二极管理想化。为了判断理想二极管在电路中的工作状态，可先求出二极管阳极和阴极之间的开路电压和极性，若阳极到阴极之间的开路电压为正，说明阳极电位高于阴极电位，二极管接入后必导通，否则二极管将处于截止状态。

在图(a)中，当 $u_i > E_1$ 时，D_2 因承受反向电压而截止，相当于断开；而二极管 D_1 承受正向电压导通，相当于短接，故 $u_o = E_1$。同理，当 $u_i < -E_2$ 时，D_1 因承受反向电压而截止，相当于断开；而 D_2 承受正向电压导通，故 $u_o = -E_2$。当 $-E_2 < u_i < E_1$ 时，D_1、D_2 均因承受反向电压而截止，故 $u_o = u_i$。u_o 波形如图(b)所示。此电路把 u_o 的幅值限制在 $-E_2 \sim E_1$ 之间，所以是双向限幅。限幅电路也称削波电路。

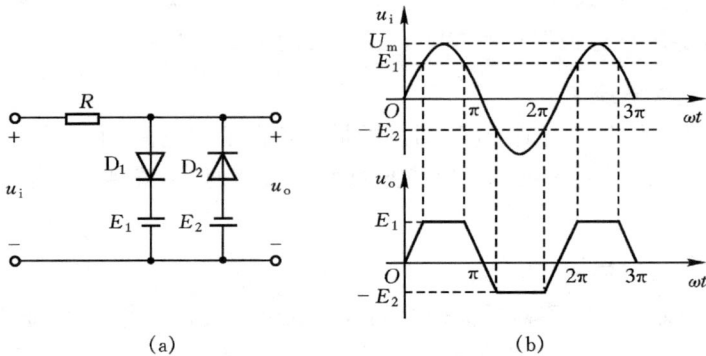

(a)　　　　　　　　　　　　　　(b)

图 4.1.5　例 4.1.1 图

(a)电路图；(b)波形图

4.1.3　稳压管

稳压二极管简称为稳压管，它是利用二极管的反向击穿特性来稳定电压的，其伏安特性和电路符号如图 4.1.6 所示。由图可见，其反向击穿特性很陡，当反向电流在较大的范围内变化时，管子两端电压几乎不变，近似于恒压特性。因此，在实际工作中,稳压管工作在反向击穿区用来稳定电压。为了限制稳压管中的电流,不使 PN 结功耗过大而发生热击穿损坏稳压管,稳压管在工作时必须串联一个适当的限流电阻。稳压管的主要参数如下。

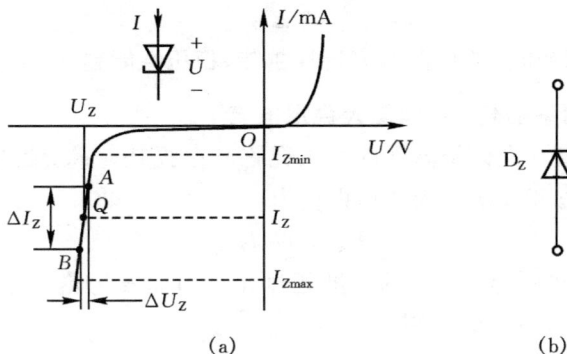

图 4.1.6　稳压管的伏安特性和电路符号
(a)伏安特性；(b)电路符号

1. 稳定电压 U_Z

U_Z 是指反向击穿状态下稳压管两端的电压。由于制造工艺的分散性,同一型号稳压管的稳定电压大小将有所不同,如 2CW12 型稳压管在 $I_Z = 10$ mA 时,U_Z 的值大约在 $4.5 \sim 5.5$ V 之间。

2. 稳定电流 I_Z

I_Z 是指稳压管两端电压等于 U_Z 时通过稳压管中的电流值,它只是一个参考数值。为了使稳压管工作在稳压区,稳压管中的实际电流必须大于最小稳定电流 I_{Zmin}。I_{Zmin} 的数值在手册中并不给出,根据使用情况而定。若要求电压稳定性高,I_{Zmin} 宜取大一些,一般对小功率稳压管可取 $I_{Zmin} = I_Z$。

3. 电压温度系数 α_U

当稳压管中电流等于稳定电流 I_Z 时,环境温度变化 1℃所引起的稳定电压的相对变化量称为电压温度系数。例如 2CW12 型稳压管的电压温度系数为 0.04％/℃,如果 25℃时的稳压值是 5 V,那么 55℃时的稳压值将是 $5 + 5 \times (55 - 25) \times 0.04\% = 5.06$ V。一般来说,U_Z 值小于 4 V 的稳压管,电压温度系数为负值；U_Z 值高于 7 V 的稳压管,电压温度系数为正值；而 U_Z 值为 6 V 左右的稳压管,电压温度系数较小,稳定性较好。

4. 动态电阻 r_Z

动态电阻也称交流电阻,它等于稳压管两端电压的变化量与相应的电流变化量的比值,即

$$r_Z = \frac{\Delta U_Z}{\Delta I_Z} \tag{4.1.1}$$

可见 r_Z 越小,稳压管的反向伏安特性越陡,稳压性能越好。

5. 最大允许功率损耗 P_{ZM} 和最大稳定电流 I_{Zmax}

P_{ZM} 是指稳压管在允许结温下的最大允许功率损耗。I_{Zmax} 是指稳压管允许通过的最大反向电流。PN 结上的功率损耗为

$$P_Z = U_Z I_Z \tag{4.1.2}$$

显然,P_Z 过大将引起 PN 结的温度超过允许值而发生热击穿损坏,因此对稳压管的功率损耗应有一定的限制。

【练习与思考】

4.1.1　硅管和锗管的伏安特性(U_{BE}、I_R)有何不同之处?

4.1.2　为什么二极管的反向饱和电流与外加反向电压大小基本无关,而受环境温度的影响比较大? 硅管和锗管相比较,哪种管子的反向电流受温度影响较大?

4.1.3　怎样用万用表来识别二极管的阳极和阴极、判断管子的好坏?

4.1.4　利用稳压管或普通二极管的正向特性是否也可以稳压?

4.2　双极型晶体管

4.2.1　基本结构和分类

在其内部由空穴和自由电子两种载流子参与导电的半导体三极管称为双极型晶体管,简称晶体管。晶体管的种类很多,按照工作频率高低可分为高频管和低频管;按照功率的大小可分为小功率管和大功率管;按照半导体材料可分为硅管和锗管。

晶体管的管芯结构分为平面型和合金型两类,硅管主要是平面型,锗管主要是合金型。不论是平面型,还是合金型都是由三层不同的半导体制成的。根据结构不同,晶体管又分为 NPN 型和 PNP 型两类。图 4.2.1(a)是平面结构 NPN 型硅晶体管的管芯结构,其结构示意图如图 4.2.1(b),中间薄层为 P 型半导体,厚度约有几微米至几十微米,称为基区。两边的 N 型半导体分别称为发射区和集电区,

集电区的几何尺寸比发射区大,但发射区的掺杂浓度比集电区高,因此晶体管的发射区和集电区并不对称。晶体管内有两个 PN 结:发射区与基区交界处的 PN 结称为发射结,集电区与基区交界处的 PN 结称为集电结。从晶体管的基区、集电区和发射区向外引出的三个电极则分别称为基极、集电极和发射极。NPN 型晶体管的电路符号如图 4.2.1(c)所示。

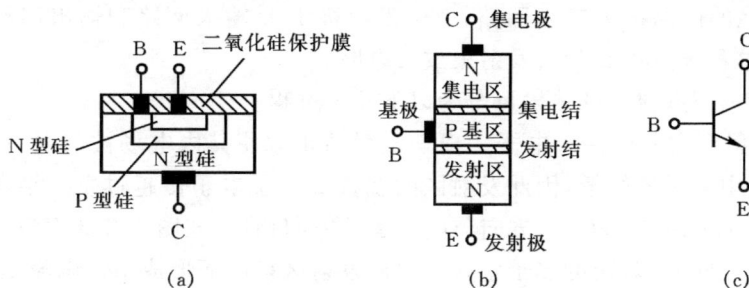

图 4.2.1 NPN 型晶体管结构和电路符号
(a)管芯结构;(b)结构示意图;(c)电路符号

PNP 型锗晶体管的管芯结构和电路符号如图 4.2.2 所示。

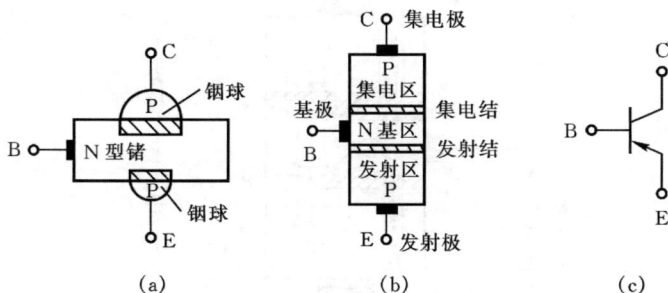

图 4.2.2 PNP 型晶体管结构和电路符号
(a)管芯结构;(b)结构示意图;(c)电路符号

4.2.2 电流放大原理

晶体管的主要特性是具有电流控制作用,也就是通常所说的具有电流放大作用。要使晶体管具有电流放大作用,除具有上述结构上的特点之外,还必须具备一定的外部条件,即:发射结正向偏置,集电结反向偏置。NPN 型晶体管和 PNP 型晶体管的工作原理基本相同,两者的差别只是偏置电压极性和管子电流方向相反而已。本节以 NPN 型晶体管为例讨论晶体管的电流放大原理和特性曲线。

1. 晶体管内部载流子的传输过程

图 4.2.3 所示电路中，E_B 使晶体管的发射结正向偏置，为了使集电结反偏，必须使 $E_C > E_B$。R_C 称为集电极电阻，R_B 称为基极电阻，它们的作用是限制基极电流 I_B 和发射极电流 I_E 的大小。晶体管的 B 极、E 极所在的回路称为输入回路，C极、E 极所在的回路称为输出回路，由于发射极 E 是输入回路和输出回路的公共端，因此称这种偏置电路为共发射极放大电路。

晶体管内部载流子的传输可分为以下几个过程。

（1）发射区向基区注入电子　由于发射结正偏使其内电场被削弱，有利于结两边半导体中多子的扩散，因此发射区的多数载流子电子便越过发射结向基区扩散而形成电子电流 I_{EN}，I_{EN} 的方向与电子运动方向相反，如图 4.2.3 中空心箭头方向所示。与此同时，基区的多子空穴也要向发射区扩散而形成空穴电流 I_{EP}。由于基区掺杂浓度很低，所以空穴电流很小，与电子电流相比可以忽略不计。电子将由电源负极流入发射区以补充发射区失去的电子，从而形成发射极电流 I_E，可以认为发射极电流 I_E 近似等于电子扩散电流 I_{EN}。

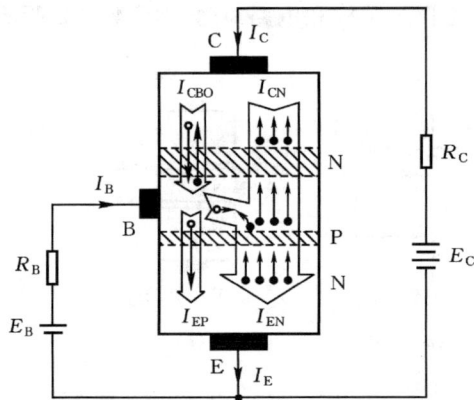

图 4.2.3　晶体管内部载流子的传输过程

（2）电子在基区中的扩散与复合　注入基区的电子，使基区内靠近发射结和集电结两侧的电子浓度产生了差异，于是由发射区扩散到基区的电子将继续向集电结扩散。由于基区做得很薄，且掺杂浓度小，因而电子在基区扩散过程中，只有极小的一部分与基区中的多子（空穴）相遇复合而形成电流 I_{BN}，绝大部分电子将扩散到达集电结。电源 E_B 将从基区拉走价电子以补充复合掉的空穴，从而形成基极电流 I_B。

（3）集电区收集从基区扩散过来的电子　因集电结处于反向偏置，其内电场被加强，有利于集电结两边半导体中少子的漂移运动。从发射区扩散到基区的电子在集电结内电场的作用下很快漂移到集电区形成电流 I_{CN}。

（4）集电结的反向饱和电流　在反向电压作用下，基区和集电区中由本征激发所产生的少子将漂移过集电结而形成反向漂移电流 I_{CBO}，称为集电极和基极间反向饱和电流，它的数值很小，但受温度影响较大。

2. 晶体管各极电流之间的关系

从晶体管内部载流子的传输过程可知，发射区扩散到基区的电子中只有很小一部分在基区与空穴相复合，绝大部分漂移到了集电区。在基区复合的电子多少取决于基区的掺杂浓度和它的厚度，管子一旦制成，复合所占的比例就一定，因此电流 I_{CN} 和 I_{BN} 之间的比例也就一定。其大小关系可表示为

$$\bar{\beta} = \frac{I_{CN}}{I_{BN}} \tag{4.2.1}$$

$\bar{\beta}$ 称为晶体管的电流放大系数，由于忽略 I_{EP} 后 $I_{CN} = I_C - I_{CBO}$，$I_{BN} = I_B + I_{CBO}$，所以

$$\bar{\beta} = \frac{I_C - I_{CBO}}{I_B + I_{CBO}} \tag{4.2.2}$$

从而

$$I_C = \bar{\beta} I_B + (1 + \bar{\beta}) I_{CBO} \tag{4.2.3}$$

I_E、I_C、I_B 之间的关系为

$$I_E = I_C + I_B \tag{4.2.4}$$

如用 I_{CEO} 表示 $I_B = 0$ 时的 I_C，由式（4.2.3）可知

$$I_{CEO} = (1 + \bar{\beta}) I_{CBO} \tag{4.2.5}$$

I_{CEO} 称为集电极、发射极间的反向饱和电流。通常 I_{CEO} 很小，可忽略不计，故

$$I_C \approx \bar{\beta} I_B \tag{4.2.6}$$

$$I_E \approx (1 + \bar{\beta}) I_B \tag{4.2.7}$$

式（4.2.6）表明，晶体管的集电极电流 I_C 受控于基极电流 I_B，因此用较小的基极电流可以控制较大的集电极电流，这就是晶体管的电流放大作用。

4.2.3　特性曲线和主要参数

晶体管特性曲线是表示晶体管各极间电压和电流之间的关系曲线，是其内部载流子运动规律的外部表现。常用输入、输出两组曲线来描述晶体管的全部特性。

1. 输入特性曲线

输入特性是指晶体管集电极与发射极间电压 U_{CE} 保持一定时，基极电流 I_B 与电压 U_{BE} 的关系，即

$$I_B = f(U_{BE})\Big|_{U_{CE}=\text{常数}} \tag{4.2.8}$$

由于发射极是正向偏置的 PN 结,故晶体管的输入特性曲线和二极管的正向特性相似。不同之处在于晶体管的基极电流 I_B 不仅与 U_{BE} 有关,而且还要受 U_{CE} 的影响,故研究 I_B 与 U_{BE} 的关系要对应于一定的 U_{CE}。

图 4.2.4(a)给出了 NPN 型晶体管 3DG100 的输入特性曲线。分析表明,当 $U_{CE} \geqslant 1$ V 时,晶体管集电结的内电场已足够强,可以把从发射区扩散到基区的电子中的绝大部分吸引到集电极,U_{CE} 变化对 I_B 的影响可以忽略,故可认为 $U_{CE} \geqslant 1$ V 以后的输入特性曲线基本重合。由图可见,晶体管输入特性也存在着一段死区,只有在发射结外加电压大于死区电压时,晶体管才会导通。在正常工作状态下,硅管的发射结正向导通电压约为 0.7 V,锗管的发射结正向导通电压约为 0.2 V。

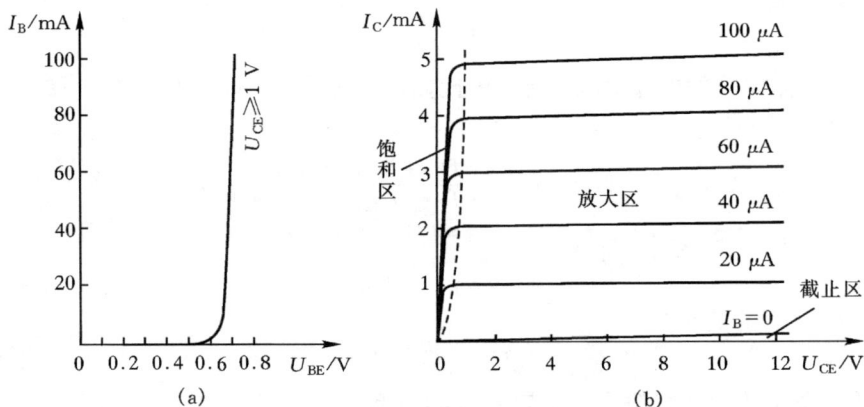

图 4.2.4　3DG100 晶体管的特性曲线

(a)输入特性曲线;(b)输出特性曲线

2. 输出特性曲线

输出特性是指在基极电流 I_B 一定的条件下,晶体管集电极电流 I_C 与集电极、发射极间电压 U_{CE} 的关系,即

$$I_C = f(U_{CE})\Big|_{I_B=\text{常数}} \tag{4.2.9}$$

图 4.2.4(b)给出了晶体管的输出特性曲线,由图可见,在 I_B 一定的条件下,输出特性曲线的起始部分很陡,当 U_{CE} 略有增加时,I_C 急剧增加。这是因为当 U_{CE} 很小时,集电结刚开始由正偏变为反偏,此时 U_{CE} 稍有增加,就会显著增大集电结对基区电子的吸引力,故 I_C 随 U_{CE} 的增加而显著增加。

当 U_{CE} 超过一定数值后,I_C 几乎不再随 U_{CE} 的增加而增加,这是由于 U_{CE} 增大到一定程度后,集电结的内电场已增强到足以使绝大部分从发射区扩散到基区的电子被吸引到集电区,故即使 U_{CE} 再增加,I_C 也几乎不再增加。

根据晶体管的工作状态,输出特性可分为三个区域。

(1) 截止区　通常把输出特性曲线 $I_B=0$ 以下的区域称为截止区。在截止区,晶体管的发射结和集电结均处于反向偏置。由于发射结反偏,所以基极电流 $I_B=0$,$I_C=I_{CEO}\approx 0$。晶体管的集电极和发射极之间相当于开路。实际上,由于发射结存在着死区电压,所以当发射结正向偏置电压小于其死区电压时晶体管就已进入截止状态。

(2) 饱和区　特性曲线近似直线部分的区域称为饱和区,在饱和区,I_C 的大小与 I_B 几乎没有关系,晶体管失去电流放大作用,此时晶体管发射结和集电结均处于正向偏置。一般认为,当 $|U_{CE}|=|U_{BE}|$,即 $|U_{CB}|=0$,集电结偏置电压为零时,晶体管处于临界饱和状态。晶体管饱和时的管压降 U_{CE} 记为 U_{CES},称为饱和压降。对于硅管 $|U_{CES}|\leqslant 0.7$ V,其典型值为 0.3 V;对于锗管 $|U_{CES}|\leqslant 0.2$ V,其典型值为 0.1 V。饱和时三极管集电极和发射极间近似于短路。

(3) 放大区　输出特性曲线近似水平部分的区域称为放大区,此时 $|U_{CE}|>|U_{BE}|$,晶体管发射结正偏,集电结反偏,I_C 的大小与 U_{CE} 几乎无关,但受基极电流 I_B 的控制,故 $I_C=\bar{\beta}I_B$,晶体管表现为受控恒流特性。

3. 主要参数

晶体管的参数是用来评价晶体管质量优劣和选用晶体管的依据,主要参数如下。

(1) 电流放大系数　静态(直流)电流放大系数 $\bar{\beta}$ 和动态(交流)电流放大系数 β 分别表示为

$$\bar{\beta}=\left.\frac{I_C-I_{CBO}}{I_B+I_{CBO}}\right|_{U_{CE}=常数}\approx\left.\frac{I_C}{I_B}\right|_{U_{CE}=常数} \tag{4.2.10}$$

$$\beta=\left.\frac{\Delta I_C}{\Delta I_B}\right|_{U_{CE}=常数} \tag{4.2.11}$$

在晶体管参数手册中,常用 h_{fe} 表示 β。β 与 $\bar{\beta}$ 的含义不同,但在放大区,两者在数值上差别不大,因此工程计算中对两者不做严格区别而混用。

(2) 反向饱和电流 I_{CBO} 和穿透电流 I_{CEO}　I_{CBO} 是当晶体管发射极开路时,集电极与基极间的反向电流,受温度影响较大。I_{CEO} 是晶体管基极开路时的集电极电流。由式(4.2.5)可知,I_{CEO} 受温度的影响更为严重,对晶体管的稳定工作不利。因此,在放大电路中,要求选用 I_{CEO} 小的管子,而且 β 值也不宜选得过大,一般 β 值不超过 200 为宜。

(3) 集电极最大允许电流 I_{CM}　当晶体管集电极电流 I_C 超过一定值时,晶体管的 β 值要减小。I_{CM} 表示当 β 值下降到正常值的 2/3 时所对应的集电极电流。在使用晶体管时,若 $I_C>I_{CM}$,管子不一定会损坏,但其电流放大能力将大大下降。

（4）集电极最大允许功率损耗 P_{CM} P_{CM} 是集电结上允许功率损耗的最大值，其大小决定于管子所允许的温升及散热条件。硅管的最高结温为 150℃，锗管的最高结温为 75℃。当集电结功率损耗超过 P_{CM} 时，管子性能变坏或因结温过高而烧坏。P_{CM} 与 I_C、U_{CE} 的关系是

$$P_{CM} = U_{CE} I_C \qquad\qquad (4.2.12)$$

（5）集电极、发射极间的反向击穿电压 $U_{(BR)CEO}$ $U_{(BR)CEO}$ 是基极开路时，集电极和发射极之间允许施加的最大电压。若 $U_{CE} > U_{(BR)CEO}$，集电结将被反向击穿。

【练习与思考】

4.2.1   何谓晶体管的电流放大作用？实现电流放大的内、外部条件分别是什么？

4.2.2   测得某晶体管的 $I_B = 10\ \mu A$，$I_C = 1\ mA$，能否确定它的电流放大系数？为什么？

4.2.3   测得某晶体管的 $I_B = 10\ \mu A$ 时，$I_C = 1\ mA$；$I_B = 20\ \mu A$ 时，$I_C = 1.8\ mA$。该晶体管的电流放大系数应为多大？

4.3   绝缘栅场效应管

场效应管（Field Effect Transistor，简称 FET）的工作原理与普通晶体管不同。普通晶体管是一种电流控制器件，工作时必须从信号源取用一定的电流，输入电阻较低，约为 $10^2 \sim 10^4\ \Omega$。场效应管利用电场效应对其内部多数载流子的运动进行控制，是一种电压控制器件，基本上不需要信号源提供电流，输入电阻很高，可高达 $10^{14}\ \Omega$，这是它的突出特点。

场效应管按其结构可分为结型场效应管（Junction Type FET，简称 JFET）和绝缘栅场效应管（Insulated Gate FET，简称 IGFET）两大类。由于绝缘栅场效应管制造工艺简单，便于集成化，且性能优于结型场效应管，因而在集成电路及其他场合获得了广泛的应用。绝缘栅场效应管在结构上包括有金属电极、二氧化硅绝缘层和半导体材料，所以又称为金属-氧化物-半导体场效应管（Metal-Oxide-Semiconductor FET，简称 MOSFET）。根据其内部结构的不同，MOS 管又有 N 型沟道和 P 型沟道之分，前者称为 NMOS，后者称为 PMOS。本节以 NMOS 管为例讨论 MOS 管的工作原理和特性曲线。

4.3.1   增强型 MOS 场效应管

1. 基本结构

N 沟道增强型 MOS 管的结构如图 4.3.1(a) 所示，它以一块掺杂浓度较低的

P 型硅片作为衬底,通过扩散工艺,在硅衬底的上表面左右两侧形成两个高掺杂的 N^+ 型区,分别引出源极 S 和漏极 D,并在硅衬底的上表面覆盖一层二氧化硅 (SiO_2) 绝缘层,然后在源极和漏极之间的 SiO_2 表面制作一层金属铝作为栅极 G,从衬底引出一个电极 B 作为衬底引线。MOS 管的电路符号如图 4.3.1(b)所示,箭头方向表示由 P 型衬底指向 N 型沟道。

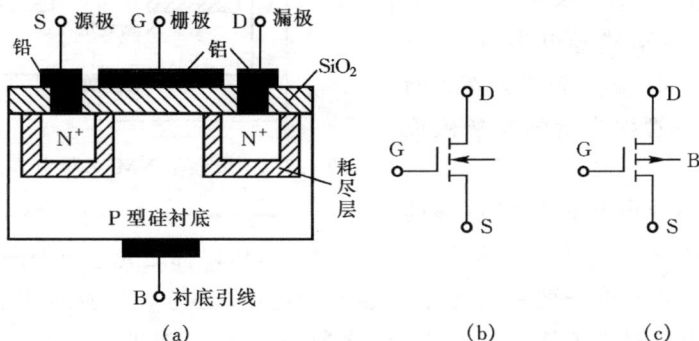

图 4.3.1　增强型 NMOS 管
(a)结构示意图;(b) NMOS 管电路符号;(c) PMOS 管电路符号

　　如果把图 4.3.1(a)中的 N 型半导体与 P 型半导体互换,则构成 P 沟道增强型 MOS 管,它的电路符号如图 4.3.1(c)所示。

2. 工作原理

　　由图 4.3.1(a)可以看出,N 沟道增强型 MOS 管的漏区和源区被 P 型衬底隔开,形成两个背靠背的 PN 结,如果栅极和源极之间短路,则不论加在漏极和源极之间电压 U_{DS} 的极性如何,漏极和源极之间总有一个 PN 结处于反向偏置,不会产生漏极电流。

　　(1) **栅源电压 U_{GS} 对导电沟道的控制作用**　在正常工作时,MOS 管的衬底和源极通常是连在一起的。若漏源极间短路,栅源极之间加上正向电压 U_{GS} 时,在栅极和衬底之间的 SiO_2 绝缘层中便产生了由栅极指向衬底的电场。这个电场使靠近 SiO_2 一侧的 P 型半导体中多子空穴受到排斥而向 P 型半导体内部移动,从而留下不能移动的负离子,形成耗尽层。随着正向电压 U_{GS} 的进一步增加,耗尽层也随之加宽,同时电场将把 P 型半导体中的少子(电子)吸引到 P 型半导体材料表面。当 U_{GS} 增大到一定程度后,在耗尽层和 SiO_2 绝缘层之间便形成一个 N 型薄层,称之为反型层,如图 4.3.2 所示,反型层成为联接漏极和源极之间的 N 型导电沟道。通常将开始形成反型层所需的栅源电压 U_{GS} 的值称为开启电压,用 $U_{GS(th)}$

表示。显然,栅源电压U_{GS}值愈大,作
用于半导体表面的电场愈强,被吸引
到反型层中的电子数就愈多,导电沟
道愈厚,相应的沟道电阻就愈小,在
漏极和源极间加上电压后,就可以改
变漏极电流的大小。这种在$U_{GS}>$
$U_{GS(th)}$后才开始形成导电沟道,并且
随着U_{GS}的增加导电沟道电阻在不断
减小的场效应管称为增强型场效应
管。

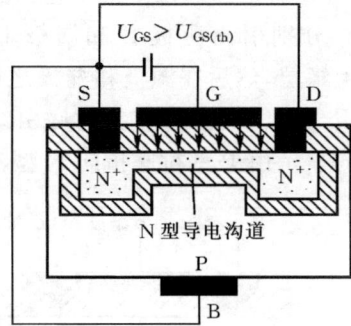

图4.3.2　增强型NMOS导电沟道的形成

　　根据上述导电沟道形成过程的
讨论可知,场效应管中只有一种载流子参与导电,所以称之为单极型晶体管。而普
通晶体管中空穴和电子两种载流子均参与导电,称之为双极型晶体管。在MOS
管中参与导电的载流子是漏区和源区的多数载流子,其温度稳定性比单极型晶体
管好得多。

　　(2) 漏源电压U_{DS}对导电沟道的影响　　当$U_{GS}>U_{GS(th)}$且为某一定值时,如果
在漏极和源极之间加上正向电压U_{DS},将产生漏极电流I_D。因此,由漏极沿着导电
沟道至源极将产生电压降,栅极与沟道中各点的电位将不再相等。在靠近源区,栅
极与沟道间的电位差最大,其值为U_{GS};而靠近漏区,栅极与沟道间的电位差最小,
其值为$U_{GD}=U_{GS}-U_{DS}$。这样,使得沟道从源区到漏区逐渐变窄呈楔形分布,如图
4.3.3(a)所示。当U_{DS}增大到使栅极和漏极间电压$U_{GD}=U_{GS}-U_{DS}=U_{GS(th)}$时,靠
近漏区的导电沟道开始消失,这种情况称之为预夹断,如图4.3.3(b)所示,此时

$$U_{DS} = U_{GS} - U_{GS(th)} \tag{4.3.1}$$

　　如果进一步增大U_{DS}使$U_{GD}=U_{GS}-U_{DS}<U_{GS(th)}$,则靠近漏区处的导电沟道将
被夹断,并且随着U_{DS}的增加,夹断区不断向源区扩展,如图4.3.3(c)所示。导电
沟道出现夹断以后,由于夹断区的电阻远远大于未夹断的导电沟道的电阻,所以外
加电压几乎全部降在夹断区上,在夹断区内形成了非常强的电场,其方向由漏区指
向源区,在此电场的作用下电子将漂移过夹断区而到达漏极形成漏极电流I_D。显
然,随着U_{DS}的增加,夹断区不断扩大,沟道电阻也不断增加,所以漏极电流I_D不
再随着U_{DS}线性增加,而是表现为恒流特性。

3. 特性曲线

场效应管的特性曲线由输出特性和转移特性两部分组成。

　　(1) 输出特性　　输出特性也称漏极特性,它表示在U_{GS}一定时,漏极电流I_D与

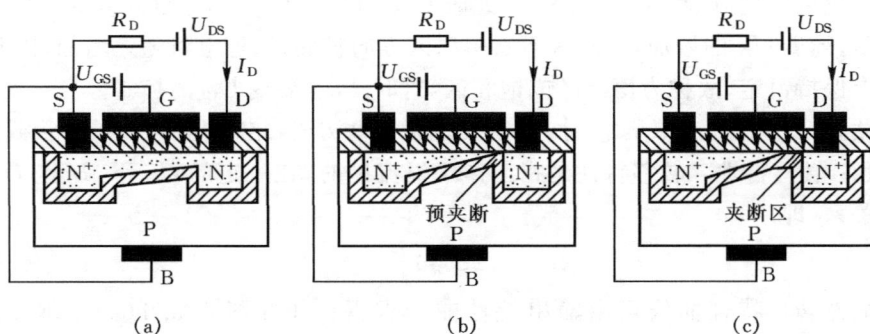

图 4.3.3　U_{DS} 对导电沟道的影响

(a) $U_{DS} < U_{GS} - U_{GS(th)}$；(b) $U_{DS} = U_{GS} - U_{GS(th)}$；(c) $U_{DS} > U_{GS} - U_{GS(th)}$

漏源极间电压 U_{DS} 之间的关系，即

$$I_D = f(U_{DS})\Big|_{U_{GS}=常数} \tag{4.3.2}$$

图 4.3.4(a)是一增强型 NMOS 管的输出特性曲线，根据不同的工作条件，可划分为三个区域。

可变电阻区　　可变电阻区位于输出特性曲线的起始部分，此时 $U_{DS} < U_{GS} - U_{GS(th)}$，其特点是 U_{DS} 数值较小，对导电沟道影响不大，在 U_{GS} 一定时，导电沟道电阻基本为常数，I_D 与 U_{DS} 近似成线性关系。改变 U_{GS} 的值，可以改变沟道电阻，故称为可变电阻区。

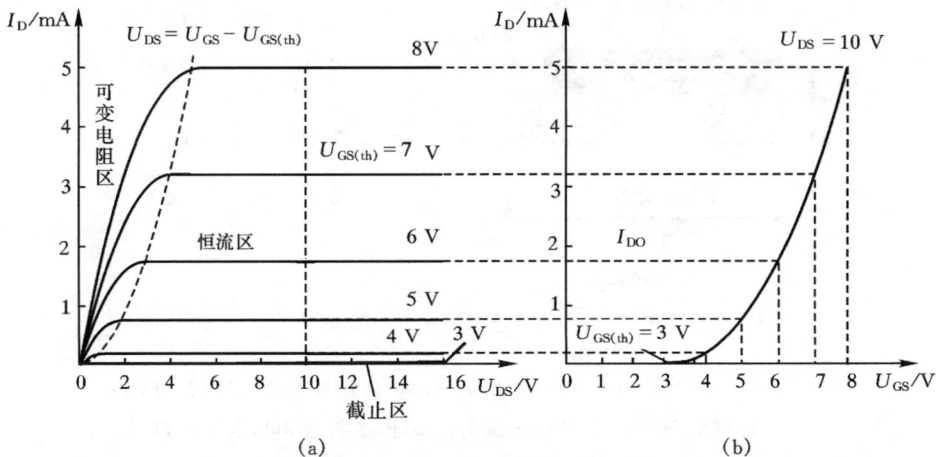

图 4.3.4　N 沟道增强型 MOS 管特性曲线

(a)输出特性曲线；(b)转移特性

恒流区(也称饱和区、放大区) 此时 $U_{DS} > U_{GS} - U_{GS(th)}$,靠近漏区的导电沟道被夹断,随着 U_{DS} 的增加,夹断区不断向源区方向扩展,沟道电阻随之增加,因此 I_D 基本上保持恒定,故称为恒流区或饱和区,这时 I_D 主要受 U_{GS} 的控制。

截止区 当 $U_{GS} < U_{GS(th)}$ 时,漏源极间无导电沟道,此时 $I_D = 0$,MOS 管截止。

(2) 转移特性 转移特性是指工作于恒流区时,在一定的 U_{DS} 下,I_D 与 U_{GS} 之间的关系,即

$$I_D = f(U_{GS})\Big|_{U_{DS} = 常数} \tag{4.3.3}$$

显然转移特性曲线可由输出特性曲线求得。如在图 4.3.4(a)中取 $U_{DS} = 10\ V$,则所对应的 I_D 与 U_{GS} 的关系曲线如图 4.3.4(b)所示。由于在恒流区内,I_D 与 U_{DS} 的关系不大,所以不同 U_{DS} 下的转移特性基本重合。

4.3.2 耗尽型 MOS 场效应管

图 4.3.5(a)为 N 沟道耗尽型 MOS 管的结构示意图,其电路符号如图 4.3.5(b)所示。耗尽型 NMOS 管与增强型 NMOS 管基本相同,不同的是,耗尽型管子在制造时已预先在二氧化硅绝缘层中埋入了大量的金属钠或钾的正离子。这样在 $U_{GS} = 0$ 时,这些正离子已使 P 型衬底表面感应出 N 型导电沟道来,因而在 U_{DS} 作用下可以形成电流 I_D。当 U_{GS} 由零增大时,沟道变厚,导电能力增强,I_D 增大;当 U_{GS} 由零变为负值时,沟道变薄,I_D 减小。当 U_{GS} 反向增大到一定值时,导电沟道将消失,$I_D = 0$,这时栅源电压 U_{GS} 的值被称为夹断电压,用 $U_{GS(off)}$ 表示。

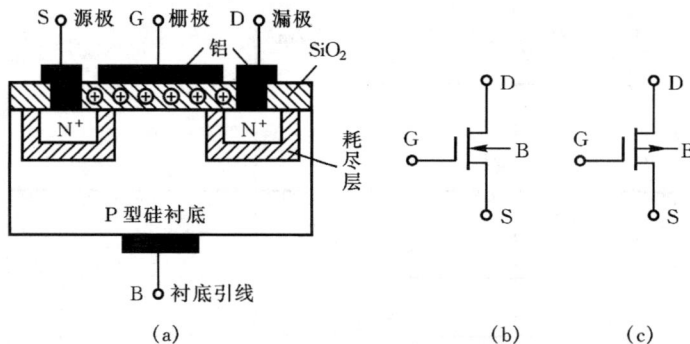

图 4.3.5 耗尽型 NMOS 管结构示意图及耗尽型 MOS 管电路符号
(a)耗尽型 NMOS 管结构示意图;(b)耗尽型 NMOS 管电路符号;
(c)耗尽型 PMOS 管电路符号

耗尽型 NMOS 管与增强型 NMOS 管的工作原理相似,特性曲线也基本类似,

不同之处在于增强型 NMOS 管的 U_{GS} 只能是正值,而耗尽型 NMOS 管的 U_{GS} 可正可负。

4.3.3 场效应管的主要参数

1. 开启电压 $U_{GS(th)}$ 和夹断电压 $U_{GS(off)}$

开启电压 $U_{GS(th)}$ 是在 U_{DS} 固定条件下,使 $|I_D|$ 等于规定的微小电流(如 5 μA)时的 $|U_{GS}|$ 值,系增强型 MOS 管的参数。夹断电压 $U_{GS(off)}$ 是在 U_{DS} 固定条件下,使 $|I_D|$ 等于规定的微小电流(如 5 μA)时的 $|U_{GS}|$ 值,系耗尽型 MOS 管的参数。

2. 饱和漏极电流 I_{DSS}

饱和漏极电流 I_{DSS} 是在 $|U_{DS}| > |U_{GS} - U_{GS(th)}|$ 的条件下,$U_{GS} = 0$ 时的 I_D 值,系耗尽型 MOS 管的参数。

3. 交流低频跨导

交流低频跨导 g_m 反映了 MOS 管栅源电压 U_{GS} 对漏极电流 I_D 的控制能力。规定为当漏源电压 U_{DS} 为某一定值(如 10 V)时,漏极电流变化量 ΔI_D 与栅源电压变化量 ΔU_{GS} 的比值,即

$$g_m = \frac{\Delta I_D}{\Delta U_{GS}}\bigg|_{U_{DS}=常数} \tag{4.3.4}$$

g_m 的单位是西门子(S)或毫西(mS),它是转移特性曲线的斜率。转移特性曲线上各点斜率不尽相同,所以 g_m 与管子直流工作电流 I_D 的大小有关。

场效应管的极限参数有漏极最大电流 I_{DM}、栅源击穿电压 $U_{(BR)GS}$、漏源击穿电压 $U_{(BR)DS}$ 和漏极最大允许功率损耗 P_{DM}。这些参数的含义与普通晶体管极限参数的含义相同,不再赘述。

【练习与思考】

4.3.1 MOS 管和双极型晶体管比较有何特点?

4.3.2 MOS 管的栅极为什么不能开路?

4.3.3 MOS 管的源极和漏极能否对换使用?什么情况下可以?什么情况下不可以?

本章小结

1. 利用半导体的掺杂性可以制成 P 型和 N 型半导体,在两种半导体的结合处将形成 PN 结。当 PN 结加正向电压时,其正向电阻很小,呈现导通状态;当 PN 结加反向电压时,其反向电阻很大,呈现截止状态,这就是 PN 结的单向导电性。

2. 二极管本质上就是一个 PN 结,实际中常利用二极管的单向导电性构成整流、限幅、钳位等电路。

3. 稳压管是工作在反向击穿区的一种特殊二极管,在实际应用中必须在电路中串联一限流电阻以限制稳压管中的反向电流。

4. 晶体管在结构上由两个 PN 结组成,它有放大、截止、饱和三种工作状态。当发射结正偏,集电结反偏时,晶体管工作在放大状态,集电极电流 I_C 受基极电流 I_B 的控制,即 $I_C = \beta I_B$;当发射结和集电结都处于反偏时,晶体管工作在截止状态,此时 $I_C = 0$,发射极和集电极之间相当于开路;当发射结和集电结均处于正向偏置时,晶体管工作在饱和状态,此时 $U_{CE} \approx 0$,发射极和集电极之间相当于短路,I_C 不再受 I_B 控制,而是由外电路决定。晶体管按结构分为 NPN 型和 PNP 型,两者使用时偏置电源极性和晶体管内电流方向相反。在晶体管中,空穴和电子两种载流子均参与了导电,是双极型晶体管,在这种双极型管子中,由于少子数目受温度影响较大,其参数往往与温度关系较大,稳定性较差。

5. MOS 场效应管是一种电压控制器件,输入电阻大。它是利用栅源电压 U_{GS} 的大小来改变感生沟道的宽窄从而控制漏极电流 I_D。耗尽型 MOS 管在 U_{GS} 为零时已存在原始导电沟道,而增强型 MOS 管只有在 U_{GS} 大于一定值时才会建立起导电沟道。MOS 管按结构分为 P 沟道和 N 沟道两类,两者使用时的电源极性不同。在 MOS 管中只有多子参与导电,故属于单极型晶体管,其参数几乎不受温度影响,稳定性较好,但它的放大能力没有普通晶体管强。

习 题

题 4.01 题 4.01 图所示电路中,D_1、D_2 为理想二极管,则 ao 端的电压为多少?

题 4.02 题 4.02 图所示电路中,$U_A = 0$ V,$U_B = 1$ V,试求下述情况下输出端的电压 U_F。

(1) D_A、D_B 为理想二极管;

(2) D_A、D_B 为锗二极管;

(3) D_A、D_B 为硅二极管。

题 4.03 题 4.03 图所示电路中的二极管为理想二极管,已知 $U_s = 3$ V,$u_i = 5\sin\omega t$ V,试画出电压 u_o 的波形。

题 4.04 题 4.04 图所示电路中的二极管为理想二极管,直流毫安表内阻 $R_A = 0$,$U_{s1} = U_{s2} = 10$ V,$R = 2$ kΩ。试分析当开关 S 分别接通"1"和"2"时,二极管 D_1、D_2 的工作状态(导通还是截止),并求支路电流 I 和 I_A。

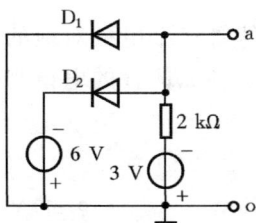

题 4.01 图

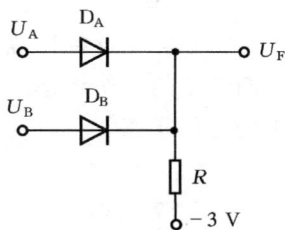

题 4.02 图

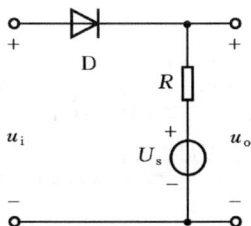

题 4.03 图

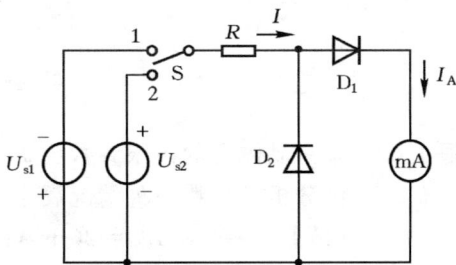

题 4.04 图

题 4.05　题 4.05 图所示电路中,硅稳压管 D_{Z1} 的稳定电压为 8 V, D_{Z2} 的稳定电压为 6 V,正向电压降均为 0.7 V,试求输出电压 U_o。

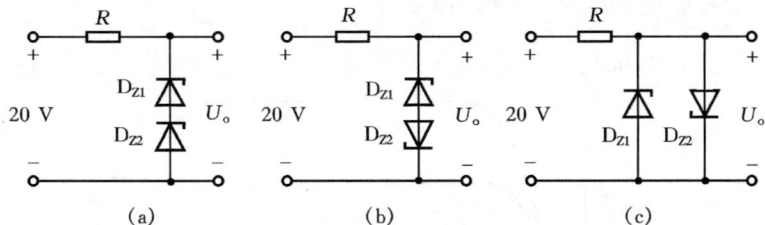

题 4.05 图

题 4.06　题 4.06 图所示电路中,已知 $u_i = 10\sin\omega t$ V, $R = 1$ kΩ,稳压管 D_Z 的稳定电压为 6 V,动态电阻 $r_Z \ll R$,试画出电压 u_o 的波形(忽略 D_Z 的正向电压降)。

题 4.07　测得某放大电路中的晶体管三个管脚的电位分别为 -9 V、-6 V、-6.2 V,试判断该晶体管的类型(NPN 型还是 PNP 型? 锗管还是硅

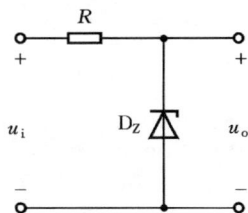

题 4.06 图

管?),并确定各电极。

题 4.08 在检修电子设备时,常通过测量电路中晶体管三个电极对地的电位来判断管子的工作状态。试根据题 4.08 图所示各晶体管的电位判断出管子的工作状态。

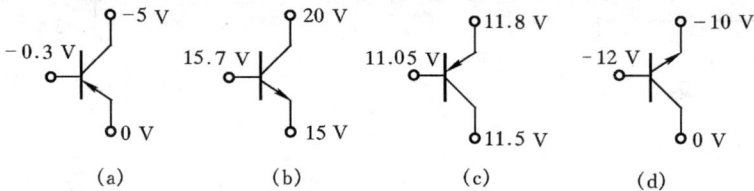

题 4.08 图

题 4.09 某一晶体管的极限参数为 $P_{CM}=100$ mW,$I_{CM}=20$ mA,$U_{(BR)CEO}=15$ V,试分析下列哪一种情况属于正常工作情况?为什么?

(1) $U_{CE}=3$ V,$I_{CM}=20$ mA;

(2) $U_{CE}=2$ V,$I_{CM}=40$ mA;

(3) $U_{CE}=8$ V,$I_{CM}=18$ mA。

题 4.10 题 4.10 图所示电路为某场效应管输出特性曲线,试判断:

(1)该管属于哪一种类型?画出其符号。

(2)其夹断电压 $U_{GS(off)}$ 约为多少?

(3)漏极饱和电流 I_{DSS} 约为多少?

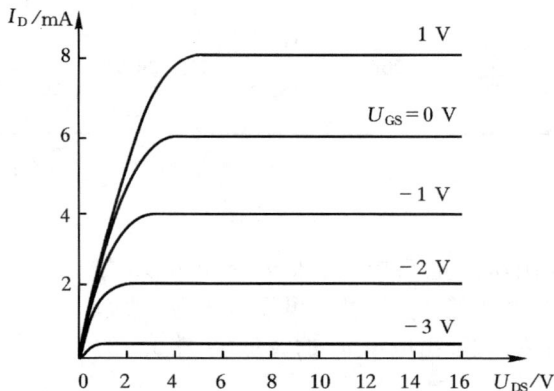

题 4.10 图

第 5 章

基本放大电路

放大电路也称为放大器,是模拟电子技术电路中最基本的单元电路,主要用于对微弱信号的放大。例如,扩音机中的放大电路能把麦克风转换来的微弱电信号放大,以驱动喇叭。放大电路在信号传输与处理、自动控制、测量仪器以及计算机等领域都得到了广泛的应用。构成放大电路的核心元件是各种具有控制作用的有源半导体器件,如晶体管、绝缘栅场效应管等。在输入信号的控制下,放大电路通过其中的半导体器件把直流电源的能量转换为随着输入信号大小变化的能量输出给负载,所以放大的本质是一种能量控制作用。

本章将介绍由分立元件构成的常见基本放大电路的组成、工作原理、分析方法以及特点和应用。

5.1 共发射极放大电路

5.1.1 电路组成及电压放大原理

构成放大电路时必须遵循以下两条原则:一是要保证晶体管工作在放大状态,即满足发射结正偏和集电结反偏的条件;二是要保证放大的对象——交流信号畅通无阻地传送给负载,也就是输入交流信号能顺利到达晶体管的发射结,放大后的交流信号能顺利地输出给负载。

图 5.1.1 是根据上述原则构成的共发射极放大电路。图中 T 是起电流放大作用的 NPN 型晶体管,它是整个放大电路的核心元件。集电极直流电源 U_{CC} 为晶体管的集电结提供反向偏置电压,同时提供

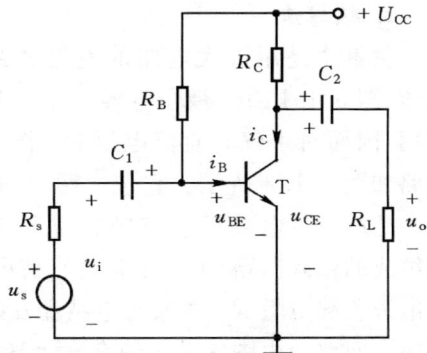

图 5.1.1 共发射极放大电路

输出信号所需要的能量。U_{CC} 一般取值为几伏到几十伏。集电极负载电阻 R_C 把集电极电流的变化转化为集电极电压 u_{CE} 的变化信号输出给负载。R_C 一般取值为几千欧到几十千欧。基极电阻 R_B 的作用是为晶体管的发射结提供适当的正向偏置电压和偏置电流。R_B 一般取值为几十千欧到几百千欧。由于 U_{CC}、R_B 一旦确定后，偏置电流 I_B 也就固定不变，该电路常称为固定偏置电路。

　　电容 C_1、C_2 称为耦合电容，通常采用大容量的电解电容（电容量一般为几微法到几十微法），因此对于交流信号而言，C_1、C_2 的容抗足够小，可视为短路。输入交流信号电压可以几乎无损耗地输送到晶体管进行放大，而放大后的交流信号电压也可以几乎无损耗地输出到负载上。C_1、C_2 还可以阻断放大电路与信号源以及负载之间的直流电流通路，使放大电路、信号源、负载三者之间没有直流联系，互不影响。所以 C_1、C_2 能通过交流而隔断直流，起到"通交隔直"的作用。由于采用电容作为放大电路与信号源和负载之间的耦合元件，所以这种电路也称为阻容耦合放大电路。

5.1.2　静态分析

　　放大电路中既有直流电源产生的直流分量，又有交流输入信号产生的交流分量，是一个交直流共存的电路。因此，根据叠加原理，对放大电路的分析分为静态和动态两种情况。静态是指没有输入信号（$u_i = 0$）时的工作状态；动态是指有输入信号（$u_i \neq 0$）时的工作状态。所谓静态分析，就是根据放大电路的直流通路确定各极电压、电流的直流值 I_B、I_C、U_{CE}（也称静态值），放大电路性能的好坏与静态值有着很大关系。所谓动态分析，就是通过放大电路的交流通路确定放大电路的电压放大倍数 A_u、输入电阻 r_i 和输出电阻 r_o。

　　求解放大电路的静态值通常有估算法和图解法两种方法。

1. 估算法

　　估算法是用放大电路的直流通路计算静态值，图 5.1.1 由于耦合电容 C_1、C_2 具有隔直作用，因而对于仅有直流电源 U_{CC} 作用的直流通路如图 5.1.2 所示。它包含两个独立回路：一个是由直流电源 U_{CC}、基极电阻 R_B 以及发射结组成的输入回路；另一个是由直流电源 U_{CC}、集电极负载电阻 R_C 以及集电结和发射结组成的输出回路。由图 5.1.2 的直流通路可得

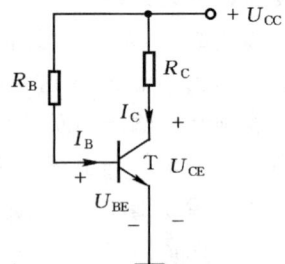

图 5.1.2　放大电路的直流通路

$$I_{\mathrm{B}} = \frac{U_{\mathrm{CC}} - U_{\mathrm{BE}}}{R_{\mathrm{B}}} \approx \frac{U_{\mathrm{CC}}}{R_{\mathrm{B}}} \tag{5.1.1}$$

式(5.1.1)中，U_{BE} 为晶体管发射结的正向压降，由于硅管约为 $0.6 \sim 0.7$ V，而直流电源 U_{CC} 一般为几伏、十几伏甚至几十伏，故 U_{BE} 可忽略不计。

由 I_{B} 可得出静态时集电极电流为

$$I_{\mathrm{C}} = \beta I_{\mathrm{B}} \tag{5.1.2}$$

此时晶体管集电极与发射极之间的电压为

$$U_{\mathrm{CE}} = U_{\mathrm{CC}} - R_{\mathrm{C}} I_{\mathrm{C}} \tag{5.1.3}$$

2. 图解法

根据晶体管的输入输出特性曲线，用作图的方法求出静态值称为图解法。设晶体管的特性曲线如图 5.1.3 所示，图解的步骤如下。

（1）用估算法求出基极电流 $I_{\mathrm{B}} = I_{\mathrm{BQ}}$。

（2）依据 I_{BQ} 在输出特性曲线中找到对应的曲线。

（3）作直流负载线。

由式(5.1.3)得 $I_{\mathrm{C}} = \dfrac{U_{\mathrm{CC}}}{R_{\mathrm{C}}} - \dfrac{U_{\mathrm{CE}}}{R_{\mathrm{C}}}$，为

过 $\left(0, \dfrac{U_{\mathrm{CC}}}{R_{\mathrm{C}}}\right)$ 和 $(U_{\mathrm{CC}}, 0)$ 两点的直线方程，

斜率 $\tan\beta = -\dfrac{1}{R_{\mathrm{C}}}$，画出直线 MN，该直

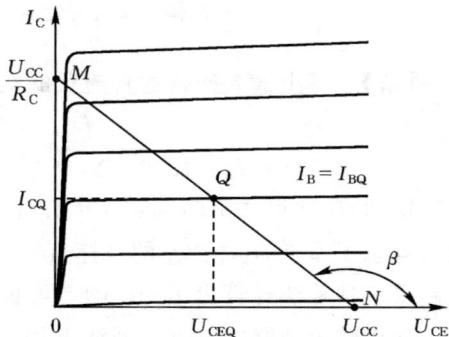
图 5.1.3 图解法求静态工作点

线只与集电极负载电阻 R_{C} 有关，称之为直流负载线。

（4）求静态工作点 Q，并确定 I_{CQ}、U_{CEQ} 值。

图中直流负载线 MN 与 $I_{\mathrm{B}} = I_{\mathrm{BQ}}$ 的那一条输出特性曲线的交点即为放大电路输出回路的静态工作点 Q，由 Q 点的坐标即可求得 U_{CE} 和 I_{C} 的值，即 $U_{\mathrm{CE}} = U_{\mathrm{CEQ}}$，$I_{\mathrm{C}} = I_{\mathrm{CQ}}$。

由图 5.1.3 可知，基极电流 I_{B} 的大小影响着静态工作点的位置。因此，在直流电源 U_{CC} 和集电极负载电阻一定的情况下，工作点 Q 设置的合适与否取决于 I_{B} 的大小。通常用改变基极电阻 R_{B} 数值的方法，获得一个合适的 I_{B} 的值，从而使放大电路有一个合适的静态工作点。

【例 5.1.1】 在图 5.1.1 所示放大电路中，已知 $R_{\mathrm{B}} = 280$ kΩ，$R_{\mathrm{C}} = 3$ kΩ，$U_{\mathrm{CC}} = 12$ V，晶体管的输入、输出特性曲线如图 5.1.4 所示。试用图解法确定其静态工作点。

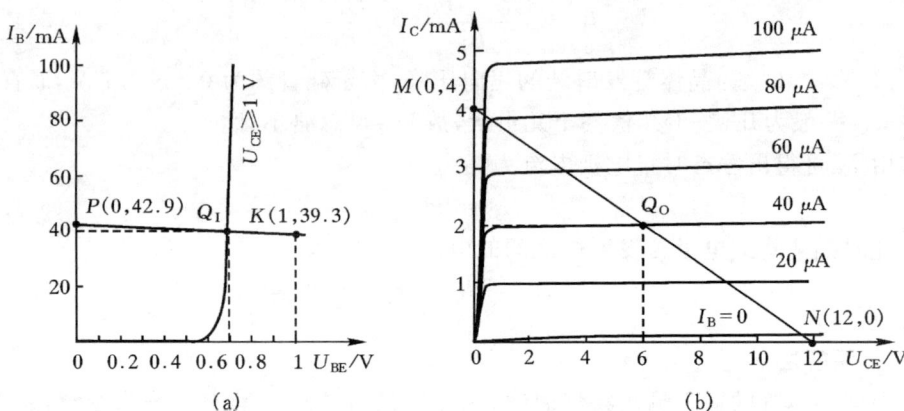

图 5.1.4 例 5.1.1 图

(a)晶体管输入特性曲线;(b)晶体管输出特性曲线

【解】 写出输入回路的直流负载线方程

$$U_{BE} = 12 - 280I_B$$

当 $U_{BE} = 0$ 时,$I_B = 42.9\ \mu A$,当 $U_{BE} = 1\ V$ 时,$I_B = 39.3\ \mu A$。在图 5.1.4(a)中联接这两点,即可作出输入直流负载线 PK,直线 PK 与输入特性曲线的交点即为输入静态工作点 Q_1,由 Q_1 的坐标可得:$I_B = 40\ \mu A$,$U_{BE} \approx 0.7\ V$。也可以根据直流通路采用估算法计算出 I_B 值,读者可自行分析。

写出输出回路的直流负载线方程

$$U_{CE} = 12 - 3I_C$$

当 $U_{CE} = 0$ 时,$I_C = 4\ mA$,当 $I_C = 0$ 时,$U_{CE} = 12\ V$。在图 5.1.4(b)中联接这两点,即可作出输出直流负载线 MN,直线 MN 与对应的 $I_B = 40\ \mu A$ 那一条输出特性曲线的交点即为输出静态工作点 Q_o,由 Q_o 的坐标可得:$I_C \approx 2\ mA$,$U_{CE} \approx 6\ V$。

5.1.3 动态分析

所谓动态分析就是在直流分析的基础上,讨论当放大电路有交流输入信号后的工作情况。对放大电路的动态分析也有图解法和微变等效电路法(即动态估算法)两种方法。

1. 图解法

以图 5.1.1 所示的共发射极放大电路为例讨论其动态工作过程。设外加正弦交流信号电压 $u_i = U_{im}\sin\omega t\ V$,分析步骤如下。

(1) 根据上述静态分析法,求出静态工作点 $Q(I_{BQ}、I_{CQ}、U_{CEQ})$。在此基础上分析输入交流信号时的各极电压和电流的传输情况。

（2）通过输入回路确定放大电路 u_{BE} 和 i_B 的变化情况。如图 5.1.1 所示，当有输入信号 u_i 时，此时加在晶体管基极和发射极之间的电压 u_{BE} 含有交、直流两个分量，即

$$u_{BE} = U_{BE} + u_{be} = U_{BE} + U_{im}\sin\omega t \qquad (5.1.4)$$

式（5.1.4）中，$u_{be} = u_i$。随着时间的变化，动态工作点将围绕着静态工作点 Q_I 在输入特性曲线的线性段 Q'_I 和 Q''_I 之间移动，因此，基极电流 i_B 同样含有交、直流两个分量，即

$$i_B = I_B + (i_{Bmax} - I_B)\sin\omega t \qquad (5.1.5)$$

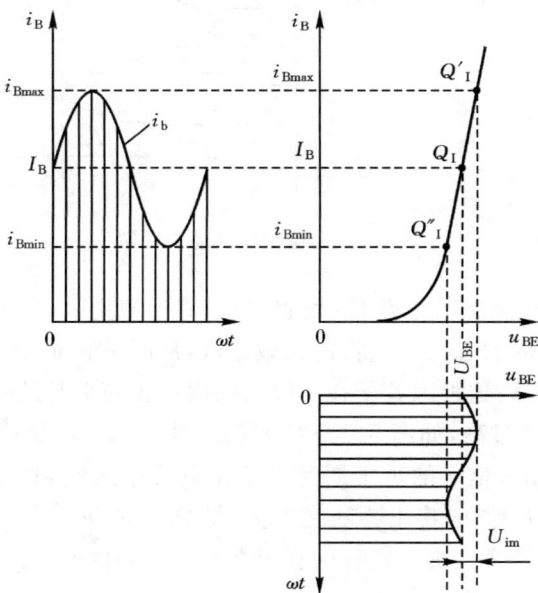

图 5.1.5　输入回路的动态图解

（3）通过输出回路确定放大电路 u_{CE} 和 i_C 的变化情况。如图 5.1.6 所示，当放大电路不接负载时其负载线是不变的，因此，当 i_B 变动时，负载线与输出特性曲线的交点会随之而变。即当 i_B 在 i_{Bmin} 与 i_{Bmax} 之间变化时，输出特性与负载线的交点（即动态工作点）将围绕着静态工作点 Q_O 在 Q'_O 与 Q''_O 之间变化。在输入信号电压 u_i 的一个周期内，动态工作点的轨迹为 $Q_O \rightarrow Q'_O \rightarrow Q_O \rightarrow Q''_O \rightarrow Q_O$。动态工作点在纵轴和横轴的投影就代表着不同时刻的 i_C 和 u_{CE} 值。

由图 5.1.6 可见，$u_{CE} = U_{CE} - U_{cem}\sin\omega t$，经耦合电容 C_2 隔直后，负载上的电压 u_o 只是 u_{CE} 中的交流分量，所以 $u_o = -U_{cem}\sin\omega t$。

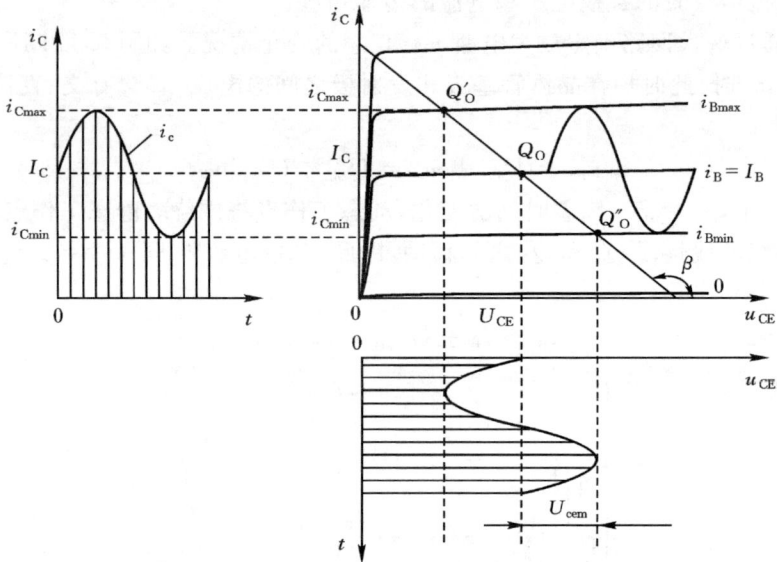

图 5.1.6　输出回路动态图解

　　图 5.1.7(a)中,静态工作点 Q_0 设置过低,靠近截止区,当输入信号较大时,在输入信号的负半周内动态工作点将进入截止区,从而引起 u_o 的正半周相应的一部分被削掉而产生失真,这种因管子在一段时间内截止而引起的失真称为截止失真。

　　如果 Q_0 点设置过高,如图 5.1.7(b)所示,由于 Q_0 点靠近饱和区,所以当输入信号较大时,在输入信号的正半周动态工作点将进入饱和区,尽管此时 i_B 波形不失真,但当 i_B 增大时,i_c 将不会随之增大,结果 i_c 的正半周及 u_o 的负半周有相应一部分被削掉而产生失真。这种因管子在一段时间内饱和而引起的失真称为饱和失真。

　　综上所述,可以得出如下结论:

　　(1) 放大电路中电流 i_B、i_C 和电压 u_{CE}、u_{BE} 在任何时刻都只有大小的变化,方向不会改变,是单方向的脉动量,该脉动量包含直流(即静态值)和交流两个分量。静态值大小和方向不变。交流分量由输入信号引起,其大小和方向时刻在变化。

　　(2) u_{CE} 中的交流分量就是输出电压 u_o,u_o 与 u_i 的频率相同,且 u_o 的幅值比 u_i 大得多,实现了电压放大。

　　(3) 电流 i_b、i_c 与输入电压 u_i 同相,而输出电压 u_o 与输入电压 u_i 反相,即共发射极放大电路具有反相作用。

　　(4) 静态工作点必须设置合适。如果静态工作点设置的过高或过低,或者静态工作点虽设置合适,但输入信号过大,输出信号波形将会产生严重的失真。

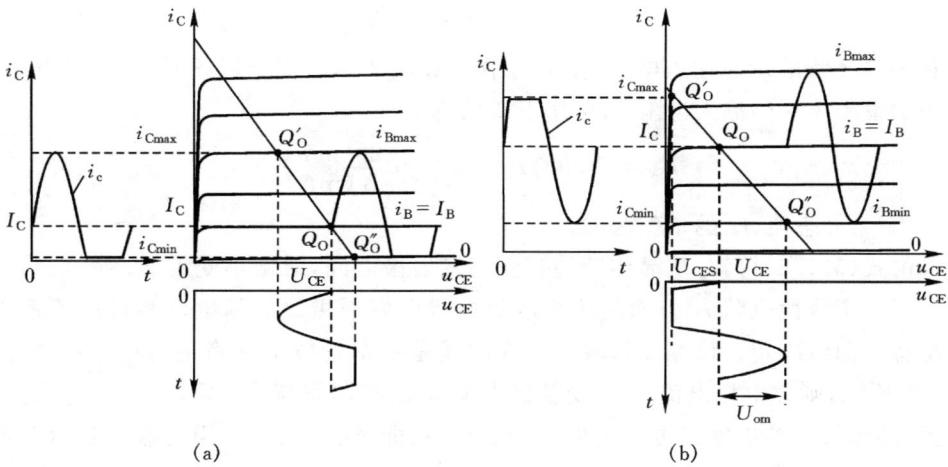

(a) (b)

图 5.1.7 静态工作点不合适引起的波形失真

(a)截止失真;(b)饱和失真

2. 微变等效电路法

放大电路的交流分量可用交流通路(交流输入电压 u_i 单独作用时的电路)进行计算。图 5.1.1 所示放大电路中由于耦合电容 C_1、C_2 足够大,容抗近似为零,则其对交流信号相当于短路。直流电源 U_{CC} 不作用($U_{CC}=0$)时相当于短接,因而它的交流通路如图 5.1.8 所示。

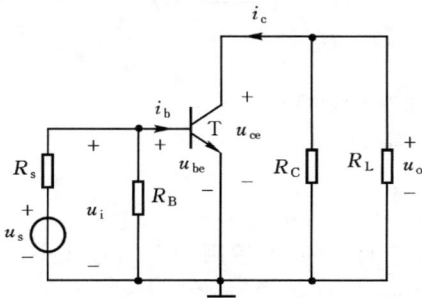

图 5.1.8 放大电路的交流通路

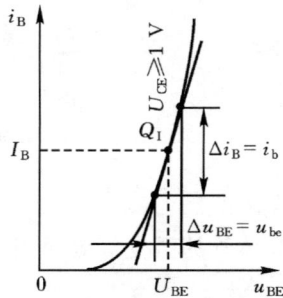

图 5.1.9 从晶体管输入特性曲线上求 r_{be}

在交流通路中,当输入 u_i 较小时,晶体管的动态工作点只在静态工作点附近的微小范围内变动。因而如图 5.1.9 所示的输入特性曲线,从整体上看虽然是非线性的,但在静态工作点 Q_1 附近的微小范围近似线性化。这样,可以用一动态等效电阻 r_{be} 来表示晶体管输入电压和输入电流变化量之间的关系,即

$$r_{be} = \frac{du_{BE}}{di_B} \approx \frac{\Delta u_{BE}}{\Delta i_B} = \frac{u_{be}}{i_b} \qquad (5.1.6)$$

r_{be} 称为晶体管的动态输入电阻,在手册中常用 h_{ie} 表示。据分析证明,在常温下,低频小功率晶体管的输入电阻 r_{be} 可用下式估算

$$r_{be} = 200(\Omega) + (1+\beta)\frac{26(mV)}{I_E(mA)} \qquad (5.1.7)$$

式中 I_E 为静态值,r_{be} 的单位为 Ω。

　　由式(5.1.6)可知,从晶体管的基极到发射极之间,对微小变量 u_{be} 和 i_b 而言,相当于一个线性电阻 r_{be}。而晶体管的集电极和发射极之间的电流和电压关系由输出特性曲线决定。设晶体管输出特性曲线是一组近似平行等距的水平线,如图5.1.6 所示,则集电极电流 i_C 只受基极电流 i_B 的控制而与管子两端电压 u_{CE} 无关。因此,晶体管的输出回路可等效为一个受控源,即 $\Delta i_C = \beta \Delta i_B$。用交流量表示总量的微变量,可得

$$i_c = \beta i_b \qquad (5.1.8)$$

　　根据式(5.1.6)和式(5.1.8)即可作出晶体管的小信号等效模型如图 5.1.10(b)所示。

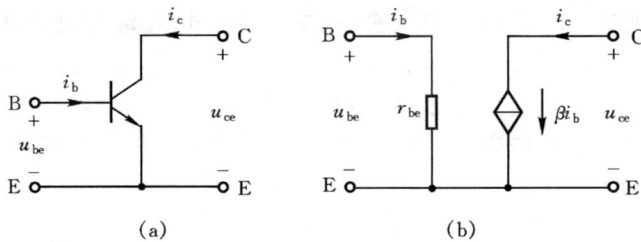

图 5.1.10　晶体管的微变等效电路
(a)晶体管;(b)微变等效电路

　　需要指出:

　　① 晶体管的微变等效模型是对交流微变量而言的,不适用于大信号状态下的晶体管。

　　② 微变等效模型中的电流源 βi_b 是受控电流源,其大小和方向都取决于基极电流的交变分量 i_b,i_b 的参考方向可以任意假定,但 βi_b 的参考方向与 i_b 的参考方向有关,不可随意假定。如果假设 i_b 的参考方向为流入基极,则 βi_b 的参考方向必定从集电极流向发射极;反之,若 i_b 的参考方向为流出基极,则 βi_b 的参考方向应从发射极流向集电极。

　　③ 微变等效模型既适用于 NPN 型晶体管,也适用于 PNP 型晶体管。

把图 5.1.8 所示交流通路中的晶体管 T 用其微变等效模型代替,便可得到共发射极放大电路的微变等效电路,如图 5.1.11 所示,图中电压和电流采用相量形式表示,由该等效电路可以方便地定量计算放大电路的动态性能指标。这种方法称为微变等效电路分析法。

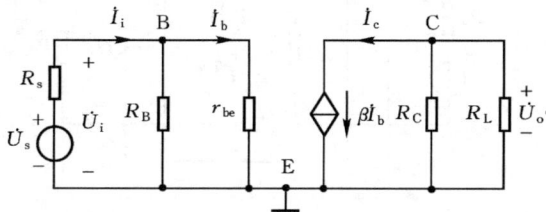

图 5.1.11　共射极放大电路的微变等效电路

下面介绍放大电路的主要性能指标。

(1) 电压放大倍数　电压放大倍数定义为放大电路输出电压与输入电压之比,用 A_u 表示。对正弦信号,A_u 为复数,即

$$A_u = \frac{\dot{U}_o}{\dot{U}_i} \tag{5.1.9}$$

由图 5.1.11 的等效电路可得输入电压 $\dot{U}_i = r_{be}\dot{I}_b$,$\dot{U}_o = -R_C /\!/ R_L \dot{I}_c = -\beta R'_L \dot{I}_b$,因此电压放大倍数

$$A_u = -\beta \frac{R'_L}{r_{be}} \tag{5.1.10}$$

式中负号表示输出电压与输入电压反相,$R'_L = R_C /\!/ R_L$,称为放大电路的交流等效负载电阻。

当负载开路时,则有

$$A_{uo} = \frac{\dot{U}_o}{\dot{U}_i} = -\frac{\beta R_C}{r_{be}} \tag{5.1.11}$$

可见接负载后,电压放大倍数将下降。电压放大倍数不仅与负载电阻 R_L 有关,还与晶体管的 β 和 r_{be} 有关,而 r_{be} 的大小受静态工作点的影响,所以电压放大倍数也受静态工作点变化的影响。

(2) 输入电阻　当放大电路与信号源相连时,它将从信号源吸取一定的能量,所以放大电路对信号源相当于一个负载,从其输入端可等效为一个电阻,称为放大电路的输入电阻,用 r_i 表示,如图 5.1.12 所示。

$$r_i = \frac{\dot{U}_i}{\dot{I}_i} \tag{5.1.12}$$

r_i 是一交流等效电阻。r_i 越大,放大电路从信号源取用的电流越小,输入电压 $\dot{U}_i$

越接近于 $\dot{U}_s$。因此,在一般情况下,特别是在测量仪表用的放大电路中 r_i 越大越好。

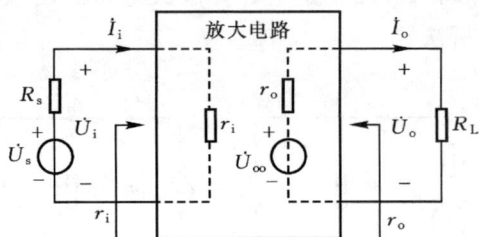

图 5.1.12　放大电路的输入、输出电阻

由图 5.1.11 的微变等效电路可知,共发射极放大电路的输入电阻

$$r_i = R_B \ // \ r_{be} \approx r_{be} \tag{5.1.13}$$

一般 R_B 阻值有数百千欧,而 r_{be} 只有数千欧,所以共发射极放大电路的输入电阻小。

（3）输出电阻　对负载电阻 R_L 而言,放大电路为其提供能量,相当于电源。根据等效电源定理,从负载电阻两端可以把放大电路等效为一个具有内阻 r_o 的电压源,仍如图 5.1.12 所示。等效电压源的内阻 r_o 称为放大电路的输出电阻,图中的 $\dot{U}_\infty$ 是负载开路时的输出电压值。

r_o 也是一交流等效电阻,它是衡量放大电路带负载能力大小的参数。r_o 小,接上负载后,负载两端输出电压下降少,放大电路带负载能力强,所以放大电路的输出电阻 r_o 越小越好。

由于放大电路的微变等效电路中含有受控源,对输出电阻 r_o 常采用置源法计算。即令电路中独立源不作用(独立电压源短路,独立电流源开路,受控源保留不变),断开负载电阻 R_L,然后在输出端外加一电压 $\dot{U}$(或电流 $\dot{I}$),求出此时流入输出端的电流 $\dot{I}$(或电流 $\dot{U}$),则

$$r_o = \frac{\dot{U}}{\dot{I}} \tag{5.1.14}$$

对于图 5.1.11 的微变等效电路,令 $\dot{U}_s = 0$,则引起 $\dot{I}_b = 0,\dot{I}_c = 0$。从输出端看进去的等效电阻,即输出电阻

$$r_o = R_C \tag{5.1.15}$$

R_C 的数值一般在数千欧到数十千欧,所以共发射极放大电路的输出电阻大。

【例 5.1.2】试用微变等效电路分析法计算图 5.1.1 所示放大电路的电压放大倍数 A_u、输入电阻 r_i、输出电阻 r_o 以及输出电压与信号源之间的电压放大倍数

A_{us}。已知 $U_{BE}=0.7\ \text{V}, \beta=50, R_s=1\ \text{k}\Omega, R_B=280\ \text{k}\Omega, R_C=3\ \text{k}\Omega$，负载电阻 $R_L=3\ \text{k}\Omega$。

【解】放大电路的微变等效电路如图 5.1.11 所示，其静态工作点已在例 5.1.1 中求出，$I_C=2\ \text{mA}, I_E\approx I_C=2\ \text{mA}$，由式(5.1.7)可得

$$r_{be} = 200 + (1+\beta)\frac{26}{I_E} = 200 + (1+50)\times\frac{26}{2} = 863\ \Omega$$

由式(5.1.11)可求得电压放大倍数

$$A_u = -\frac{\beta R_L'}{r_{be}} = -\frac{50\times(3 /\!/ 3)}{0.863} \approx -87$$

由式(5.1.13)可求得输入电阻

$$r_i = R_B /\!/ r_{be} \approx r_{be} = 0.863\ \text{k}\Omega$$

由式(5.1.15)可求得输出电阻

$$r_o = R_C = 3\ \text{k}\Omega$$

求出输入电阻 r_i 和电压放大倍数 A_u 后，可以根据图 5.1.12 推导出 A_{us} 的计算式，即

$$A_{us} = \frac{\dot{U}_o}{\dot{U}_s} = \frac{\dot{U}_o}{\dot{U}_i}\frac{\dot{U}_i}{\dot{U}_s} = A_u\frac{r_i}{r_i+R_s} = -87\times\frac{0.863}{1+0.863} \approx -40$$

5.1.4　静态工作点的稳定

由上面讨论可知，静态工作点的合理设置与否对放大电路能否正常工作有着至关重要的影响。如果放大电路的静态工作点因为环境温度的变化、电源电压的波动以及更换管子等因素而发生变化，那么本来设置合理的静态工作点就有可能变得不合适，从而引起放大电路不能正常工作，因此对放大电路不仅要设置合适的静态工作点，而且还要保持其稳定。引起静态工作点不稳定的主要原因是晶体管的参数 β、U_{BE}、I_{CEO} 随着环境温度的变化而改变。如温度升高，晶体管的 U_{BE} 将减小，β 和 I_{CEO} 增大。这样，对于图 5.1.1 所示的固定偏置电路，由于

$$I_B = \frac{U_{CC}-U_{BE}}{R_B}, \quad I_C = \beta I_B + I_{CEO} \tag{5.1.16}$$

若温度升高，上述三个因素都将使 I_C 增大。因此，在 R_C 和 U_{CC} 一定的条件下，U_{CE} 将减小，静态工作点将向饱和区移动，动态情况下有可能发生饱和失真。反之若温度减小，则有可能发生截止失真。可见，固定偏置电路的静态工作点是不稳定的，只适用于环境温度变化不大的场合。

由式(5.1.16)可知，当温度增加时，如果能使晶体管的基极电流 I_B 适当地减小，则有可能使集电极电流 I_C 保持不变，或者至少可以减小 I_C 的增加量，从而达到稳定静态工作点的目的，满足这一设计思路的电路即是分压式偏置放大电路，如

图 5.1.13(a)所示。分压式偏置放大电路在上述基本放大电路的基础上作了两点改进,一是采用由 R_{B1}、R_{B2} 构成的分压式基极偏置电路替代固定偏置电路;二是在发射极串接了电阻 R_E。

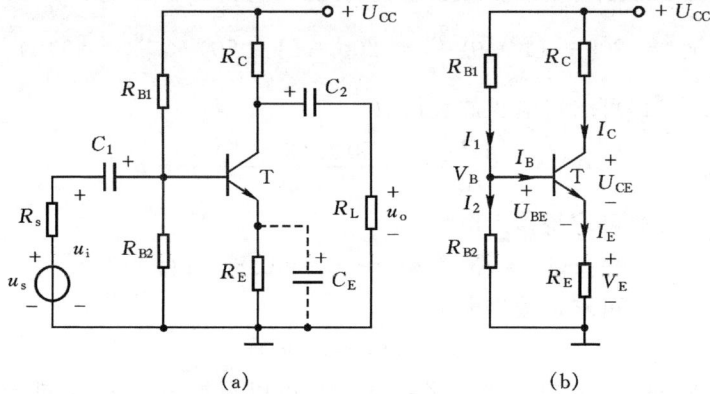

图 5.1.13 分压式偏置电路

(a)放大电路;(b)直流通路

由图 5.1.13(b)的直流通路可以看出:如果选择合适的 R_{B1}、R_{B2} 值使得 $I_1 \approx I_2$,即 $I_B \approx 0$,那么就可认为 R_{B1} 与 R_{B2} 串联,基极电位近似为

$$V_B = \frac{R_{B2}}{R_{B1} + R_{B2}} U_{CC} \tag{5.1.17}$$

式(5.1.17)说明基极电位是一定值,与晶体管的参数无关,不受环境温度的影响,如果 $V_B \gg U_{BE}$,则集电极电流

$$I_C \approx I_E = \frac{V_B - U_{BE}}{R_E} \approx \frac{V_B}{R_E} \tag{5.1.18}$$

所以,可以认为 I_C 不受温度影响,达到了稳定静态工作点的目的。

分压式偏置电路稳定静态工作点的过程如下:当温度升高时,I_C、I_E 增加,发射极对地电位 $V_E = R_E I_E$ 也增加。由于 $U_{BE} = V_B - V_E$,所以实际加到管子发射结的电压 U_{BE} 减小,由晶体管的输入特性曲线可知,U_{BE} 减小,相应的 I_B 也减小,从而引起 I_C 减小,最终使 I_C 基本保持不变,这就是分压式偏置电路稳定静态工作点的原理。这一物理过程可表示为

温度升高 $\rightarrow I_C \uparrow \rightarrow I_E \uparrow \rightarrow V_E \uparrow \rightarrow U_{BE} \downarrow (= V_B - V_E) \rightarrow I_B \downarrow \rightarrow I_C \downarrow$

在上述稳定静态工作点的过程中,电路通过 R_E 把输出电流 I_C 转换成电压 V_E 后再引入输入回路与给定电压 V_B 相比较,利用所得差值电压 U_{BE} 再去控制输出电流 I_C,所以输出电流 I_C 不仅与输入给定量 V_B 有关,而且还与本身大小有关,这样

I_C 就可以根据自身的大小进行自动调整,电路中的这种自动调节过程称为反馈,由于该反馈能使输出电流 I_c 趋于稳定,所以称为负反馈。以上分析的是电路中的直流分量的反馈过程,事实上交流电流 i_c 通过 R_E 也要产生交流电压 v_e,从而使 u_{be} 减小,这将导致交流电压放大倍数下降。所以 R_E 引起的负反馈既是直流反馈,又是交流反馈,关于反馈将在第 6 章中进行详细讨论。

为了稳定静态工作点,在分压式偏置电路中接入了射极电阻 R_E,可以提高电路的输入电阻,同时也使电路的电压放大倍数明显下降。为了在稳定静态工作点的同时又不降低电压放大倍数,常在发射极电阻 R_E 两端并联电容 C_E,C_E 接入后对电路的静态工作点没有影响,而对交流可视其为短路,相当于短接了电阻 R_E,从而消除 R_E 对交流信号的影响。C_E 称为旁路电容。

【例 5.1.3】 在图 5.1.14(a)所示分压式偏置电路中,已知晶体管的 $\beta = 50$,$U_{BE} = 0.7$ V。要求:(1)确定电路的静态工作点;(2)计算电路的电压放大倍数、输入电阻、输出电阻。

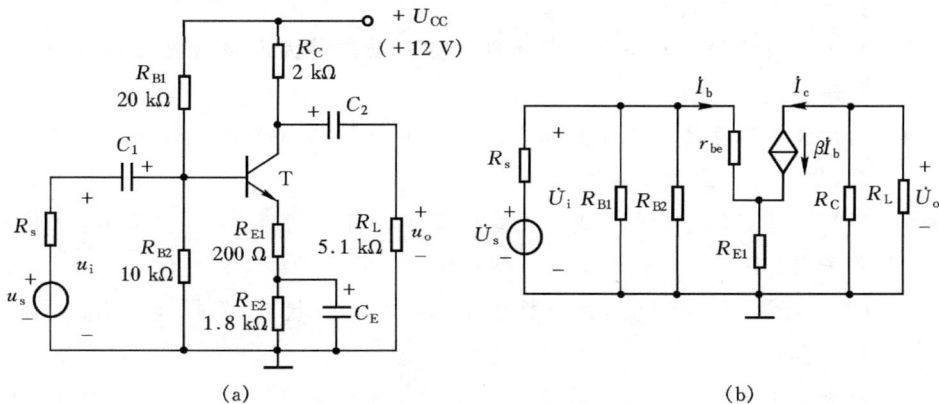

图 5.1.14　例 5.1.3 图

(a)放大电路;(b)交流通路

【解】 (1)计算静态工作点,用估算法求解如下

$$V_B = \frac{R_{B2}}{R_{B1} + R_{B2}} U_{CC} = \frac{10}{20 + 10} \times 12 = 4 \text{ V}$$

$$I_E = \frac{V_B - U_{BE}}{R_{E1} + R_{E2}} = \frac{4 - 0.7}{0.2 + 1.8} = 1.65 \text{ mA}$$

$$U_{CE} \approx U_{CC} - (R_C + R_{E1} + R_{E2})I_C = 12 - (2 + 0.2 + 1.8) \times 1.65 = 5.4 \text{ V}$$

(2)求放大倍数　微变等效电路如图 5.1.14(b)所示

$$r_{be} = 200 + (1+\beta)\frac{26}{I_E} = 200 + 51 \times \frac{26}{1.65} \approx 1 \text{ k}\Omega$$

$$A_u = -\frac{\beta(R_C /\!/ R_L)}{r_{be} + (1+\beta)R_{E1}} = -\frac{50 \times (2 /\!/ 5.1)}{1 + 51 \times 0.2} = -6.41$$

求输入电阻和输出电阻

$$r_i = R_{B1} /\!/ R_{B2} /\!/ [r_{be} + (1+\beta)R_{E1}]$$
$$= 20 /\!/ 10 /\!/ (1 + 51 \times 0.2) = 4.18 \text{ k}\Omega$$
$$r_o = R_C = 2 \text{ k}\Omega$$

【练习与思考】

5.1.1 放大电路的组成原则是什么？如何判断一个放大电路能否正常放大交流信号？参照图 5.1.1 画出 PNP 管构成的共射基本放大电路。

5.1.2 在图 5.1.1 中，耦合电容 C_1 和 C_2 的作用是什么？它们承受的直流电压和交流电压有多大？

5.1.3 放大电路的静态与动态有何不同？如何画出放大电路的直流通路和交流通路？

5.1.4 用示波器观察图 5.1.1 所示电路的输出电压，发现输出电压波形发生了失真，用直流电压表测量时：

(1) 如测得 $U_{CE} \approx U_{CC}$，试分析管子工作在什么状态，怎样调节 R_B 才能消除失真；

(2) 如测得 $U_{CE} < U_{BE}$，试分析管子工作在什么状态，怎样调节 R_B 才能消除失真。

5.1.5 放大电路为什么要设置静态工作点？改变固定偏置放大电路中的 R_B、R_C 和 U_{CC} 对静态工作点有何影响？

5.1.6 在固定偏置放大电路中，用直流电压表测得的集电极对"地"电压和负载 R_L 两端电压是否相等？用晶体管毫伏表（交流电压表）测得的集电极对"地"电压、负载 R_L 两端电压以及集电极电阻 R_C 两端电压是否相等？

5.1.7 r_{be}、r_{ce}、r_i、r_o 这四个电阻的含义是什么？它们是直流电阻还是交流电阻？能否用万用表的直流挡测量其大小？在 r_i 中是否包括信号源内阻？在 r_o 中是否包括负载电阻？一般希望 r_i、r_o 大一些好，还是小一些好？

5.1.8 在放大电路中，静态工作点不稳定对放大电路有何影响？

5.1.9 分压式偏置电路为什么能稳定静态工作点？当更换晶体管后，对放大电路的静态值有无影响？

5.2　射极输出器

上一节讨论的放大电路是从基极输入、集电极输出,输入回路与输出回路的公共点是发射极,因此称之为共发射极放大电路。本节讨论的放大电路,其输出信号是从发射极引出,对交流信号而言,输入与输出的公共点是集电极,称为共集电极放大电路,也称射极输出器,如图 5.2.1(a)所示。

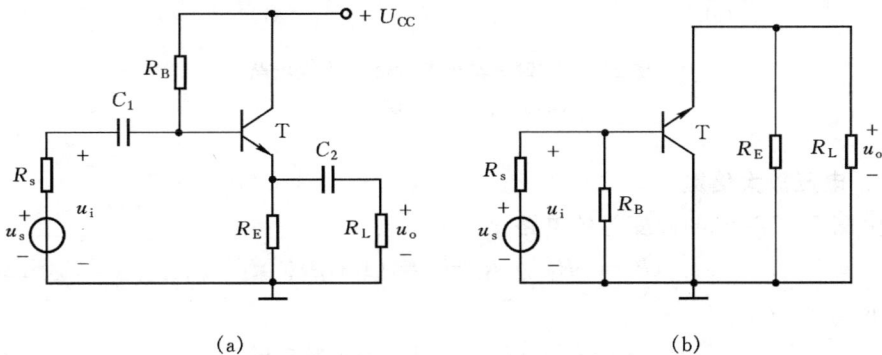

(a)　　　　　　　　　　　　　　　　　(b)

图 5.2.1　射极输出器
(a)原理电路；(b)交流通路

5.2.1　静态分析

射极输出器的直流通路非常简单,把 C_1、C_2 视为开路即可得到直流通路。由基极回路可列出直流电压方程为

$$U_{CC} = R_B I_B + U_{BE} + R_E(1+\beta)I_B \tag{5.2.1}$$

因此

$$\begin{cases} I_B = \dfrac{U_{CC} - U_{BE}}{R_B + (1+\beta)R_E} \\ I_E = (1+\beta)I_B \\ U_{CE} = U_{CC} - R_E I_E \end{cases} \tag{5.2.2}$$

5.2.2　动态分析

射极输出器的微变等效电路如图 5.2.2 所示,图中两种画法的微变等效图本质上是一样的,通常在多级放大电路中采用第二种画法。

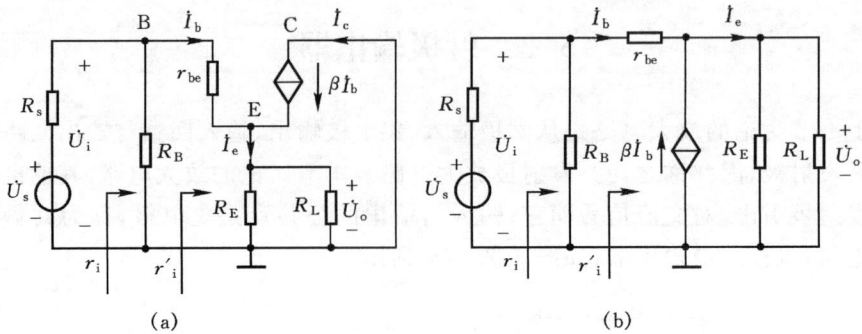

图 5.2.2　射极输出器的微变等效电路

(a)画法一；(b)画法二

1. 电压放大倍数

由图 5.2.2(b)的微变等效电路得

$$\dot{U}_o = (R_E /\!/ R_L)\dot{I}_e = (1+\beta)R'_L\dot{I}_b \tag{5.2.3}$$

式中 $R'_L = R_E /\!/ R_L$。

$$\dot{U}_i = r_{be}\dot{I}_b + \dot{U}_o = r_{be}\dot{I}_b + (1+\beta)R'_L\dot{I}_b \tag{5.2.4}$$

故电压放大倍数

$$A_u = \frac{\dot{U}_o}{\dot{U}_i} = \frac{(1+\beta)R'_L}{r_{be} + (1+\beta)R'_L} \tag{5.2.5}$$

式(5.2.5)表明：射极输出器的电压放大倍数 $A_u < 1$，但因 $(1+\beta)R'_L \gg r_{be}$，故 A_u 又非常接近于 1；输出电压与输入电压同相，$u_o \approx u_i$，因此射极输出器又称为电压跟随器。

2. 输入电阻

由图 5.2.2 可得

$$r'_i = \frac{\dot{U}_i}{\dot{I}_b} = \frac{r_{be}\dot{I}_b + (1+\beta)R'_L\dot{I}_b}{\dot{I}_b} = r_{be} + (1+\beta)R'_L \tag{5.2.6}$$

考虑基极电阻 R_B 之后，放大电路的输入电阻为

$$r_i = R_B /\!/ r'_i = R_B /\!/ [r_{be} + (1+\beta)R'_L] \tag{5.2.7}$$

式中 $(1+\beta)R'_L$ 可理解为发射极折算到基极回路的等效电阻。如果把发射极电阻等效地看作接在基极回路，由于 $\dot{I}_e = (1+\beta)\dot{I}_b$，为了维持发射极电位不变，则基极等效电阻应为原发射极电阻的 $1+\beta$ 倍。由式(5.2.7)可知共集电极放大电路的输入电阻比共发射极放大电路高。

3. 输出电阻

图 5.2.2(b)的微变等效电路,用置源法计算输出电阻。令 $\dot{U}_s=0$,断开 R_L,在输出端外加一电压 $\dot{U}$,得到求输出电阻 r_o 的等效电路如图 5.2.3 所示。

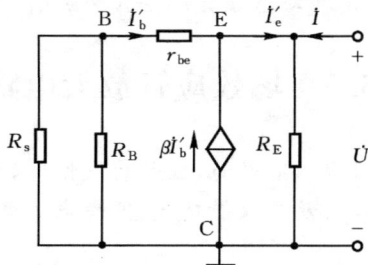

图 5.2.3　计算 r_o 的等效电路

由图 5.2.3 可得

$$\dot{I} = -\dot{I}'_e + \frac{\dot{U}}{R_E} = -(1+\beta)\dot{I}'_b + \frac{\dot{U}}{R_E}$$

而

$$\dot{I}'_b = \frac{\dot{U}}{r_{be}+(R_s\ /\!/\ R_B)} = -\frac{\dot{U}}{r_{be}+R'_s}$$

式中 $R'_s=R_s/\!/R_B$,所以

$$\dot{I} = \frac{(1+\beta)\dot{U}}{R_{be}+R'_s} + \frac{\dot{U}}{R_E}$$

因此

$$\frac{1}{r_o} = \frac{\dot{I}}{\dot{U}} = \frac{1}{\dfrac{r_{be}+R'_s}{1+\beta}} + \frac{1}{R_E}$$

$$r_o = \frac{r_{be}+R'_s}{1+\beta} \ /\!/\ R_E \tag{5.2.8}$$

一般,$R_E \gg \dfrac{r_{be}+R'_s}{1+\beta}$,$R_B \gg R_s$,所以

$$r_o \approx \frac{r_{be}+R'_s}{1+\beta} \approx \frac{r_{be}+R_s}{1+\beta} \tag{5.2.9}$$

由上述讨论可知,射极输出器具有较高输入电阻和较低的输出电阻,这是射极输出器的突出特点,常常用作多级放大电路的输入级或输出级,也可用于中间缓冲级或隔离级。用作输入级时,由于输入电阻高,可以减小放大电路对信号源的影响,并能提高放大电路的输入电压。用作输出级时,因其输出电阻小,使输出电压随负载变化小,因而带负载能力强。

【练习与思考】

5.2.1 射极输出器有哪些特点？有何用途？怎样求它的输出电阻？

5.2.2 在射极输出器中,为什么没有接集电极电阻 R_C？如果接入集电极电阻 R_C
会对放大电路的静态和动态分别产生什么影响？

*5.3　场效应管放大电路

　　场效应管放大电路具有输入电阻高、温度稳定性好、噪声小、功耗小的特点,常
用作多级放大电路的输入级以及要求低功耗、低噪声的微弱信号放大电路中。

5.3.1　静态分析

　　与双极型晶体管放大电路一样,场效应管放大电路也必须建立合适的静态工
作点,以使场效应管工作在线性放大区。

　　场效应管放大电路的偏置形式较多,常用的有自给偏置和分压式偏置两种,分
别如图 5.3.1(a)、(b)所示。

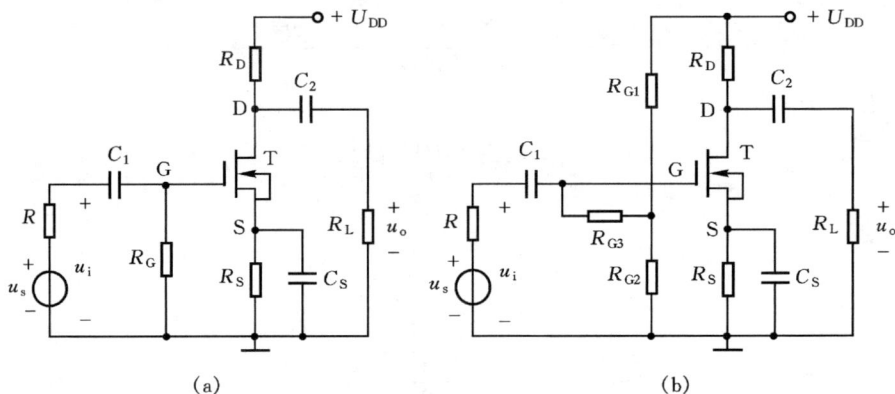

图 5.3.1　场效应管放大电路的两种直流偏置电路

(a)自给偏置；(b)分压式偏置

　　图 5.3.1(a)是采用自给偏置的耗尽型 NMOS 管组成的共源极放大电路,图
中 C_1、C_2、R_D、R_S 及 C_S 的作用与晶体管放大电路中相应元件的作用相同,栅极 G
经电阻 R_G 接"地",由于没有电流流过 R_G,故静态时 $U_{GS}=0$,R_G 的作用只是使栅
极与地之间有直流通路,并可泄漏栅极可能出现的感应电荷,以免栅极因电荷积累
而产生高电位。耗尽型 NMOS 管有自建的导电沟道存在,在 U_{DD} 作用下将有漏极

电流 I_D 流过源极电阻 R_S，$V_S = R_S I_D$，因此有

$$U_{GS} = V_G - V_S = -R_S I_D \tag{5.3.1}$$

可见，电路是靠场效应管的栅极电流产生的电压来提供所需的栅极偏压的，故称自给偏压放大电路。由于管子的偏置电压 $U_{GS} = -R_S I_D < 0$。所以自给偏压放大电路只适用于耗尽型 NMOS 管而不能用于增强型 NMOS 管。图 5.3.1(b) 是采用分压式偏置的耗尽型 NMOS 管组成的共源极放大电路。静态时，R_{G3} 中无电流，R_{G1} 和 R_{G2} 组成的分压器决定了栅极对地的电压

$$V_G = \frac{R_{G2}}{R_{G1} + R_{G2}} U_{DD}$$

源极对地电压为

$$V_S = R_S I_D$$

于是静态时，栅源电压为

$$U_{GS} = \frac{R_{G2}}{R_{G1} + R_{G2}} U_{DD} - R_S I_D \tag{5.3.2}$$

由式 (5.3.2) 可见，U_{GS} 值可正可负，所以分压式偏置电路既适合于增强型 MOS 管也可用于耗尽型 MOS 管。

5.3.2　动态分析

场效应管放大电路的动态分析也可以采用图解法或微变等效电路法。分析的方法和晶体管放大电路完全一样。MOS 管的栅极 G 和源极 S 间输入电阻很大，可视为开路。当 MOS 管处于其恒流区时，i_d 近似只受 u_{gs} 控制，故其输出回路与晶体管类似可等效为一电压控制的电流源，用 $g_m u_{gs}$ 表示，其微变等效模型如图5.3.2所示。图 5.3.1(b) 所示分压式偏置共源极放大电路的微变等效电路如图5.3.2(b)所示。

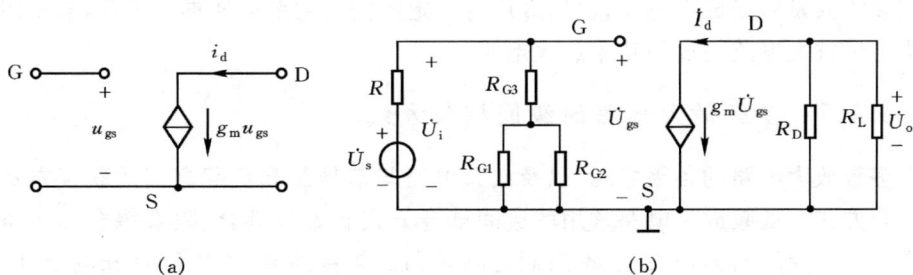

图 5.3.2　MOS 管微变等效模型及图 5.3.1(b) 的交流微变等效电路
(a)MOS 管微变等效模型；(b)图 5.3.1(b) 的微变等效电路

由图可知

$$\dot{U}_{\mathrm{o}} = - g_{\mathrm{m}} \dot{U}_{\mathrm{gs}} (R_{\mathrm{D}} /\!/ R_{\mathrm{L}})$$

$$\dot{U}_{\mathrm{i}} = \dot{U}_{\mathrm{gs}}$$

所以电压放大倍数为

$$A_{\mathrm{u}} = \frac{\dot{U}_{\mathrm{o}}}{\dot{U}_{\mathrm{i}}} = - g_{\mathrm{m}} (R_{\mathrm{D}} /\!/ R_{\mathrm{L}}) \qquad (5.3.3)$$

电路的输入电阻为

$$r_{\mathrm{i}} = \frac{\dot{U}_{\mathrm{i}}}{\dot{I}_{\mathrm{i}}} = R_{\mathrm{G3}} + (R_{\mathrm{G1}} /\!/ R_{\mathrm{G2}}) \qquad (5.3.4)$$

令 $\dot{U}_{\mathrm{i}} = 0$，则 $\dot{U}_{\mathrm{gs}} = 0$，断开 R_{L} 后，从输出端看进去的电阻，即电路的输出电阻为

$$r_{\mathrm{o}} = R_{\mathrm{D}} \qquad (5.3.5)$$

【练习与思考】

5.3.1 MOS 管的交流微变等效模型与晶体管的交流微变等效模型有何不同？

5.3.2 在 MOS 管放大电路中，输入、输出耦合电容的数值一般比晶体管放大电路中输入、输出耦合电容的数值小，这是为什么？

5.4 多级放大电路

单管放大电路的放大倍数有限，通常采用多级放大电路实现对微弱信号的放大。多级放大电路的第一级称为输入级，一般要求输入级有较高的输入电阻，以提高输入电压，因此常常采用共集电极放大电路；中间级主要是进行电压放大，一般采用多级共发射极放大电路；输出级应有一定的输出功率以便推动负载，多采用由共集电极放大电路构成的功率放大电路。

5.4.1 多级放大电路的级间耦合方式

多级放大电路的各级之间，以及放大电路与信号源和负载之间的联接方式称为耦合方式。低频放大电路常用的级间耦合方式有直接耦合、阻容耦合和变压器耦合。由于变压器体积大、成本高而且高频和低频特性差，所以除特殊场合外，一般很少采用变压器耦合方式。

1. 阻容耦合

所谓阻容耦合，就是把电容作为级间联接的元件并与电阻配合而成的一种耦合方式。图 5.4.1 所示是一个两级阻容耦合放大电路，电容 C_1、C_2、C_3 称为耦合

电容,由于耦合电容的隔直作用,放大电路的各级静态工作点彼此独立。但在低频信号输入时,耦合电容的容抗将增大,其两端不能再视为短路,整个放大电路的放大倍数将下降,所以阻容耦合放大电路不能用于放大变化缓慢的交流信号或直流信号。

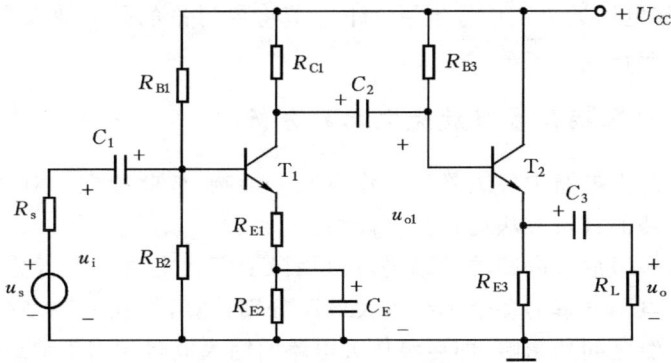

图 5.4.1　两级阻容耦合放大电路

2. 直接耦合

直接耦合是将前后级直接相连的一种耦合方式,图 5.4.2 所示是一个两级直接耦合放大电路。由于没有采用电容等电抗性元件,因此可以放大变化缓慢的交流信号和直流信号,在集成电路中得到了广泛的应用。但由于直接耦合方式使各级之间静态工作点互相有影响,从而给设计、分析和调试带来不便,其中最严重的问题是存在着零点漂移。

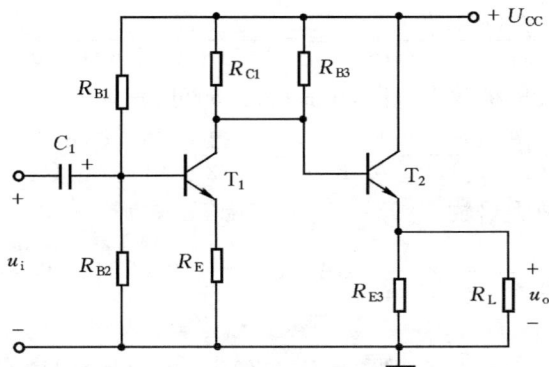

图 5.4.2　两级直接耦合放大电路

　　所谓零点漂移是指当直接耦合放大电路的输入信号电压为零时,它的输出电压并不保持恒定,而是在其静态值附近发生波动。零点漂移是由于温度变化、电源电压的不稳定等原因引起的。在多级直接耦合放大电路中,前一级产生的温漂电压被后面各级逐级放大,使得输出电压出现严重的零点漂移。放大电路将因无法区别有用信号和漂移电压而失去正常工作的能力。因此必须采取适当的措施加以限制,使得漂移电压远小于信号电压。下一节将要讨论的差分放大电路是解决这一问题的有效途径。

5.4.2　阻容耦合多级放大电路的分析

　　阻容耦合放大电路中各级静态工作点互不影响,彼此独立。对其静态分析可按单管放大电路的分析方法进行独立计算。

　　阻容耦合多级放大电路的动态仍可以用微变等效电路法进行分析。分析时,可把多级放大电路分解为多个单级放大电路分别计算,但在分解多级放大电路时要考虑到前后级之间的影响:即后级放大电路的输入电阻相当于前级的负载电阻;前级的输出电阻相当于后级的信号源内阻。

　　【例 5.4.1】在图 5.4.1 两级阻容耦合放大电路中,已知,$R_{B1} = 100 \text{ k}\Omega$,$R_{B2} = 30 \text{ k}\Omega$,$R_{C1} = 2.7 \text{ k}\Omega$,$R_{E1} = 100 \text{ }\Omega$,$R_{E2} = 2 \text{ k}\Omega$,$R_{B3} = 300 \text{ k}\Omega$,$R_{E3} = 6.2 \text{ k}\Omega$,$R_L = 10 \text{ k}\Omega$,$\beta_1 = \beta_2 = 50$,$U_{CC} = 12 \text{ V}$,$r_{be1} = 1.84 \text{ k}\Omega$,$r_{be2} = 1.62 \text{ k}\Omega$。试求两级的总电压放大倍数以及输出电阻 r_i 和输出电阻 r_o。

　　【解】第一级为共发射极放大电路,它的负载电阻即是第二级的输入电阻,第二级的输入电阻和第一级电压放大倍数分别为

$$r_{i2} = R_{B3} /\!/ \left[r_{be2} + (1 + \beta_2)(R_{E3} /\!/ R_L) \right]$$
$$= 300 /\!/ \left[1.62 + (1 + 50)(6.2 /\!/ 10) \right] = 118.8 \text{ k}\Omega$$

$$A_{u1} = -\frac{\beta_1 (R_{C1} /\!/ r_{i2})}{r_{be1} + (1 + \beta_1)R_{E1}} = -\frac{50 \times (2.7 /\!/ 118.8)}{1.84 + (1 + 50) \times 0.1} = -19.02$$

第二级为共集电极放大电路,由式(5.2.5)可得

$$A_{u2} = \frac{(1 + \beta_2)(R_{E3} /\!/ R_L)}{r_{be2} + (1 + \beta_2)(R_{E3} /\!/ R_L)} = \frac{(1 + 50) \times (6.2 /\!/ 10)}{1.72 + (1 + 50)(6.2 /\!/ 10)} = 0.99$$

两级总电压放大倍数

$$A_u = \frac{u_o}{u_i} = \frac{u_{o1}}{u_i} \times \frac{u_o}{u_{o1}} = A_{u1} A_{u2} = -19.02 \times 0.99 = -18.83$$

输入电阻

$$r_i = r_{i1} = R_{B1} /\!/ R_{B2} /\!/ \left[r_{be1} + (1 + \beta_1)R_{E1} \right]$$
$$= 100 /\!/ 30 /\!/ \left[1.84 + (1 + 50) \times 0.1 \right] = 5.34 \text{ k}\Omega$$

输出电阻

$$r_{\mathrm{o}} = r_{\mathrm{o2}} = R_{\mathrm{E3}} \mathbin{/\!/} \frac{r_{\mathrm{be2}} + (R_{\mathrm{B3}} \mathbin{/\!/} R_{\mathrm{C1}})}{1 + \beta_2} = 6.2 \mathbin{/\!/} \frac{1.62 + (300 \mathbin{/\!/} 2.7)}{1 + 50} = 83.1 \ \Omega$$

【练习与思考】

5.4.1　阻容耦合与直接耦合多级放大电路各有何特点？如何理解前后级之间的相互影响？

5.4.2　何谓直接耦合放大电路中的零点漂移？它是怎样产生的？如何抑制零点漂移？

5.5　差分放大电路

差分放大电路是抑制零点漂移最有效的电路结构形式,所以多级直接耦合放大电路(如运算放大器)中的输入级几乎无一例外地采用差分放大电路。

图 5.5.1 所示电路为一典型的差分放大电路。它由两个对称的单管共发射极放大电路组成,T_1、T_2 是两个特性完全相同的晶体管,左右两边的电阻也相等。输入端信号电压分别为 u_{i1} 和 u_{i2};输出端对地电压分别为 u_{o1} 和 u_{o2},输出电压 u_{o} 是两个输出端对地电压之差,即 $u_{\mathrm{o}} = u_{\mathrm{o1}} - u_{\mathrm{o2}}$。这种输入、输出方式称为双端输入、双端输出方式。

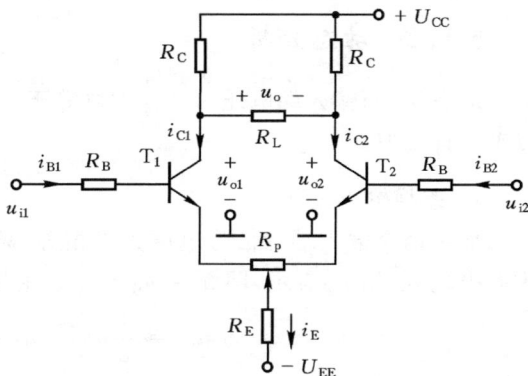

图 5.5.1　典型差分放大电路

5.5.1　静态分析

静态时,$u_{\mathrm{i1}} = u_{\mathrm{i2}} = 0$,两个输入端与地之间可视为短路,电源 U_{EE} 通过电阻 R_{E} 向两个晶体管提供静态偏置电流以建立合适的静态工作点。由于电路结构对称,两边对应电流相等,即 $I_{\mathrm{B1}} = I_{\mathrm{B2}} = I_{\mathrm{B}}$,$I_{\mathrm{C1}} = I_{\mathrm{C2}} = I_{\mathrm{C}}$,$I_{\mathrm{E1}} = I_{\mathrm{E2}} = I_{\mathrm{E}}$。根据 KVL 可得

$$R_{\mathrm{B}} \frac{I_{\mathrm{E}}}{1 + \beta} + U_{\mathrm{BE}} + \frac{1}{2} R_{\mathrm{p}} I_{\mathrm{E}} + 2 R_{\mathrm{E}} I_{\mathrm{E}} = U_{\mathrm{EE}}$$

一般 $U_{\mathrm{EE}} \gg U_{\mathrm{BE}}$,$2R_{\mathrm{E}} \gg \dfrac{R_{\mathrm{B}}}{1 + \beta} + \dfrac{1}{2} R_{\mathrm{p}}$,所以

$$I_C \approx I_E = \frac{U_{EE} - U_{BE}}{\dfrac{R_B}{1+\beta} + \dfrac{1}{2}R_p + 2R_E} \approx \frac{U_{EE}}{2R_E} \tag{5.5.1}$$

$$U_{o1} = U_{o2} = U_{CC} - R_C I_C \tag{5.5.2}$$

$$U_{CE} = U_{CC} + U_{EE} - (R_C + \frac{1}{2}R_p + 2R_E)I_C \tag{5.5.3}$$

由于 $U_{o1} = U_{o2}$，所以输出电压 $U_o = U_{o1} - U_{o2} = 0$。这样当温度发生变化时，虽然每个管子的集电极对地电压 U_{o1} 和 U_{o2} 的大小会发生变化，但由于电路对称，且两个管子处于同一环境，U_{o1} 和 U_{o2} 的变化量必然大小相等，因此 U_o 仍然等于零，也就是说，输出电压静态值 U_o 的大小不随温度的变化而改变，其温漂为零，该电路正是利用电路结构上的对称性来抑制零漂。由于实际中左、右两边电路不可能完全对称，因此，常在 T_1、T_2 的发射极串接一个阻值不大的电位器 R_p，静态时调节 R_p 的滑动端位置以使 $U_o = 0$。

5.5.2　动态分析

动态时，两输入端电压 u_{i1}、u_{i2} 不再等于零，根据 u_{i1} 和 u_{i2} 之间的关系又可分为以下三种情况。

1. 差模输入

如果两个输入端的信号电压大小相等，极性相反，即 $u_{i1} = -u_{i2}$，这样的输入称为差模输入，用 u_{id} 表示，即 $u_{id} = u_{i1} - u_{i2}$。根据 u_{i1} 和 u_{i2} 的关系，显然有

$$u_{i1} = \frac{1}{2}u_{id}, \quad u_{i2} = -\frac{1}{2}u_{id}$$

根据电路的对称性可知，在差模信号作用下，$i_{e1} = -i_{e2}$，$u_{o1d} = -u_{o2d}$。电阻 R_E 中电流变化量为 $i_e = i_{e1} + i_{e2} = 0$，两个管子的发射极相当于交流接地。由此可以看出，$R_E$ 对差模信号没有负反馈作用。由于两个晶体管 T_1、T_2 集电极对地输出电压变化量大小相等、极性相反，所以负载电阻 R_L 的中点相当于交流接地。输入差模信号时放大电路的交流等效电路如图 5.5.2 所示。

在差分放大电路中，把差模输出电压 u_{od} 与差模输入电压 u_{id} 之比定义为差模电压放大倍数，即

$$A_{ud} = \frac{u_{od}}{u_{id}} \tag{5.5.4}$$

双端输出时，差模电压放大倍数为

$$A_{ud} = \frac{u_{od}}{u_{id}} = \frac{u_{o1d} - u_{o2d}}{u_{i1} - u_{i2}} = \frac{u_{o1d}}{u_{i1}} = -\frac{\beta(R_C \mathbin{/\mkern-5mu/} \dfrac{R_L}{2})}{R_B + r_{be} + \dfrac{1}{2}(1+\beta)R_p} \tag{5.5.5}$$

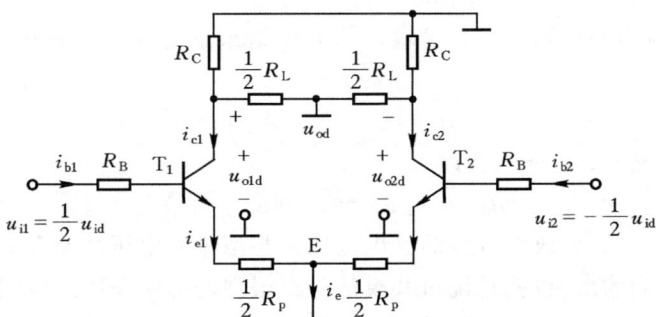

图 5.5.2　差模交流通路

由式(5.5.5)可知,双端输出时的差模电压放大倍数与单管电压放大倍数相同。差分放大电路用多一倍的元件为代价,换来了对零漂的抑制能力。

2. 共模输入

如果两个输入端的信号电压 u_{i1} 和 u_{i2} 大小相等,极性相同,即 $u_{i1} = u_{i2} = u_{ic}$,这样的输入称为共模输入。在电路理想对称的条件下,两边电路中的交流共模输出电压必定大小相等,极性相同,即 $u_{o1c} = u_{o2c}$,所以输出电压 $u_{oc} = u_{o1c} - u_{o2c} = 0$,共模信号电压放大倍数为

$$A_{uc} = \frac{u_{oc}}{u_{ic}} = 0 \qquad\qquad (5.5.6)$$

3. 任意输入

如果差分放大电路的两端输入信号电压 u_{i1}、u_{i2} 既非差模信号,又非共模信号,其大小和极性是任意的。这样的输入称为任意输入。把这种既非差模又非共模的任意输入信号可以分解为差模分量和共模分量,为此,可将任意输入信号写成如下形式

$$\begin{cases} u_{i1} = \dfrac{u_{i1} - u_{i2}}{2} + \dfrac{u_{i1} + u_{i2}}{2} = \dfrac{u_{id}}{2} + u_{ic} \\[2mm] u_{i2} = -\dfrac{u_{i1} - u_{i2}}{2} + \dfrac{u_{i1} + u_{i2}}{2} = -\dfrac{u_{id}}{2} + u_{ic} \end{cases} \qquad (5.5.7)$$

式(5.5.7)表明,任意输入信号 u_{i1}、u_{i2} 可分解为差模信号 u_{id} 和共模信号 u_{ic}。由式(5.5.7)可求出 u_{id} 和 u_{ic} 如下

$$\begin{cases} u_{id} = u_{i1} - u_{i2} \\[2mm] u_{ic} = \dfrac{u_{i1} + u_{i2}}{2} \end{cases} \qquad\qquad (5.5.8)$$

求出 u_{id} 和 u_{ic} 后,就可以根据叠加原理把差模分量和共模分量分别作用于差分放大电路,再引用前面差模输入和共模输入的分析结果就可求出任意输入信号作用下的输出电压。

$$u_o = A_{ud} u_{id} + A_{uc} u_{ic} \tag{5.5.9}$$

在理想情况下,$A_{uc} \to 0$,所以

$$u_o = A_{ud} u_{id} = A_{ud}(u_{i1} - u_{i2}) \tag{5.5.10}$$

式(5.5.10)表明,差分放大电路的输出电压只与两输入电压之差有关,信号中的共模分量不会影响输出,也就是说对共模信号有很强的抑制作用。事实上,差分电路对零漂的抑制就是其抑制共模信号的一个特例。如果把差分放大电路中每个管子的零漂电压折算到各自的输入端,相当于放大电路输入一对共模信号。对于差分放大电路,差模信号是有用信号,要求其差模电压放大倍数越大越好;而共模信号往往是在信号传输过程中由空间电磁波、前级温漂等因素引起的干扰信号,要求其共模电压放大倍数越小越好。为了衡量一个差分放大电路对差模信号的放大能力和对共模信号的抑制能力,引入共模抑制比的概念,定义为差模电压放大倍数与共模电压放大倍数之比,即

$$K_{CMRR} = 20 \lg \left| \frac{A_{ud}}{A_{uc}} \right| \quad dB \tag{5.5.11}$$

显然 K_{CMRR} 越大越好,理论上 $K_{CMRR} \to \infty$,实际中,一般差分放大电路的 K_{CMRR} 约为 60 dB,高质量的差分放大电路,其 K_{CMRR} 可达 120 dB。

5.5.3　差分放大电路的输入输出方式

上述差分放大电路的信号输入输出方式为双端输入双端输出。除此以外还经常采用单端输入和单端输出方式。其余三种输入输出方式的差分放大电路如 5.5.3 所示,其中图 5.5.3(a)为双入单出方式,图 5.5.3(b)为单入双出方式,图 5.5.3(c)为单入单出方式。

图 5.5.3(a)所示的双入单出方式的电路,输出信号 u_o 与输入信号 u_{i1} 极性(或相位)相反,而与输入信号 u_{i2} 极性(或相位)相同。所以,u_{i1} 输入端称为反相输入端,而 u_{i2} 输入端则称为同相输入端。双入单出方式是集成运算放大器的基本输入输出方式。

图 5.5.3(b)、(c)为单端输入方式的差分放大电路。T_1 管的输入电压 $u_{i1} = u_i$,而 T_2 管的输入电压 $u_{i2} = 0$。两个输入电压可分解为差模分量 $u_{id} = u_{i1} - u_{i2} = u_i$ 和共模分量 $u_{ic} = \dfrac{u_{i1} + u_{i2}}{2} = \dfrac{u_i}{2}$。因此,对于单端输入电压 u_i,可以等效地看成两输入端输入大小为 $\dfrac{u_i}{2}$ 的共模输入电压和大小为 u_i 的差模输入电压。当电路中发射

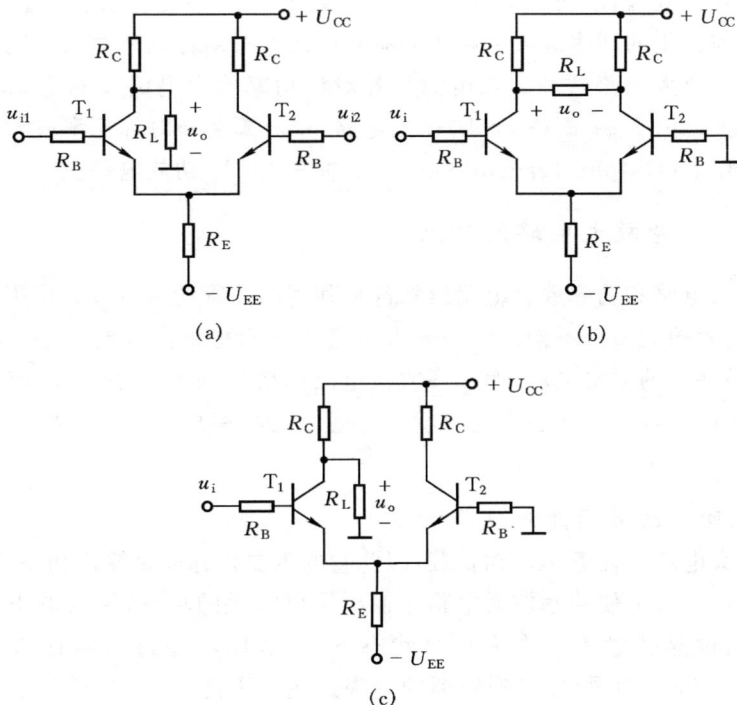

图 5.5.3   差分放大电路的输入输出方式

极电阻 R_E 的数值足够大时，$A_{uc} \approx 0$，电路对共模分量没有放大作用，被放大的只是差模分量 $u_{id} = u_i$。这时单端输入与双端差模输入完全等效，两者的区别仅在于单端输入时还有共模分量存在而已。

【练习与思考】

5.5.1   什么是差模信号？什么是共模信号？差分放大电路中的射极电阻 R_E 对这两种信号是否都具有抑制作用？

5.5.2   双端输出的差分放大电路靠什么抑制零漂？单端输出的差分放大电路靠什么抑制零漂？

5.5.3   在双入单出方式的电路中，为什么输出信号 u_o 与输入信号 u_{i1} 极性（或相位）相反，而与输入信号 u_{i2} 极性（或相位）相同？

5.6   互补对称功率放大电路

多级放大电路的输出级一般是功率放大电路，其作用是将前级放大后的电压信号再进行功率放大,以便驱动如扬声器、继电器、指示仪表等需要一定输入功率的负载。目前常用的功率放大电路主要有双电源互补对称功率放大电路和单电源互补对称功率放大电路两种。双电源互补对称功率放大电路又称为无输出电容(Output Capacitor Less 简称 OCL)功放电路,单电源互补对称功率放大电路又称为无输出变压器(Output Transformer Less,简称 OTL)功放电路。

5.6.1 功率放大电路的特点

电压放大电路和功率放大电路虽然都是利用晶体管的电流放大作用将信号进行放大,但两者的侧重点不同。电压放大电路的目的是将信号电压进行不失真的放大,要有足够大的输出电压,而功率放大电路则要求输出功率要大,前者是小信号工作状态,而后者则工作在大信号状态。通常对功率放大电路的要求主要有以下三个方面。

1. 输出功率 P_o 尽可能大

功率放大电路的任务是驱动负载,因此它的重要指标应是输出功率,而不再是电压放大倍数。为了使功率放大电路能输出尽可能大的功率,输入电压就必须相当大,也就是说晶体管工作在大信号状态下,一般以不超过晶体管的极限参数(I_{CM},$U_{(BR)CEO}$,P_{CM})为限,即达到所谓的尽限运用。因此,保证管子安全工作就成为功率放大电路的重要问题,一般应为晶体管加装散热器。

2. 效率 η 要高

在功率放大电路中,直流电源发出的功率 P_E 除了一部分转换为有用的输出功率 P_o 外,剩余部分主要是晶体管的管耗 P_T。如果功率放大电路的效率低,在 P_o 一定时,不仅会使直流电源的输出功率增加,更严重的是晶体管的管耗会增大,这将直接威胁到管子的安全运行,提高功放电路的效率也是一个重要问题。

3. 非线性失真小

功率放大电路的信号幅度较大,往往会超出晶体管的线性范围,即使不出现明显的饱和、截止失真,其非线性失真也已存在。因此,减小非线性失真就成为功率放大电路的又一个重要问题。

概括地说,功率放大电路是在保证晶体管安全运行的条件下,获得尽可能大的输出功率,并具有尽可能高的效率和尽可能小的非线性失真。又由于功率放大电路处于大信号工作状态,所以对其性能指标不能再用微变等效电路进行分析计算,而要用图解分析法。

在电压放大电路中,静态工作点的位置通常设置在交流负载线的中点附近。当有交流正弦信号输入时,晶体管始终处于放大区,故在整个信号周期内都有电流流过晶体管。放大电路的这种工作状态称为甲类工作状态,如图 5.6.1(a)所示。在甲类放大电路中,无论有无输入信号,直流电源供给的功率 $P_E = U_{CC}I_C$ 总是不变的。在无输入信号时,直流电源功率 P_E 将全部消耗在晶体管和放大电路内的电阻上。有输入信号时,P_E 的一部分将转换为有用的输出功率 P_o。输入信号幅度越大,输出功率也越大。

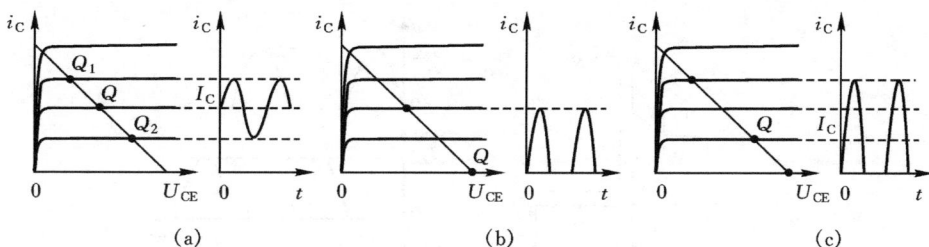

图 5.6.1　放大电路的工作状态
(a)甲类;(b)乙类;(c)甲乙类

提高放大电路的效率,一方面通过增加放大电路的动态工作范围来增加输出功率,同时要设法减小直流电源供给的功率,也就是减小静态电流 I_C,即把静态工作点的位置下移,如图 5.6.1(b)或(c)所示。由于静态电流减小,当输入信号为零时,直流电源向功放电路提供的直流功率将减小甚至于为零。当有输入信号时,直流电源才向功放电路提供功率,且随着输入信号幅度的增大,直流功率也会增大。因此不难想到,此时电路的效率可望获得提高。在图 5.6.1(b)中,静态工作点设置在截止区,$I_C \approx 0$,只在半个信号周期内晶体管导通,称其为乙类工作状态。在图 5.6.1(c)中,静态工作点设置在靠近截止区,在半个信号周期以上晶体管处于导通状态,称其为甲乙类工作状态。当晶体管处于乙类或甲乙类工作状态时,集电极电流波形发生了严重的失真,这是不能允许的。为了解决提高效率与非线性失真之间的矛盾,实际中常采用互补对称功率放大电路,它既能提高放大电路的效率,又能消除信号波形的失真。

5.6.2　OCL 互补对称功率放大电路

图 5.6.2 所示的 OCL 互补对称功率放大电路,由一只 NPN 和一只 PNP 型晶体管 T_1、T_2 组成。信号从两个晶体管基极输入,从两个管子的发射极引出,因此是由两个射极输出器组合而成。电路正、负电源大小相等,T_1 和 T_2 的特性相同,故有对称之称。

静态时,由于没有基极偏置电流,故 T_1、T_2 均处于截止状态,$I_{C1} = I_{C2} = 0$,射

极电位 $V_E = 0$。在输入信号 u_i 的正半周,基极电位为正,故 T_2 截止,T_1 导通。正电源通过 T_1 向负载 R_L 提供电流,$i_o = i_{C1}$;在 u_i 负半周,基极电位为负,故 T_1 截止,T_2 导通。负电源通过 T_2 向负载提供电流,$i_o = -i_{C2}$。这样虽然每只晶体管只工作半个周期,但负载 R_L 上得到的却是完整的正弦交流电流。由于每只晶体管只工作半个周期,所以是乙类工作状态。

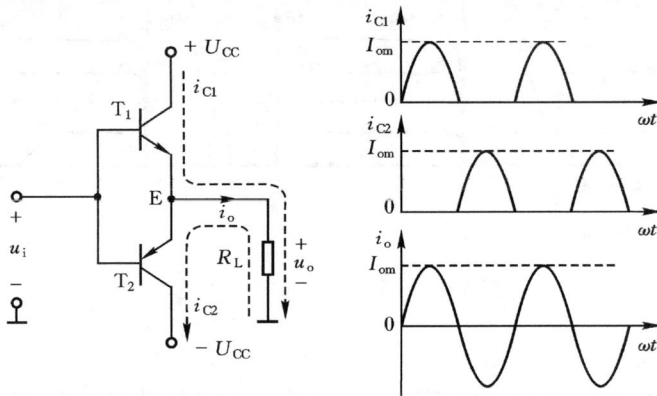

图 5.6.2　OCL 互补对称功率放大电路

图 5.6.2 所示功率放大电路中,由于没有静态偏置电压,当 u_i 的绝对值小于晶体管的死区电压 $|U_T|$ 时,晶体管 T_1 和 T_2 实际上都处于截止状态,故晶体管集电极电流 i_{C1} 和 i_{C2} 的波形并不是完整的半个正弦波,在过零前后 u_o 波形发生了明显的失真,如图 5.6.3 所示,称其为交越失真。

为了克服交越失真,通常为功率管 T_1、T_2 提供一定的直流偏置,使它们工作在甲乙类状态。如图 5.6.4(a)所示,称为甲乙类互补对称功率放大电路。图中在 T_1 和 T_2 的基极之间接入二极

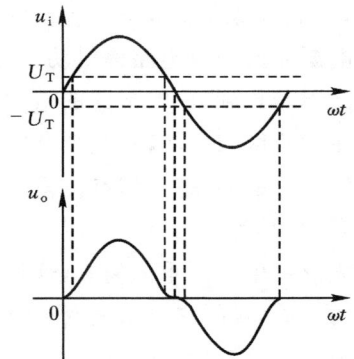

图 5.6.3　乙类放大的交越失真

管 D_1 和 D_2,利用 D_1、D_2 的直流压降为 T_1、T_2 的发射结提供一定的正向偏压,使 T_1、T_2 在静态时处于微导通状态。当有输入信号时,因二极管 D_1、D_2 的动态电阻很小,可以认为 T_1、T_2 基极的交流电位都等于 u_i。在 u_i 过零附近 T_1 和 T_2 将同时导通,但其中一只晶体管的集电极电流随着 u_i 的变化在增加,而另一只晶体管的集电极电流却随着 u_i 的变化在减小。例如,在 u_i 过零后并不断减小时,由于 T_1 管的反相作用,$u_i > 0$,T_1 管的发射结电压在静态偏置的基础上不断增大,所以 T_1

管的集电极电流 i_{C1} 随 u_i 的增加不断增大,而 T_2 管的发射结电压却在静态偏置的
基础上不断减小,直至反偏,因此 T_2 管的集电极电流 i_{C2} 将随着 u_i 的增加不断减
小,直至为零。i_{C1}、i_{C2} 的波形如图 5.6.4(b)所示,虽然 i_{C1}、i_{C2} 的波形略大于半个周
期,但由于负载电流 i_o 为 i_{C1} 与 i_{C2} 之差,其波形接近于正弦波,从而克服了交越失真。

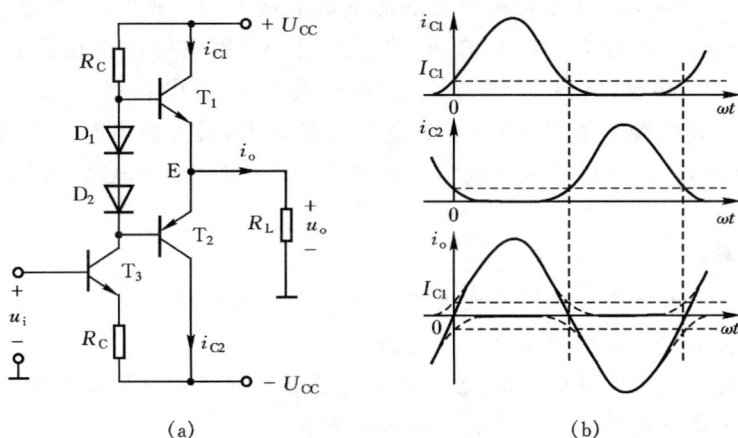

图 5.6.4　甲乙类 OCL 互补对称功率放大电路

(a)电路图；(b)电流波形

5.6.3　OTL 互补对称功率放大电路

OCL 互补对称功率放大电路因无耦合电容,因而低频响应好,便于集成,但需
要两个独立的直流电源供电,使用起来不方便。在无双电源供电的情况下,常采用
图 5.6.5 所示的单电源 OTL 互补对称功率放大电路,该电路利用工作时电容 C_L

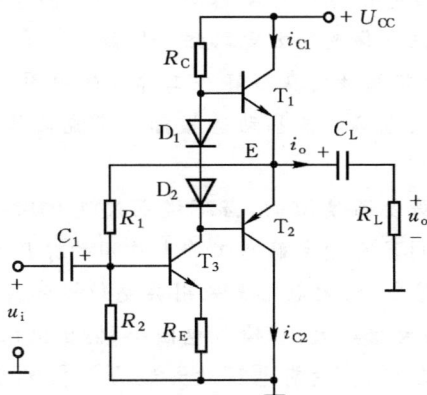

图 5.6.5　甲乙类 OTL 互补对称功率放大电路

所充的电代替了 OCL 功率放大电路中的负电源。T_1、T_2 交替工作,在负载上也可得到一个完整的正弦波。

　　静态时,通过调整前置放大级 T_3 的静态工作点使 T_1、T_2 的发射极 E 点电位 V_E 等于 $U_{CC}/2$,所以电容 C_L 两端电压也等于 $U_{CC}/2$。当有输入信号电压时,在 u_i 的负半周,T_1 导通,T_3 集电极电位在静态基础上增大,T_2 截止,电源通过 T_1 向负载供电,并同时向电容 C_L 充电,在 u_i 的正半周,T_3 集电极电位在静态基础上减小,T_1 截止,T_2 导通,电容 C_L 通过 T_2 向负载供电,所以电容 C_L 上的直流电压相当于 T_2 的工作电源。如果电容 C_L 的值取得足够大,其充放电时间常数 $R_L C_L$ 远大于信号周期,可以近似认为在信号变化过程中,电容两端电压基本保持不变。

【练习与思考】

5.6.1　功率放大电路与电压放大电路的区别是什么? 能否用微变等效电路法分析功率放大电路的交流工作状态?

5.6.2　什么是放大电路的甲类、乙类和甲乙类工作状态? 它们各有何特点?

5.6.3　什么是交越失真? 如何克服交越失真?

5.6.4　在图 5.6.5 中,如果二极管 D_1、D_2 所在支路断开会产生什么后果?

本章小结

　　1. 对放大电路的基本要求是对信号进行不失真的放大,因此放大电路必须设置合适的静态工作点以使晶体管工作于放大状态。如果静态工作点设置得过高或过低,将有可能引起输出信号发生饱和或截止失真。

　　2. 放大电路的分析包括静态和动态两个方面。静态分析采用图解法和估算法,动态分析采用图解法和微变等效电路法。图解法形象、直观地反映电路参数对静态工作点的影响以及非线性失真与静态工作点的关系。但是,图解法作图麻烦费时,无法用来分析放大电路的某些动态指标。直流估算法和微变等效电路法是分析放大电路的主要方法。

　　3. 晶体管的参数易受温度影响,当环境温度变化时会引起静态工作点的改变,所以在实际中常采用具有稳定静态工作点作用的分压式偏置放大电路。

　　4. 在低频电子线路中,放大电路常采用共发射极和共集电极两种形式。共发射极放大电路的电压放大倍数大,但输入电阻小,输出电阻大。共集电极放大电路的输入电阻大,输出电阻小,但没有电压放大能力。在实际电路中,常将这两种电路组合应用,以发挥它们各自的优势。

　　5. 场效应管放大电路的静态偏置电路有自给偏压式和分压式两种。场效应管的微变等效模型为一电压控制的电流源。对场效应管放大电路的动态分析仍以微变等效电路法为主。

6. 差分放大电路能有效地抑制零点漂移。利用射极电阻 R_E 对共模信号的负反馈作用可以使每个管子本身的零漂减小。

7. 功率放大电路应在允许的失真条件下获得尽可能大的输出功率和尽可能高的效率。由两个工作在乙类的射极输出器组成的互补对称功率放大电路由于电路效率高,便于集成,因而得到了广泛的应用。为了克服交越失真,应使晶体管工作在甲乙类状态。

习　题

题 5.01　在题 5.01 图所示的(a)、(b)、(c)、(d)四个电路中,哪些电路可以起电压放大作用(提示:从静态工作点是否正常和交流信号能否正常传递两方面进行分析)? 并说明理由。

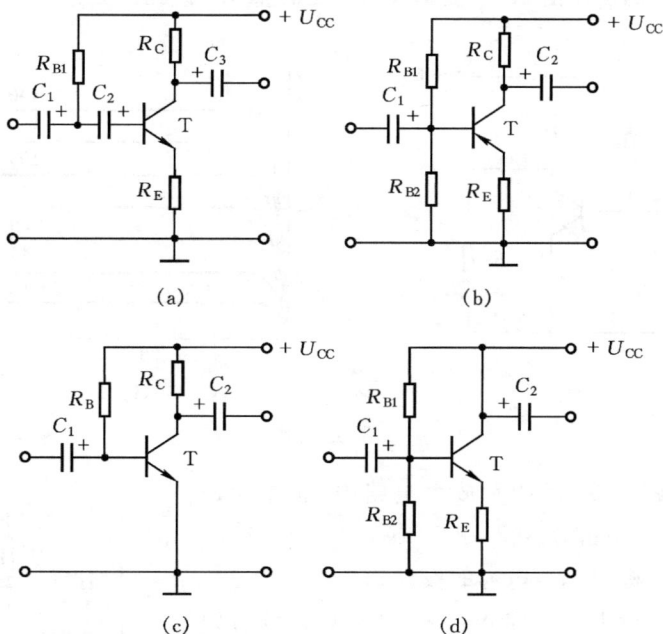

题 5.01 图

题 5.02　在题 5.02 图所示放大电路中,已知 $U_{CC} = 12$ V,$R_B = 200$ kΩ,$R_C = 3$ kΩ,$R_L = 1.5$ kΩ,$\beta = 40$。

(1) 估算该放大电路的静态工作点；

(2) 如果要使静态时 $U_{CE} = 9$ V，则 R_B 应取多大？

(3) 如果要使静态时 $I_C = 1.5$ mA，则 R_B 应取多大？ I_C 能达到 15 mA 吗？

(4) 如果 R_C 从 3 kΩ 变为 3.9 kΩ，试定性说明此时静态值 I_B、I_C 和 U_{CE} 将如何变化？

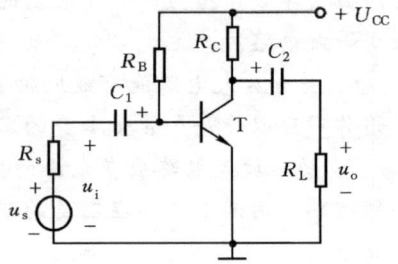

题 5.02 图

题 5.03 在题 5.03 图(a)所示的放大电路中，3DG6 型晶体管的输出特性曲线如图(b)所示。设 $U_{CC} = 12$ V，$R_B = 200$ kΩ，$R_C = 2$ kΩ，忽略 U_{BE}。

(1)用图解法求出电路的静态值。并在图上标出此时的静态工作点 Q_0。

(2)若 R_C 由 2 kΩ 增大到 4 kΩ，工作点 Q_1 移到何处？

(3)若 R_B 由 200 kΩ 变为 150 kΩ，工作点 Q_2 移到何处？

(4) 若 U_{CC} 由 12 V 变为 16 V，工作点 Q_3 移到何处？

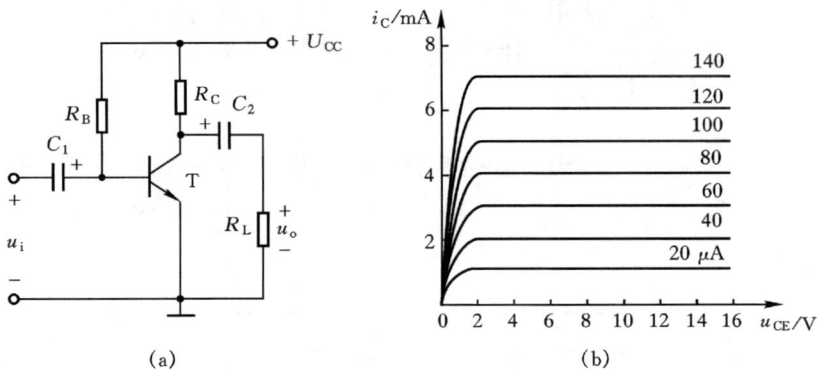

(a)   (b)

题 5.03 图

题 5.04 如题 5.04 图所示放大电路中，晶体管是 PNP 型锗管。

(1) 标出耦合电容的极性；

(2) 设 $U_{CC} = 12$ V，$R_C = 3$ kΩ，$\beta = 75$，如果要将静态值 I_C 调到 1.5 mA，R_B 应调到多大？

(3) 在调整静态工作点时，如不慎将 R_B 调零会产生什么后果？应采取什么措施

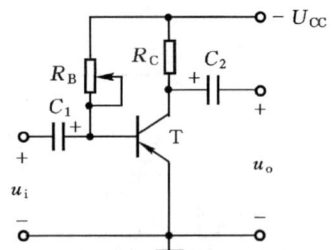

题 5.04 图

来防止这种情况?

题 5.05　在题 5.02 图所示的放大电路中,已知 $U_{CC}=12$ V,$R_B=400$ kΩ,$R_C=$ 5.1 kΩ,$R_L=2$ kΩ,$R_s=100$ Ω,$\beta=40$,忽略 U_{BE}。要求:

(1) 估算静态工作点;

(2) 作出微变等效电路;

(3) 计算电压放大倍数;

(4) 计算输入电阻和输出电阻。

题 5.06　在题 5.06 图所示的分压式偏置电路中,已知 $U_{CC}=16$ V,$R_C=3$ kΩ, $R_E=2$ kΩ,$R_{B1}=60$ kΩ,$R_{B2}=20$ kΩ,$R_L=3$ kΩ,$\beta=50$,$U_{BE}=0.7$ V。要求:

(1) 估算静态工作点;

(2) 作出微变等效电路;

(3) 计算电压放大倍数;

(4) 计算输入电阻和输出电阻。

题 5.07　在题 5.07 图所示的射极输出器中,$U_{CC}=20$ V,$U_{BE}=0.7$ V,$R_E=4$ kΩ, $R_B=200$ kΩ,$R_L=2$ kΩ,$\beta=60$,信号源内阻 $R_s=100$ Ω。要求:

(1) 估算静态工作点;

(2) 作出微变等效电路;

(3) 计算电压放大倍数;

(4) 计算输入电阻和输出电阻。

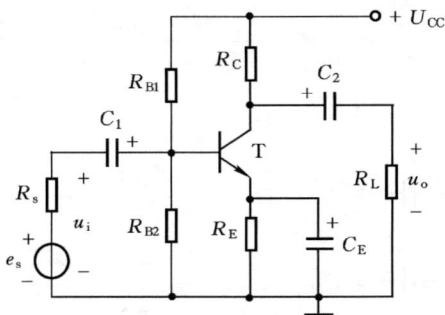

题 5.06 图

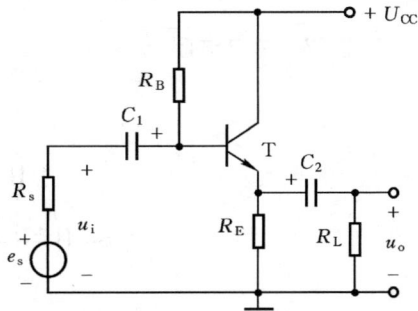

题 5.07 图

题 5.08　放大电路如题 5.08 图所示,已知 $U_{CC}=24$ V,$U_{BE}=0.7$ V,$R_B=510$ kΩ, $R_E=1$ kΩ,$R_C=3$ kΩ,$\beta=50$。

(1) 在输出电压基本不失真的条件下,输入电压的最大幅值为多少;

（2）R_B 应调节到多大才能使不失真电压为最大？设晶体管的饱和压降为 $U_{CES}=0.3\ V$。

题 5.09 如题 5.09 图所示放大电路，已知三极管的 $U_{BE}=0.7\ V,\beta=100$，要求：

（1）确定放大电路的静态工作点；

（2）计算电压放大倍数 $A_u=\dfrac{u_o}{u_i}$ 和 $A_{us}=\dfrac{u_o}{u_s}$，输入电阻 r_i 和输出电阻 r_o；

（3）去掉 C_E 后，定性说明静态工作点有无变化，电压放大倍数和输入电阻如何变化？

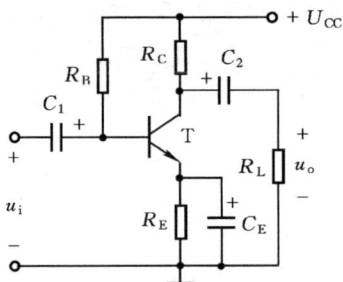
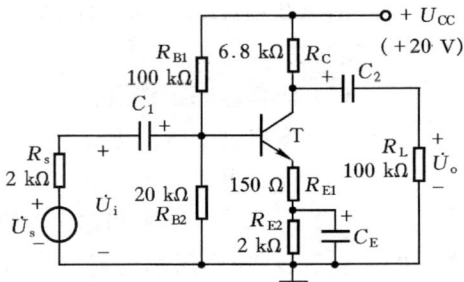

题 5.08 图　　　　　　　　　　题 5.09 图

题 5.10 在题 5.10 图中，$U_{CC}=12\ V,U_{BE}=0.7\ V,R_B=300\ k\Omega,R_E=2\ k\Omega,R_C=2\ k\Omega,\beta=60$，电路有两个输出端。试求：

（1）电压放大倍数 $A_{u1}=\dfrac{\dot{U}_{o1}}{\dot{U}_i}$ 和 $A_{u2}=\dfrac{\dot{U}_{o2}}{\dot{U}_i}$；

（2）输出电阻 r_{o1} 和 r_{o2}。

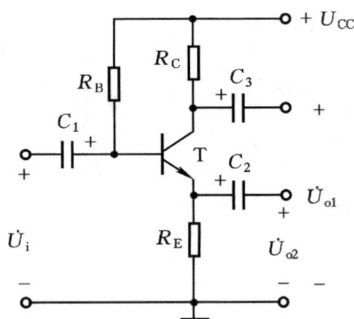

题 5.10 图

题 5.11 在题 5.11 图中，已知晶体管的 $\beta=100,U_{BE}=0.7\ V,R_C=36\ k\Omega,R_B=$

2.7 kΩ,R_E＝27 kΩ,R_L＝18 kΩ,U_{CC}＝U_{EE}＝15 V。要求：

（1）计算静态工作点；

（2）计算差模电压放大倍数。

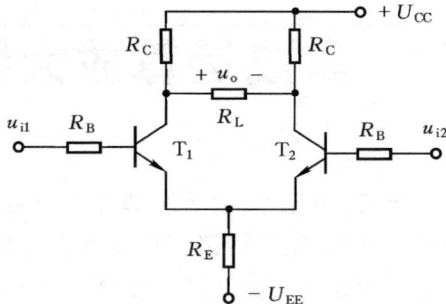

题 5.11 图

题 5.12　题 5.12 图所示的放大电路中,已知 U_{DD}＝18 V,R_{G1}＝250 kΩ,R_{G2}＝50 kΩ,R_G＝1 MΩ,R_D＝5 kΩ,R_S＝5 kΩ,R_L＝5 kΩ,g_m＝5 mA/V。试求放大器的电压放大倍数 A_u、输入电阻 r_i 和输出电阻 r_o。

题 5.13　在题 5.13 图中,已知 β_1＝β_2＝50,其余参数如图所示。

（1）计算各级静态工作点(设 U_{BE}＝0.6 V)；

（2）做出微变等效电路；

（3）求总电压放大倍数和输入、输出电阻；

（4）前级采用射极输出器的目的何在?

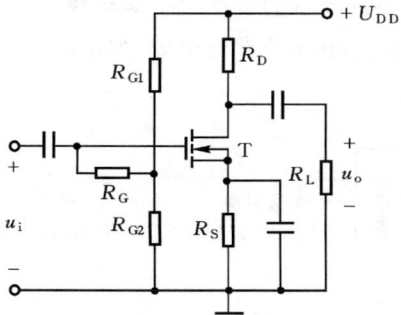

题 5.12 图

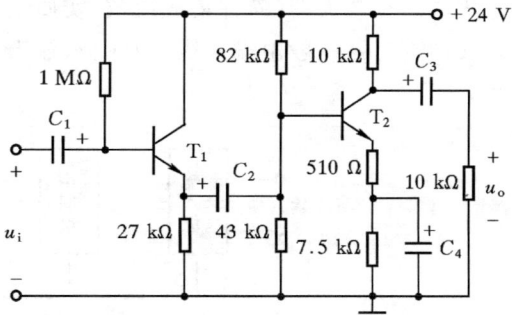

题 5.13 图

第6章

集成运算放大器及其应用

集成电路是把半导体器件、电阻、电容元件以及电路连线等制作在同一基片上,构成能够完成各种特定功能的电子线路。它实现了材料、元器件、电路三者的有机组合。与分立元件电路相比具有密度高、引线短、外部焊点少、可靠性高等优点。

集成电路按其功能分为数字集成电路和模拟集成电路。模拟集成电路种类很多,有运算放大器、功率放大器、数模转换器、模数转换器以及稳压电源等。其中集成运算放大器是一种多功能的通用放大器件,由于最初用于模拟电子计算机中而得名,随着运算放大器性能的不断完善,它的应用已远远超过了模拟运算的范畴,在自动控制、测量、信号变换等方面获得了广泛应用。

6.1 集成运算放大器简介

6.1.1 电路组成原理

集成运算放大器(简称集成运放)实质上是一个高增益的直接耦合多级放大电路。其内部电路一般由输入级、中间级、输出级和偏置电路等部分组成,如图6.1.1所示。

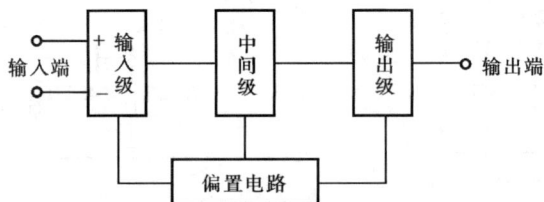

图 6.1.1 集成运放的组成方框图

　　输入级是集成运算放大器的关键部分,通常要求输入电阻高,零点漂移小。输入级一般是具有恒流源的差分放大电路,因此具有两个输入端,图 6.1.1 中标"＋"的一端为同相输入端,标"－"的一端为反相输入端。

　　中间级的作用主要是进行电压放大,因此,要求它的电压放大倍数高,一般由共发射极放大电路构成,并且采用了有源负载,其放大倍数可达 10^5 以上。另外中间级还具有电平转移及输入、输出方式转换的作用。

　　对输出级的要求是输出电阻低,带负载能力强,能输出足够大的电流和功率,一般是由互补对称功放电路或射极输出器构成。

　　偏置电路一般是由各种恒流源电路组成,其作用是为各级电路提供稳定和合适的偏置电流。

　　作为使用者,学习集成运放内部电路组成的目的是为了掌握运算放大器外部的正确联接及对其主要性能参数的理解,对于其内部具体电路无需深究,只需知道它的各个管脚的用途以及主要参数即可。图 6.1.2 是集成运放 LM741(μA741)双列直插式的外形图和管脚图。2 端是反相输入端,3 端是同相输入端;7 端、4 端为正、负电源端,分别接 ± 10 V～± 18 V 的直流电源。1 端、5 端为外接调零端。某些集成运放还有频率补偿端子,改进后的 LM741 内部已含有补偿电容,对外已无此端子,8 脚为空端子。

 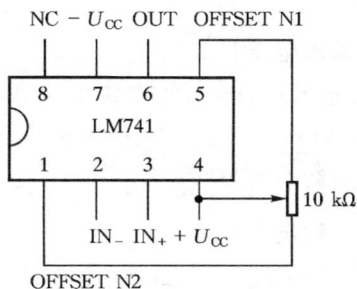

（a）　　　　　　　　　　　（b）

图 6.1.2　LM741 集成运算放大器的外形和管脚

（a）外形；（b）管脚

　　在实际应用中,往往只关心集成运放的输入、输出关系,没有必要画出集成运放的全部端子,所以在电路中常用图 6.1.3 所示的电路符号代表集成运放。图中 u_+、u_-、u_O 分别是同相输入端、反相输入端和输出端对参考点的电压。三角形是运算放大器的标识符,也表明了信号的传递方向,A_{ud} 为运算放大器的实际电压放大倍数。

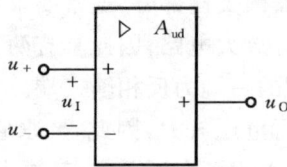

图 6.1.3　集成运算放大器的电路符号

6.1.2　主要参数

集成运放的技术参数很多,它们是合理使用集成运放的依据,下面讨论几种常用的技术参数。

1. 开环电压放大倍数 A_{ud}

A_{ud} 是指集成运放在标称电源电压和规定的负载下,输入、输出之间无反馈时,输出电压与输入差模电压之比,也称为开环电压增益,常用分贝(dB)表示,即

$$A_{ud} = 20\lg \left| \frac{u_O}{u_{ID}} \right| \quad (\text{dB}) \tag{6.1.1}$$

它是影响集成运放运算精度的重要指标,A_{ud} 越大,集成运放构成的运算电路越稳定,运算精度也越高。A_{ud} 一般在 $100 \sim 140$ dB。

2. 最大输出电压 U_{OM}

U_{OM} 是指集成运放在标称电源电压和规定的负载下,不出现明显非线性失真时的最大输出电压峰值。其大小与集成运放的电源电压值有关,在电源电压为 ± 15 V时,U_{OM} 约为 ± 13 V。

3. 输入失调电压 U_{IO}

U_{IO} 是指为使输出电压为零而在输入端需加的补偿电压,即 $U_{IO} = |(U_{I+} - U_{I-})|_{U_O=0}$。它的大小反映了集成运放输入级电路的对称程度和电位的配合情况,一般为 mV 数量级。

4. 输入偏置电流 I_{IB}

I_{IB} 为不加输入信号时流入集成运放的两个静态基极电流的平均值,即 $I_{IB} = \frac{1}{2}(I_{B+} + I_{B-})$。其值的大小主要和输入差动对管的 β 有关。一般为数百 nA。

5. 输入失调电流 I_{IO}

I_{IO} 是指流入差动输入级的静态基极电流之差,即 $I_{IO} = |I_{B+} - I_{B-}|_{U_O=0}$。它主要由输入级差动对管的 β 不对称所引起。由于信号源内阻的存在,I_{IO} 的存在会引

起误差输入电压,所以希望 I_{IO} 越小越好。

6. 最大差模输入电压 U_{IDM}

U_{IDM} 是两个输入端之间所允许施加的最大电压。超过此值,输入级某一侧的晶体管将反向击穿。

7. 最大共模输入电压 U_{ICM}

U_{ICM} 是在标称电源电压下允许加在输入端的最大共模电压。当超过此值时,会引起集成运放内部某些晶体管截止或饱和,使之不能正常工作或共模抑制比 K_{CMRR} 明显下降。

8. 差模输入电阻 r_i 和输出电阻 r_o

差模输入电阻 r_i 是指输入端对差模信号呈现的动态电阻,一般为 $10^5 \sim 10^{11}\ \Omega$。当输入级采用场效应管时, r_i 更大。输出电阻 r_o 较小,一般为几十 Ω 至几百 Ω。

除以上所介绍的主要技术参数,此外还有温度漂移、转换速率、静态功耗、带宽以及共模抑制比等,因篇幅所限不再一一赘述。

6.1.3　电压传输特性和电路模型

集成运放的电压传输特性是指开环时输出电压与输入电压之间的关系曲线,即

$$u_O = f(u_I) = f(u_+ - u_-) \tag{6.1.2}$$

如图 6.1.4(a)所示,根据电压传输特性可把集成运放分为线性和非线性两种工作状态。当输入电压 $|u_I| = |u_+ - u_-| < U_{IM}$ 时,输出电压 u_O 与输入电压 u_I 之间呈线性关系,即

$$u_O = A_{ud}u_I = A_{ud}(u_+ - u_-) \tag{6.1.3}$$

该区域称为集成运放的线性工作区。当输入电压 $|u_I| = |u_+ - u_-| > U_{IM}$ 时,输出电压 $|u_O| = U_{OM}$,输出电压 u_O 不再随着输入电压 u_I 的变化而改变,呈现饱和状态,该区域称为集成运放的非线性工作区,也称为饱和区。U_{OM} 是集成运放的最大输出电压,也称为饱和电压,其大小比集成运放的电源电压略小一些。

由于集成运放的开环电压放大倍数很大,而输出电压又不能超过其最大输出电压,因此传输特性的线性区实际上非常窄,即 U_{IM} 的值很小。

对于输入信号源来说,集成运放相当于负载,可用其输入电阻等效;对于负载而言,集成运放相当于电源,可等效为一电压源,等效电压源的内阻就是集成运放的输出电阻。当集成运放工作于线性区时,其输出开路电压与输入电压成正比,等效电压源的开路电压可等效为一电压控制的电压源;集成运放工作于线性区时的电路模型如图 6.1.4(b)所示。当集成运放工作于非线性区时,只需把图 6.1.4(b)

中的受控电压源改为固定的电压$+U_{OM}$（当集成运放工作于正饱和区时）或$-U_{OM}$（当集成运放工作于负饱和区时）即可得集成运放在此时的等效电路模型。

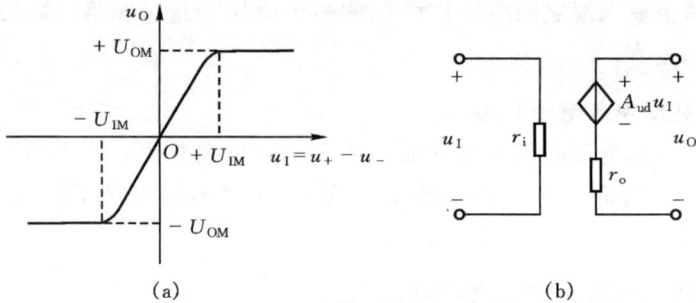

图 6.1.4　集成运放的电压传输特性与电路模型
(a)电压传输特性；(b)电路模型

6.1.4　理想集成运放及其分析方法

1. 理想集成运算放大器的电压传输特性

随着集成电路工艺及设计水平的不断提高，集成运放的许多性能参数都接近于理想状态，所以在实际工作中，为了简化分析常把实际的集成运放当作理想集成运放来处理，这种近似分析所引起的误差一般在工程允许范围之内。理想集成运放的理想化条件如下：

(1) 开环差模电压放大倍数 $A_{ud} \to \infty$；

(2) 输入电阻 $r_{id} \to \infty$；

(3) 输出电阻 $r_o \to 0$；

(4) 共模抑制比 $K_{CMRR} \to \infty$。

图 6.1.5(a)是理想集成运放的电路符号，与实际集成运放不同的是用"∞"来表示其开环差模电压放大倍数 A_{ud} 理想化的条件。由于开环差模电压放大倍数 $A_{ud} \to \infty$，所以理想集成运放的电压传输特性如图 6.1.5(b)所示。

2. 理想集成运放的分析依据

根据理想集成运放的电压传输特性，可得出理想集成运放分析的依据。

(1) 对于工作在线性区的理想集成运放，利用它的理想参数可以得到其应用时的两个重要特点：由于理想集成运放的开环差模电压放大倍数 $A_{ud} \to \infty$，而输出电压 u_O 为有限值，所以输入电压 $u_+ = u_- = \dfrac{u_O}{A_{ud}} = 0$，于是可认为同相输入端对地电压 u_+ 和反相输入端对地电压 u_- 相等，即

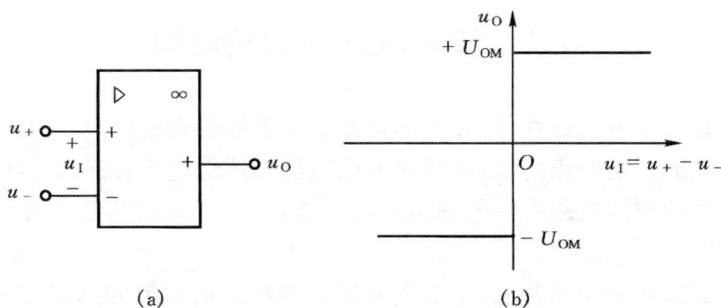

图 6.1.5 理想集成运放的符号与电压传输特性

(a)电路符号；(b)电压传输特性

$$u_+ = u_- \qquad (6.1.4)$$

式(6.1.4)表明,两个输入端之间相当于短路一样,但不是真正的短路,所以称为"虚短"。

由于理想集成运放的差模输入电阻 $r_{id} \to \infty$,所以理想集成运放两输入端的电流为零,即

$$i_+ = i_- = 0 \qquad (6.1.5)$$

式(6.1.5)表明,理想集成运放不从外电路取用电流,其两输入端之间相当于断路,但不是真正的断开,所以称之为"虚断"。

"虚短"和"虚断"是理想集成运放的两个重要特点,利用这两个特点可以简化集成运放应用电路的分析,而得到的结果与实际相差很小,完全可以满足工程实际的要求。

（2）对于工作在非线性区的运算放大器,由图 6.1.5(b)可知,这时输出电压只有两种可能。

$$当 u_+ > u_- 时, \quad u_O = +U_{OM} \qquad (6.1.6)$$

$$当 u_+ < u_- 时, \quad u_O = -U_{OM} \qquad (6.1.7)$$

此时由于同相输入端的电位 u_+ 和反相输入端的电位 u_- 不再相等,即"虚短"结论原则上不再成立。但仍然可认为两个输入端的输入电流等于零,即"虚断"的条件原则上仍然成立。

【练习与思考】

6.1.1 集成运放的理想化条件是什么？

6.1.2 集成运算放大器工作于线性区和饱和区各有何特点？分析方法有何不同？

6.2 放大电路中的负反馈

为了改善放大电路的性能,在实际电路中几乎都引入负反馈,这是由于集成运放的开环电压放大倍数很高,很小的输入电压就会使集成运放进入非线性区,所以集成运放的线性应用电路中一般都引入负反馈,以保证集成运放工作于线性放大区。

作为集成运放应用的基础,本节主要讨论负反馈的类型和判断以及负反馈对放大器性能的影响。

6.2.1 负反馈的基本概念

关于反馈的概念在第 5 章静态工作点的设置与稳定一节中已有所介绍,由分压式偏置共发射极放大电路可知,如果由于某种原因(如环境温度的变化)使得晶体管的集电极电流 I_C 增加,发射极电阻 R_E 两端的电压 $V_E = R_E I_E \approx R_E I_C$ 将会增加,反馈到输入回路使 $U_{BE} = V_B - V_E$ 将减小,I_B 也将减小,从而使 I_C 减小,达到稳定工作点的目的。该电路能够稳定静态工作点的关键是接入了射极电阻 R_E,电压 $V_E(\approx R_E I_C)$ 反映了输出电流 I_C 的变化,并将这个变化引回输入回路与给定量 V_B 相比较得到净输入 U_{BE},从而调整了 I_C,这是一个具有反馈的电路。

所谓反馈就是将放大电路输出端的信号(电压或电流)的一部分或全部通过某种电路(反馈电路)引回到放大电路的输入回路中,与输入信号相比较得到一个净输入(偏差)信号进而影响放大电路的输出,这样的自动调节过程就称为反馈。

判断一个电路有无反馈的方法就是观察放大电路的输出与输入之间是否有公共支路相联系,如有联系就有反馈,反之则无反馈。图 6.2.1 是交流反馈放大电路的框图,图中 $\dot{X}_i$ 和 $\dot{X}_o$ 分别是反馈放大电路的输入、输出信号,可以是电压,也可以是电流,$\dot{X}_f$ 为反馈信号,符号 $\otimes$ 表示比较环节,

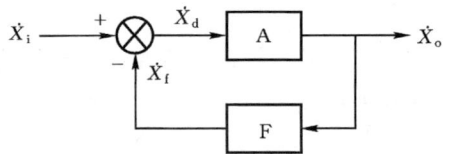

图 6.2.1 反馈放大电路的方框图

$\dot{X}_d$ 为比较环节产生的净输入信号。若 $\dot{X}_f$ 与 $\dot{X}_i$ 极性相反,使净输入信号 $\dot{X}_d$ 减小,称为负反馈;若 $\dot{X}_f$ 与 $\dot{X}_i$ 极性相同,使净输入信号 $\dot{X}_d$ 增加,则称为正反馈。在分析放大电路时,常用正弦响应来分析,所以以上各量可用复数表示。A 是无反馈基本放大电路,它可以是单级的或多级的放大电路,F 是反馈电路,它将输出信号反馈到输入端,一般由无源元件组成,图中箭头方向表示信号的传递方向。

反馈放大电路的输出量不仅受输入信号的控制,而且受到反馈信号的影响,通

常称这种系统为闭环放大电路,而未引入反馈的放大电路称为开环放大电路。

　　开环放大倍数定义为无反馈的基本放大电路的输出信号与输入信号之比,即

$$A = \frac{\dot{X}_o}{\dot{X}_d} \tag{6.2.1}$$

值得注意:A 是广义的放大倍数,根据反馈类型的不同有着不同的含义,只有当 $\dot{X}_o$ 和 $\dot{X}_i$ 均为电压时,A 才表示电压放大倍数。

　　反馈系数定义为反馈信号与输出信号之比,即

$$F = \frac{\dot{X}_f}{\dot{X}_o} \tag{6.2.2}$$

　　反馈放大电路的闭环放大倍数定义为有反馈时输出信号与输入信号之比,即

$$A_f = \frac{\dot{X}_o}{\dot{X}_i} \tag{6.2.3}$$

与开环放大倍数类似,它也是一个广义的放大倍数。

　　根据负反馈的定义可得各量之间的关系为

$$\dot{X}_d = \dot{X}_i - \dot{X}_f \tag{6.2.4}$$

$$\dot{X}_f = F\dot{X}_o = AF\dot{X}_d \tag{6.2.5}$$

　　由于 $\dot{X}_f$ 和 $\dot{X}_d$ 的量纲总是一致的,故 AF 必定是无量纲的。所以

$$A_f = \frac{\dot{X}_o}{\dot{X}_i} = \frac{\dot{X}_o}{\dot{X}_d + AF\dot{X}_d} = \frac{1}{1+AF}\frac{\dot{X}_o}{\dot{X}_d} = \frac{A}{1+AF} \tag{6.2.6}$$

　　式(6.2.6)为负反馈电路的基本方程式,它表示了 A_f、A、F 三者的关系。当电路为负反馈时,由式(6.2.4)及式(6.2.5)可知 $\dot{X}_i$、$\dot{X}_f$ 和 $\dot{X}_d$ 三者同相,$AF>0$,因此由式(6.2.6)可得出 $|A_f|<|A|$,也就是说当引入负反馈以后,放大倍数下降了,$1+AF$ 的值愈大,放大电路的闭环放大倍数愈小,表明负反馈作用愈强,所以常把 $|1+AF|$ 称为反馈深度。当 $|1+AF|\gg1$ 时,称为深度负反馈,此时

$$A_f = \frac{A}{1+AF} \approx \frac{A}{AF} = \frac{1}{F} \tag{6.2.7}$$

　　式(6.2.7)表明深度负反馈放大电路的放大倍数几乎只取决于反馈系数,而与开环放大倍数的具体数值无关。因反馈网络多是无源网络,反馈系数只与网络中元件的数值有关,是比较稳定的,所以 $|A_f|$ 也是比较稳定的。$|A|$ 越大,越容易满足深度负反馈的条件。这就是为什么总希望集成运放的 A_{ud} 很大,甚至提出理想集成运放的 $A_{ud}\to\infty$ 的原因。

　　还需指出:上述分压式偏置共发射极放大电路为了稳定静态工作点引入的反馈属于直流反馈,本节主要讨论交流负反馈。

6.2.2　交流负反馈的类型及其判别

　　根据反馈电路取样对象的不同可把反馈分为电压反馈和电流反馈,电压反馈

的反馈信号取自于输出电压,并与之成正比;电流反馈的反馈信号取自于输出电流,并与之成正比。

电压、电流反馈的判别可采用负载短路法,即把负载电阻 R_L 短路后,如果反馈依然存在,则为电流反馈;反之则为电压反馈。这是因为把负载 R_L 短路,相当于令输出电压为零,若反馈信号随之消失,说明反馈信号正比于输出电压,应为电压反馈;若反馈信号依然存在,说明反馈信号与输出电压无关,应为电流反馈。

对电压、电流反馈更简单的判别方法是观察其反馈电路在输出端的联接方式,若反馈信号直接从输出端引出,或与负载电阻 R_L 并联一分压器对输出电压分压后引出反馈信号,则为电压反馈,如图 6.2.2 所示;若与负载电阻 R_L 串联一取样电阻后引出反馈信号,则为电流反馈,如图 6.2.3 所示。

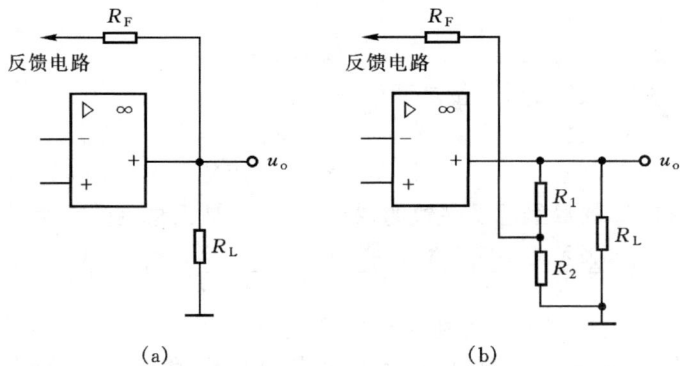

图 6.2.2　电压反馈取样的两种主要形式
(a)直接取样;(b)分压式取样

根据反馈信号与输入信号在放大电路输入端比较方式的不同可分为串联反馈和并联反馈。如果输入信号、反馈信号和净输入信号三者构成回路,则为串联反馈。在串联反馈电路中,输入信号与输出信号是以电压的形式相比较。如果输入信号、反馈信号和净输入信号三者连成一个结点,则为并联反馈。在并联反馈电路中,输入信号与输出信号是以电流的形式相比较。

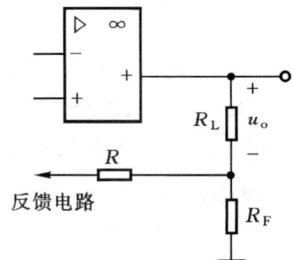

图 6.2.3　电流反馈取样的主要形式

判别串联、并联反馈更简单的方法是根据串并联的结构特点来分析。在输入信号和反馈信号都有一端接"地"的条件下,如果输入信号和反馈信号分别从放大

电路的两个净输入端接入,则必然以电压的形式叠加,是串联反馈,如图 6.2.4(a)
所示;如果输入信号和反馈信号从放大电路的同一净输入端接入,则必然以电流的
形式叠加,是并联反馈,如图 6.2.4(b)所示。

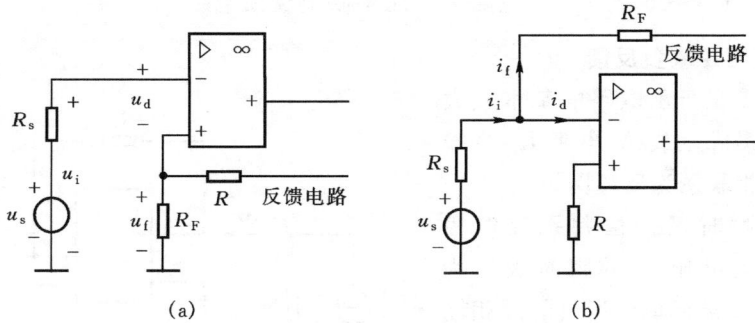

图 6.2.4 串联反馈和并联反馈的联接形式
(a)串联反馈;(b)并联反馈

按照取样方式和比较方式的不同,交流负反馈可分为四种不同的类型,即:电
压串联负反馈;电压并联负反馈;电流串联负反馈;电流并联负反馈。下面结合具
体电路分别进行介绍。

1. 电压串联负反馈

图 6.2.5 所示电路的基本放大电路为
集成运放 A,电阻 R_2 和 R_3 组成的分压器
将输出和输入相联系,引入了反馈。

首先用瞬时极性法判别反馈极性。设
输入电压 u_i 的瞬时极性为正,用符号 $\oplus$ 表
示。由于 u_i 接在集成运放的同相输入端,
故 u_o 与 u_i 的极性相同,而反馈电压 u_f 是
R_2 与 R_3 所组成的分压器对输出电压 u_o
的分压,其极性与 u_o 相同。由图 6.2.5 所

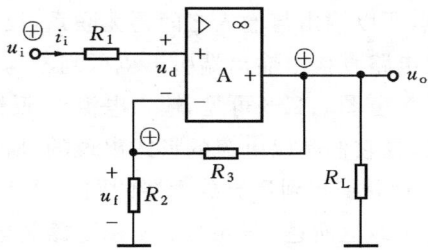

图 6.2.5 电压串联负反馈电路

标示的瞬时极性可见,反馈电压 u_f 部分抵消了输入电压 u_i 的作用,使得放大器的
净输入电压 $u_d = u_i - u_f$ 下降,故为负反馈。

反馈电压 $u_f = \dfrac{R_2 u_o}{R_2 + R_3}$ 的大小正比于输出电压 u_o,所以是电压反馈;或者假设
输出短路,即令 $u_o = 0$,则反馈电压 $u_f = 0$,反馈消失,也可以判断为电压反馈;或者
更直观,反馈电路直接由输出端引出,所以为电压反馈。

由图 6.2.5 显而易见,输入电压 u_i、反馈电压 u_f 和净输入电压 u_d 三者构成回路,且这些量是以电压的形式出现的,所以为串联反馈;或者根据输入电压 u_i、反馈电压 u_f 分别接到运算放大器的两个输入端也可判断为串联反馈。

综上所述,图 6.2.5 所示电路为电压串联负反馈电路。

2. 电压并联负反馈

图 6.2.6 所示电路的基本放大电路仍为集成运放 A,电阻 R_F 将输出和输入相联系为反馈网络。

采用瞬时极性法判别反馈极性。设输入电压 u_i 的瞬时极性为正。由于 u_i 接在集成运放的反相输入端,故 u_o 与 u_i 的极性相反,由电压的瞬时极性可确定电路中各支路电流的瞬时方向如图 6.2.6 所示。由于反馈的存在,使得流入放大电路的净输入电流 $i_d = i_i - i_f$ 减小,故为负反馈。

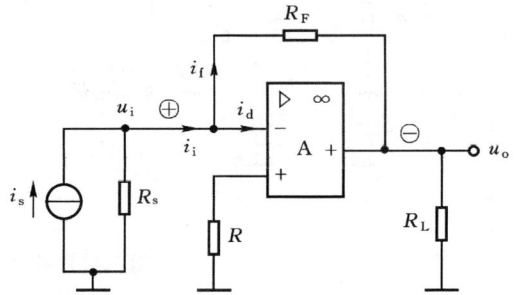

图 6.2.6　电压并联负反馈电路图

反馈电流(指 i_f 中与输出有关的反馈分量)$i_f = -\dfrac{u_o}{R_F}$ 的大小正比于输出电压 u_o,所以是电压反馈;或者假设输出短路,即令 $u_o = 0$,则 R_F 原先接输出的一端接地,所以输出与输入之间再无联系,反馈消失,也可以判断为电压反馈;或者根据反馈电路直接由输出端引出也可判断为电压反馈。

由图 6.2.6 可见,输入电流 i_i、反馈电流 i_f 和净输入电流 i_d 三者联接为一个结点,且它们是以电流的形式出现的,所以为并联反馈;或者根据输入电流 i_i、反馈电流 i_f 分别接到运算放大器的同一输入端也可判断为并联反馈。

综上所述,图 6.2.6 所示电路为电压并联负反馈电路。

3. 电流串联负反馈

图 6.2.7 所示电路中,电阻 R_F 将输出和输入相联系为反馈网络。

由瞬时极性法可知,当输入电压 u_i 的瞬时极性为正时,由于 u_i 接在集成运放的同相输入端,故 u_o 和 u_i 的瞬时极性如图 6.2.7 所示。反馈电压 u_f 使得放大器的净输入电压 $u_d = u_i - u_f$ 减小,故为负反馈。

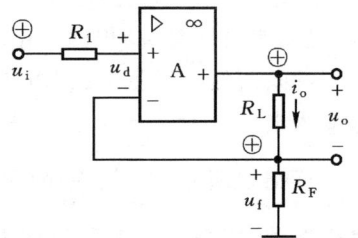

图 6.2.7　电流串联负反馈电路

反馈电压 $u_f = R_F i_o$，正比于输出电流 i_o，所以是电流反馈；或者假设输出负载 R_L 短路，即令 $u_o = 0$，此时 R_F 两端仍然有反馈电压存在，所以为电流反馈；或者根据反馈信号是从与负载电阻 R_L 相串联的取样电阻引出的，也可判断为电流反馈。

输入电压 u_i、反馈电压 u_f 分别从运算放大器的两个不同输入端接入，所以为串联反馈。

综上所述，图 6.2.7 所示电路为电流串联负反馈电路。

4. 电流并联负反馈

图 6.2.8 所示电路中，电阻 R_F 和 R 将输出和输入相联系为反馈网络。

同样由瞬时极性法可知，当输入电压 u_i 的瞬时极性为正时，由于 u_i 接在集成运放的反相输入端，故电路中其他点对地电位的瞬时极性和各支路电流的瞬时方向如图 6.2.8 所示，反馈电流 i_f 使得放大器的净输入电流 $i_d = i_i - i_f$ 减小，故为负反馈。反馈电流 $i_f = \dfrac{R}{R_F + R} i_o$，正比于输出电流 i_o，所以

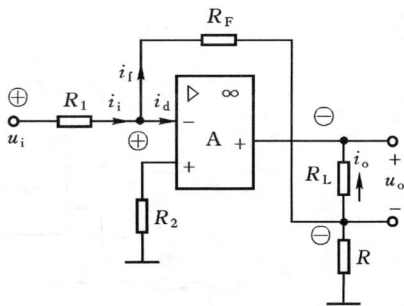

图 6.2.8　电流并联负反馈电路

是电流反馈；或者根据反馈信号是从与负载电阻 R_L 相串联的取样电阻引出的，也可判断为电流反馈。

输入电流 i_i、反馈电流 i_f 分别从运算放大器的同一输入端接入，所以为并联反馈。

综上所述，图 6.2.8 所示电路为电流并联负反馈电路。

【例 6.2.1】试分析图 6.2.9 所示多级放大电路中反馈的类型和极性。

【解】多级放大电路中的反馈分为本级反馈和级间反馈。

(1) 在图 6.2.9(a)中，R_{F1} 和 R_{F2} 分别为本级反馈；R_F 为两级之间的反馈。R_{F1} 引入的反馈是从第一级的输出端直接引出，是电压反馈；从集成运放的反相端接入且为单级集成运放，应为负反馈；对第一级而言，输入信号和反馈信号是从集成运放的同一输入端接入，是并联反馈；因此 R_{F1} 引入的反馈是第一级的电压并联负反馈。同样可判别 R_{F2} 引入的反馈是第二级放大电路的电压并联负反馈。

R_F 引入的两级反馈是从输出端直接引出，应为电压反馈；反馈信号与输入信号从集成运放 A_1 的两输入端分别接入，应为串联反馈；由图中所标的瞬时极性可知，集成运放两个输入端电压的瞬时极性相同，应为负反馈；因此 R_F 引入的反馈是两级之间的电压串联负反馈。

(2) 在图 6.2.9(b)中，R_{F1} 和 R_{F2} 分别为本级反馈；R_F 为两级之间的反馈。R_{F1}

(a)

(b)

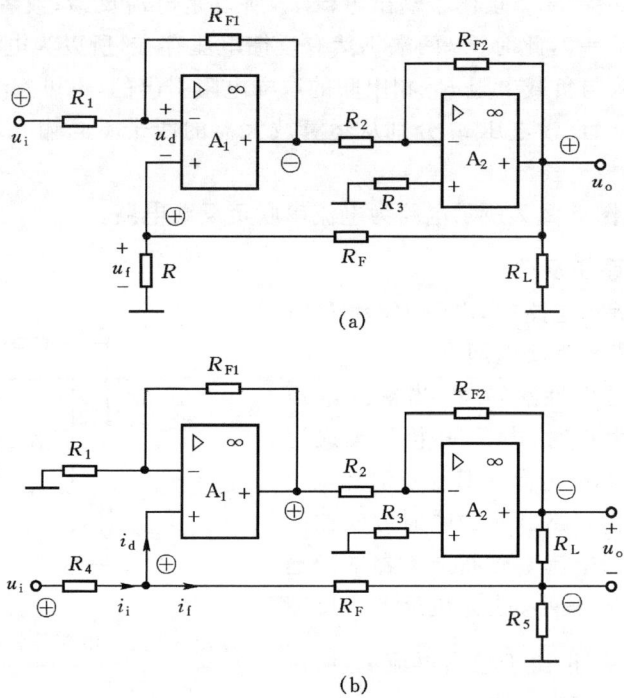

图 6.2.9　例 6.2.1 图

引入的反馈是第一级的电压串联负反馈。R_{F2} 引入的反馈是第二级的电压并联负反馈。

R_F 引入的两级反馈是从与负载电阻 R_L 串联的取样电阻 R_5 引出的,应为电流反馈;反馈信号与输入信号从集成运放的同一输入端接入,应为并联反馈;由图中所标示的瞬时极性可知,$i_d = i_i - i_f$;应为负反馈;因此 R_F 引入的反馈是两级之间的电流并联负反馈。

6.2.3　负反馈对放大电路性能的影响

负反馈虽然使放大电路的放大倍数下降,但却使放大电路的其他性能得到改善。

1. 提高放大倍数的稳定性

式(6.2.6)表明,在深度负反馈条件下,放大电路的闭环放大倍数 A_f 只取决于反馈网络的参数,与开环放大电路的参数无关,是非常稳定的。在一般情况下,为了讨论放大倍数的稳定性,常用放大倍数的相对变化量来表示它的稳定性。设信

号频率在中频,由式(6.2.6)可得

$$\frac{\mathrm{d}A_\mathrm{f}}{A_\mathrm{f}} = \frac{1}{1+AF}\frac{\mathrm{d}A}{A}\qquad(6.2.8)$$

上式表明,引入负反馈后,放大电路闭环放大倍数的相对变化量是无负反馈时开环放大倍数相对变化量的 $1/(1+AF)$,放大倍数的稳定性提高了。例如当 $1+AF=100$ 时,如果 A 变化了 $\pm10\%$,则 A_f 只变化了 $\pm0.1\%$。

2. 减小非线性失真

由于放大电路中含有晶体管等非线性器件,所以当静态工作点设置不合适或输入正弦信号的幅度过大时都会产生非线性失真。引入负反馈以后,可以减小非线性失真。

图 6.2.10(a)所示的是一个无反馈的放大电路,在输入正弦信号时,输出产生了失真,正半周幅值大,负半周幅值小。在图 6.2.10(b)中引入负反馈以后,负反馈对非线性失真有所改善。由于反馈电路一般由无源元件组成,反馈系数为常数,故反馈信号 $\dot{X}_\mathrm{f}$ 的波形是与输出信号 $\dot{X}_\mathrm{o}$ 一样的失真波形,输入信号与反馈信号相减后的净输入信号 $\dot{X}_\mathrm{d}$ 的波形与 $\dot{X}_\mathrm{o}$ 波形的失真情况正好相反,其正半周幅值小,负半周幅值大,这样的信号放大后,使得输出 $\dot{X}_\mathrm{o}$ 的正、负半周波形之间的差异减小,从而使输出波形的非线性失真得到一定的改善。

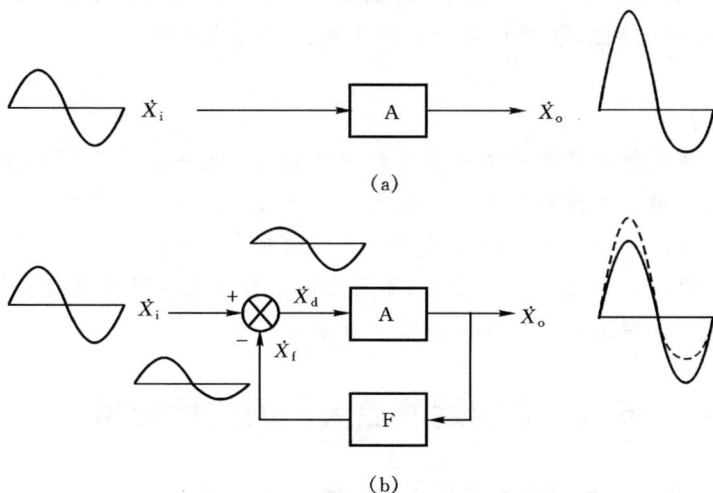

(a)

(b)

图 6.2.10　负反馈对非线性失真的改善

(a)无反馈时的非线性失真;(b)引入负反馈对非线性失真的改善

需要说明:负反馈只能减小放大电路自身产生的非线性失真,它不能消除失真,而且对于输入信号中的非线性失真也无能为力。

3. 对输入电阻、输出电阻的影响

(1) 输入电阻 r_i 负反馈对放大电路输入电阻的影响只与反馈电路在输入端的联接方式有关,而与反馈电路在输出端的联接方式无关。串联负反馈使得输入电阻增加,并联负反馈使得输入电阻减小。

对于串联负反馈,由图 6.2.5 所示串联负反馈放大电路的输入端来看,无反馈时的输入电阻为基本放大电路的输入电阻 $r_i = u_d / i_i$,引入负反馈后的输入电阻为 $r_{if} = u_i / i_i$,因为 $u_i > u_d$,所以 $r_{if} > r_i$。

对于并联负反馈,由图 6.2.6 所示并联负反馈放大电路的输入端来看,无反馈时的输入电阻为基本放大电路的输入电阻 $r_i = u_i / i_d$,引入负反馈后的输入电阻为 $r_{if} = u_i / i_i$,因为 $i_i > i_d$,所以 $r_{if} < r_i$。

(2)输出电阻 r_o。   负反馈对放大电路输出电阻的影响只与反馈电路在输出端的联接方式有关,而与反馈电路输入端的联接方式无关。电压负反馈使得输出电阻减小,电流负反馈使得输出电阻增加。

电压负反馈具有稳定输出电压的作用,所以放大电路引入电压负反馈后,其输出端的外特性更接近于理想电压源,也就是其输出电阻更接近于零,所以电压负反馈放大电路的输出电阻 r_{of} 比开环放大电路的输出电阻 r_o 小。

电流负反馈具有稳定输出电流的作用,所以放大电路引入电流负反馈后,其输出端的外特性更接近于理想电流源,也就是其输出电阻更接近于无穷大,所以电流负反馈放大电路的输出电阻 r_{of} 比开环放大电路的输出电阻 r_o 大。

【练习与思考】

6.2.1 什么是反馈?反馈有哪些类型?为了稳定放大电路的静态工作点,应引入什么反馈?为改善放大电路的交流性能应引入什么反馈?

6.2.2 信号源的内阻对于交流负反馈的反馈效果有何影响?

6.2.3 如何根据反馈放大电路输入、输出端的联接方式判断其交流反馈类型?

6.2.4 交流负反馈对放大电路的性能有何影响?

6.3   集成运算放大器的线性应用

集成运放作为一种通用性很强的放大器件,在模拟电子技术的各个领域获得广泛的应用。由于集成运放的开环电压放大倍数 A_{ud} 很大,其线性范围很窄,所以为了扩大集成运放的线性工作范围,通常在应用电路中都要引入负反馈,这是集成运放线性应用的显著特点。此时可以利用"虚短"和"虚断"的概念对放大电路进行分析。

6.3.1 基本运算电路

1. 比例运算电路

比例运算电路能将输入信号按比例进行放大,有反相比例运算和同相比例运算两种类型。

(1) 反相比例运算电路 反相比例运算电路如图 6.3.1 所示,输入信号 u_I 通过输入电阻 R_1 接入反相输入端,R_F 为反馈电阻引入电压并联负反馈,同相端通过 R_2 接地。R_2 称为平衡电阻,其作用是避免输入偏流产生的差模电压,保证集成运放的两输入端对地电阻相等,处于平衡状态,所以 $R_2 = R_1 /\!/ R_F$。

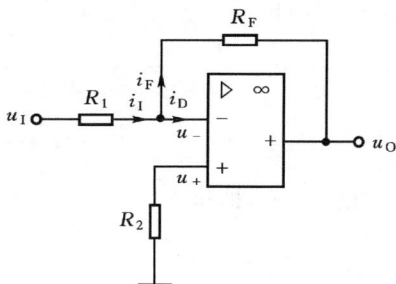

由于存在着负反馈,可以认为集成运放工作在线性区,在理想条件下,根据"虚断"和"虚短"的概念有:$i_D = 0, u_- = u_+ = 0$。集成运放的反相输入端并没有直接接地而其电位却与地电位相等的现象称为"虚地"。

图 6.3.1 反相比例运算电路

由图 6.3.1 可得

$$i_I = \frac{u_I - u_-}{R_1} = \frac{u_I}{R_1} \qquad i_F = \frac{u_- - u_O}{R_F} = -\frac{u_O}{R_F}$$

由 $i_I = i_F$,即得

$$u_O = -\frac{R_F}{R_1} u_I \qquad\qquad (6.3.1)$$

闭环电压放大倍数为

$$A_{uf} = \frac{u_O}{u_I} = -\frac{R_F}{R_1} \qquad\qquad (6.3.2)$$

式(6.3.2)表明,闭环电压放大倍数由电阻 R_F 和 R_1 决定,而与集成运放本身的参数无关。如采用精度和稳定性都很高的电阻,则闭环电压放大倍数 A_{uf} 的精度和稳定性就很高。式中负号说明输出电压和输入电压反相。

当 $R_F = R_1$ 时,由式(6.3.2)得

$$A_{uf} = \frac{u_O}{u_I} = -1 \qquad\qquad (6.3.3)$$

此时,称电路为反相器。

反相比例运算电路的输入电阻

$$r_i = \frac{u_I}{i_I} = R_1 \qquad\qquad (6.3.4)$$

由于电路为电压负反馈电路,所以输出电阻很小。

(2) 同相比例运算电路　同相比例运算电路如图 6.3.2 所示,图中 R_1 与 R_F 引入电压串联负反馈,R_2 为平衡电阻,$R_2 = R_1 /\!/ R_F$。

根据"虚断"和"虚短"的概念有:$u_- = u_+ = u_I$,$i_D = 0$,而

$$i_I = \frac{0 - u_-}{R_1} = -\frac{u_1}{R_1}$$

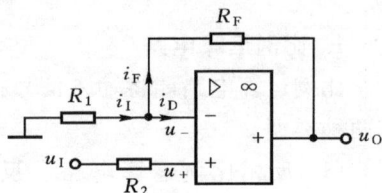

图 6.3.2　同相比例运算电路

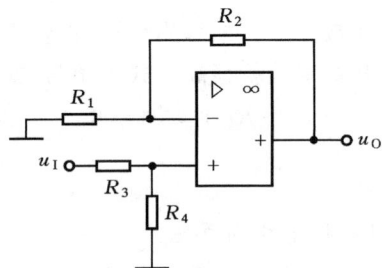

$$i_F = \frac{u_- - u_O}{R_F} = \frac{u_1 - u_O}{R_F}$$

由 $i_I = i_F$,即得

$$-\frac{u_1}{R_1} = \frac{u_1 - u_O}{R_F}$$

于是

$$u_O = (1 + \frac{R_F}{R_1})u_I \tag{6.3.5}$$

闭环电压放大倍数为

$$A_{uf} = \frac{u_O}{u_I} = 1 + \frac{R_F}{R_1} \tag{6.3.6}$$

同相比例运算电路,由于 $u_- = u_+ = u_1$,集成运放承受着较大的共模电压,所以电路对集成运放的共模抑制比要求很高。

如果断开 $R_1(R_1 = \infty)$ 或短路 $R_F(R_F = 0)$,则

$$A_{uf} = 1 \tag{6.3.7}$$

此时,称电路为电压跟随器。

由于是电压串联负反馈,所以同相比例运算电路的输入电阻很大,输出电阻很小。

【例 6.3.1】试求图 6.3.3 所示电路的输出电压 u_O 与输入电压 u_1 之间的函数关系。

【解】① 用"虚断"和"虚短"的概念直接分析

$$u_+ = \frac{R_4}{R_3 + R_4}u_I \qquad u_- = \frac{R_1}{R_1 + R_2}u_O$$

根据 $u_+ = u_-$,可解得

$$u_O = (1 + \frac{R_2}{R_1})\frac{R_4}{R_3 + R_4}u_I$$

图 6.3.3　例 6.3.1 图

② 利用同相比例放大电路的结果分析

因为

$$u_O = (1 + \frac{R_2}{R_1})u_+ \qquad u_+ = \frac{R_4}{R_3 + R_4}u_I$$

所以

$$u_O = (1 + \frac{R_2}{R_1})u_+ = (1 + \frac{R_2}{R_1})\frac{R_4}{R_3 + R_4}u_I$$

2. 加法运算电路

加法电路能实现多个信号的加权求和运算,有反相加法运算和同相加法运算两种类型。

(1) 反相加法运算电路　　反相加法运算电路如图 6.3.4 所示,其中 R_F 引入电压并联负反馈,R_4 为平衡电阻,$R_4 = R_1 // R_2 // R_3 // R_F$。

根据"虚地"概念有: $u_- = 0$,所以

$$i_{I1} = \frac{u_{I1}}{R_1}; i_{I2} = \frac{u_{I2}}{R_2}; i_{I3} = \frac{u_{I3}}{R_3}; i_F = -\frac{u_O}{R_F}$$

由 $i_F = i_{I1} + i_{I2} + i_{I3}$,可得

$$\frac{u_{I1}}{R_1} + \frac{u_{I2}}{R_2} + \frac{u_{I3}}{R_3} = -\frac{u_O}{R_F}$$

于是

图 6.3.4　反相加法运算电路

$$u_O = -(\frac{R_F}{R_1}u_{I1} + \frac{R_F}{R_2}u_{I2} + \frac{R_F}{R_3}u_{I3}) \tag{6.3.8}$$

式(6.3.8)实现的是三个信号的加权求和运算,如果 $R_1 = R_2 = R_3$,则

$$u_O = -\frac{R_F}{R_1}(u_{I1} + u_{I2} + u_{I3}) \tag{6.3.9}$$

如果进一步使 $R_1 = R_2 = R_3 = R_F$,则

$$u_O = -(u_{I1} + u_{I2} + u_{I3}) \tag{6.3.10}$$

反相加法运算电路的优点是调节方便,当调节某一路信号的加权系数(即电阻 R_1、R_2、R_3 的阻值)时并不影响其他输入信号的权重系数。

【例 6.3.2】 试用两级放大电路设计一个加减运算电路,实现以下运算关系

$$u_O = 10u_{I1} + 20u_{I2} - 8u_{I3}$$

【解】 由题中给出的运算关系可知,u_{I3} 与 u_O 极性相反,而 u_{I1} 和 u_{I2} 与 u_O 极性相同,故可用反相加法运算电路将 u_{I1} 和 u_{I2} 相加后,它们的和再与 u_{I3} 进行反相相加,这样 u_{I3} 被反相一次,而 u_{I1} 和 u_{I2} 被反相两次。根据以上分析,可画出电路如图 6.3.5 所示。

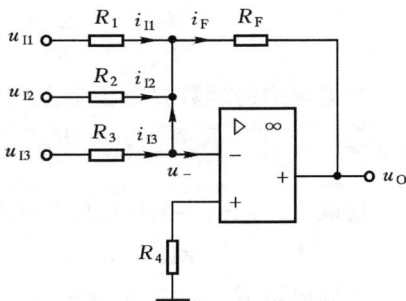

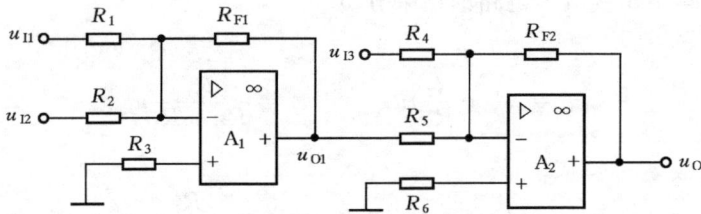

图 6.3.5　例 6.3.2 图

由图 6.3.5 可得

$$u_{O1} = -(\frac{R_{F1}}{R_1}u_{I1} + \frac{R_{F1}}{R_2}u_{I2})$$

$$u_O = -(\frac{R_{F2}}{R_4}u_{I3} + \frac{R_{F2}}{R_5}u_{O1}) = \frac{R_{F2}}{R_5}(\frac{R_{F1}}{R_1}u_{I1} + \frac{R_{F1}}{R_2}u_{I2}) - \frac{R_{F2}}{R_4}u_{I3}$$

根据题中的运算要求设定上式中的各电阻比例关系为

$$\frac{R_{F2}}{R_5} = 1, \quad \frac{R_{F1}}{R_1} = 10, \quad \frac{R_{F1}}{R_2} = 20, \quad \frac{R_{F2}}{R_4} = 8$$

选取 $R_{F1} = R_{F2} = 100 \text{ k}\Omega$，则可求得其余电阻值如下

$$R_1 = 10 \text{ k}\Omega, \quad R_2 = 5 \text{ k}\Omega, \quad R_4 = 12.5 \text{ k}\Omega, \quad R_5 = 100 \text{ k}\Omega$$

平衡电阻 R_3、R_6 的值分别为

$$R_3 = R_1 /\!/ R_2 /\!/ R_{F1} = 10 /\!/ 5 /\!/ 100 = 3.2 \text{ k}\Omega$$

$$R_6 = R_4 /\!/ R_5 /\!/ R_{F2} = 12.5 /\!/ 100 /\!/ 100 = 10 \text{ k}\Omega$$

（2）同相加法运算电路　同相加法运算电路如图 6.3.6 所示。其中 R_F 引入电压串联负反馈。

根据同相比例运算电路

$$u_O = (1 + \frac{R_F}{R})u_+$$

而

$$u_+ = \frac{R_2}{R_1 + R_2}u_{I1} + \frac{R_1}{R_1 + R_2}u_{I2}$$

所以

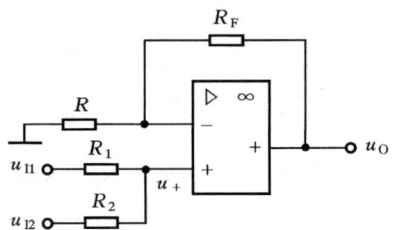

图 6.3.6　同相加法运算电路

$$u_O = (1 + \frac{R_F}{R})u_+ = (1 + \frac{R_F}{R})(\frac{R_2}{R_1 + R_2}u_{I1} + \frac{R_1}{R_1 + R_2}u_{I2}) \quad (6.3.11)$$

考虑两个输入端对地电阻应相等的平衡条件，$R /\!/ R_F = R_1 /\!/ R_2$，则

$$u_O = \frac{R+R_F}{RR_F}R_F \frac{R_1 R_2}{R_1+R_2}\left(\frac{1}{R_1}u_{I1}+\frac{1}{R_2}u_{I2}\right) = \frac{R_F}{R_1}u_{I1}+\frac{R_F}{R_2}u_{I2} \quad (6.3.12)$$

如果进一步选择电阻使 $R=R_F=R_1=R_2$，则

$$u_O = u_{I1} + u_{I2} \quad (6.3.13)$$

与反相加法运算电路相比，同相加法运算电路的输入电阻高，几乎不从信号源取用电流。但是由于其电阻阻值的调整和平衡电阻的选取较复杂，且有较高的共模输入分量，对集成运放的共模抑制比要求较高，因此在对输入电阻要求不高时，往往采用反相输入加法器。

【例 6.3.3】 试求图 6.3.7 所示电路的输出电压 u_O 与输入电压 u_I 之间的运算关系式。

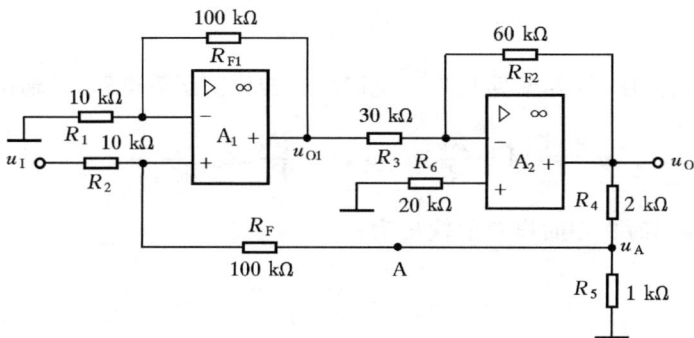

图 6.3.7　例 6.3.3 图

【解】 电路中由 R_4、R_5 和 R_F 引入的两级之间的反馈属于电压并联负反馈，所以电路中的集成运放工作在线性区，可以用"虚短"和"虚断"的概念进行分析。对此类电路的求解应尽量采用已学过的基本运算电路的结论以简化分析。

求解本题的关键是把两级之间的反馈拆开，即用戴维宁定理把 A 点右端的电路进行等效。本题中由于 R_F 的阻值远大于 R_4 和 R_5 的阻值，所以可近似认为

$$u_A = \frac{R_5}{R_4+R_5}u_O = \frac{1}{2+1}u_O = \frac{1}{3}u_O$$

A_1 组成的电路为同相加法运算电路，A_2 为反相比例运算电路。利用同相加法运算电路和反相比例运算电路的结论有

$$u_{O1} = \frac{R_{F1}}{R_2}u_I + \frac{R_{F1}}{R_F}u_A = \frac{100}{10}u_I + \frac{100}{100}u_A = 10u_I + u_A = 10u_I + \frac{1}{3}u_O$$

$$u_O = -\frac{R_{F2}}{R_3}u_{O1} = -\frac{60}{30}\left(10u_I + \frac{1}{3}u_O\right) = -20u_I - \frac{2}{3}u_O$$

所以　　　$u_O = -12u_I$

3. 减法运算电路

　　减法电路能实现两个信号相减的运算。电路如图 6.3.8 所示,其中 R_F 引入电压负反馈,对 u_{I1} 它是并联反馈,对 u_{I2} 它是串联反馈。

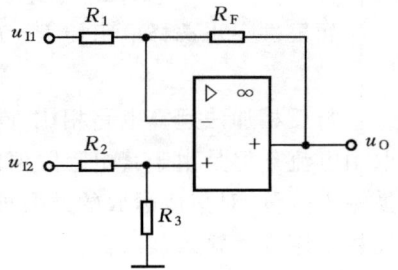

图 6.3.8　减法运算电路

　　减法运算电路可以看作同相比例运算电路和反相比例运算电路的组合,在线性工作条件下,利用叠加定理可以方便地求出其输入输出关系。

　　当 u_{I1} 单独作用时(u_{I2} 短路接地),电路为反相比例运算电路,其输出为

$$u_{O1} = -\frac{R_F}{R_1}u_{I1}$$

　　当 u_{I2} 单独作用时(u_{I1} 短路接地),电路为同相比例运算电路,其输出为

$$u_{O2} = (1+\frac{R_F}{R_1})u_+ = (1+\frac{R_F}{R_1})\frac{R_3}{R_2+R_3}u_{I2}$$

　　当 u_{I1}、u_{I2} 同时作用时电路的输出为

$$u_O = u_{O1} + u_{O2} = (1+\frac{R_F}{R_1})\frac{R_3}{R_2+R_3}u_{I2} - \frac{R_F}{R_1}u_{I1} \qquad (6.3.14)$$

　　如果选择电阻 $R_1 = R_2$,$R_3 = R_F$,则

$$u_O = \frac{R_F}{R_1}(u_{I2} - u_{I1}) \qquad (6.3.15)$$

　　如果进一步选择电阻 $R_1 = R_2 = R_3 = R_F$,则

$$u_O = u_{I2} - u_{I1} \qquad (6.3.16)$$

　　【例 6.3.4】　在图 6.3.9 所示电路中,已知 $R_1 /\!/ R_2 /\!/ R_F = R_3 /\!/ R_4 /\!/ R_5$,试求输出电压 u_O 的表达式。

　　【解】　对运放的反相端和同相端分别列基尔霍夫电流方程

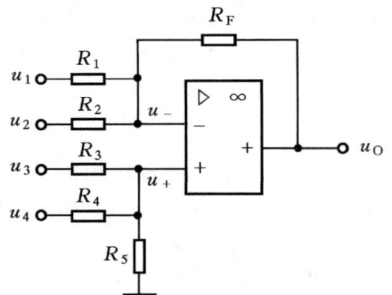

图 6.3.9　例 6.3.4 图

$$\begin{cases} \dfrac{u_1-u_-}{R_1} + \dfrac{u_2-u_-}{R_2} = \dfrac{u_- - u_O}{R_F} \\[3mm] \dfrac{u_3-u_+}{R_3} + \dfrac{u_4-u_+}{R_4} = \dfrac{u_+}{R_5} \end{cases}$$

对方程进行整理得

$$\begin{cases} \dfrac{u_1}{R_1} + \dfrac{u_2}{R_2} + \dfrac{u_O}{R_F} = u_-\left(\dfrac{1}{R_1} + \dfrac{1}{R_2} + \dfrac{1}{R_F} \right) \\ \dfrac{u_3}{R_3} + \dfrac{u_4}{R_4} = u_+\left(\dfrac{1}{R_3} + \dfrac{1}{R_4} + \dfrac{1}{R_5} \right) \end{cases}$$

由于 $R_1 // R_2 // R_F = R_3 // R_4 // R_5$，且 $u_+ = u_-$，由上式可解得

$$u_O = \frac{R_F}{R_3} u_3 + \frac{R_F}{R_4} u_4 - \frac{R_F}{R_1} u_1 - \frac{R_F}{R_2} u_2$$

4. 积分与微分运算电路

（1）积分运算电路　将反相比例运算电路中的反馈电阻换成电容就构成了积分运算电路，如图 6.3.10 所示。

根据"虚短"、"虚断"的概念，有：$u_- = 0$，$i_1 = i_C$，而

$$i_1 = \frac{u_I}{R}$$

图 6.3.10　积分运算电路

$$u_O = -u_C = -\frac{1}{C}\int i_C \mathrm{d}t = -\frac{1}{RC}\int u_I \mathrm{d}t \qquad (6.3.17)$$

式（6.3.17）表明，输出电压与输入电压的积分成正比，RC 为积分电路的时间常数。

当输入信号 u_I 为图 6.3.11(a)所示阶跃电压时，则输出电压（设电容初始电压为零）为

$$u_O = -\frac{1}{RC}\int_0^t u_I \mathrm{d}t + u_O(0) = -\frac{U}{RC}t$$

输出电压 $u_O(t)$ 与时间 t 成线性关系。但输出电压的最终值将受到集成运放最大输出电压的限制。

（2）微分运算电路　微分运算是积分运算的逆运算，所以将积分运算电路中的电容和电阻的位置互换，就构成了微分运算电路。如图 6.3.12 所示。

在微分运算电路中，也存在着"虚地"，因此

$$i_1 = C\frac{\mathrm{d}u_C}{\mathrm{d}t} = C\frac{\mathrm{d}u_I}{\mathrm{d}t}$$

$$u_O = -Ri_F = -Ri_1$$

所以

$$u_O = -RC\frac{\mathrm{d}u_I}{\mathrm{d}t} \qquad (6.3.18)$$

由式（6.3.18）可见，输出电压与输入电压的微分成正比关系。

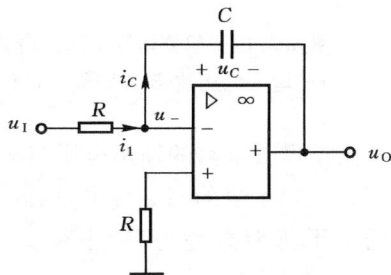

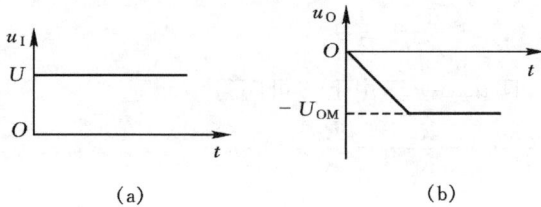

图 6.3.11　积分运算电路的阶跃响应
(a)输入电压波形；(b)输出电压波形

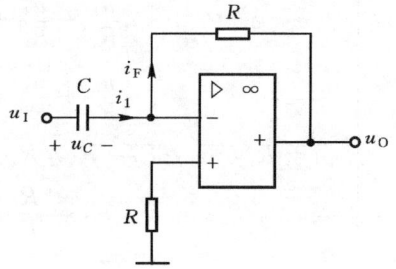

图 6.3.12　微分运算电路

由于微分电路的输出电压与输入电压的变化率成比例，而电路中的干扰信号大都是变化迅速的高频信号，因此微分电路的抗干扰能力差，实际中很少单独使用。

【例 6.3.5】电路如图 6.3.13 所示，试求输出电压 u_O 与输入电压 u_I 之间的运算关系式。

图 6.3.13　例 6.3.5 图

【解】根据"虚短"、"虚断"的概念，有
$u_- = u_+ = 0, i_F = i_1 + i_2$，而

$$i_1 = \frac{u_I}{R_1}, \quad i_2 = C_1 \frac{du_I}{dt}$$

$$u_O = -R_2 i_F - \frac{1}{C_2}\int i_F dt = -R_2 i_1 - R_2 i_2 - \frac{1}{C_2}\int i_1 dt - \frac{1}{C_2}\int i_2 dt$$

所以　　　$u_O = -\left(\frac{R_2}{R_1} + \frac{C_1}{C_2}\right)u_I - \frac{1}{R_1 C_2}\int u_I dt - R_2 C_1 \frac{du_I}{dt}$

由上式可知，电路的输出含有输入的比例、积分和微分项，故称其为比例-积分-微分调节器(简称 PID 调节器)。常用在自动控制系统中以改善控制系统的性能。当 $R_2 = 0$ 或 $C_1 = 0$ (R_2 短路或 C_1 开路)时，输出中将只包含输入的比例和积分项，称为比例-积分调节器(简称 PI 调节器)。当 $R_1 = \infty$ 或 $C_2 = \infty$ (R_1 开路或 C_2 短路)时，输出中将只包含输入的比例和微分项，称为比例-微分调节器(简称 PD 调节器)。实际中常根据不同的控制要求，采用不同的调节器。

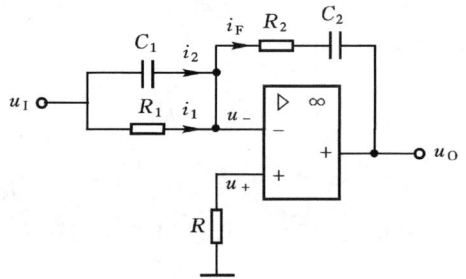

6.3.2　测量放大器

1. 测量放大器的工作原理

测量放大器又称为数据放大器，它具有输入阻抗高，共模抑制比大的特点。常

用于放大热电偶、电阻应变桥、流量计等具有较大共模干扰且变化缓慢的微弱信号。

　　典型的三集成运放测量放大器如图 6.3.14 所示,它由两级直接耦合放大电路组成,第一级由两个对称的同相输入放大器 A_1、A_2 组成,由于输入端是集成运放的同相输入端,因此输入电阻很高。第二级是由 A_3 组成的减法运算电路(差分放大器),为了提高共模抑制比,要求第一级的两个运算放大器的特性一致性要好,第二级集成运放中的四个电阻要严格对称,这样 A_1、A_2 的输出端上产生的漂移电压是对称的,在 A_3 组成的差分电路不会引起输出。因此该电路具有很高的共模抑制能力和较低的输出漂移电压。

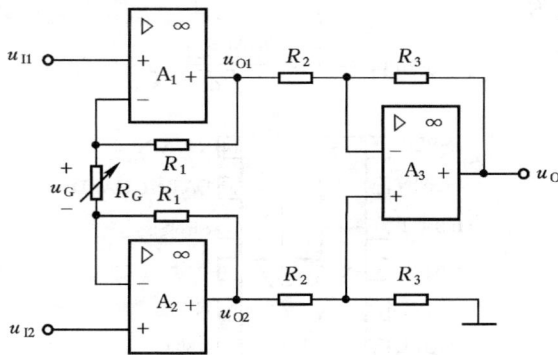

图 6.3.14　三集成运放组成的测量放大器

　　在集成运放为理想的条件下,由“虚短”和“虚断”的概念,可得下列关系式

$$u_G = u_{I1} - u_{I2}$$

$$u_{O1} - u_{O2} = (R_1 + R_G + R_1) \frac{u_G}{R_G} = (1 + \frac{2R_1}{R_G})(u_{I1} - u_{I2})$$

$$u_O = \frac{R_3}{R_2}(u_{O2} - u_{O1}) = \frac{R_3}{R_2}(1 + \frac{2R_1}{R_G})(u_{I2} - u_{I1}) \tag{6.3.19}$$

　　式(6.3.19)表明,输出电压只与输入电压的差模分量有关,改变 R_G 就可以对放大电路的电压放大倍数进行调整。

2. 单片集成测量放大器 AD522 简介

　　测量放大器具有高共模抑制比的前提条件是电路中的集成运放和电阻对称,然而在实际中很难做到完全对称,为此许多集成电路制造厂家推出了高性能的单片集成测量放大器。如美国 AD 公司的 AD521、AD522 以及美国国家半导体公司的 LH0083、LH0084 等。下面简单介绍 AD522。

　　AD522 的工作原理与三集成运放测量放大器类似。主要性能指标如下:共模

抑制比 $K_{CMRR} > 110$ dB(在 $A_u = 1\,000$ 时),输入阻抗为 $10^9\,\Omega$,最大差模输入电压 ± 20 V,最大共模输入电压 ± 15 V,输出失调电压最大 $\pm 200\,\mu$V,典型值为 $\pm 100\,\mu$V(AD522B),输入失调电压温漂小于 $\pm 2\,\mu$V/℃(AD522B 在 $A_u = 1\,000$ 时),电压放大倍数可在 $1 \sim 1\,000$ 范围内调整,双电源供电,电源电压可在 $\pm(5 \sim 18)$V之间选取。

AD522 采用标准的 14 脚双列直插式封装,其管脚功能如图 6.3.15(a)所示。管脚 4、6 间接调零电位器(10 kΩ),5、8 分别接正、负电源,9、11 为接地端,管脚 12 通常和输出 7 端相接,1、3 端接输入信号,管脚 13 与信号线的屏蔽层相接,管脚 2 和 14 间外接电阻 R_G,通过改变 R_G 的大小来调整放大器的电压放大倍数,电压放大倍数的计算公式为

$$A_u = 1 + \frac{200(\text{k}\Omega)}{R_G} \tag{6.3.20}$$

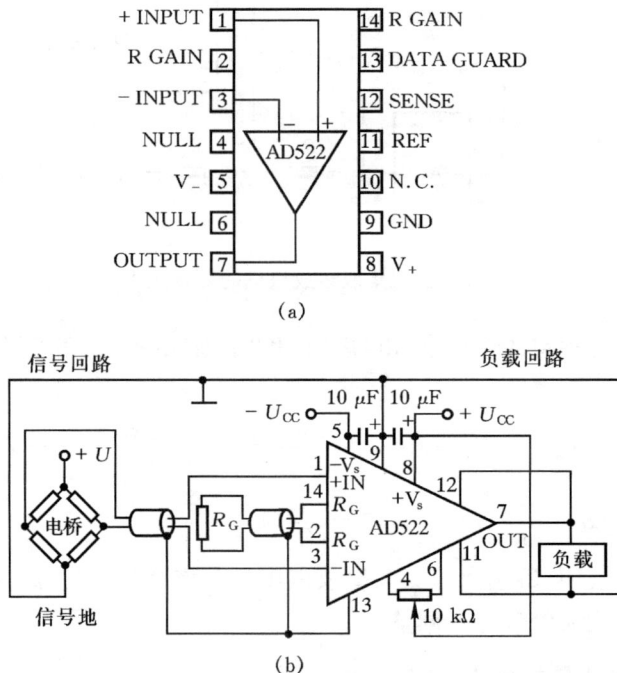

(a)

(b)

图 6.3.15 AD522 的管脚排列及典型接法

(a)管脚图;(b)基本接法

AD522 的基本接线方式如图 6.3.15(b)所示。使用任何测量放大器时,都要特别注意为直流偏置电流提供通路,所以 AD522 的输入管脚 1 和 3 必须与电源地

线构成回路。

【练习与思考】

6.3.1　怎样才能实现集成运放的线性应用？

6.3.2　什么是"虚地"？"虚地"存在的条件是什么？

6.3.3　总结集成运放线性应用电路的分析方法。

6.4　集成运算放大器的非线性应用

集成运放除广泛应用在线性电路中外，在非线性电路中也起着重要作用。集成运放在非线性电路中有两种工作类型：一类是运算放大器工作在开环或正反馈状态，本身工作在非线性区；另一类是整个电路中有非线性元件，如二极管、稳压管等，使得输出 u_O 与输入 u_I 不再是线性关系，但运算放大器本身仍然工作在线性区。运算放大器的工作状态不同，其分析方法也将有所不同。如运算放大器工作于小信号的线性放大区，则可以用"虚短"和"虚断"的概念对电路进行分析。如运算放大器工作在大信号的非线性区，即开环或正反馈状态，则不能再用"虚短"和"虚地"的概念对电路进行分析，而要用式（6.1.6）和式（6.1.7）对电路进行分析。由于运算放大器的开环输入阻抗很高，所以"虚断"的概念对于各类非线性电路仍然是适用的。在分析运算放大器非线性应用电路时，首先要弄清运算放大器的工作状态。

6.4.1　电压比较器

电压比较器的功能是实现输入电压与门限电压（或称阈值电压）的比较，根据比较的结果，输出高电平或低电平。当输入电压等于门限电压时，输出电压将发生从低到高或从高到低的突变，因此，所谓门限电压就是当输出电压发生变化时所对应的输入电压值。电压比较器在超限报警、波形变换、模数转换等电路中获得了广泛应用。

1. 单门限电压比较器

单门限电压比较器只有一个门限电压。根据输入电压与参考电压的不同接入方式又可分为串联型和并联型

（1）串联型单门限电压比较器　图 6.4.1（a）所示比较器由于输入信号 u_I 从集成运放的反相输入端接入，参考电压 U_R 从同相端接入，所以称为反相输入串联型电压比较器。当 $u_I < U_R$ 时，$u_O = +U_{OM}$；当 $u_I > U_R$ 时，$u_O = -U_{OM}$，U_{OM} 为集成

运放的最大输出电压值。显然该比较器的门限电压 $U_T = U_R$。输出电压与输入电压的函数关系,即其传输特性如图 6.4.1(b)如示。

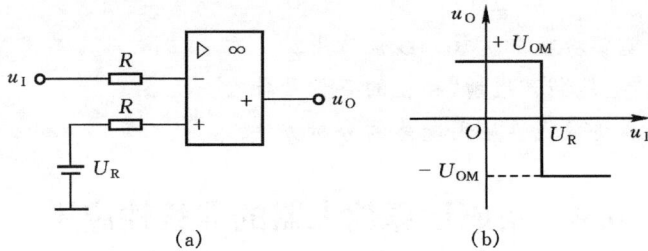

图 6.4.1　反相输入串联型电压比较器

(a)电路图;(b)电压传输特性

如果输入电压 u_I 是随时间连续变化的正弦电压时,则输出电压为矩形波,其输出频率由输入电压的频率决定,如调整 U_R 的大小,可改变输出波形的占空比,如图 6.4.2 所示。

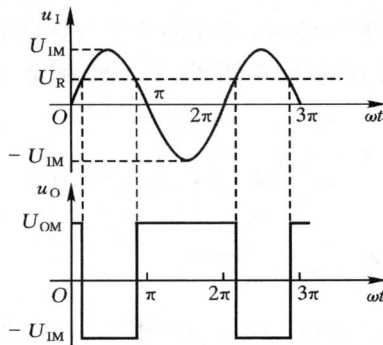

图 6.4.2　反相输入串联型电压比较器的波形

门限电压 $U_T = 0$ 的单门限比较器称为过零比较器。图 6.4.3(a)是反相输入过零比较器,该电路由于在输出端接有限幅电路,输出电压 u_O 的幅值被限制在 $\pm U_Z$,其电压传输特性如图 6.4.3(b)所示。

(2)并联型单门限电压比较器　图 6.4.4(a)所示比较器由于输入电压 u_1 和参考电压 U_R 都接在集成运放的同相输入端,因而称为同相输入并联型电压比较器。当同相输入端电位 u_+ 为零时,比较器输出状态发生翻转,此时的输入电压值即为门限电压 U_T,由叠加原理可求得

$$u_+ = \frac{R_2}{R_1 + R_2} u_1 + \frac{R_1}{R_1 + R_2} U_R$$

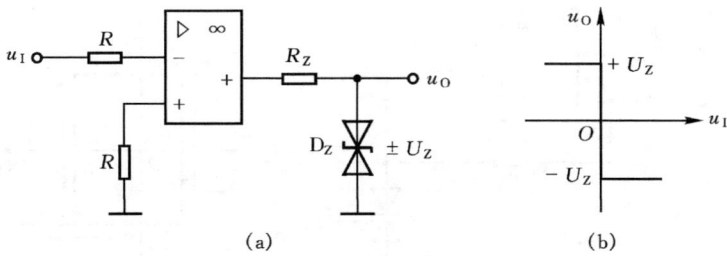

图 6.4.3　反相输入过零比较器

(a)电路图；(b)电压传输特性

令 $u_+ = 0$，即

$$u_+ = \frac{R_2}{R_1 + R_2} U_T + \frac{R_1}{R_1 + R_2} U_R = 0$$

可解出门限电压值

$$U_T = -\frac{R_1}{R_2} U_R \qquad\qquad (6.4.1)$$

由于输入电压 u_I 接在同相输入端，所以当 $u_I < U_T$ 时，$u_O = 0$(忽略稳压管的正向导通电压)；当 $u_I > U_T$ 时，$u_O = U_Z$，电压传输特性如图 6.4.4(b)所示。

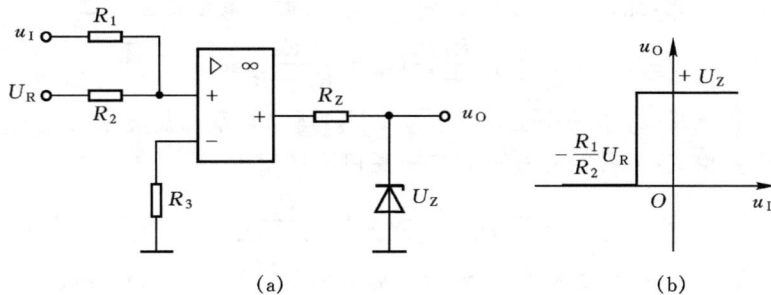

图 6.4.4　同相输入并联型电压比较器

(a)电路图；(b)电压传输特性

* 2. 滞回比较器

单限比较器具有电路简单，灵敏度高等优点，但是其抗干扰能力差。如果输入电压由于受到干扰而在门限电压上下发生波动，将会引起输出电压在高、低电平之间不断跳变。为了克服单限比较器抗干扰能力差的问题，常在比较器中引入正反馈而构成滞回比较器，如图 6.4.5(a)所示。

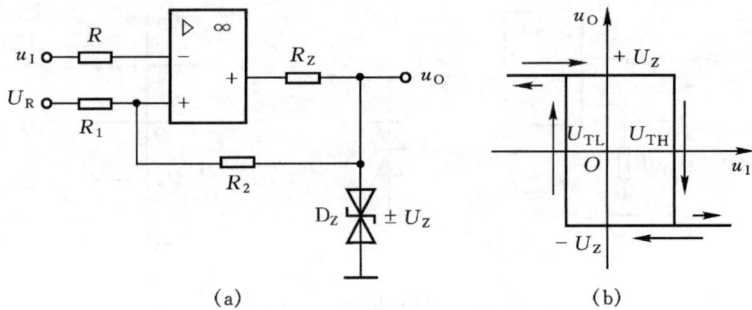

图 6.4.5　反相输入串联型滞回电压比较器

(a)电路图；(b)电压传输特性

　　由图 6.4.5(a)可见,输出电压经反馈电阻 R_2 反馈到电压比较器的同相端而构成正反馈,正反馈的引入一方面可以加速输出电压的转换速率,即加速电路从一种输出状态翻转到另一种输出状态;另一方面使得集成运放的同相输入端电位 u_+ 不仅与参考电压有关,而且与输出电压有关,因此

$$u_+ = \frac{R_2}{R_1 + R_2}U_R + \frac{R_1}{R_1 + R_2}u_O$$

　　当集成运放反相输入端电位与同相输入端电位相等时,即 $u_- = u_+$ 时,输出端的状态将发生变化,此时对应的 u_I 值即为比较器的门限电压值

$$U_T = \frac{R_2}{R_1 + R_2}U_R + \frac{R_1}{R_1 + R_2}u_O \tag{6.4.2}$$

　　由于输出电压 u_O 有两个值,$+U_Z$ 或 $-U_Z$,所以门限电压相应的也有两个值,如 $u_O = +U_Z$,由式(6.4.2)可求出相应的高门限电压为

$$U_{TH} = \frac{R_2}{R_1 + R_2}U_R + \frac{R_1}{R_1 + R_2}U_Z \tag{6.4.3}$$

　　在 u_I 随时间逐渐增大的过程中,当 $u_I < U_{TH}$ 时,$u_- < u_+$,$u_O = +U_Z$;当 $u_I > U_{TH}$ 时,$u_- > u_+$,$u_O = -U_Z$。如 $u_O = -U_Z$,由式(6.4.2)可求出相应的低门限电压为

$$U_{TL} = \frac{R_2}{R_1 + R_2}U_R - \frac{R_1}{R_1 + R_2}U_Z \tag{6.4.4}$$

　　在 u_I 随时间逐渐减小的过程中,当 $u_I > U_{TL}$ 时,$u_- > u_+$,$u_O = -U_Z$;当 $u_I < U_{TL}$ 时,$u_- < u_+$,$u_O = +U_Z$。

　　根据以上分析,可画出滞回比较器的电压传输特性如图 6.4.5(b)所示。由图可见滞回比较器的传输特性呈滞回形状,有两个不同的门限电压。两个门限电压之差称为滞回比较器的回差电压,用 ΔU_T 表示,即

$$\Delta U_{\mathrm{T}} = U_{\mathrm{TH}} - U_{\mathrm{TL}} = \frac{2R_1}{R_1 + R_2} U_Z \qquad (6.4.5)$$

　　正是由于回差电压的存在使得输入电压的波动范围可以扩大,从而提高了比较器的抗干扰能力,所以回差电压的大小表示了滞回比较器抗干扰能力的强弱。由式(6.4.5)可知,回差电压 ΔU_{T} 的大小与参考电压 U_{R} 无关,但改变参考电压 U_{R} 的大小,可以使电压传输特性沿横轴平移,如 $U_{\mathrm{R}} = 0$,电压传输特性关于纵轴对称。

　　以上讨论的是反相输入串联型滞回比较器,事实上,根据输入电压和参考电压的不同联接方式,还有同相输入串联型、反相输入并联型和同相输入并联型滞回比较器,它们的分析方法与反相输入串联型滞回比较器基本相同,在此不再赘述。

*6.4.2　方波发生器

　　图 6.4.6(a)是一个由运算放大器组成的方波发生器,它是在反相输入滞回比较器的基础上,增加了一个由 R、C 组成的积分电路。图中集成运算放大器,电阻 R_1、R_2、R_Z 和双向稳压管 D_Z 组成有输出限幅的滞回比较器,比较器的输出电压 u_O 通过 R 对电容进行充放电,电容电压 u_C 作为比较器的输入电压,电路工作原理如下。

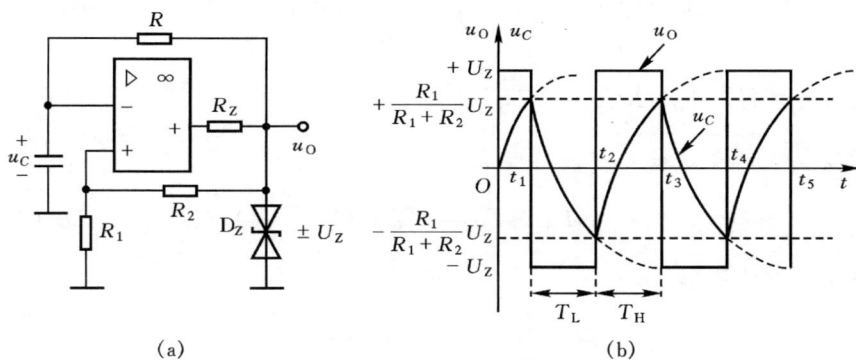

图 6.4.6　方波发生器及其电压波形
(a)电路图;(b)波形图

　　设 $t = 0$ 时电容电压 $u_C(0) = 0$,比较器的输出电压 $u_O = +U_Z$,此时,集成运放同相端的电压,即滞回比较器的高门限电压值为

$$U_{\mathrm{TH}} = \frac{R_1}{R_1 + R_2} u_O = \frac{R_1}{R_1 + R_2} U_Z \qquad (6.4.6)$$

　　与此同时,输出电压 u_O 通过电阻 R 向电容 C 充电,电容两端电压 u_C 按指数规律增加,由于电容 C 接在集成运放的反相输入端,所以,只要 $u_C < U_{\mathrm{TH}}$,输出电压

u_O 就仍将维持在 U_Z,直到 u_C 随着时间增加到 $u_C > U_{TH}$ 时,u_O 即由 $+U_Z$ 跳变到 $-U_Z$,于是集成运放同相输入端的电压立即变为滞回比较器的低门限电压值

$$U_{TL} = \frac{R_1}{R_1 + R_2} u_O = -\frac{R_1}{R_1 + R_2} U_Z \qquad (6.4.7)$$

输出电压 u_O 变为 $-U_Z$ 后,电容 C 通过电阻 R 先放电而后再反向充电,电容两端电压 u_C 按指数规律减小,直到 $u_C < U_{TL}$ 时,输出电压 u_O 又由 $-U_Z$ 跳变到 $+U_Z$,如此周而复始,便在输出端得到方波电压,u_O 与 u_C 的波形如图 6.5.6(b)所示。

图 6.4.6(b)中,输出方波的周期 $T = T_H + T_L$,T_H 为 u_C 从 U_{TL} 上升到 U_{TH} 所用的时间,T_L 为 u_C 从 U_{TH} 下降到 U_{TL} 所用的时间。对 $t_2 \sim t_3$ 期间的电容电压 u_C 应用一阶 RC 电路暂态响应的三要素公式可得

$$U_{TH} = U_Z + (U_{TL} - U_Z) e^{-\frac{T_H}{RC}}$$

代入 U_{TH}、U_{TL} 可解得

$$T_H = RC\ln\frac{U_Z - U_{TL}}{U_Z - U_{TH}} = RC\ln\frac{U_Z + \dfrac{R_1}{R_1 + R_2}U_Z}{U_Z - \dfrac{R_1}{R_1 + R_2}U_Z} = RC\ln(1 + \frac{2R_1}{R_2})$$

同理可求得 $T_L = RC\ln(1 + \dfrac{2R_1}{R_2})$

所以

$$T = T_H + T_L = 2RC\ln(1 + \frac{2R_1}{R_2}) \qquad (6.4.8)$$

输出方波的频率为

$$f = \frac{1}{T} = \frac{1}{2RC\ln(1 + \dfrac{2R_1}{R_2})} \qquad (6.4.9)$$

可见,振荡频率和电容充放电的时间常数 RC 及 R_1/R_2 有关。在实际中,常通过改变 C 进行频率的粗调,改变 R 可对频率进行细调。

【练习与思考】

6.4.1 非线性电路中的集成运放是否一定工作在饱和区?在什么条件下集成运放一定工作在饱和区?

6.4.2 求图 6.4.5(a)中同相输入并联型电压比较器的输出端不接稳压管时的电压传输特性。

6.5　RC 正弦波振荡电路

正弦波振荡电路是用来产生一定频率和幅值的正弦交流信号的电路,它是电子技术领域常用的信号源之一,在自动控制、测量、无线电通信等许多领域中都有着广泛的应用。

6.5.1　自激振荡的基本原理

1. 自激振荡的条件

对于放大电路,只有在输入端施加输入信号后才会有输出。如果一个放大电路在无输入信号的情况下仍能输出一定频率和幅值的信号,则称放大电路产生了自激振荡。自激振荡对放大电路是有害的,应设法消除。但在正弦波振荡电路中,则是人为地在电路中引入正反馈使电路产生自激振荡,从而输出一定频率和幅值的正弦波信号。

图 6.5.1 是表示正弦波振荡电路的框图,当开关 S 接在位置"1"时,输入信号 $\dot{X}_i$ 被送入基本放大电路进行放大,输出电压 $\dot{X}_o = A\dot{X}_i$,在反馈网络的输出端则可得到反馈信号 $\dot{X}_f = F\dot{X}_o = AF\dot{X}_i$,如果 $\dot{X}_f$ 与 $\dot{X}_i$ 在大小和相位上完全相同,那么在把开关 S 换接到位置"2"后,$\dot{X}_f$ 可以取代 $\dot{X}_i$ 而输出 $\dot{X}_o$ 维持不变。因此,产生自激振荡的条件为

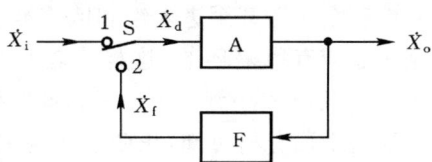

图 6.5.1　正弦波振荡电路的框图

$$AF = 1 \qquad\qquad (6.5.1)$$

式(6.5.1)可以改写为

$$AF = |A| \angle \varphi_A \cdot F | \angle \varphi_F = |AF| \angle \varphi_A + \varphi_F = 1$$

因此,产生自激振荡的条件可表示为幅度和相位两个平衡条件。

(1) 幅度平衡条件

$$|AF| = 1 \qquad\qquad (6.5.2)$$

式(6.5.2)表明,反馈信号的幅值应当等于输入信号的幅值。

(2) 相位平衡条件

$$\varphi_A + \varphi_F = 2n\pi \quad (n = 0,1,2,3,\cdots) \qquad (6.5.3)$$

相位平衡条件表明,放大电路的相位移和反馈网络的相位移之和应等于 $2n\pi$,即电路中必须引入正反馈。

正弦波振荡电路的输出信号应为单一频率的正弦波,这就要求振荡电路只对

某一特定的频率满足自激振荡条件,这个特定的频率就是振荡电路的振荡频率,用 f_0 表示,因此正弦波振荡电路的基本放大电路或正反馈网络应具有选频功能。

2. 振荡的建立与稳定

在讨论自激振荡的条件时,曾假设先有一输入信号 $\dot{X_i}$,而电路有了输出信号后,才能继续维持等幅振荡。但实际的振荡电路不可能先外加一输入信号激励一下,电路才能有输出信号,那么在没有外加信号的条件下,怎样才能建立起振荡呢?

事实上,放大电路中总是存在着噪声或干扰,例如接通直流电源时电路中就会产生电压或电流的瞬变过程,它包含有非常丰富的谐波分量,其中必然包含频率为 f_0 的分量。经过选频网络的选频作用,只有 f_0 这一频率分量满足振荡的相位平衡条件,如果对此频率满足 $|AF|>1$,则可形成增幅振荡,使输出逐渐变大,振荡得以建立。因此振荡建立的条件除必须满足相位平衡条件外,还应满足幅值条件 $|AF|>1$。

如果正弦波振荡电路满足振荡的建立条件 $|AF|>1$,那么在接通电源后,它的输出信号将随时间不断增大,当它的幅值增大到一定程度后,基本放大环节中的放大元件就会接近甚至进入饱和区或截止区,输出波形将会产生失真。因此在振荡电路中还应有稳幅环节,这样当输出增大到一定程度后,稳幅环节将使 $|AF|$ 由 $|AF|>1$ 逐渐减小到 $|AF|=1$。此时整个电路维持稳定的等幅振荡。

通过上面分析可知,正弦波振荡电路由基本放大电路、正反馈网络、选频网络和稳幅环节四部分组成。

6.5.2　*RC* 文氏电桥式振荡器

1. *RC* 串并联网络的选频特性

图 6.5.2(a)为 *RC* 串并联选频网络,选频网络的输入电压即为放大器的输出电压 $\dot{U_o}$,选频网络的输出电压 $\dot{U_f}$ 就是放大电路的输入电压,反馈网络的反馈系数为

$$F = \frac{\dot{U_f}}{\dot{U_o}} = \frac{R \,/\!/\, \dfrac{1}{j\omega C}}{R + \dfrac{1}{j\omega C} + \left(R \,/\!/\, \dfrac{1}{j\omega C}\right)} = \frac{1}{3 + j\left(\omega RC - \dfrac{1}{\omega RC}\right)} \quad (6.5.4)$$

如令 $\omega_0 = \dfrac{1}{RC}$,则式(6.5.4)可改为

$$F = \frac{1}{3 + j\left(\dfrac{\omega}{\omega_0} - \dfrac{\omega_0}{\omega}\right)} \quad (6.5.5)$$

因此,可得 *RC* 串并联选频网络的幅频特性及相频特性为

$$|F| = \frac{1}{\sqrt{3^2 + j(\frac{\omega}{\omega_0} - \frac{\omega_0}{\omega})^2}} \tag{6.5.6}$$

$$\varphi_F = -\arctan\frac{\frac{\omega}{\omega_0} - \frac{\omega_0}{\omega}}{3} \tag{6.5.7}$$

根据式(6.5.6)、(6.5.7)画出的 RC 串并联选频网络的幅频特性和相频特性如图 6.5.2(b)、(c)所示。

由幅频特性和相频特性可知,当 $\omega = \omega_0 = \frac{1}{RC}$,或 $f = f_0 = \frac{1}{2\pi RC}$ 时,$|F| = \frac{1}{3}$,$\varphi_F = 0$,即此时输出电压的幅值最大,是输入电压的 $\frac{1}{3}$,且输出电压与输入电压同相。

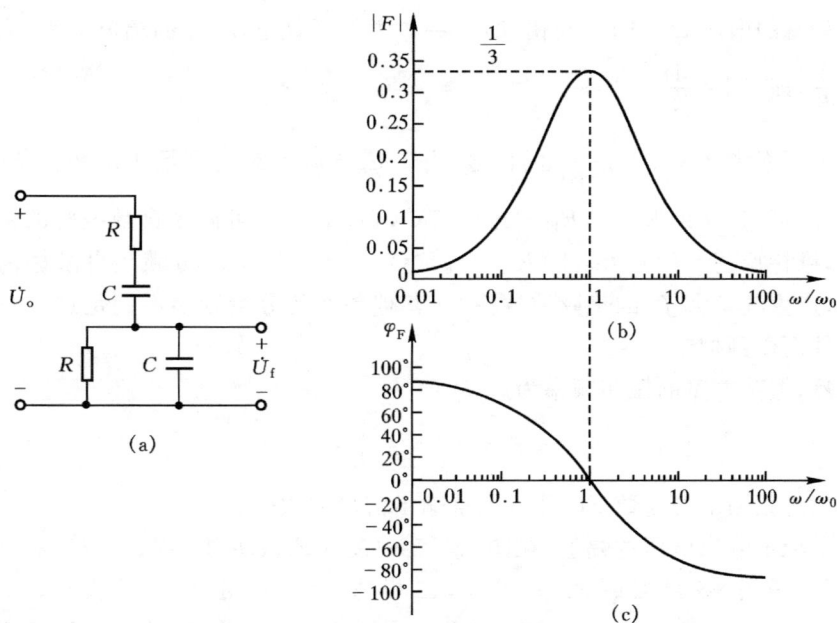

图 6.5.2　RC 串并联选频网络及其频率特性

(a) RC 串并联选频网络;(b)幅频特性;(c)相频特性

2. RC 文氏电桥式振荡器

图 6.5.3 是一个 RC 文氏电桥式振荡器,电路由 RC 选频网络和同相比例运算电路组成。图中 RC 串并联选频网络是文氏电桥的两臂,由它们组成正反馈网

络,电阻 R_{F1}、R_{F2} 和二极管 D_1、D_2 以及 R_1 组成负反馈网络,为文氏电桥的另外两臂。

图 6.5.3 中,基本放大电路是由集成运放组成的同相比例运算电路,其电压放大倍数为

$$A = \frac{\dot{U}_o}{\dot{U}_f} = 1 + \frac{R_{F1} + (R_{F2} \;/\!/\; r_d)}{R_1}$$

$$(6.5.8)$$

式(6.5.8)中 r_d 为二极管导通后的等效交流电阻,输出电压 $\dot{U}_o$ 与输入电压 $\dot{U}_f$ 同相,即 $\varphi_A = 0°$。

对于 RC 选频网络,只有频率为 $f = f_0 = \frac{1}{2\pi RC}$ 的输出电压 $\dot{U}_o$ 通过选频网络反馈到集成

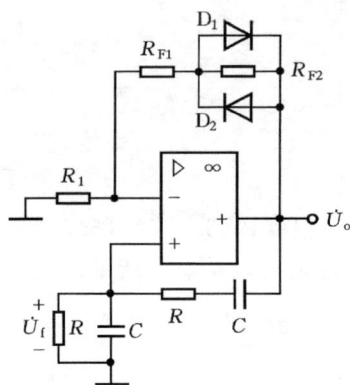

图 6.5.3　RC 文氏电桥振荡器

运放同相端的电压 $\dot{U}_f$ 与 $\dot{U}_o$ 同相,即 $\varphi_F = 0$,并且反馈电压 $\dot{U}_f$ 的幅值最大,为输出电压的 $\frac{1}{3}$,即 $|F| = \frac{1}{3}$。

对于频率为 $f = f_0 = \frac{1}{2\pi RC}$ 的信号,由于 $\varphi_A + \varphi_F = 2n\pi$,满足相位平衡条件,由式(6.5.8)可知,如果 $R_{F1} + (R_{F2} /\!/ r_d) = 2R_1$,则 $|A| = 3$,可满足自激振荡的幅值平衡条件,维持振荡。如果 $R_{F1} + (R_{F2} /\!/ r_d) > 2R_1$,则 $|A| > 3$,可满足自激振荡的建立条件,产生频率为 f_0 的正弦波振荡,而其他频率的分量则因不满足这一自激振荡的条件而受到抑制。

显然,振荡电路的振荡频率为

$$f = f_0 = \frac{1}{2\pi RC} \qquad\qquad (6.5.9)$$

通过改变选频网络的参数 RC 即可调整输出信号的频率。

为了稳定输出电压的幅值,在图 6.5.8 中接有 R_{F2}、D_1、D_2 组成的稳幅环节,其原理如下:在电路起振瞬间,$\dot{U}_o = 0$,二极管 D_1、D_2 处于截至状态,这时使 $R_{F1} + R_{F2} > 2R_1$,$|AF| > 1$,电路满足起振条件而形成增幅振荡,输出电压的幅值在不断增大。当输出电压幅值达到一定程度时,R_{F2} 两端电压的幅值就会大于二极管的死区电压,在 $\dot{U}_o$ 的正半周 D_2 导通,在 $\dot{U}_o$ 的负半周 D_1 导通,而且 $\dot{U}_o$ 的幅值越大,二极管的正向电阻 r_d 越小。导通的二极管与 R_{F2} 相并联,所以等效的负反馈电阻将减小,由式(6.5.8)可知 $|A|$ 将下降,所以 $|A|$ 将随着 $\dot{U}_o$ 幅值的增加由起振时的 $|A| > 3$ 逐渐减小,并稳定在 $|A| = 3$,此时 $|AF| = 1$,振荡将维持平衡,输出电压 $\dot{U}_o$ 的幅值不再变化,从而获得稳定的正弦波输出信号。

【练习与思考】

6.5.1 自激振荡的平衡条件是什么？说明振荡的建立和稳定有何不同？

6.5.2 正弦波振荡电路由哪几部分组成？它们的功能是什么？

6.5.3 RC 选频网路有何特点？在 RC 电桥式正弦波振荡电路中，为什么要引入负反馈？

本章小结

1. 集成运算放大器实际上是一个通用型的高增益直流放大器。具有电压放大倍数大，共模抑制比高，输入电阻大，输出电阻小的特点。在实际中，常将集成运算放大器理想化，当理想集成运放工作在线性区时，存在着"虚短"和"虚断"，即 $u_+ = u_-$，$i_+ = i_- = 0$；当理想集成运放工作在非线性区时，其输出只有两种可能，若 $u_+ > u_-$，$u_o = +U_{OM}$；若 $u_+ < u_-$，$u_o = -U_{OM}$。以上结论是分析各种集成运放应用电路的依据，应很好掌握。

2. 为了不同的目的，在放大电路中总是引入各种各样的反馈。所谓反馈是指将输出信号的一部分或全部通过反馈网络引回到输入端并进而影响输出信号的自动调节过程。若反馈量削弱了输入量则为负反馈。在放大电路中有目的引入负反馈可以稳定放大倍数，改善非线性失真，提高输入电阻和降低输出电阻。

3. 不同类型的负反馈对放大器性能的影响不同，所以对于各种实际的反馈电路要学会判别其类型，如果反馈直接从集成运放的输出端引出，或在负载两端并联分压器后引出，则为电压反馈；如果反馈是通过与负载串联的取样电阻后引出，则为电流反馈；如果输入信号和反馈信号是从集成运放的两个输入端分别接入，则为串联反馈；如果输入信号和反馈信号是从集成运放的同一个输入端接入，则为并联反馈。对反馈极性的判别常采用瞬时极性法。

4. 在集成运放的线性应用电路中，一般都接有负反馈电路，可以用"虚短"和"虚断"的概念对此类电路进行分析。要切实掌握各种基本运算电路的运算关系。

5. 集成运放的非线性应用主要是构成各种比较器，在各种比较器电路中集成运放大多处于开环或接有正反馈电路，但也有些电路集成运放本身仍工作在线性区，只是由于电路中存在着其他的非线性元件而使输出与输入呈非线性关系；集成运放的工作状态不同，其分析方法也不同。当比较器中的集成运放工作于线性区时，可以用"虚短"和"虚断"的概念对其进行分析。当比较器中的运放工作于非线性区时，"虚短"已不复存在，但"虚断"概念仍然适用。

6. 正弦波振荡器由基本放大电路、正反馈网络、选频网络和稳幅环节四大部分组成。正弦波振荡电路产生自激振荡的条件是：相位平衡条件 $\varphi_A + \varphi_F = 2n\pi$

$(n=0,1,2,3,\cdots)$和幅值平衡条件 $AF=1$。

习 题

题 6.01　在题 6.01 图所示的 4 个电路中,指出各电路中是否存在着反馈(多级放大器只考虑级间反馈)? 是正反馈还是负反馈? 并判断反馈的类型。

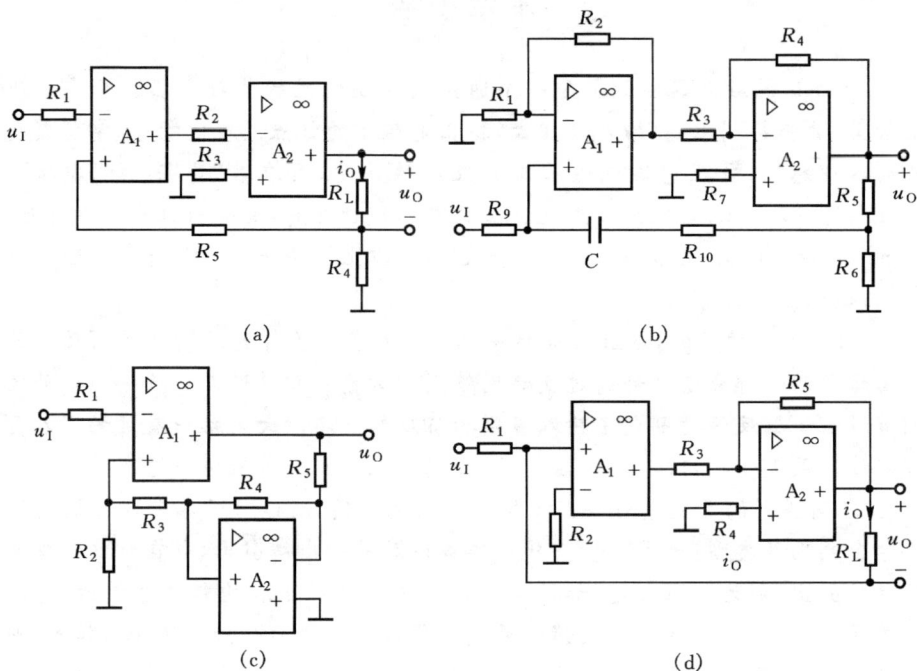

(a)　　　　　　　　　　　　(b)

(c)　　　　　　　　　　　　(d)

题 6.01 图

题 6.02　题 6.02 图所示电路是一高增益反相比例放大电路,可以达到用低电阻值获得高增益的目的。已知 $R_1=100$ kΩ, $R_2=200$ kΩ, $R_3=50$ kΩ, $R_4=1$ kΩ。

(1) 求闭环电压放大倍数 A_{uf}、输入电阻 r_i 和平衡电阻 R;

(2) 如改用图 6.3.1 所示的电路,要想保持闭环电压放大倍数 A_{uf} 和输入电阻 r_i 不变,反馈电阻 R_F 应该取多大?

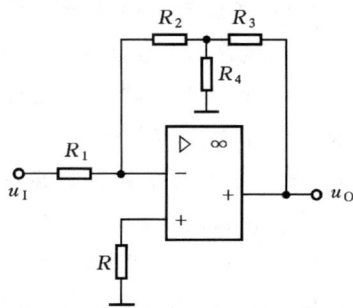

题 6.02 图

题 6.03 题 6.03 图所示电路中,已知 $u_1 = 0.5$ V,$u_2 = 1$ V,$u_3 = -0.5$ V,$u_4 = 1$ V,试求输出电压 u_O 的值。

题 6.04 电路如题 6.04 图所示。(1)说明 R_F 引入的反馈的类型;(2)写出输出电压 u_O 和输出电流的表达式;(3)根据(2)的计算结果,说明 R_F 引入的反馈在负载变化时能稳定哪个量?

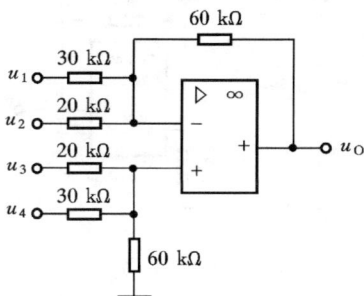

题 6.03 图

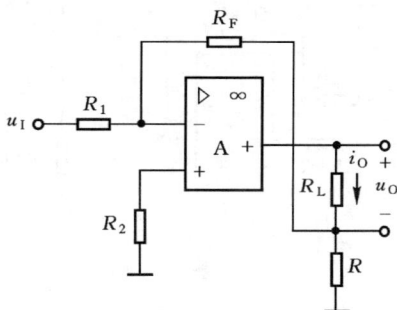

题 6.04 图

题 6.05 试求题 6.05 图所示加法电路的输出电压 U_O。

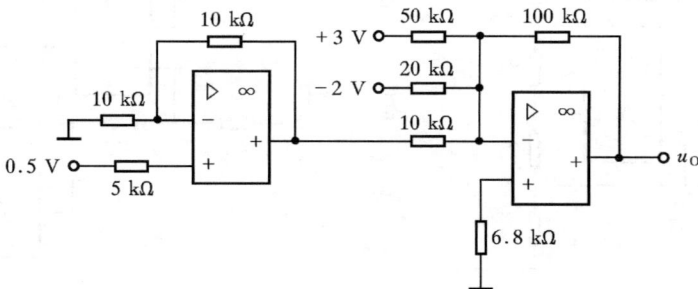

题 6.05 图

题 6.06 电路如题 6.06 图所示,试求输出电压 u_{O3} 与输入电压 u_{I1}、u_{I2} 和 u_{I3} 的运算关系式。

题 6.07 电路如题 6.07 图所示,试求输出电压 u_{O1}、u_{O2} 和 u_O 与输入电压 u_I 的运算关系式。

题 6.08 电路如题 6.08 图所示。(1)试求输出电压 u_O 与输入电压 u_{I1} 和 u_{I2} 之间的运算关系式;(2)如果 $R_1 = R_4$;$R_2 = R_3$,再求(1)的结果,并由此说明哪种情况下,电路抗共模干扰的能力强。

题 6.09 电路如题 6.09 图所示,试求输出电压 u_O 与输入电压 u_{I1} 和 u_{I2} 之间的运算关系式。

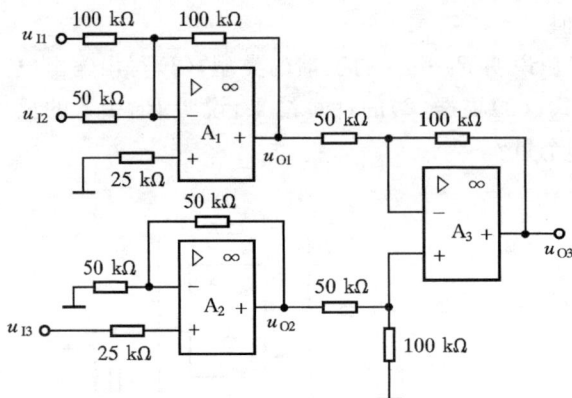

题 6.06 图

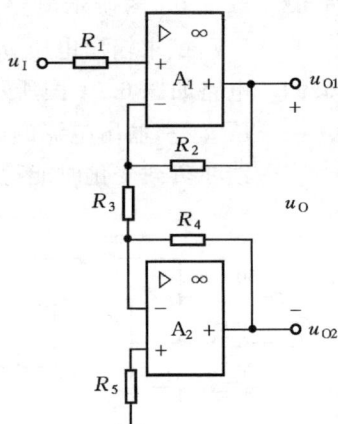

题 6.07 图

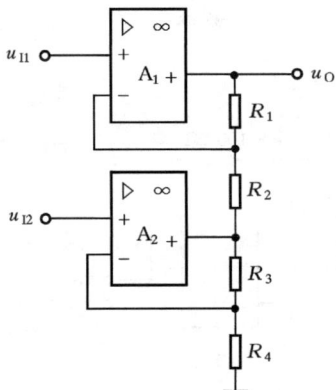

题 6.08 图

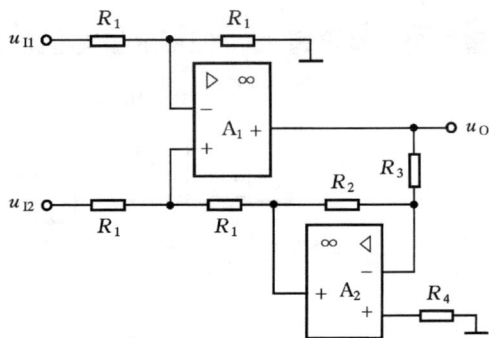

题 6.09 图

题 6.10　电路如题 6.10 图所示。试证明该电路的输入、输出关系为

$$u_O = \frac{1}{RC}\int (u_{I2} - u_{I1})\,\mathrm{d}t$$

题 6.11　电路如题 6.11 图所示。试求输出电压 u_O 与输入电压 u_{I1} 和 u_{I2} 之间的的运算关系式。

题 6.12　在题 6.12(a)图所示电路中，已知 $R = 10\ \mathrm{k\Omega}$，$C = 0.01\ \mu\mathrm{F}$，输入电压 u_i 的波形如题 6.12(b)图所示，电容无初始储能。试画出输出电压 u_o 的波形。

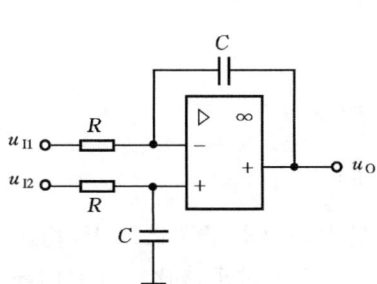

题 6.10 图

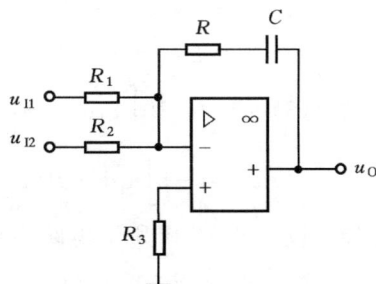

题 6.11 图

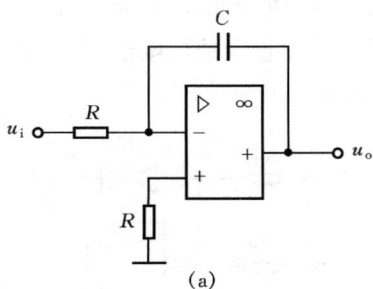

（a）

（b）

题 6.12 图

题 6.13　利用运算放大器组成的多量程电压表的原理电路如题 6.13 图所示，在运放的输出端接有满量程为 5 V、500 μA 的电压表，如要得到 0.5 V、1 V、5 V、10 V、50 V　5 种量程，电阻 $R_1 \sim R_5$ 的阻值应为多少？

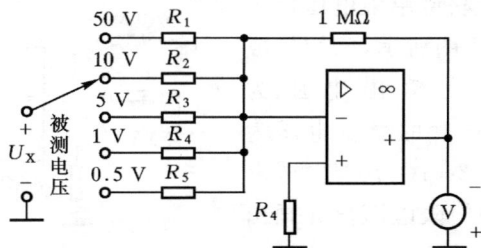

题 6.13 图

题 6.14　试用一片集成运算放大器设计能完成下列运算功能的运算电路，要求画出电路图并计算图中各元件的参数。题中括号内的反馈电阻值和反馈电容值是已给定的。

(1) $u_O = (-u_{I1} + 0.2u_{I2})$ ($R_F = 100$ kΩ)

(2) $u_O = 2u_{I1} - u_{I2}$ ($R_F = 10$ kΩ)

(3) $u_O = -10\int u_{I1}\,\mathrm{d}t - 5\int u_{I2}\,\mathrm{d}t$ ($C_F = 1$ μF)

(4) $u_O = -5\int u_I\,\mathrm{d}t - 10u_I$ ($C_F = 1$ μF)

题 6.15 设题 6.15 图所示电路中集成运放的最大输出电压为 ±12 V,稳压管的稳定电压为 ±6 V,$u_I = 4\sin(\omega t)$V,$U_R = 2$ V。试求该比较器的门限电压值并画出电路的电压传输特性和输出电压随时间变化的波形。

题 6.16 反相输入并联型电压比较器电路如题 6.16 图所示,已知集成运放的最大输出电压为 ±12 V,稳压管的稳定电压为 ±6 V,$R_1 = 1$ kΩ,$R_2 = 2$ kΩ,$U_R = 3$ V,$u_I = 3\sin(\omega t)$V。试求该比较器的门限电压值,并画出电路的电压传输特性和输出电压随时间变化的波形。

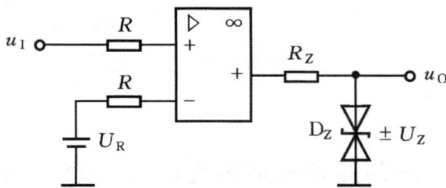

题 6.15 图

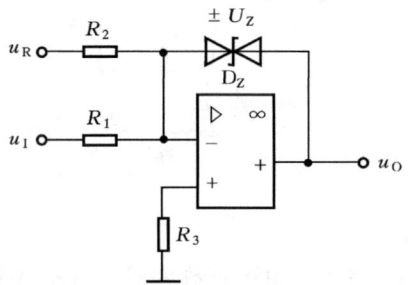

题 6.16 图

题 6.17 反相输入并联型单限电压比较器如题 6.17 图所示,已知集成运放的最大输出电压为 ±12 V,稳压管的稳定电压为 ±6 V,$u_I = 3\sin(\omega t)$V。试求该比较器的门限电压值并画出电路的电压传输特性和输出电压随时间变化的波形。

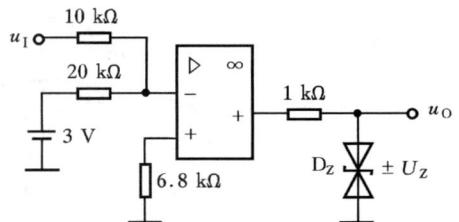

题 6.17 图

题 6.18 同相输入滞回电压比较器电路如题 6.18 图所示,已知集成运放的最大输出电压为 ±12 V,稳压管的稳定电压为 ±6 V,$R_1 = 10$ kΩ,$R_2 = 20$ kΩ,$u_I = 6\sin(\omega t)$V。试求该比较器的门限电压值并画出其电压传输特性。

题 6.19　周期固定、占空比可调的方波发生器如题 6.19 图所示,已知 $R=10\ \text{k}\Omega$,$C=0.1\ \mu\text{F}$,$R_\text{P}=100\ \text{k}\Omega$,$R_1=10\ \text{k}\Omega$,$R_2=20\ \text{k}\Omega$,二极管 D_1、D_2 为理想元件。试计算输出电压的频率和占空比的调节范围(占空比定义为输出方波的高电平持续时间与周期之比)。

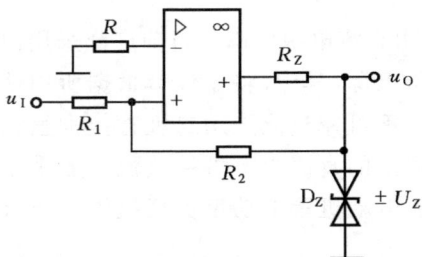

题 6.18 图

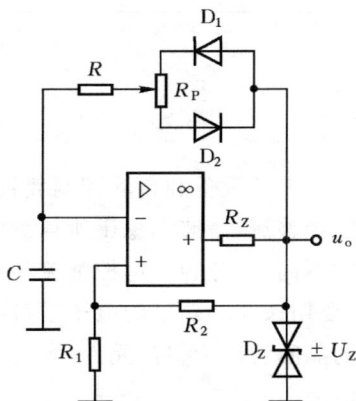

题 6.19 图

题 6.20　正弦波信号发生器电路如题 6.20 图所示,已知 $R_\text{F1}=2\ \text{k}\Omega$,$R_\text{F2}=1\ \text{k}\Omega$,$R_\text{P1}$ 为 3.3 $\text{k}\Omega$ 的电位器,R_P2 和 R_P3 为 10 $\text{k}\Omega$ 的同轴电位器,$R=4.7\ \text{k}\Omega$,$C=0.1\ \mu\text{F}$。试求:(1) 振荡频率的调节范围;(2) 要使电路能起振,R_P1 的阻值最大能调到多少?

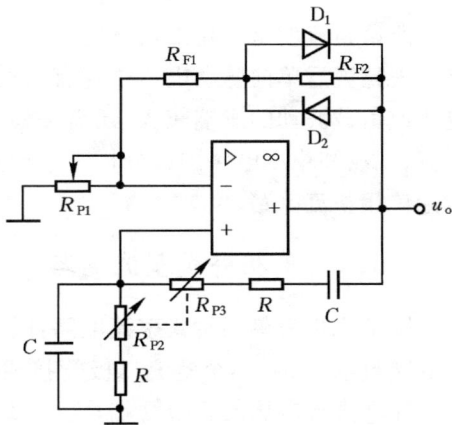

题 6.20 图

第 7 章

直流稳压电源

许多电子设备和自动控制装置通常需要由直流电源供电。目前广泛采用由交流电源经整流、滤波和稳压所得到的直流稳压电源,其中,整流环节根据所用整流元件的不同,又分为不可控整流与可控整流。不可控整流采用二极管作为整流元件,主要用来向小功率的电子设备提供电压恒定的直流电。可控整流一般采用大功率的晶闸管作为整流元件,主要用来向直流电动机等大功率负载提供电压可调的直流电。

7.1 整流、滤波和稳压电路

所谓整流就是利用二极管的单向导电性把交流电变换为直流电。滤波的目的是除去整流后单向脉动电压中含有的交流分量。由于整流、滤波后的电压受电网电压或负载波动的影响较大,还需经稳压电路才能获得稳定的电压。下面分别对整流、滤波和稳压电路加以分析。小型直流电源一般采用单相交流电供电,本节只讨论单相整流电路。

7.1.1 单相桥式整流电路

图 7.1.1 为单相桥式整流电路,图中整流变压器 Tr 将电网电压 u_1 变换为合适的交流电压 u_2,四个整流二极管接成电桥形式,其中 D_1 和 D_2 的阴极连在一起作为输出直流电压的正极性端;D_3 和 D_4 的阳极连在一起作为输出电压的负极性端。

设二极管是理想元件,且 $u_2 = \sqrt{2}U_2 \sin\omega t$ V。当 u_2 在正半周时,a 点电位高于 b 点电位,二极管 D_1、D_3 承受正向电压而导通,同时 D_2、D_4 因承受反向电压而截止。此时电流 i_{D1} 的路径为:a→D_1→R_L→D_3→b,如图中实线所示。电路中各电压、电流的关系为

$$u_o = u_2, \quad i_o = i_{D1} = \frac{u_2}{R_L}$$

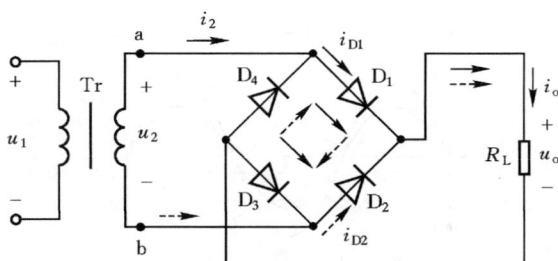

图 7.1.1 单相桥式整流电路

当 u_2 在负半周时,b 点电位高于 a 点电位,二极管 D_2、D_4 承受正向电压而导通,D_1、D_3 则因承受反向电压而截止,此时电流 i_{D2} 的路径为:b→D_2→R_L→D_4→a,如图中虚线所示。电路中各电压、电流的关系为

$$u_o = -u_2, \quad i_{D1} = 0, \quad i_o = i_{D2} = \frac{u_2}{R_L}$$

可见,无论电压 u_2 是在正半周还是负半周,流过负载电阻 R_L 的电流方向始终不变,因此在负载电阻 R_L 上得到的电压 u_o 是大小变化而方向不变的脉动电压。整流电路的电压和电流波形如图 7.1.2 所示。

由图 7.1.2 所示负载电压 u_o 的波形可求得其平均值为

$$U_o = \frac{1}{\pi} \int_0^\pi \sqrt{2} U_2 \sin\omega t \, \mathrm{d}\omega t = \frac{2\sqrt{2}}{\pi} U_2 = 0.9 U_2 \qquad (7.1.1)$$

式中 U_2 是变压器副边电压 u_2 的有效值。由此可求出负载电流 i_o 的平均值为

$$I_o = \frac{U_o}{R_L} \qquad (7.1.2)$$

桥式整流电路中,每个二极管只导通半周,导通角为 π,因而通过每个二极管的平均电流是负载电流平均值的一半,即

$$I_D = \frac{1}{2} I_o \qquad (7.1.3)$$

由二极管两端电压 u_{D1} 的波形可见,每个二极管实际承受的最大反向电压为

$$U_{DRM} = \sqrt{2} U_2 \qquad (7.1.4)$$

从图 7.1.2 还可看出,通过变压器二次绕组电流 i_2 仍是正弦电流,其有效值为

$$I_2 = \frac{U_2}{R_L} = \frac{U_o}{0.9 R_L} = 1.11 I_o \qquad (7.1.5)$$

目前封装成整体的多种规格的桥式整流器已批量生产,使用时可查阅有关资料。

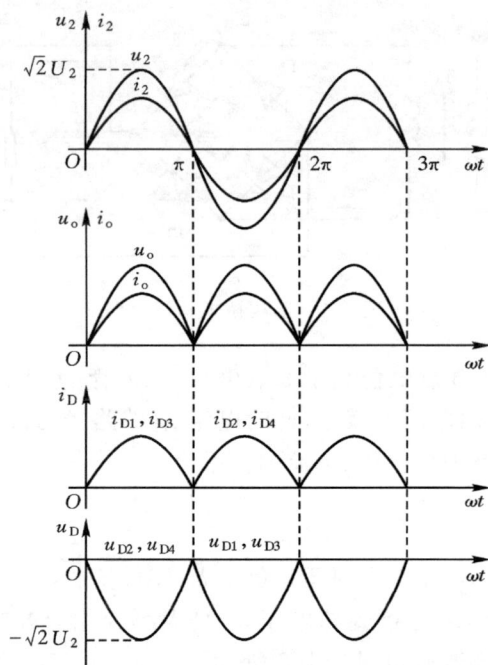

图 7.1.2　桥式整流电路的波形

7.1.2　滤波电路

通常利用电容或电感元件的电抗特性,滤去脉动直流电压中的交流分量,从而获得平滑的直流电。

图 7.1.3 是具有电容滤波的桥式整流电路及其电压、电流波形,图中的二极管均为理想元件。电容滤波的基本原理是利用电容的充放电特性,使负载电压趋于平滑。

当 u_2 在正半周且 $u_2 > u_o$ 时,二极管 D_1 和 D_3 导通,电源一方面向负载提供电流,同时也向电容 C 充电,当充电电压达到最大值 U_{2m} 后,u_2 开始下降,但只要 $u_2 > u_o$,电源将继续对电容 C 充电,直到 $u_2 = u_o$,u_2 进一步下降,而电容两端电压不能突变,二极管 D_1 和 D_3 将因承受反向电压而截止。此时电容 C 将通过负载电阻 R_L 放电,为负载继续供电,放电时间常数为 $\tau_2 = R_L C$,其值一般较大,所以负载两端电压将以指数规律缓慢下降。

当 u_2 在负半周时,工作情况与上述类似,只不过是在 $|u_2| > u_o$ 时导通的二极管是 D_2 和 D_4。图 7.1.3(b)是经电容滤波后的输出电压和二极管电流波形,由图

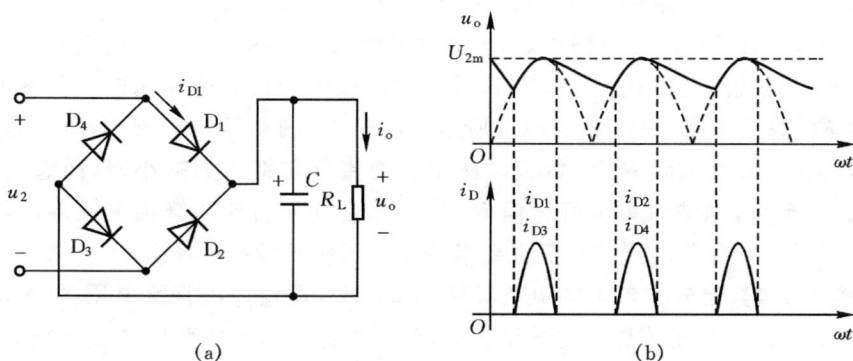

图 7.1.3　单相桥式整流电容滤波电路及其波形

(a)电路图；(b)波形图

中 u_o 的波形可见,采用电容滤波后,输出电压 u_o 的脉动减小,平均值提高。

为了得到平滑的负载电压,一般取

$$R_L C \geqslant (3 \sim 5) \frac{T}{2} \tag{7.1.6}$$

式中 T 为交流电压的周期,输出电压的平均值 U_o 常按下式估算

$$U_o = 1.2 U_2 \tag{7.1.7}$$

式中 U_2 为 u_2 的有效值。

电容滤波电路只有 $R_L C$ 数值较大时,才能使输出电压的脉动分量较小,但过大的电容将使整流元件承受更大的冲击电流。为解决上述矛盾,可采用 Ⅱ 型滤波器或 LC 滤波器。如图图 7.1.4 所示。

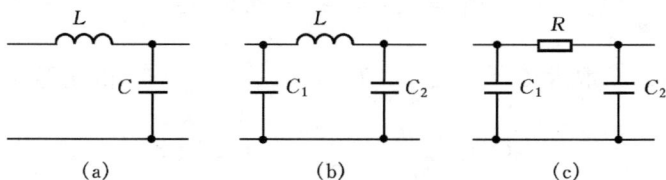

图 7.1.4　其他形式的滤波电路

(a)LC 滤波；(b)Ⅱ 型 LC 滤波；(c)Ⅱ 型 RC 滤波

如图 7.1.4(a)所示 LC 滤波电路中,由于电感线圈中的电流发生变化时,将会产生自感电动势阻碍电流的变化,因而使负载电流和负载电压的脉动大为减小,频率愈高,自感电动势愈大,滤波效果愈好。LC 滤波电路适合于负载电流较大,要求输出电压脉动很小的场合。如果要求输出电压的脉动更小,可以在 LC 滤波电

路的前端再并联一个电容,这就是所谓的 Π 型 LC 滤波电路,如图 7.1.4(b)所示,它的滤波效果比 LC 滤波电路更好,但流过整流二极管的冲击电流也较大。

由于电感线圈的体积大、成本高,所以在小型电子设备中常用电阻代替电感,即采用 RC 滤波电路,如图 7.1.4(c)所示。由于 C_2 的高频容抗较小,所以高频交流分量将主要降在电阻 R 上,负载电压中的交流分量将大为减小,从而起到了滤波作用,R 愈大,滤波效果愈好。但 R 过大,将使输出直流压降损失过多,所以这种电路只适合于负载电流较小而又要求输出电压脉动较小的场合。

【例 7.1.1】已知交流电源电压频率为 50 Hz,现设计出直流电压 30 V,负载电流 50 mA 的单相桥式整流电容滤波电路,要求:(1)求电源变压器二次绕组电压 u_2 的有效值 U_2;(2)选择整流二极管及滤波电容器。

【解】(1)变压器二次绕组电压有效值

$$U_2 = \frac{U_o}{1.2} = \frac{30}{1.2} = 25 \text{ V}$$

(2)每个二极管的平均电流

$$I_D = \frac{1}{2} I_o = \frac{1}{2} \times 50 = 25 \text{ mA}$$

二极管承受的最大反向电压

$$U_{DRM} = \sqrt{2} U_2 = \sqrt{2} \times 25 = 35 \text{ V}$$

查手册,可选用整流二极管 2CZ51D($I_F = 50 \text{ mA}, U_{RM} = 100 \text{ V}$),也可选用硅桥堆 QL$-1$ 型($I_F = 50 \text{ mA}, U_{RM} = 100 \text{ V}$)。

(3)选择滤波电容器

负载电阻

$$R_L = \frac{U_o}{I_o} = \frac{30}{50} = 0.6 \text{ k}\Omega$$

由式(7.1.6),取 $R_L C = 4 \times \dfrac{T}{2} = 2T = 2 \times \dfrac{1}{50} = 0.04 \text{ s}$。由此得到滤波电容器

$$C = \frac{0.04}{R_L} = \frac{0.04}{600} = 66.6 \text{ }\mu\text{F}$$

若考虑电网电压波动 $\pm 10\%$,则电容器承受的最高电压为

$$U_{CM} = \sqrt{2} U_2 \times 1.1 = \sqrt{2} \times 25 \times 1.1 = 38.5 \text{ V}$$

选用标称值为 68 μF/50 V 的电介质电容器。

【练习与思考】

7.1.1 如图 7.1.1 所示单相桥式整流电路,试分析该电路出现下述故障时,电路会出现什么现象?(1)二极管 D_1 的正、负极性接反;(2)D_1 击穿短路;

(3)D_1 断路。

7.1.2 具有电容滤波的整流电路,当负载电阻一定时,如果增大滤波电容值,对整流二极管的参数要求有何变化?

7.1.3　串联型稳压电路

交流电经整流滤波后,一般负载上可获得比较平滑的直流电压,但它往往会随电网电压的波动或负载的变化而变化,所以在要求直流电压稳定的场合,还必须采取稳压措施。

最简单的稳压电路可由稳压管构成,其电路如第 4 章习题 4.06 所示。稳压管稳压电路结构简单,所用元件较少,但它的输出电压固定不可调,输出电流也因受到稳压管最大稳定电流的限制而较小,稳压精度也不够高。因此,在要求直流电源具有高稳定精度、较大输出电流的场合常采用具有电流放大作用的串联型晶体管稳压电路,它也是集成稳压电源的基础。

1. 电路的组成与稳压原理

图 7.1.5 是一典型的串联型稳压电路,它是由取样电路、基准电压、比较放大和调整管等部分组成。图中电阻 R_1、R_2 和电位器 R_P 组成一分压器,称为取样电路。R_3 和稳压管 D_Z 为 T_2 的发射极提供较稳定的基准电压 U_Z。T_2、R_C 和 D_Z 组成一单管放大电路。晶体管 T_1 处于放大状态,其基极电位的变化使得电压 U_{CE1} 的大小发生改变,从而使输出电压稳定,称 T_1 为调整管。图中 R_C 既是 T_2 的集电极电阻又是 T_1 的基极偏置电阻。

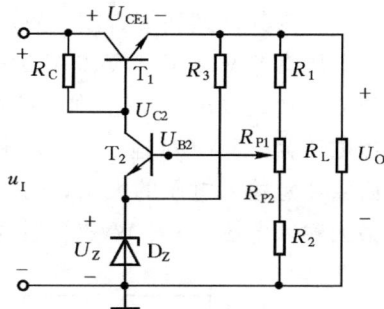

图 7.1.5　串联型稳压电路

图 7.1.5 电路的稳压原理如下:当输入电压 u_I 波动或负载变化引起输出电压 U_O 增加时,取样电压 U_{B2}($U_{B2}=\dfrac{R_{P2}+R_2}{R_1+R_2+R_P}U_O$)也将增加,使 T_2 管的基极电压 U_{BE2} 增加,基极电流 I_{B2} 和集电极电流 I_{C2} 随之增加,T_2 管的集电极电压 U_{C2} 下降,因此 T_1 管的基极电流 I_{B1} 和集电极电流 I_{C1} 下降,U_{CE1} 增加,U_O 下降,从而使输出电压 U_O 保持基本稳定。其自动调整过程可表示如下:

$$U_O \uparrow \xrightarrow{\text{取样}} U_{B2} \uparrow \rightarrow U_{BE2}(=U_{B2}-U_Z) \uparrow \rightarrow I_{C2} \uparrow \rightarrow U_{C2}(=U_{B1}) \downarrow \rightarrow I_{C1} \downarrow \rightarrow$$
$$U_{CE1} \uparrow \rightarrow U_O \downarrow$$

设晶体管 T_2 的发射结电压 U_{BE} 可忽略,则

$$U_Z = \frac{R_{P2} + R_2}{R_1 + R_2 + R_P} U_O$$

式中 R_P 为电位器的阻值,则稳压电路的输出电压为

$$U_O = \frac{R_1 + R_2 + R_P}{R_{P2} + R_2} U_Z \qquad (7.1.8)$$

可见,通过调节电位器的阻值可以调节输出电压的大小。由上述自动调节过程可以看出,串联型稳压电路实际是一个串联电压负反馈电路,具有稳定输出电压的能力。由于调整管 T_1 与负载电阻 R_L 相串联,所以称为串联型稳压电路。

2. 集成稳压电路

把串联型稳压电路中的各种元件及引线集成在同一硅片上,即构成单片集成稳压电路。常用的有三端式集成稳压器,它有输入、输出和公共端三个引出端。三端集成稳压器又分为输出固定电压和可调电压两种类型,每一种又有输出正电压和输出负电压之分。三端集成稳压器内部设有完善的过流、过热和短路保护电路,使用时安全可靠,加之接线简单,维护方便,因此应用十分广泛。

国产三端式集成稳压器有 W7800(输出正电压)和 W7900(输出负电压)系列,图 7.1.6 为其外型和管脚图。W7800 和 W7900 系列的最大输出电流可达 1.5 A,输出电压有 5 V、6 V、8 V、9 V、10 V、12 V、15 V、18 V 和 24 V。器件型号中的后两位数字代表输出电压值,如 W7805 表示输出电压为 $+5$ V(对地),W7905 表示输出电压为 -5 V(对地)。在实际应用时除了输出电压和输出电流应该知道外,还必须注意输入电压的大小,输入电压至少应高于输出电压 $2{\sim}3$ V,但也不能超过最大输入电压(一般 W7800 系列为 $30{\sim}40$ V,W7900 系列为 $-35{\sim}-40$ V)。

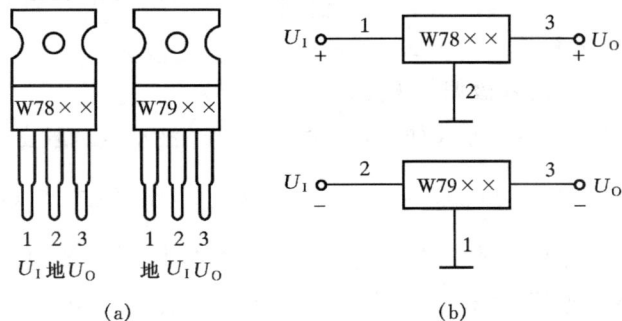

图 7.1.6 三端集成稳压器

(a)外型图;(b)管脚图

图 7.1.7 为输出固定正电压和负电压的电路,其中 U_I 是经整流、滤波后的电

压,电容 C_1 用于防止产生高频自激振荡, C_O 用于改善负载的瞬态响应。

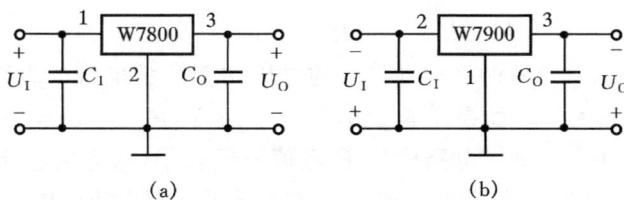

图 7.1.7　固定输出的接法
(a)输出正电压；(b)输出负电压

　　虽然三端集成稳压器是作为一个固定输出稳压器设计的,但如果外接一些元件,也可以改变其输出电压的大小,并可使输出电压高于其固定稳定电压。图 7.1.8 是利用稳压管提高三端稳压器输出电压的电路,其输出电压为

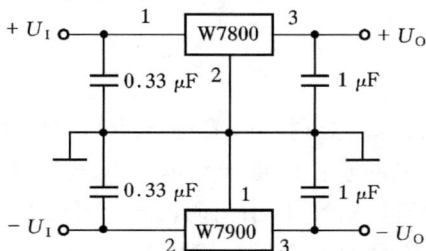

图 7.1.8　扩大输出电压的接法

$$U_O = U_{xx} + U_z \qquad (7.1.9)$$

式中 U_{xx} 为三端稳压器 W78×× 的固定输出电压。

　　如果需要同时输出正、负两组电压,可选用 W7800 和 W7900 按图 7.1.9 接线即可。

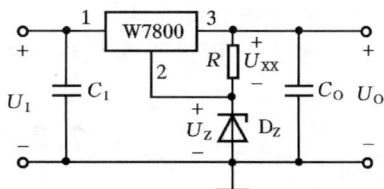

图 7.1.9　同时输出正、负电压的接法

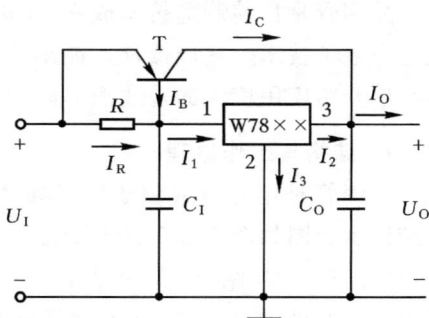

图 7.1.10　扩大输出电流的接法

　　当负载所需电流大于 1.5 A 时,可通过外接功率管来扩大输出电流,如图 7.1.10所示。图中 I_2 为稳压器的输出电流, I_C 为功率管 T 的集电极电流, I_R 为电阻 R 中通过的电流, I_3 为稳压器公共端的电流,其值一般为几毫安,可略去不计,即认为 $I_2 \approx I_1$ 。由图 7.1.10 可得

$$I_O = I_2 + I_C = I_2 + \beta I_B = I_2 + \beta(I_1 - I_R)$$

$$= I_2 + \beta I_2 - \beta \frac{U_{EB}}{R} = (1+\beta)I_2 - \beta \frac{U_{EB}}{R} \qquad (7.1.10)$$

式中 U_{EB} 为功率管 T 的发射极与基极间的电压，β 为它的电流放大系数。显然，输出电流 I_O 比 I_2 扩大了。如果设 $\beta = 10$，$U_{EB} = 0.3$ V，$R = 0.5$ Ω，$I_2 = 1$ A，则由式 (7.1.10) 可算出 $I_O = 5$ A。电路中的 R 阻值一般较小，只有当输出电流 I_O 较大时，R 上的压降才会使功率管 T 导通。I_O 在稳压器额定电流以内时，T 截止。

【练习与思考】

7.1.3 串联型稳压电路包含哪些基本环节？调整管工作在何种状态？电路属于何种类型的负反馈？

7.1.4 用两个 W7815 集成稳压器能否构成输出 $+30$ V、-30 V、± 15 V 的电路？

7.2　可控整流电路

上一节讨论的整流电路在输入交流电压一定时，输出的直流电压是固定不变的，一般不能任意调节，这种整流电路称为不可控整流电路。采用晶闸管整流电路可以把交流电转换为电压大小可任意调节的直流电，故称为可控整流电路。

7.2.1　晶闸管

晶闸管是目前制造技术成熟、应用广泛的一种大功率半导体器件，它是研究现代电力电子技术的基础器件。晶闸管有普通型、双向型、可关断型和快速型等，下面简单介绍应用广泛的普通型晶闸管。

1. 结构与工作原理

晶闸管是用硅材料制成的半导体器件，所以又称可控硅（简称 SCR），它的内部结构示意图如图 7.2.1(a) 所示。由图可见，晶闸管由四层半导体 $P_1N_1P_2N_2$ 组成，具有三个 PN 结：J_1、J_2 和 J_3，由 P_1 区引出阳极 A，N_2 区引出阴极 K，中间的 P_2 区引出控制极（或称为门极）G。晶闸管的电路符号如图 7.2.1(b) 所示。

为了理解晶闸管的工作原理，可以把晶闸管等效看作一个 PNP 型晶体管 T_1 与一个 NPN 型晶体管 T_2 组合而成，中间的 P_2 层和 N_1 层半导体为两个晶体管共用，阳极 A 相当于 T_1 的发射极，阴极 K 相当于 T_2 的发射极，如图 7.2.2 所示。

当晶闸管的控制极与阴极之间加正向电压时，T_2 的发射结 J_3 处于正向偏置，产生控制电流 I_G。此时若阳极与阴极之间也加正向电压，因 $U_{AK} > 0$，T_1 的发射结 J_1 正向偏置，集电结 J_2 反向偏置，T_1、T_2 将处于放大状态。I_G 经 T_2 放大后，T_2 的

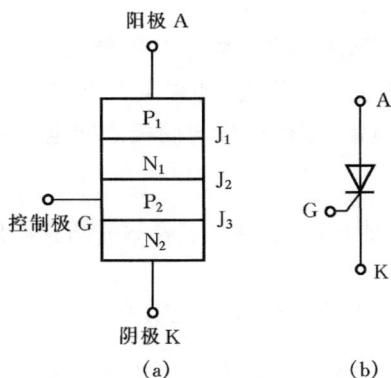

图 7.2.1　晶闸管结构示意图和电路符号

（a）结构示意图；（b）电路符号

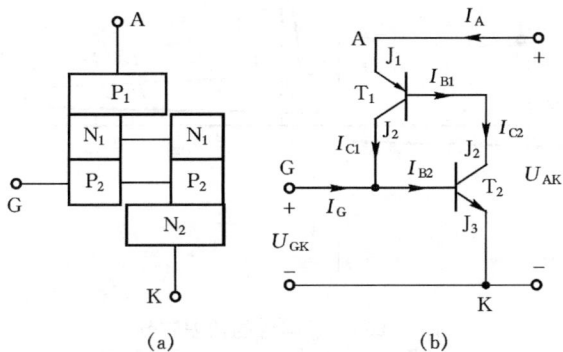

图 7.2.2　晶闸管工作原理图

（a）等效结构；（b）等效电路

集电极电流 $I_{C2}=\beta_2 I_G$，由于 $I_{C2}=I_{B1}$，经 T_1 放大后得 $I_{C1}=\beta_1\beta_2 I_G$，而 I_{C1} 又流入 T_2 的基极进行放大，如此循环，就形成了很强的正反馈，使 T_1、T_2 迅速进入饱和导通状态，即晶闸管全导通。晶闸管导通后，阳极与阴极之间电压 U_{AK} 的数值很小，外加电源电压将几乎全部降在负载上，晶闸管中流过负载电流。

　　此外，在晶闸管导通之后，它的导通状态完全依靠管子本身的正反馈作用来维持，即使控制极电流消失，晶闸管仍处于导通状态。控制极的作用仅仅是触发晶闸管使其导通，导通之后，控制极就失去作用了，因此，通常控制极是用脉冲信号触发的。要想关断晶闸管，必须将阳极电流减小到使之不能维持正反馈，为此，可将阳极断开或在阳极与阴极之间加反向电压。

　　综上所述:在晶闸管阳极与阴极间加正向电压的条件下,如果某时刻在控制极与阴极之间加入正向电压,晶闸管将由阻断状态转为导通状态,称之为触发导通。晶闸管导通后,控制极将失去控制作用,如果要关断晶闸管,必须使其阳极电流小于一定的值 I_H(称为维持电流)或使阳极与阴极之间电压 U_{AK} 减小到零。

2. 伏安特性

　　晶闸管的伏安特性如图 7.2.3 所示,它表示晶闸管阳极电流 I_A 和阳极与阴极之间电压 U_{AK} 的关系,即

$$I_A = f(U_{AK})$$

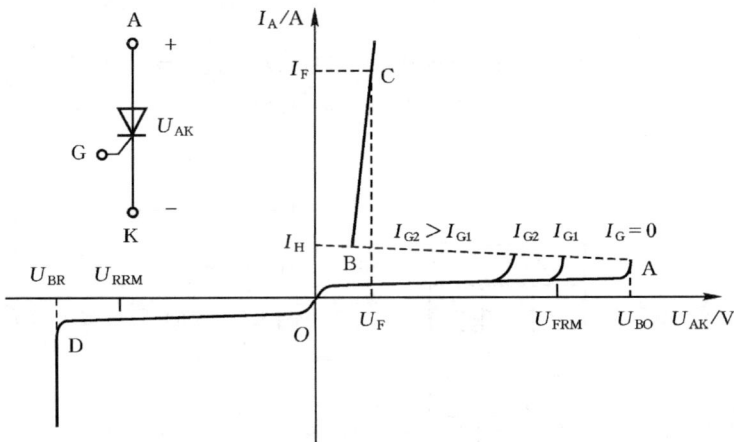

图 7.2.3　晶闸管的伏安特性

　　(1)正向特性　晶闸管的正向特性有阻断状态和导通状态之分。在控制极电流 $I_G = 0$ 的情况下,逐渐增大晶闸管阳极和阴极之间的正向电压 U_{AK}。在 U_{AK} 较小时,晶闸管呈正向阻断状态,只有很小的正向漏电流。当 U_{AK} 的数值增大到某一电压 U_{BO} 时,晶闸管内的 J_2 结被击穿,漏电流突然剧增,晶闸管由截止状态转变为击穿导通状态,这在正常工作时是不允许的,电压 U_{BO} 称为正向转折电压。若控制极加正向电压,$I_G > 0$,则正向转折电压降低,I_G 愈大转折电压愈小,即晶闸管从阻断到导通所需的电压愈小。晶闸管导通后的特性和二极管正向特性相似,正向管压降 U_F 数值很小,一般约为 1 V 左右,但其中的正向电流较大,如图 7.2.3 中的 BC 段。晶闸管导通后,如果减小正向电压或增大负载电阻,其阳极电流 I_A 沿 BC 段曲线减小,当 I_A 减小到 B 点所对应的电流 I_H 以下时,管子将由导通状态转变为阻断状态,这时所对应的最小电流称为维持电流 I_H。

　　(2)反向特性　在反向电压作用下,晶闸管内的 J_1、J_3 结处于反向偏置,所以

晶闸管的反向特性与二极管的反向特性相似。在反向电压较小时,晶闸管内流过很小的反向电流,管子处于反向阻断状态,如图 7.2.3 中的 OD 段。当反向电压增大到一定数值时,反向电流急剧增大,晶闸管由反向阻断状态转变为反向导通,造成永久性损坏,这时的反向电压 U_{BR} 称为反向转折电压。

3. 主要参数

(1) 维持电流 I_H　　在室温和控制极断路的条件下,维持晶闸管继续导通的最小阳极电流称为维持电流 I_H。当正向电流小于 I_H 时,晶闸管自行关断。

(2) 正向重复峰值电压 U_{FRM}　　在控制极断开和晶闸管处于正向阻断的条件下,可重复加在晶闸管上的正向峰值电压,用 U_{FRM} 表示,一般规定 U_{FRM} 为正向转折电压 U_{BO} 的 80%。

(3) 反向重复峰值电压 U_{RRM}　　与正向重复峰值电压相同的条件下,可以重复加在晶闸管上的反向峰值电压,用 U_{RRM} 表示,一般为反向转折电压 U_{BR} 的 80%。

(4) 额定正向平均电流 I_F　　在环境温度为 40℃和规定的散热条件下,允许通过晶闸管中的工频正弦半波电流的平均值。I_F 的大小与周围环境温度、散热条件以及元件导通角的大小等因素有关。

7.2.2　单相可控整流电路

把二极管整流电路中的二极管用晶闸管代替,就构成了可控整流电路。单相可控整流电路有单相半波、单相全波、单相桥式等多种形式的电路,本节以单相半控桥式整流电路为基础说明晶闸管在可控整流电路中的应用。

1. 单相半控桥式整流电路

可控整流电路由主电路和触发电路两大部分组成。图 7.2.4 是单相半控桥式整流电路,T_1、T_2 为晶闸管,D_1、D_2 为二极管,故称为半控桥式整流电路。图中由电源、晶闸管的阳极、阴极和负载组成的回路称为主电路,而由晶闸管控制极、阴极及其控制电路组成的回路称为触发电路(图中未画出控制电路)。下面仅讨论接电阻性负载时的工作情况。

图 7.2.4 所示电路中,u_2 为正半周时,a 点电位高于 b 点电位,晶闸管 T_1 和整流二极管 D_2 承受正向电压,T_2 和 D_1 承受反向电压。如果在某一时刻,例如在图 7.2.5 中的 $\omega t = \alpha$ 时,给 T_1、T_2 控制极上同时加入触发脉冲 u_G,则 T_1 导通,T_2 由于承受反向电压,虽然控制极有触发信号,但仍处于阻断状态,电流经 a→T_1→R_L →D_2→b 形成通路,如果忽略晶闸管和二极管的正向压降,则 $u_o = u_2$。当 $\omega t = \pi$ 时,u_2 过零,晶闸管的电流也减小到零,晶闸管 T_1 关断。

u_2 为负半周时,b 点电位高于 a 点电位,晶闸管 T_2 和 D_1 承受正向电压,而 T_1

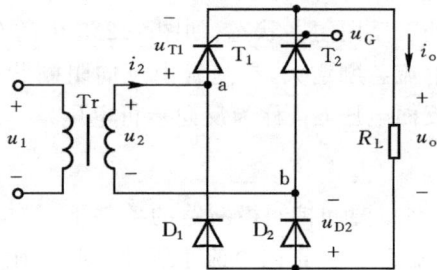

图 7.2.4　单相半控桥式整流电路

和 D_2 承受反向电压。如果在 $\omega t = \pi + \alpha$ 时,给 T_1、T_2 的控制极也同时加入触发脉冲 u_G,T_2 因承受正向电压而导通,T_1 因承受反向电压而处于阻断状态,电流经 $b \to T_2 \to R_L \to D_1 \to a$ 形成通路,$u_o = -u_2$。电路电压和电流波形如图 7.2.5 所示。

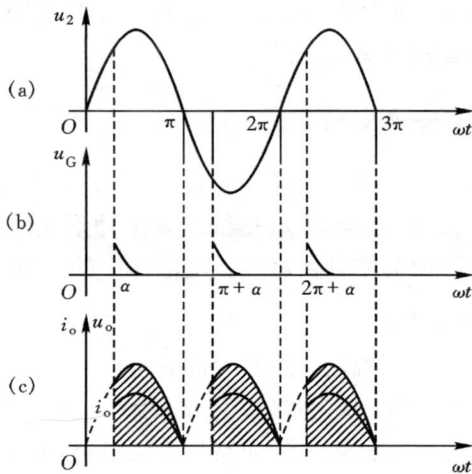

图 7.2.5　单相半控桥式整流电路波形

晶闸管承受正向电压而不导通的范围称为控制角,用 α 表示。导通的范围称为导通角,用 θ 表示。即导通角 $\theta = \pi - \alpha$。显然,改变控制角 α 的大小,负载电压 u_o 的波形就随着改变,其平均值也将发生变化。α 角减小,触发脉冲输入的时间提前,负载电压 u_o 的平均值增加,否则,负载电压的平均值将减小。负载电压 u_o 的平均值与控制角 α 的关系为

$$U_o = \frac{1}{\pi} \int_\alpha^\pi \sqrt{2} U_2 \sin \omega t \, \mathrm{d}(\omega t) = 0.9 U_2 \frac{1 + \cos \alpha}{2} \qquad (7.2.1)$$

负载电流的平均值为

$$I_\circ = \frac{U_\circ}{R_L} = 0.9\,\frac{U_2}{R_L}\,\frac{1+\cos\alpha}{2} \qquad (7.2.2)$$

由于 T_1、D_2 和 T_2、D_1 在电源的正、负半周内轮流导通,所以流过每个晶闸管和二极管中的平均电流是负载电流的一半,即

$$I_T = I_D = \frac{1}{2}I_\circ \qquad (7.2.3)$$

晶闸管和二极管承受的最高反向电压均为 $\sqrt{2}U_2$。

从以上分析可知,输出电压的平均值 $U_\circ$ 的大小与控制角 α 有关,即与晶闸管的导通角 θ 有关。当 $\alpha=0$ 时,导通角 $\theta=\pi$,晶闸管处于全导通状态,$U_\circ=0.9U_2$,与不可控桥式整流相同;当 $\alpha=\pi$ 时,导通角 $\theta=0$,$U_\circ=0$。因此 $U_\circ$ 的可调范围为 $0\sim0.9U_2$。总之,通过改变晶闸管的控制角就可以改变可控整流电路输出直流电压的大小。

2. 单结晶体管触发电路

由上述可知,晶闸管导通条件之一是在其控制极与阴极之间施加适当的触发脉冲。产生触发脉冲信号的电路称为触发电路。随着晶闸管的广泛应用,晶闸管触发电路的种类也愈来愈多,目前已有商品化的集成触发电路可供选择,下面仅介绍较简单的单结晶体管组成的触发电路。

单结晶体管又称为双基极晶体管,其结构和电路符号如图 7.2.6 所示。在一块 N 型硅片的一侧两端引出两个欧姆接触电极,分别称为第一基极 B_1 和第二基极 B_2,在硅片的另一侧靠近 B_2 处掺入 P 型杂质,并引出电极,称为发射极 E,因为发射极和 N 型硅片之间构成了一个 PN 结,故称为单结晶体管。

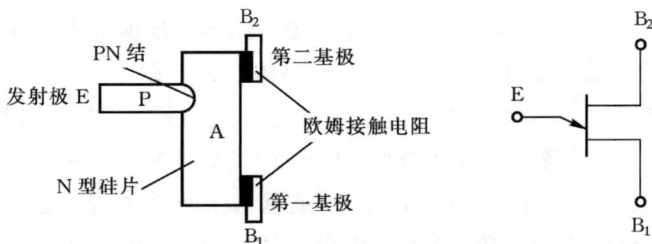

图 7.2.6　单结晶体管的结构示意图和电路符号

(a)结构示意图;(b)电路符号

单结晶体管的等效电路如图 7.2.7(a)所示,图中二极管 D 表示发射极与基片之间的 PN 结,由 PN 结处的 A 点到两个基极之间的等效电阻分别用 R_{B1} 和 R_{B2} 表

示。当 B_2、B_1 之间加上电压 U_{BB} 后,A 点与 B_1 之间的电压为

$$U_A = \frac{R_{B1}}{R_{B1} + R_{B2}} U_{BB} = \eta U_{BB}$$

式中 $\eta = \frac{R_{B1}}{R_{B1} + R_{B2}}$,称为单结晶体管的分压比,其值与管子的结构有关,一般在 0.4~0.8 之间。

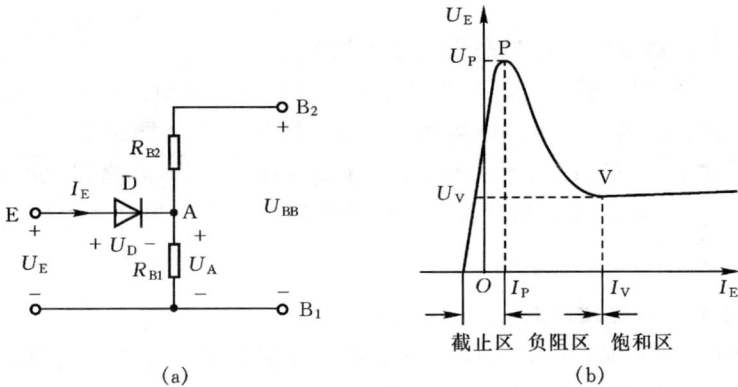

图 7.2.7 单结晶体管的等效电路和伏安特性
(a)等效电路;(b)伏安特性

单结晶体管的伏安特性如图 7.2.7(b)所示,它是在单结晶体管两基极之间加固定电压 U_{BB} 后,发射极电流 I_E 和发射极对第一基极 B_1 之间电压 U_E 的关系曲线。

当发射极电压 $U_E < U_A$ 时,PN 结因承受反向电压而截止。U_E 较小时,PN 结内有一很小的反向漏电流,随着 U_E 的增加,PN 结将由反偏逐渐向正向偏置过渡,反向漏电流逐渐变成正向漏电流,这时单结晶体管处于截止状态。如图 7.2.7(b)中的截止区。当 $U_E > U_A$ 时,PN 结承受正向电压而导通,发射区向基区注入大量的空穴,使 A、B_1 之间载流子浓度增加,从而使 R_{B1} 数值减小。由于 B_2 点电位高于 E 点电位,所以空穴不会向 B_2 运动,R_{B2} 数值基本上维持不变。这样 U_A 将减小,PN 结将承受更大的正向电压,以致产生更大的电流 I_E,显然这是一正反馈过程,因此随着 I_E 的增加,发射极电压 U_E 在迅速减小,呈现出负阻特性,如图 7.2.7(b)中的负阻区。截止区和负阻区的转折点 P 称为峰点,P 点对应的电压 U_p 和电流 I_p 称为单结晶体管的峰点电压和峰点电流。显然,峰点电压为

$$U_p = \eta U_{BB} + U_D \tag{7.2.4}$$

当 $U_D \ll \eta U_{BB}$ 时,$U_p \approx \eta U_{BB}$。U_p 的数值与外加电压 U_{BB} 的大小成正比。

当 I_E 增大，U_E 减小到其最小值时，负阻特性结束，标志负阻特性结束的转折点 V 称为谷点。越过谷点以后，R_{B1} 不再继续减小，U_E 又随 I_E 的增加缓慢上升，单结晶体管进入饱和区。

由单结晶体管构成的弛张振荡电路如图 7.2.8(a)所示，图中 R_1 的阻值通常为几十欧姆，用以输出脉冲电压，R_2 的阻值通常为几百欧姆，用作温度补偿，以使电路的振荡频率稳定。R、C 构成一充电回路。由于 R_1、R_2 比管子的 R_{BB} 要小得多，所以 R_1、R_2 的引入对管子的工作特性没有明显的影响。

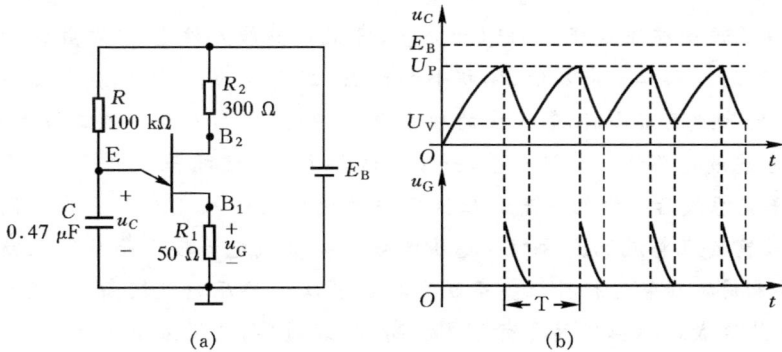

图 7.2.8 单结晶体管振荡电路
(a)电路图；(b)波形图

假设在电源接通前，电容初始电压为零。接通电源后，由于电容电压不能突变，所以 U_E 小于单结晶体管的峰点电压 U_p，单结晶体管处于截止状态，$u_G=0$。电源 E_B 将通过 R 向电容 C 充电，电容器两端电压 U_E 按指数规律上升，如图7.2.8(b)中所示。当 U_E 上升到单结晶体管的峰点电压 U_p 时，单结晶体管导通，电阻 R_{B1} 的数值急剧减小(约 20 Ω)。电容 C 通过发射极 E、基极 B_1 和 R_1 放电。由于 (R_1+R_{B1}) 数值较小，放电过程很快，放电电流在 R_1 上形成一个尖脉冲。当 U_E 随着放电过程的进行减小到单结晶体管的谷点电压 U_V 时，单结晶体管又截止，电源又对电容 C 充电，如此周而复始，在 R_1 上就得到连续的尖脉冲。

为了能可靠地产生振荡，R 的阻值范围一般在数千欧到数兆欧之间，C 的常用范围为 0.01 μF 到几十 μF。

【练习与思考】

7.2.1 晶闸管的导通条件是什么？导通时，其中电流大小由电路中哪些因素决定？

7.2.2 晶闸管导通后，控制极还有没有控制作用？怎样才能使晶闸管由导通状态变为阻断状态?

7.2.3 在可控整流电路中,触发电路为什么要与主电路同步?

本章小结

1. 利用二极管的单向导电性可以构成各种形式的整流电路,单相桥式整流电路具有输出电压平均值高、脉动小、变压器利用率高等优点,在小功率电源中应用最为广泛。

2. 为了滤除整流电压中的脉动分量,常采用储能元件 L、C 组成各种滤波电路。电容滤波电路具有成本低、体积小的优点,应用较为广泛,但在电容滤波电路中二极管的导通角减小时,管子中的冲击电流增大,容易造成整流二极管的损坏。此外,电容滤波电路的外特性较差,一般只适合于小电流场合。

3. 整流滤波后得到的直流电压因负载的变化或输入交流电压的变化而发生波动,因此需要在整流滤波后加入稳压电路。在负载电流较小而且稳压精度要求不高时常采用稳压管进行稳压。串联型稳压电路的稳压精度较高,而且输出电压可调。单片集成线性稳压器具有可靠性高,接线简单,使用方便等优点,目前应用较广。但一般而言,其输出电流有限,主要用在小电流场合。W78×× 系列和W79×× 系列集成稳压器是典型的三端集成稳压器,要掌握它的使用方法。

4. 晶闸管是一种大功率的半导体器件,当其阳极和控制极同时承受正向电压时,晶闸管由阻断状态转为导通状态。当晶闸管的阳极电流减小到维持电流以下时,晶闸管关断。利用晶闸管的可控性和单向导电性,可以组成各种形式的大功率可控整流电路,改变晶闸管的控制角就可以改变可控整流电路输出直流电压的大小。

习 题

题 7.01 题 7.01 图所示电路为单相全波整流电路。已知 $U_2 = 10\ \text{V}, R_L = 100\ \Omega$。试求:(1)负载电阻 R_L 上的电压平均值 U_o 与电流平均值 I_o;(2)如果 D_2 脱焊,U_o 和 I_o 各为多少? (3)如果 D_2 接反,会出现什么情况? (4)如果在输出端并联一滤波电解电容,试将其正确的极性画在电路图上,此时输出电压 U_o 约为多少?

题 7.02 单相桥式整流电路如题 7.02 图所示,已知 $u_2 = 25\sqrt{2}\sin\omega t\ \text{V}, R_L C = \dfrac{5}{2}T$。(1)估算输出电压 U_o 的大小。(2)$R_L \to \infty$,计算 U_o 的大小。

（3）滤波电容 C 开路时,计算 U_o 的大小。（4）二极管 D_1 开路时,计算 U_o 的大小,如果 D_1 短路,会有什么后果？（5）如果 $D_1 \sim D_4$ 中有一个正、负极接反,将会产生什么后果？

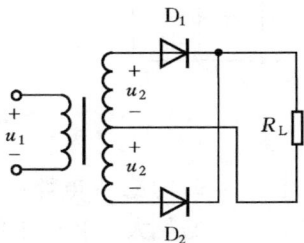

题 7.01 图

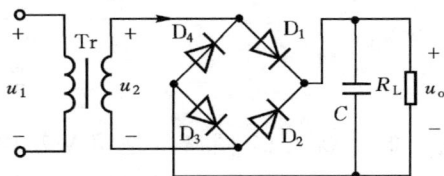

题 7.02 图

题 7.03　串联型稳压电路如题 7.03 图所示,设晶体管的 $U_{BE} = -0.2$ V,（1）求该电路输出电压可调范围（计算时,可忽略 I_{B1}）；（2）当取样电位器位于中间位置时,试求 U_o、V_{B1} 的值。（3）在（2）的基础上,试分析当负载电阻 R_L 减小（即 I_1 增大）时,调整管和放大管内的电流将如何变化？

题 7.04　由三端集成稳压器 W78$\times\times$ 组成的输出电压可调式稳压电路如题 7.04 图所示,整个电路工作在线性区的条件下,推导 U_o 的表达式。

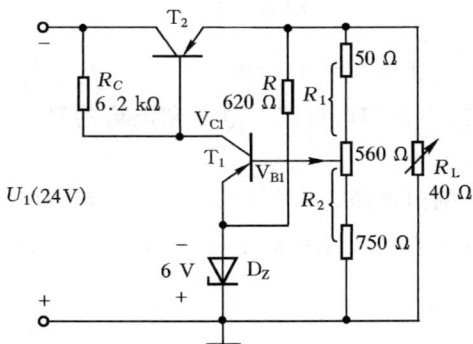

题 7.03 图

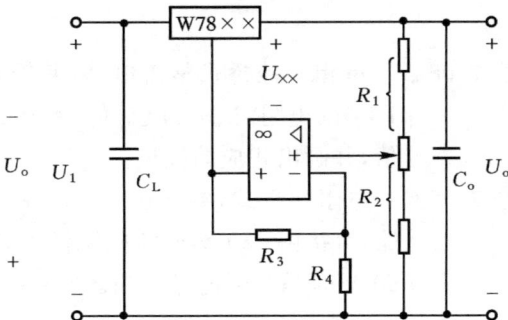

题 7.04 图

题 7.05　题 7.05 图所示是一个接线有误的直流稳压电路图,试指出其错误并改正。

题 7.06　题 7.06 图所示是由 W7805 和集成运放等组成的输出电压可调的稳压电路。设 $R_1 = 2$ kΩ,$R_2 = 3$ kΩ,$R_3 = 500$ Ω,$R_4 = 2.5$ kΩ,$R_P = 1.5$ kΩ。试求调节 R_P 时输出电压 U_o 的最大值和最小值。

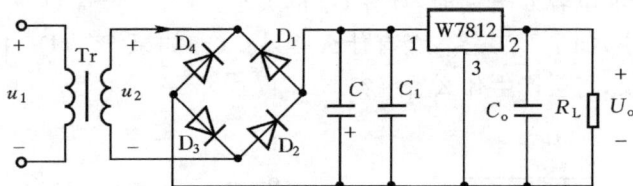

题 7.05 图

题 7.07 题 7.07 图所示是用 W7812 获得输出电压可调的稳压电路,设 $U_1 =$ 40 V,$R_1 = 200\ \Omega$,$R_2 = 50\ \Omega$,$R_P = 220\ \Omega$,求 U_o 的最大值和最小值。

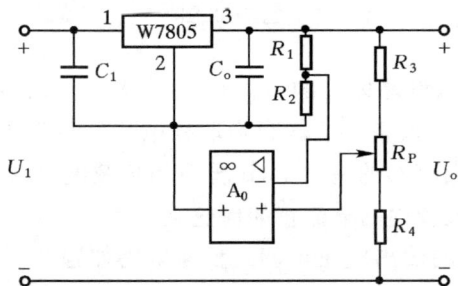

题 7.06 图

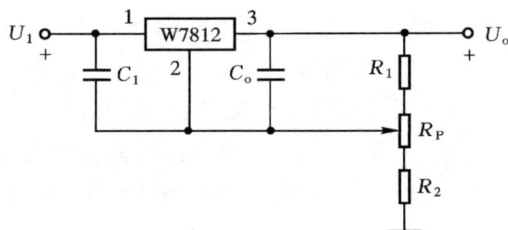

题 7.07 图

题 7.08 一单相半控桥式整流电路,其输入交流电压的有效值为 220 V,负载为 1 kΩ的电阻,试求:控制角 $\alpha = 0°$ 或 $\alpha = 90°$ 时,负载上电压和电流的平均值,并画出相应的波形。

题 7.09 一电阻性负载,要求在 0~60 V 范围内调压,采用单相半控桥式整流电路,直接由 220 V 交流电源供电,试计算整流输出的平均电压为 30 V 和 60 V 时晶闸管的导通角。

第 8 章

组合逻辑电路

在电子技术中处理的信号可以分为两大类：一类是大小随着时间连续变化的模拟信号（如正弦信号），处理模拟信号的电子电路称为模拟电路；另一类是大小随着时间断续变化的数字信号，处理数字信号的电子电路称为数字电路。两者不同之处如下。

① 处理的信号不同。模拟电路处理的是连续信号。而数字电路处理的是用 0 和 1 表示的离散信号，在数字电路中，通常低电平用逻辑 0 表示，高电平用逻辑 1 表示。

② 晶体管等放大元件的工作状态不同。在模拟电路中，晶体管等放大元件工作于线性放大区，而在数字电路中，晶体管等放大元件通常工作在饱和或截止状态，即开关状态。

③ 研究的对象不同。模拟电路中研究的是输出与输入之间的数量关系，而数字电路研究的是输出与输入之间的逻辑关系，通常主要关心的是信号的有无，而不是其具体的数值大小。

④ 研究的方法不同。模拟电路的分析方法有图解法、微变等效电路法等数值分析方法，而数字电路的主要分析方法有状态表、逻辑代数、波形图等。

8.1 集成门电路

逻辑电路是指输出与输入之间有一定逻辑关系（因果关系）的电路，当电路的输入信号或输入信号之间满足一定的条件（原因）时，电路才会有输出，否则电路无输出（结果）。这种输入输出之间具有因果关系的数字电路称为逻辑门电路，简称为门电路。最基本的逻辑门电路是"与"门电路、"或"门电路以及"非"门电路，基本门电路可以由二极管、三极管等分立元件构成，也可以是集成电路。实际应用中，一般采用的都是集成逻辑门电路。

逻辑门电路的输入和输出信号都是用电位（或称电平）的高低来表示的，电位的高低可以用 1 和 0 两种状态来区别。这里的 1 和 0 与数字 1 和 0 有着完全不同的含义,代表两种状态,故也称为逻辑 **1** 和逻辑 **0**。若规定高电位为逻辑 **1**,低电位为逻辑 **0**,则称为正逻辑约定;若规定低电位为逻辑 **1**,高电位为逻辑 **0**,则称为负逻辑约定。对同一个逻辑门电路采用不同的逻辑约定可得出不同的逻辑功能。因此,在分析逻辑电路之前,首先要明确逻辑约定。本书中如无特殊说明,采用的都是正逻辑约定。

8.1.1 基本逻辑门电路

基本的逻辑关系有:与逻辑、或逻辑、非逻辑,与这些逻辑关系相对应的逻辑门电路有与门、或门、非门。由这三种基本门电路可以复合出其他复合逻辑门。

1. 与门电路

若决定一个逻辑事件的所有条件都满足时,这个逻辑事件才会发生,否则该逻辑事件不会发生,这样的逻辑关系称为"与"逻辑。能实现"与"逻辑功能的电路称为"与门"电路,简称"与门"。

图 8.1.1(a)是由二极管组成的与门电路。当输入 $V_A = V_B = +3$ V,即 $A = B = 1$ 时,二极管 D_A、D_B 导通,忽略二极管的正向压降,输出 F 的电位 $V_F = +3$ V,即 $F = 1$;如果输入 A、B 中至少有一个为低电平,如设 $V_A = 0$ V 时,则 D_A 导通,这时 D_B 是否导通取决于 B 端是高电位还是低电位,但无论 B 端电位如何,此时输出 F 端的电位被导通的 D_A 钳制在 $V_F = 0$ V,即 $F = 0$。与门电路的输入可推广到多个逻辑变量。

表 8.1.1 列出了与门电路输入 A、B 与输出 F 之间的各种可能状态的组合。此表称为逻辑状态表,由于逻辑变量的取值 **1** 被称为真值,取值 **0** 被称为假值,所以逻辑状态表也称为真值表。

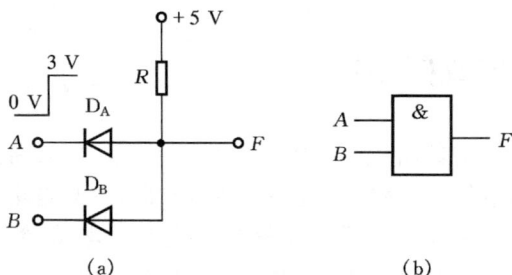

图 8.1.1 二极管与门电路和与门逻辑符号
(a)二极管与门电路;(b)与门逻辑符号图

表 8.1.1 与门逻辑状态表

输入		输出
A	B	F
0	0	0
0	1	0
1	0	0
1	1	1

由表 8.1.1 可见，只有 A 与 B 全为 **1** 时，输出 F 才为 **1**；A 与 B 中有 **0** 时，输出 F 为 **0**。即"全 1 出 1，有 0 出 0"，所以该电路实现的是"与"逻辑关系。

"与"逻辑的逻辑表达式为

$$F = A \cdot B = AB \tag{8.1.1}$$

式中"·"是"与"逻辑运算符号，经常省略。

逻辑关系除了用逻辑状态表和逻辑式表示外，也常用逻辑图表示，图 8.1.1(b)是"与"逻辑的国标符号。

2. 或门电路

若决定一个逻辑事件的所有条件中，至少有一个条件满足时，这个逻辑事件就会发生，否则该逻辑事件不会发生，这样的逻辑关系称为"或"逻辑。能实现"或"逻辑功能的电路称为"或门"电路，简称"或门"。

图 8.1.2(a)是由二极管组成的或门电路，"或"逻辑符号如图 8.1.2(b)所示。当输入 A、B 中至少有一个高电平，如设 $V_A = +3$ V 时，则 D_A 导通，这时 D_B 是否导通取决于 B 端是高电位还是低电位，但无论 B 端电位如何，此时输出 F 端的电位被导通的 D_A 钳制在 $V_F = 3$ V，即 $F = \mathbf{1}$。当 $V_A = V_B = 0$ V，即 $A = B = \mathbf{0}$ 时，二极管 D_A、D_B 均导通，输出 F 的电位 $V_F = 0$ V，即 $F = \mathbf{0}$。或门电路的输入也可以推广到多个逻辑变量。

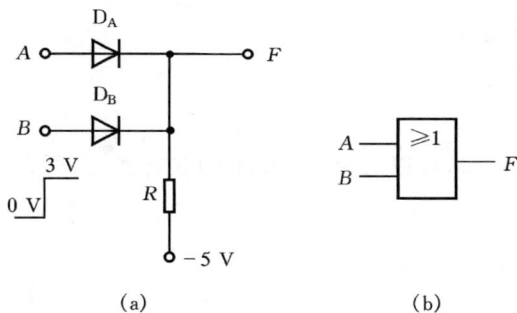

图 8.1.2　二极管或门电路和或门逻辑符号
(a)二极管或门电路；(b)或门逻辑符号

表 8.1.2　或门逻辑状态表

输　入		输　出
A	B	F
0	**0**	**0**
0	**1**	**1**
1	**0**	**1**
1	**1**	**1**

表 8.1.2 列出了或门电路的逻辑状态，可以看出，只有 A 与 B 全为 **0** 时，输出 F 才为 **0**；A 与 B 中有 **1** 时，输出 F 为 **1**。即"全 0 出 0，有 1 出 1"，所以该电路实现的是"或"逻辑关系。

"或"逻辑的逻辑表达式为

$$F = A + B \tag{8.1.2}$$

式中"＋"是"或"逻辑运算符号。

3. 非门电路

决定某逻辑事件 F 是否发生的条件只有一个 A，当条件 A 成立时，F 不发生，当条件 A 不成立时，F 却发生，这样的逻辑关系称为"非"逻辑。

图 8.1.3(a)是由晶体管构成的非门电路，"非"逻辑符号如图 8.1.3(b)所示。当输入 A 为高电平 3 V，即 $A=1$ 时，适当选择 R_{B1} 和 R_{B2} 参数，可使晶体管饱和导通，集电极电位 $V_F=U_{CES}\approx0.3$ V，即 $F=0$。当输入 A 为低电平 0.3 V 时，晶体管截止，钳位二极管 D 导通，输出端 F 的电位 $V_F=3$ V，即 $F=1$。

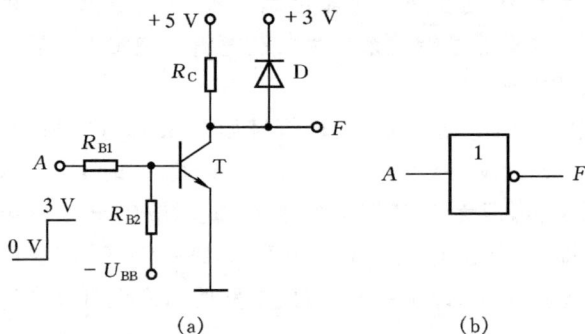

表 8.1.3　非门逻辑状态表

输　入	输　出
A	F
0	**1**
1	**0**

图 8.1.3　晶体管非门电路和非门逻辑符号
(a)电路图；(b)非门逻辑符号

表 8.1.3 列出了非门电路的逻辑状态，可以看出，F 与 A 的状态相反，所以该电路实现的是"非"逻辑关系

"非"逻辑的逻辑表达式为

$$F = \overline{A} \tag{8.1.3}$$

4. 其他复合门电路

以上介绍的与门、或门和非门是三种基本的逻辑门电路，用这三种基本门电路可以组成各种复合门电路。如与门后串接非门就可构成"与非"门，或门后串接非门就可构成"或非"门，图 8.1.4 是与非门和或非门的逻辑符号。

表 8.1.4 和表 8.1.5 分别为与非门和或非门的逻辑状态表。与非门的逻辑功能可总结为："全 1 出 0，有 0 出 1"，或非门的逻辑功能可总结为："全 0 出 1，有 1 出 0"。

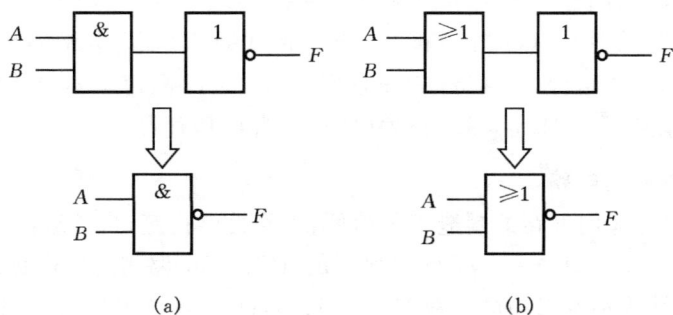

图 8.1.4　与非门和或非门逻辑符号

（a）与非门逻辑符号；（b）或非门逻辑符号

表 8.1.4　与非门逻辑状态表

输　入		输　出
A	B	F
0	**0**	**1**
0	**1**	**1**
1	**0**	**1**
1	**1**	**0**

表 8.1.5　或非门逻辑状态表

输　入		输　出
A	B	F
0	**0**	**1**
0	**1**	**0**
1	**0**	**0**
1	**1**	**0**

"与非"逻辑的逻辑表达式为

$$F = \overline{AB} \tag{8.1.4}$$

"或非"逻辑的逻辑表达式为

$$F = \overline{A + B} \tag{8.1.5}$$

必须指出，以上由分立元件构成的各种门电路，在实际应用中存在着许多缺点，如体积大、可靠性差、电位配合困难等。因此，在实际应用中，使用得最广泛的是集成"与非"门电路，它是构成其他逻辑门、触发器等的基础。

8.1.2　TTL集成门电路

把逻辑门电路中的所有元件及连线都制作在一块很小的半导体基片上，就是所谓的集成门电路。集成逻辑门电路属于小规模（SSI）集成电路。根据集成门电路中所用电子器件的不同，可分为双极型集成门电路（主要是 TTL 集成门电路）和单极型集成门电路（MOS 集成门电路）。

TTL 集成门电路是晶体管-晶体管逻辑（Transistor-Transistor Logic）门电路

的简称。按其输出结构的不同可分为推拉输出形式的 TTL 门电路、集电极开路输出形式的 TTL 门电路(OC 门)和三态输出形式的 TTL 门电路(TS 门)等;按其速度-功耗积的大小可分为 74/54 中速系列、74H/54H 高速系列、74S/54S 超高速系列(肖特基系列)和 74LS/75LS 系列(低功耗肖特基系列)。

1. TTL 与非门电路

TTL 集成与非门电路的制造工艺简便,工作性能稳定,带负载能力强,是数字电路中常用的基本元件之一。下面以典型的 TTL 门电路为对象进行讨论。

(1)电路结构和逻辑功能　典型的 74H/54H 系列与非门电路如图 8.1.5 所示。电路由三级组成。由多发射极晶体管 T_1 和电阻 R_1 组成输入级。多发射极晶体管有三个发射结和一个集电结,基区共用。将三个发射结看作三个并联的二极管。这样,T_1 的作用和二极管与门作用相似,实现三个输入 A、B、C 相"与"的逻辑功能。中间倒相级由 T_2 管和电阻 R_2、R_3 组成。从 T_2 管的集电极和发射极输出两路相位相反的信号分别驱动 T_3(T_4)和 T_5 管。输出电路由 T_3、T_4、T_5 管及电阻 R_4、R_5 组成。T_3 和 T_4 组成复合管;T_4 和 T_5 管构成推挽式输出电路,即其中一个管子导通,则另一个管子截止,或相反。推挽方式工作可实现低阻抗输出。

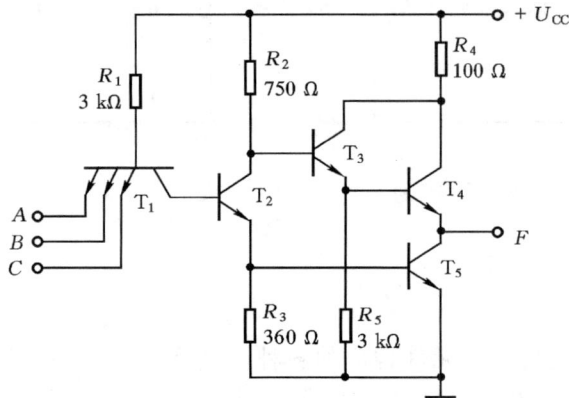

图 8.1.5　TTL 与非门典型电路

下面讨论电路的逻辑功能。

① 输入不全为 1。当任一输入端加低电平 $U_{IL} = 0.3$ V 时,相应的发射结导通,T_1 管的基极电位被钳制在 1 V(设晶体管发射结电压为 0.7 V)。这个电压不能使 T_2、T_5 导通,因为从 T_1 基极到 T_5 发射极要经过 T_1 集电结和 T_2、T_5 发射结共三个 PN 结,至少需 2.1 V 的电压才能使这三个 PN 结导通。所以,T_2 管和 T_5 管均截止。由于 T_2 管截止,R_2 中的电流就只有 T_3 的基极电流 I_{B3},晶体管的基极

电流一般很小,且 R_2 的阻值只有数百 Ω,故可以忽略 R_2 上的压降,则 T_3 管的基极电位近似为 U_{CC},T_3 和 T_4 管导通,输出端的电位为

$$V_F \approx U_{CC} - U_{BE3} - U_{BE4} = 5 - 0.7 - 0.7 = 3.6 \text{ V}$$

即输出为逻辑 **1**。

② 输入全为 **1**。全部输入端均为高电平 $U_{IH} = 3.6$ V 时,由于 $U_{CC} = 5$ V,大于 T_1 集电结、T_2 和 T_5 发射结这三个 PN 结导通所需电压(2.1 V),故这三个 PN 结均导通,T_1 管的基极电位被钳制在 2.1 V。这样,T_1 管的所有发射结均处于反偏,其集电结正偏,T_1 处于特殊的倒置工作状态。电源通过 R_1 和 T_1 管的集电结向 T_2 管提供足够的正向基极电流使 T_2 管饱和导通。T_2 管的集电极电位 $V_{C2} = U_{BE5} + U_{CES2} \approx 0.7 \text{ V} + 0.3 \text{ V} = 1 \text{ V}$,所以 T_3 管处于导通状态,而 T_3 管的发射极电位 $V_{E3} = V_{C2} - U_{BE3} = 1 - 0.7 = 0.3$ V,因此,T_4 管截止。故 T_5 管集电极电流 $I_{C5} \approx 0$,而 T_5 管基极电流足够大,T_5 管处于深度饱和状态,输出端的电位 $V_F = U_{CES5} \approx 0$ V,即为逻辑 **0**。

综上所述,电路实现的是"与非"逻辑功能。

(2) TTL 与非门电压传输特性和主要参数　TTL 与非门输出电压 U_O 与输入电压 U_I 之间的关系曲线称为电压传输特性,如图 8.1.6(b)所示,它是了解与非门参数的基础,传输特性的测试电路如图 8.1.6(a)所示。

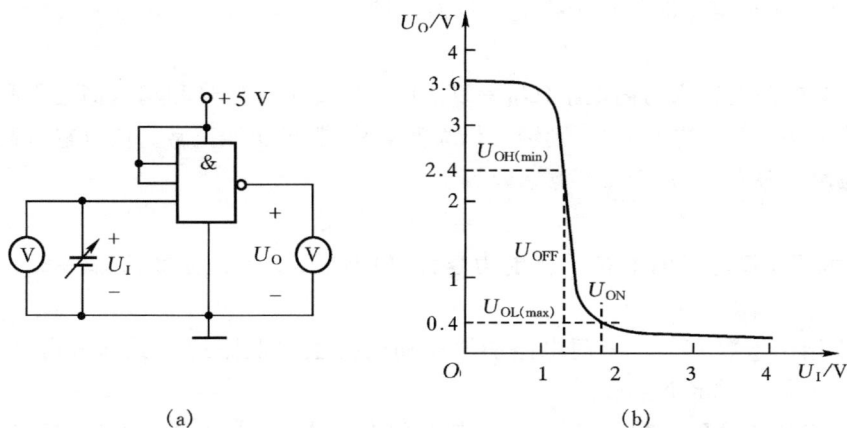

图 8.1.6　TTL 与非门电压传输特性

(a)测试电路;(b)特性曲线

① 输出高电平 U_{OH} 和输出低电平 U_{OL}。U_{OH} 是指当输入端至少有一个低电平时的输出电压值。输出端空载时,$U_{OH} \approx 3.6$ V,输出端接上负载后,U_{OH} 值会有所下降。在实际中,U_{OH} 的值会在一定范围变化,TTL 产品标准规定 $U_{OH} \geqslant 2.4$ V,

即 $U_{OH(min)} = 2.4$ V。

U_{OL} 是指当输入端全为高电平时的输出电压值,输出端空载时,T_5 处于深度饱和状态,$U_{OL} \approx 0$ V。输出端接上负载后,U_{OL} 值会有所上升。所以,U_{OL} 的值也有一定的变化范围,TTL 产品标准规定 $U_{OL} \leqslant 0.4$ V,即 $U_{OL(max)} = 0.4$ V。

② 开门电平 U_{ON} 和关门电平 U_{OFF}。开门电平 U_{ON} 是指当输出低电平值上升到其上限值时所对应的输入电平值。它是输入高电平的下限值。TTL 产品标准规定 $U_{ON} \leqslant 2$ V。

关门电平 U_{OFF} 是指当输出高电平值下降到其下限值时所对应的输入电平值。它是输入低电平的上限值。TTL 产品标准规定 $U_{OFF} \geqslant 0.8$ V。

③ 噪声容限。在数字电路中,一般是由许多门电路前后级联来完成一定的逻辑功能,前级门的输出就是后级门的输入。信号在传递过程中不可避免地会混入外来干扰信号,在保证逻辑功能正常的情况下,后级门电路的输入端所能容许的最大干扰电压值,称为噪声容限。它反映了逻辑门电路的抗干扰能力。

当与非门的输入为低电平($U_{IL} = U_{OL}$)时,只要干扰信号和输入低电平叠加后的数值不大于关门电平 U_{OFF},则输出仍为高电平,逻辑功能正常。所以输入低电平时的噪声容限 U_{NL} 为

$$U_{NL} = U_{OFF} - U_{OL} \tag{8.1.6}$$

U_{NL} 越大表示低电平时的抗干扰能力越强,根据 TTL 产品标准,$U_{NL} = 0.8 - 0.4 = 0.4$ V。

当与非门的输入为高电平($U_{IH} = U_{OH}$)时,只要干扰信号和输入高电平叠加后的数值不小于开门电平 U_{ON},则输出仍为低电平,逻辑功能正常。所以输入高电平时的噪声容限 U_{NH} 为

$$U_{NH} = U_{OH} - U_{ON} \tag{8.1.7}$$

U_{NH} 越大表示高电平时的抗干扰能力越强,根据 TTL 产品标准,$U_{NH} = 2.4 - 2 = 0.4$ V。

④ 扇出系数 N。一个门电路能够驱动同类型门电路的个数称为扇出系数。TTL 产品标准规定 $N \geqslant 8$。

⑤ 平均传输延迟时间 t_{pd}。TTL 与非门在工作时,内部晶体管从饱和到截止或从截至到饱和都需要一定的时间,因此,输出信号相对于输入信号总有一定的延迟。当输出信号从低电平变到高电平时,输出相对于输入的延迟时间称为上升沿延迟时间 t_{pLH},当输出信号从高电平变到低电平时,输出相对于输入的延迟时间称为下降沿延迟时间 t_{pHL}。平均传输延迟时间 t_{pd} 规定为

$$t_{pd} = \frac{t_{pLH} + t_{pHL}}{2} \tag{8.1.8}$$

t_{pd}值越小说明与非门的工作速度越快,74LS/54LS 系列门电路的 t_{pd} 典型值约为 9ns。

（3）门电路多余输入端的处理 虽然从原理上讲,门电路悬空的输入端子相当于逻辑 **1**,但在实际使用中对多余的输入端一般不应悬空,以防止外界干扰信号的侵入。对多余输入端子的处理原则是保证门电路的逻辑功能正确。

对与门和与非门的多余输入端可以将其经 $1\sim3$ kΩ 的电阻接至正电源端或与其他信号输入端并接使用。对或门及或非门的多余输入端应将其接地或与其他信号输入端并接使用。

2. TTL 集电极开路的与非门电路（OC 门）

集电极开路与非门电路及其逻辑符号如图 8.1.7 所示,与普通与非门相比,缺少了复合管 T_3、T_4,并使 T_5 的集电极开路。正常使用时,输出端需外接电源和上拉电阻 R_U 作为 OC 门的有源负载。

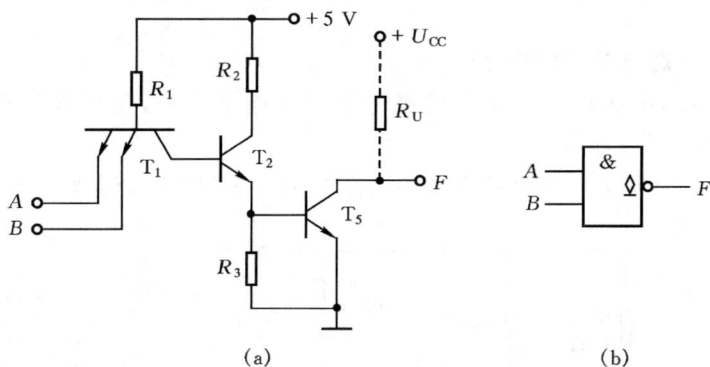

图 8.1.7 TTL 集电极开路与非门(OC 门)及其逻辑符号
(a)电路结构；(b)逻辑符号

当晶体管 T_5 截止时,输出端 F 的高电平 $U_{OH}=U_{CC}$,T_5 饱和导通时,输出端 F 的低电平仍为 TTL 标准低电平 U_{OL},所以利用 OC 门可以很方便地实现 TTL 逻辑电平到其他逻辑电平的转换。

另外可以将几个 OC 门的输出端直接连在一起实现"线与"逻辑,如图 8.1.8 (a)所示,由图可见只要任何一个 OC 门的 T_5 饱和导通,都将使输出 F 为低电平,只有两个 OC 门的 T_5 都截止,输出 F 才为高电平,因此,OC 门输出之间是"与"的逻辑关系,输出 F 的逻辑式为

$$F = F_1 \cdot F_2 = \overline{AB} \cdot \overline{CD} \tag{8.1.9}$$

普通与非门的输出端不允许直接相联接,否则有可能损坏门电路。

除了实现逻辑电平转换和"线与"逻辑外,OC门也常用作接口电路以驱动较大电流的外部负载,图 8.1.8(b)是用 OC 门驱动发光二极管的电路。

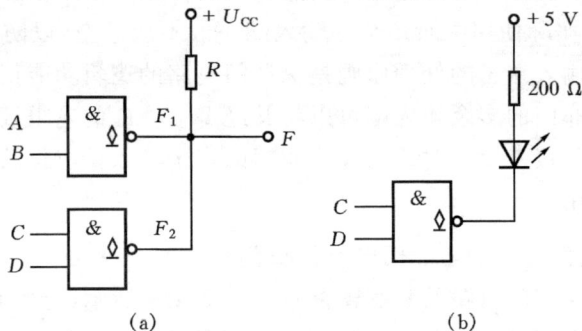

图 8.1.8   OC 门应用电路

(a)实现"线与"逻辑;(b)OC 门作为接口电路

3. TTL 三态与非门(TS 门)

三态门的输出状态除了正常的高电平和低电平之外,还可以出现第三种状态——高阻态。

图 8.1.9(a)所示为低电平有效的三态输出与非门的电路结构。可以看出,三

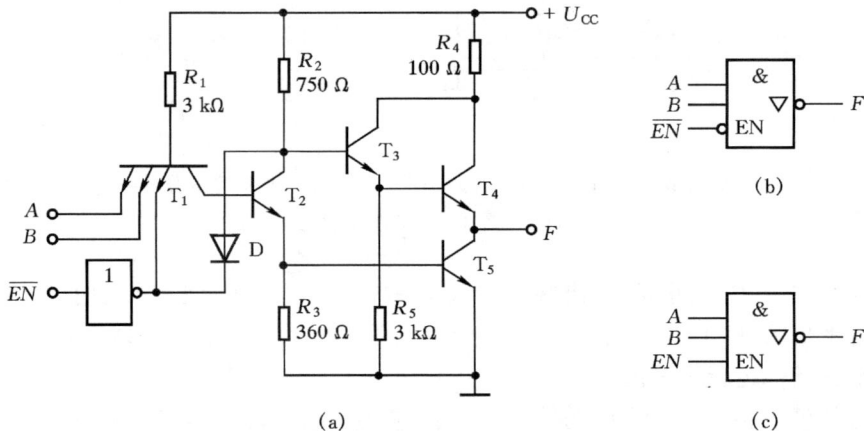

图 8.1.9   TTL 三态门结构及其逻辑符号

(a)电路图;(b)低电平使能三态门符号;(c)高电平使能三态门符号

态门电路实际上是在普通与非门电路的基础上增加了一个控制使能端 $\overline{EN}$。当 $\overline{EN}=0$ 时,二极管 D 截止,电路处于正常的与非门工作状态,$F=\overline{AB}$;当 $\overline{EN}=1$

时,$U_{B1}=1\,V$,晶体管 T_2 和 T_5 截止,同时,由于二极管 D 导通,使得 $U_{B3}=1\,V$,导致晶体管 T_4 也截止,故输出端呈高阻隔离状态。因为控制端 $\overline{EN}=\mathbf{0}$ 时,电路为正常的与非门工作状态,故称此电路为低电平使能三态门。如去掉控制端的非门,则当控制端为逻辑 **1** 时,电路为正常的与非门工作状态,称这种三态门为高电平使能三态门。这两种三态输出与非门的逻辑符号分别如图 8.1.9(b)、(c)所示。

三态门主要用在数字系统中实现数据总线结构和数据双向传输,如图 8.1.10 所示。在图 8.1.10(a)中,只要使各三态门的使能端分时轮流为低电平,且在任何时刻仅有一个三态门的使能端为低电平,就可以把各个与非门的输出分时传递到数据总线上。在 8.1.10(b)中,当 $\overline{R}/W=\mathbf{1}$ 时,三态门 G_1 正常工作,G_2 输出端为高阻态,I/O 端数据经 G_1 门反相后送到数据总线;当 $\overline{R}/W=\mathbf{0}$ 时,三态门 G_2 正常工作,G_1 输出端为高阻态,总线数据经 G_2 门反相后输出至 I/O 端。

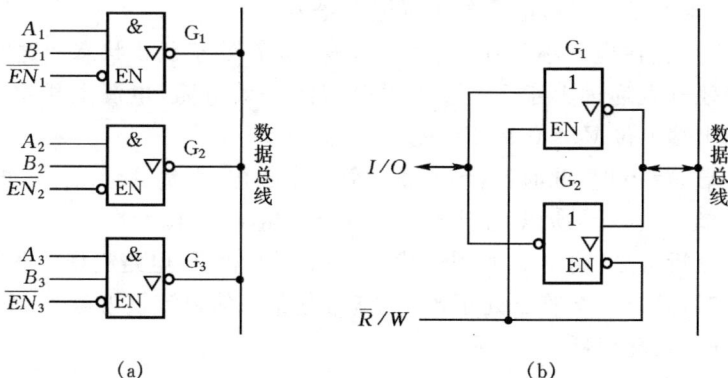

图 8.1.10 三态门的应用

(a)实现数据总线结构;(b)实现数据双向传输

8.1.3 MOS 集成门电路

MOS 集成门电路是由绝缘栅场效应管(MOS)管组成,它具有制造工艺简单、集成度高(比双极型晶体管电路的集成度高几十倍)、功耗低、抗干扰能力强、输入电阻高等优点。其缺点是速度较 TTL 电路低,人们在提高 MOS 电路的工作速度方面做了许多研究,已经取得了很大进展。目前,几乎所有的超大规模集成存储器件,可编程逻辑器件都采用 MOS 电路,MOS 器件有可能超过 TTL 器件而成为数字电路的主导器件。

MOS 数字集成电路根据所用 MOS 管的不同可分为:PMOS 电路、NMOS 电路和 CMOS 电路,其中的 CMOS 门电路是一种由 NMOS 和 PMOS 管构成的互补对称逻辑电路,是目前应用最多的 MOS 电路。CMOS 数字集成电路产品主要有 CD4000 系列和高速 CMOS54/74HC 系列。

下面介绍几种采用增强型绝缘栅场效应管组成的 CMOS 集成逻辑门电路。

1. CMOS 反相器(非门)

CMOS 反相器电路如图 8.1.11 所示。驱动管 T_N 为增强型 NMOS 管,负载管 T_P 为增强型 PMOS 管,T_N 和 T_P 管串联并制作在同一块硅片上。两管的栅极相连作为输入端 A,两管的漏极相连作为输出端 F,两管联成互补对称结构。

当输入端 $A=1$ 时,此时 $V_A \approx U_{DD}$,驱动管 T_N 的栅源电压大于其开启电压处于导通状态;

图 8.1.11　CMOS 非门电路

而负载管 T_P 的栅源电压小于其开启电压,故 T_P 管处于截止状态。这时 T_P 管漏源极间的等效电阻远远大于 T_N 管漏源极间的等效电阻,电源电压主要降在 T_P 上,所以,输出端电位 $V_F \approx 0$ V,$F=0$。

当输入端 $A=0$ 时,此时 $V_A \approx 0$,驱动管 T_N 截止;而负载管 T_P 导通。这时电源电压主要降在 T_N 上,所以,输出端电位 $V_F \approx U_{DD}$,$F=1$。

由以上分析可见,输出 F 的逻辑状态与输入 A 相反,电路实现了非逻辑功能。电路在工作时,总有一个管子处于截止状态,电路中的电流仅为截止 MOS 管的漏电流,所以静态功耗很低。

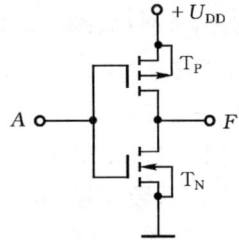

2. CMOS 与非门电路

两输入端的 CMOS 与非门电路如图 8.1.12 所示,驱动管 T_{N1} 和 T_{N2} 为增强型 NMOS,两者相串联;负载管 T_{P1} 和 T_{P2} 为增强型 PMOS,两者相并联,每个输入端分别联接一个驱动管和一个负载管的栅极。

当输入端 A 和 B 均为 1 时,T_{N1} 和 T_{N2} 管均导通,它们串联后的等效电阻很小,而 T_{P1} 和 T_{P2} 管均截止,它们并联后的等效电阻仍很大,故输出端为低电平,$F=0$。

当输入端 A 或 B 至少有一个为 0 时,T_{N1} 和 T_{N2} 两只管子中至少有一个处于截止状态,两驱动管串联后的总电阻很大;T_{P1} 和 T_{P2} 两只管子至少有一个导通,两负载管并联后

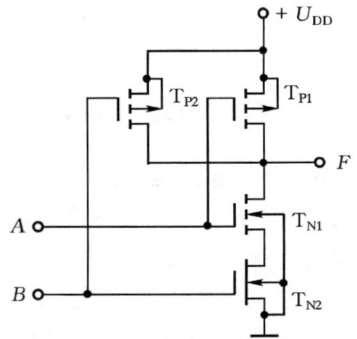

图 8.1.12　CMOS 与非门电路

的等效电阻很小。故输出端为高电平，$F=1$。因此，该电路实现的是"与非"逻辑功能。

3. CMOS 或非门电路

图 8.1.13 为两输入端的 CMOS 或非门电路，和与非门的结构正好相反，驱动管 T_{N1} 和 T_{N2}（NMOS 管）并联，而负载管 T_{P1} 和 T_{P2}（PMOS 管）串联。且栅极也分别接输入端。

当输入端 A 和 B 同时为 **0** 时，并联的 T_{N1} 和 T_{N2} 管均截止，而串联的 T_{P1} 和 T_{P2} 管均导通，故输出端为高电平，即 $F=1$。

当输入端 A 和 B 中至少有一个为 **1** 时，并联的 T_{N1} 和 T_{N2} 至少有一个导通，而串联的 T_{P1} 和 T_{P2} 也至少有一个截止，故输出为低电平，即 $F=0$。因此，该电路实现的是"或非"逻辑功能。

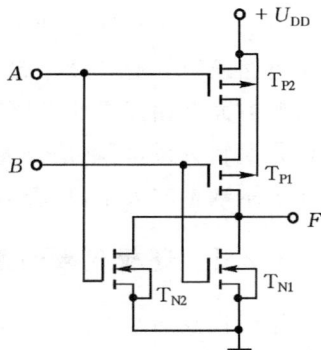

图 8.1.13 CMOS 或非门电路

与非门的输入端越多，串联的驱动管就越多，导通时的等效电阻就越大，输出低电平值将会因输入端的增多而提高，所以输入端不能做得很多，而或非门无此问题，所以在 CMOS 门电路中，或非门用得较多。

MOS 门电路由于输入电阻极高，其多余输入端不能悬空，否则静电感应会损坏电路。对与非门应将其接正电源端或与其他输入端并联；对或非门应将其接地或与其他输入端并联。

【练习与思考】

8.1.1 数字电路与模拟电路有何区别？

8.1.2 常用的逻辑关系有哪些？写出表示这些逻辑关系的状态表、逻辑式和逻辑符号图。

8.1.3 何为开门电平？何为关门电平？它们的物理意义是什么？有一个两输入的与非门，一端输入电平值为 3.6 V，另一端输入电平值为 2.1 V，该与非门的输出逻辑状态是什么？

8.1.4 对门电路多余的输入端应如何处理？可否悬空？

8.1.5 什么是"线与"，普通与非门能否实现"线与"逻辑功能？什么门能实现"线与"逻辑功能？

8.1.6 什么是 OC 门？什么是三态门？它们的主要用途是什么？

8.1.7 CMOS 门电路有何特点？如果 CMOS 门的一端通过一个 10 MΩ 的电阻接地，则该输入端的逻辑状态是什么？

8.2 逻辑代数及其应用

逻辑代数也称为布尔代数(Boolean Algebra),它是英国数学家乔治·布尔(George Boole)在 1848 年创立的,是一种研究逻辑关系的符号代数法则,是进行数字电路逻辑分析与设计的重要数学工具。逻辑代数与普通代数虽然在运算规则的某些方面有相似之处,但它和普通代数在概念上却有本质的不同。逻辑代数研究的是逻辑关系,而不是数量关系。其变量的取值只有 **0** 和 **1** 两个值,而且 **0** 和 **1** 并不表示数量的大小,只表示两种对立的状态,如数字电路中电位的高与低。

8.2.1 逻辑代数的基本定律

逻辑代数的基本定理和定律可归纳如下。

1. 0–1 律

$$A+0=A \qquad\qquad A \cdot 0=0$$
$$A+1=1 \qquad\qquad A \cdot 1=A$$

2. 互补律

$$A+\overline{A}=1 \qquad\qquad A \cdot \overline{A}=0$$

3. 重叠律

$$A+A=A \qquad\qquad A \cdot A=A$$

4. 还原律

$$\overline{\overline{A}}=A$$

5. 交换律

$$A+B=B+A \qquad\qquad AB=BA$$

6. 结合律

$$A+(B+C)=(A+B)+C \quad A(BC)=(AB)C$$

7. 分配律

$$A(B+C)=AB+AC \qquad A+BC=(A+B)(A+C)$$

证明:$(A+B)(A+C)=A+AC+AB+BC=A(1+C+B)+BC=A+BC$

8. 吸收律

$$A+AB=A \qquad\qquad A(A+B)=A$$
$$A(\overline{A}+B)=AB \qquad\qquad A+\overline{A}B=A+B$$

证明：$A+\overline{A}B=A+AB+\overline{A}B=A+B(A+\overline{A})=A+B$

9. 反演律(摩根定理)

$$\overline{A+B}=\overline{A}\,\overline{B} \qquad\qquad \overline{AB}=\overline{A}+\overline{B}$$

反演律可以用下面所列的真值表来证明：

A	B	$\overline{A}+\overline{B}$	$\overline{AB}$	$\overline{A}\,\overline{B}$	$\overline{A+B}$
0	**0**	**1**	**1**	**1**	**1**
0	**1**	**1**	**1**	**0**	**0**
1	**0**	**1**	**1**	**0**	**0**
1	**1**	**0**	**0**	**0**	**0**

上表中，反演律公式等号两边的表达式对变量 A 和 B 的每一组取值都相等，故可证明反演律成立。

8.2.2　逻辑函数的表示方法

逻辑电路的输出与输入之间是一种逻辑关系，这种逻辑关系也称为逻辑函数。前面讨论的各种门电路就是最简单的逻辑函数。逻辑函数的表示方法有：逻辑状态表(真值表)、逻辑函数式和逻辑图。这些方法以不同的形式表示了同一逻辑函数，因此，各种表示方法之间可以互相转换。下面举一个简单例子来说明。

在一座二层楼的一楼和二楼各装了一个单刀双掷开关 A 和 B 用来控制楼梯灯 L，如图 8.2.1 所示。设开关 $A=B=1$ 表示开关接在位置 1，$A=B=0$ 表示开关接在位置 0；$L=1$ 表示灯亮，$L=0$ 表示灯灭。显然 L 是 A、B 的逻辑函数，即 $L=f(A,B)$。

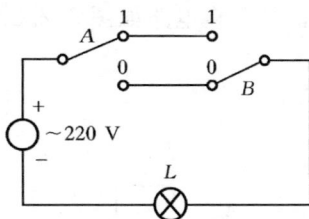

图 8.2.1　楼梯灯控制电路

1. 逻辑状态表

描述逻辑函数输出与输入对应关系的表格称为逻辑状态表或真值表。对图 8.2.1 所示的楼梯灯控制电路可列出开关 A 和 B 的四种组合与灯 L 逻辑状态的对应关系如表 8.2.1 所示，此表就是输出与输入之间逻辑关系的状态表。

2. 逻辑函数式

逻辑状态表虽然直观地表示了输入与输出之间的逻辑关系，但利用它无法对逻辑函数化简，所以常常需要把逻辑状态表转换为逻辑函数式以便利用逻辑代数对其化简。把逻辑状态表转换为逻辑函数式的方法是：首先把状态表中输出等于 **1** 的各状态表示为所有输入变量的"积"，取值为 **1** 的变量用原变量，取值为 **0** 的变

表 8.2.1　灯控电路逻辑状态表

A	B	F
0	**0**	**1**
0	**1**	**0**
1	**0**	**0**
1	**1**	**1**

量用反变量。在表 8.2.1 中输出 $L=1$ 有两栏,对应 $A=0$、$B=0$ 这一栏的"积"为 $\overline{A}\,\overline{B}$,对应 $A=1$、$B=1$ 这一栏的"积"为 AB;最后把所有的"积"项相加就得到了逻辑函数的与-或表达式,即

$$L = \overline{A}\,\overline{B} + AB \tag{8.2.1}$$

式(8.2.1)表示的逻辑函数也称为同或逻辑,常简记为

$$L = \overline{A}\,\overline{B} + AB = A \odot B$$

同或门的逻辑符号如图 8.2.2(a)所示。

3. 逻辑图

逻辑图就是把逻辑运算关系用相应的逻辑符号表示的图形。在数字电路中,逻辑符号和实现相应功能的逻辑电路的符号是一致的,因此用逻辑图表示逻辑函数是最接近工程实际的表示方法,便于逻辑函数的电路实现。根据式(8.2.1)画出的两种逻辑电路如图 8.2.2 所示,这说明同一逻辑函数的逻辑电路图不是唯一的。

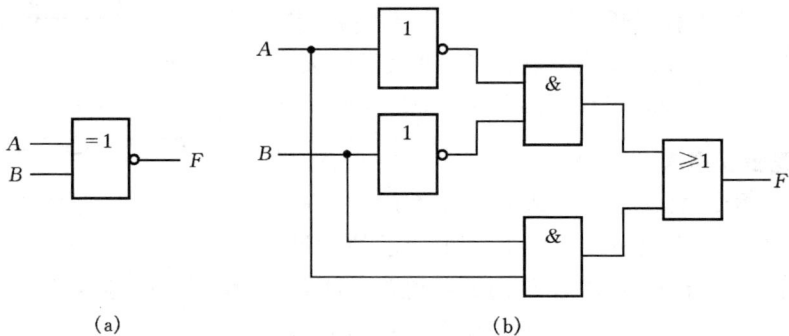

(a)　　　　　　　　　　　　　　(b)

图 8.2.2　同或逻辑图
(a)用同或门实现;(b)用基本门电路实现

8.2.3　逻辑函数的代数法化简

对于任何逻辑问题,只要写出其逻辑函数式,就可以用相应的逻辑电路来实

现。但同样的逻辑功能,其逻辑函数的表达式并不是唯一的,有的简单,有的复杂。一般由逻辑状态表直接转换而来的逻辑函数式往往不是最简的,按照这样的逻辑函数式所设计的逻辑电路必然存在着使用器件多、成本高、可靠性低的缺点。所以需要对其进行化简。

逻辑函数式的化简方法有代数法和卡诺图法,这里仅介绍代数化简法。代数化简法就是利用逻辑代数中的基本定律,合并乘积项或消去冗余乘积项,使与或表达式中的与项数最少,每个与项中的变量数也最少。代数化简法中常用方法有以下几种。

1. 并项法

利用 $AB+A\bar{B}=A$ 将两项并为一项。如

$$F=A(BC+\bar{B}\,\bar{C})+A(B\bar{C}+\bar{B}C)=ABC+A\bar{B}\,\bar{C}+AB\bar{C}+A\bar{B}C$$
$$=AB(C+\bar{C})+A\bar{B}(\bar{C}+C)=AB+A\bar{B}=A$$

2. 吸收法

利用 $A+AB=A$ 吸收多余项。如

$$F=\bar{A}B+\bar{A}BCD=\bar{A}B$$

3. 消去法

利用 $A+\bar{A}B=A+B$ 消去多余变量。如

$$F=AB+\bar{A}C+\bar{B}C=AB+(\bar{A}+\bar{B})C=AB+\overline{AB}C=AB+C$$

4. 配项法

利用 $A+\bar{A}=1$,给某一与项乘以 $A+\bar{A}$,展开后以消去多余项;或利用 $A+A=A$,在函数中将某一项重复写出,分别和其他与项合并。如

$$F=AB+\bar{A}C+BC=AB+\bar{A}C+(A+\bar{A})BC=AB+\bar{A}C+ABC+\bar{A}BC$$
$$=AB(1+C)+\bar{A}C(1+B)=AB+\bar{A}C$$
$$F=\bar{A}B\bar{C}+\bar{A}BC+ABC=(\bar{A}B\bar{C}+\bar{A}BC)+(\bar{A}BC+ABC)=\bar{A}B+BC$$

在实际中,往往要综合应用上述各种方法,才能得到最简的结果。

【例 8.2.1】 试化简逻辑函数

$$F=AB+A\bar{C}+\bar{B}C+B\bar{C}+B\bar{D}+\bar{B}D+ADE(F+G)$$

【解】 $F=A(B+\bar{C})+\bar{B}C+B\bar{C}+B\bar{D}+\bar{B}D+ADE(F+G)$

利用 $\bar{A}+\bar{B}=\overline{AB}$,得 $B+\bar{C}=\overline{\bar{B}C}$,所以

$$F=A\,\overline{\bar{B}C}+\bar{B}C+B\bar{C}+B\bar{D}+\bar{B}D+ADE(F+G)$$

利用 $A+\bar{A}B=A+B$,得 $A\,\overline{\bar{B}C}+\bar{B}C=\bar{B}C+A$,所以

$$F=A+\bar{B}C+B\bar{C}+B\bar{D}+\bar{B}D+ADE(F+G)$$

利用 $A+AB=A$，得 $A+ADE(F+G)=A$，所以

$\quad F=A+\bar{B}C+B\bar{C}+B\bar{D}+\bar{B}D$

利用 $A=A(B+\bar{B})$，得 $\bar{B}C=\bar{B}C(D+\bar{D})=\bar{B}CD+\bar{B}C\bar{D}$，所以

$\quad F=A+\bar{B}CD+\bar{B}C\bar{D}+B\bar{C}+B\bar{D}+\bar{B}D$

利用 $A+AB=A$，得 $\bar{B}C\bar{D}+B\bar{D}=B\bar{D}$，所以

$\quad F=A+B\bar{D}+\bar{B}CD+B\bar{C}+\bar{B}D$

利用 $A=A(B+\bar{B})$，得 $B\bar{D}=B\bar{D}(C+\bar{C})=BC\bar{D}+B\bar{C}\bar{D}$，所以

$\quad F=A+B\bar{D}+\bar{B}CD+B\bar{C}+BC\bar{D}+B\bar{C}\bar{D}$

利用 $A+AB=A$，得 $B\bar{C}+B\bar{C}\bar{D}=B\bar{C}$，所以

$\quad F=A+B\bar{D}+\bar{B}CD+BC\bar{D}+B\bar{C}$

利用 $AB+A\bar{B}=A$，得 $\bar{B}CD+BC\bar{D}=(\bar{B}+B)CD=C\bar{D}$，所以

$\quad F=A+B\bar{D}+C\bar{D}+B\bar{C}$

【练习与思考】

8.2.1　逻辑代数和普通代数有何区别?

8.2.2　逻辑函数的表示方法有哪几种? 它们之间如何相互转换?

8.2.3　代数法化简逻辑函数的方法有哪些? 能否把 $AB=AC$ 和 $A+B=A+C$ 化简为 $B=C$?

8.3　组合逻辑电路的分析与设计

　　组合逻辑电路是由基本逻辑门电路组合而成、不带反馈环节的逻辑电路。它的特点是任何时刻输出信号的稳态值仅与此时刻的输入信号有关,而与电路的原输出状态无关。

8.3.1　组合逻辑电路的分析

　　组合逻辑电路的分析,就是利用逻辑代数求得给定逻辑电路输入和输出之间的逻辑关系,从而确定该电路逻辑功能的过程。

　　组合逻辑电路的分析步骤通常如下:

　　① 根据给定的逻辑电路写出输入输出之间的逻辑函数式;

　　② 将逻辑函数式化为最简与-或表达式;

　　③ 根据最简与-或表达式列出逻辑状态表;

　　④ 根据真值表进行逻辑功能分析。

　　【例 8.3.1】试分析图 8.3.1(a)所示组合逻辑电路的功能。

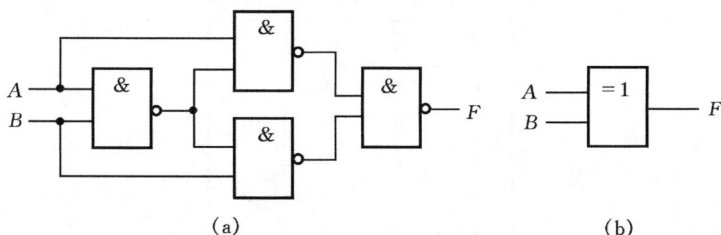

图 8.3.1　例 8.3.1 图

(a)逻辑图；(b)异或门逻辑符号

【解】由逻辑电路图,可写出输出逻辑函数 F 的表达式,并化简可得

$$F = \overline{A\,\overline{AB} \cdot B\,\overline{AB}}$$
$$= A\,\overline{AB} + B\,\overline{AB}$$
$$= A(\overline{A} + \overline{B}) + B(\overline{A} + \overline{B})$$
$$= A\overline{B} + \overline{A}B$$

表 8.3.1　例 8.3.1 的逻辑状态表

A	B	F
0	0	0
0	1	1
1	0	1
1	1	0

根据函数式,列出逻辑状态表如表 8.3.1 所示。

由状态表可知,当 A 和 B 同为 1 或同为 0 时,输出为 0,当 A 和 B 的状态不同时,输出为 1,这种逻辑关系也称为异或逻辑关系。常简记为

$$F = A \otimes B$$

异或门的逻辑符号如图 8.3.1(b)所示。

【例 8.3.2】试分析图 8.3.2 所示组合逻辑电路的功能。

【解】由逻辑电路图,可写出输出逻辑函数 F 的表达式,并化简可得

$$F = \overline{\overline{ABC}A + \overline{ABC}B + \overline{ABC}C}$$
$$= \overline{\overline{ABC}(A + B + C)}$$
$$= ABC + \overline{A + B + C}$$
$$= ABC + \overline{A}\,\overline{B}\,\overline{C}$$

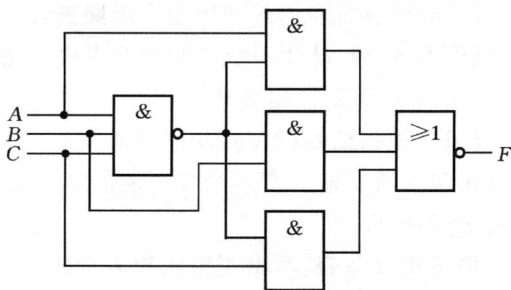

图 8.3.2　例 8.3.2 图

根据逻辑函数式,列出真值表如表 8.3.2 所示。

由真值表可知,当 3 个输入端的逻辑状态一致时,输出为 1;3 个输入端的逻辑

表 8.3.2　例 8.3.2 的逻辑状态表

A	B	C	F
0	0	0	1
0	0	1	0
0	1	0	0
0	1	1	0
1	0	0	0
1	0	1	0
1	1	0	0
1	1	1	1

状态不一致时,输出为 **0**,因此该电路称为"一致判别电路",可用来判断输入端的逻辑状态是否一致。

8.3.2　组合逻辑电路的设计

组合逻辑电路的设计与分析正好相反。它是从给定的逻辑功能要求出发,设计出能完成该逻辑功能的逻辑电路。

组合逻辑电路的设计步骤如下:

① 根据逻辑功能要求,列出状态表;

② 由状态表写出输出的逻辑表达式;

③ 化简、变换输出逻辑表达式,得出与准备采用的逻辑门电路相对应的最简逻辑函数式;

④ 根据最简表达式画出逻辑电路图。

【例 8.3.3】 设计一个三变量的表决电路。当两个或两个以上变量的输入为 **1** 时,输出为 **1**,否则输出为 **0**。

【解】 根据给定的逻辑功能要求列出逻辑状态表,如表 8.3.3 所示。通常表中须列出包括所有输入变量全部可能的组合及相对应的输出,若输入有 n 个变量,则应有 2^n 种组合。

由逻辑状态表,写出逻辑函数表达式

$$F = \overline{A}BC + A\overline{B}C + AB\overline{C} + ABC$$

运用逻辑代数进行化简

$$\begin{aligned}
F &= \overline{A}BC + ABC + A\overline{B}C + ABC + AB\overline{C} + ABC \\
&= BC(\overline{A} + A) + AC(\overline{B} + B) + AB(\overline{C} + C) \\
&= AB + BC + AC
\end{aligned}$$

表 8.3.3　例 8.3.3 的逻辑状态表

A	B	C	F
0	0	0	0
0	0	1	0
0	1	0	0
0	1	1	1
1	0	0	0
1	0	1	1
1	1	0	1
1	1	1	1

　　根据该函数表达式,可画出逻辑电路如图 8.3.3(a)所示。若要求用与非门构成该电路,则可采用反演律变换函数表达式

$$F=AB+BC+AC=\overline{\overline{AB}\ \overline{BC}\ \overline{AC}}$$

对应的逻辑电路如图 8.3.3(b)所示。

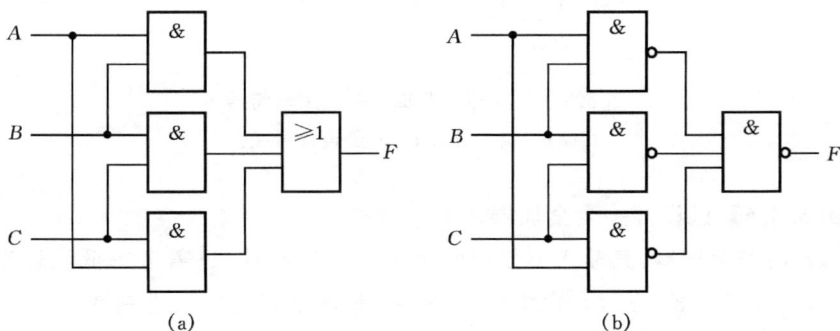

图 8.3.3　例 8.3.3 逻辑图
(a)用与门和或门实现；(b)用与非门实现

【例 8.3.4】试设计一个半加器。

【解】所谓半加器,只是两个 1 位二进制数相加,而无低位来的进位数。其状态表如表 8.3.4 所示,表中的 A 和 B 是两个相加的二进制数,S 是本位和,C 是向高位的进位。由状态表可分别写出本位和 S、进位 C 的逻辑表达式

$$S=\overline{A}B+A\overline{B}=A\oplus B$$

$$C=AB$$

表 8.3.4　例 8.3.4 的逻辑状态表

输　入		输　出	
A	B	S	C
0	0	0	0
0	1	1	0
1	0	1	0
1	1	0	1

　　由逻辑式可知,S 等于 A、B 异或的结果,可用一个异或门来实现;C 等于 A、B 相与的结果,可用一个与门实现,故半加器电路如图 8.3.4(a)所示,图 8.3.4(b)是其逻辑符号。

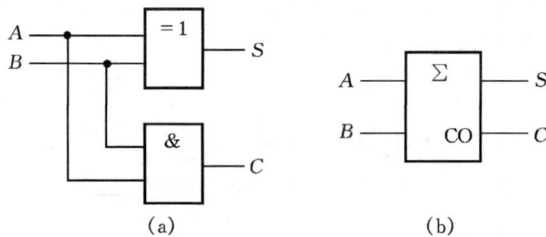

图 8.3.4　半加器逻辑电路及逻辑符号
(a)逻辑电路图；(b)逻辑符号

【例 8.3.5】试设计一个全加器。

【解】所谓全加器,其输入不仅有两个 1 位二进制数,还需考虑低位送来的进位。状态表如表 8.3.5 所示,表中的 A_i 和 B_i 是两个相加的二进制数,C_{i-1} 是低位送来的进位数,S_i 是本位全加和,C_i 是向高位的进位数。由状态表可写出 S_i 和 C_i 的逻辑表达式

$$S_i = \overline{A}_i\overline{B}_iC_{i-1} + \overline{A}_iB_i\overline{C}_{i-1} + A_i\overline{B}_i\overline{C}_{i-1} + A_iB_iC_{i-1}$$
$$= (\overline{A}_iB_i + A_i\overline{B}_i)\overline{C}_{i-1} + (A_iB_i + \overline{A}_i\overline{B}_i)C_{i-1}$$
$$= (A_i\oplus B_i)\overline{C}_{i-1} + (\overline{A_i\oplus B_i})C_{i-1}$$
$$= A_i\oplus B_i\oplus C_{i-1}$$
$$C_i = \overline{A}_iB_iC_{i-1} + A_i\overline{B}_iC_{i-1} + A_iB_i\overline{C}_{i-1} + A_iB_iC_{i-1}$$
$$= (\overline{A}_iB_i + A_i\overline{B}_i)C_{i-1} + A_iB_i$$
$$= (A_i\oplus B_i)C_{i-1} + A_iB_i$$

表 8.3.5　例 8.3.5 的逻辑状态表

A_i	B_i	C_{i-1}	S_i	C_i
0	0	0	0	0
0	0	1	1	0
0	1	0	1	0
0	1	1	0	1
1	0	0	1	0
1	0	1	0	1
1	1	0	0	1
1	1	1	1	1

　　根据逻辑式可画出全加器的逻辑电路图,图 8.3.5(a)是由半加器实现的全加器逻辑图,图 8.3.5(b)是全加器的逻辑符号。

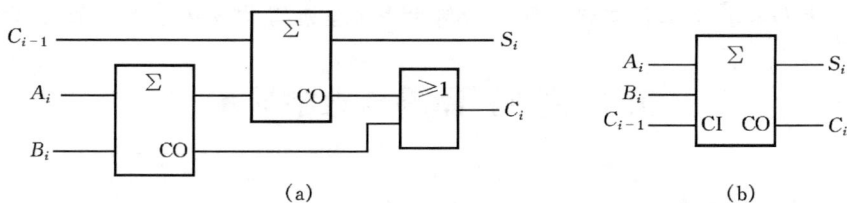

图 8.3.5　全加器逻辑电路及逻辑符号

(a)逻辑电路图；(b)逻辑符号

　　把多位全加器的进位端逐级串联相接,则可构成多位二进制加法电路。如 74LS183 就是在一块芯片上集成了两个功能完全相同的全加器,它的管脚排列如图 8.3.6(a)所示。用一片 74LS183 可实现两位二进制数相加。例如要实现两位二进制数 A_1A_0 与 B_1B_0 相加,只需把 A_0、B_0 送入低位加法器；A_1、B_1 送入高位加法器,并将低位加法器的进位输入接地,低位加法器的进位输出与高位加法器的进位输入相联接即可,如图 8.3.6(b)所示,图中 S_1S_0 为求和结果,CO 为进位输出。

　　串行进位加法器的运算速度较慢,如要求运算速度较快,可采用具有超前进位功能的加法器,如中规模 4 位集成加法器 74LS83A、74LS283 等。

【练习与思考】

8.3.1　组合逻辑电路分析和设计的步骤有哪些?

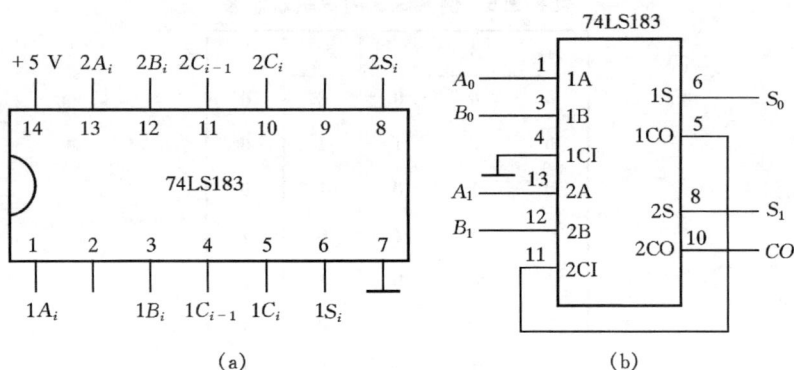

图 8.3.6 集成加法器 74LS183 管脚图及构成两位串行进位加法器的接线图

(a)管脚图；(b)两位二进制加法器接线图

8.3.2 如何把逻辑函数的与-或式转换为与非-与非式以及或非-或非式？

8.3.3 半加器和全加器有何不同？如何由多个全加器构成多位串行加法器？

8.4 编码、译码与数字显示

8.4.1 编码器

在二进制数字系统中，每一位二进制数只有 1 和 0 两个数码，只能区分两个不同的信号。若要用二进制数码表示更多的信息，则需要把若干位二进制数组合起来分别表示这些信息。将二进制数按一定规律编排为不同的组合代码并赋予每个代码确定的含义，就称为编码。用来完成编码工作的逻辑电路称为编码器。按照编码对象的不同特点和编码要求，有各种不同的编码器，如二进制编码器、优先编码器、8421BCD 编码器等。如果一个编码器有 n 个输出端和 m 个输入端，它们之间应满足 $m \leqslant 2^n$ 的关系。

1. 二进制编码器

二进制编码器是将特定信息编码为二进制代码的逻辑电路，常用的有 8 线—3 线、16 线—4 线等编码器。表 8.4.1 是 8 线—3 线二进制编码器的功能表，输入信号 $I_0 \sim I_7$ 依次为高电平时，输出 $Y_2 \sim Y_0$ 输出一组对应的二进制代码，但这种对应关系是人为规定的，表 8.4.1 只是其中的一种方案。根据功能表写出 Y_2、Y_1 和 Y_0 的逻辑式就可以画出二进制编码器的逻辑图，在此从略。

表 8.4.1 8 线—3 线二进制编码器的功能表

输 入								输 出		
I_0	I_1	I_2	I_3	I_4	I_5	I_6	I_7	Y_2	Y_1	Y_0
1	0	0	0	0	0	0	0	0	0	0
0	1	0	0	0	0	0	0	0	0	1
0	0	1	0	0	0	0	0	0	1	0
0	0	0	1	0	0	0	0	0	1	1
0	0	0	0	1	0	0	0	1	0	0
0	0	0	0	0	1	0	0	1	0	1
0	0	0	0	0	0	1	0	1	1	0
0	0	0	0	0	0	0	1	1	1	1

2. 二–十进制优先权编码器

上述的二进制编码器实际上对输入信号是有限制的,任何时刻只允许一个输入信号出现,如果多个输入信号同时出现,输出将会发生混乱。但在实际的数字系统中,常常会遇到多路信号同时出现的情况,这时就要求编码器按照事先安排好的优先级别对优先级别高的输入信号编码,而其他优先级别低的信号不会对编码输出产生影响。具有这种功能的编码器称为优先编码器,优先编码器广泛应用于计算机的中断控制和数字控制的排队逻辑电路中。

二–十进制编码器,是将十进制数 0~9 共 10 个数码编成二进制代码的逻辑电路。输入是代表数码 0~9 的 10 个信号,输出是 4 位二进制代码,所以二–十进制编码器也称为 10 线—4 线编码器。由于输出的 4 位二进制代码是用来表示十进制数码的,所以输出的 4 位二进制代码又称为 BCD(Binary Coded Decimal)码。4 位二进制代码共有 16 种组合,最多可以表示 16 个信息,而十进制数只有 0~9 共 10 个数码,因此,就产生了不同的 BCD 码,如 8421 码、5421 码、余 3 码、格雷码等。其中最常用的 BCD 码是 8421 码,它是用 4 位二进代码的前 10 个代码 **0000~1001** 来表示十进制数码 0~9。由于 4 位二进制代码的每位权重是 8、4、2、1,故称为 8421BCD 码。如用 8421 码表示多位十进制数,则需多位 8421 码。如 $(2008)_{10} =$ **(0010 0000 0000 1000)**$_{8421BCD}$。

图 8.4.1 是典型的 10 线—4 线中规模集成优先编码器 74LS147 的符号图。逻辑符号规定如下:任何变量都有内逻辑和外逻辑之分,内逻辑存在于符号方框内,外逻辑存在于方框外周的小圆圈之外,内逻辑永远是高电平有效(逻辑 **1**),变量在框内用正体原变量表示,框外变量用斜体字母表示,如果在框外变量是低电平(逻辑 **0**)有效,也就是内外逻辑状态相反,则在输入、输出端靠近方框处画一小圆圈(表示求非运算),并且在框外变量用反变量表示;否则,不用画小圆圈,在框外变

量也用原变量表示。

74LS147 的功能表（真值表）见表 8.4.2。该编码器有 9 个输入端，分别对应十进制数 1～9。输入端全无信号时，表示十进制数码 0。输入信号低电平有效，输出为 4 位 BCD 码的反码形式。其中 $\bar{I}_9$ 优先级别最高，$\bar{I}_8$ 次之，$\bar{I}_0$ 最低。当 $\bar{I}_9 = 0$ 时，无论其他输入端有无有效信号（表中以"×"表示），输出端给出 $\bar{I}_9$ 的反码输出，即 $\bar{Y}_3\bar{Y}_2\bar{Y}_1\bar{Y}_0 = 0110$，当 $\bar{I}_9 = 1$，$\bar{I}_8 = 0$ 时，无论其他输入端有无有效信号，只对 $\bar{I}_8$ 编码，输出其反码形式，即输出 $\bar{Y}_3\bar{Y}_2\bar{Y}_1\bar{Y}_0 = 0111$，……，当所有输入端都为 1 时，对 $\bar{I}_0$ 编码，输出 $\bar{Y}_3\bar{Y}_2\bar{Y}_1\bar{Y}_0 = 1111$。

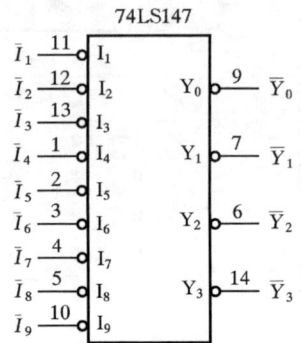

图 8.4.1　74LS147 符号图

表 8.4.2　10 线—4 线优先编码器 74LS147 的功能表

输　入									输　出			
$\bar{I}_1$	$\bar{I}_2$	$\bar{I}_3$	$\bar{I}_4$	$\bar{I}_5$	$\bar{I}_6$	$\bar{I}_7$	$\bar{I}_8$	$\bar{I}_9$	$\bar{Y}_3$	$\bar{Y}_2$	$\bar{Y}_1$	$\bar{Y}_0$
×	×	×	×	×	×	×	×	0	0	1	1	0
×	×	×	×	×	×	×	0	1	0	1	1	1
×	×	×	×	×	×	0	1	1	1	0	0	0
×	×	×	×	×	0	1	1	1	1	0	0	1
×	×	×	×	0	1	1	1	1	1	0	1	0
×	×	×	0	1	1	1	1	1	1	0	1	1
×	×	0	1	1	1	1	1	1	1	1	0	0
×	0	1	1	1	1	1	1	1	1	1	1	0
1	1	1	1	1	1	1	1	1	1	1	1	1

8.4.2　译码器和数字显示

译码是编码的逆过程，是将一组具有特定含义的代码"翻译"出它的原意来，实现译码功能的逻辑电路称为译码器。译码器可分为通用译码器和数字显示译码驱动器两大类。

通用译码器包括二进制译码器（变量译码器）、码制变换译码器等。数字显示译码驱动器是一种将数字、文字或符号的代码翻译出来驱动各类显示器件的逻辑电路。

1. 二进制译码器

将一组具有特定含义的二进制代码,按它的原意翻译成相对应的输出信号的逻辑电路称为二进制译码器。二进制译码器有 2 线—4 线译码器、3 线—8 线译码器、4 线—16 线译码器等。

(1) 集成 3 线—8 线译码器 74LS138 的功能
74LS138 是最常用的集成二进制 3 线—8 线译码器,图 8.4.2 是它的符号图,它有三个译码输入端 A_2、A_1、和 A_0(也称为地址端),8 个输出端 $\overline{Y}_0 \sim \overline{Y}_7$,3 个控制输入端 ST_A、$\overline{ST}_B$ 和 $\overline{ST}_C$。

表 8.4.3 是 74LS138 的功能表,由表可知:当 $ST_A = 0$ 或者 $\overline{ST}_B + \overline{ST}_C = 1$ 时,译码器被禁止,无论地址端 $A_2 A_1 A_0$ 为何种状态,译码器输出全为 1;当 $ST_A = 1$,$\overline{ST}_B + \overline{ST}_C = 0$ 时,译码器正常译码,根据地址端 $A_2 A_1 A_0$ 的不同组合,选中 $\overline{Y}_0 \sim \overline{Y}_7$ 中的某一路输出为低电平,如 $A_2 A_1 A_0 = 000$ 时,$\overline{Y}_0 = 0$,其余输出为 1,选中 $\overline{Y}_0$ 输出端。……,$A_2 A_1 A_0 = 111$ 时,$\overline{Y}_7 = 0$,其余输出为 1。选中 $\overline{Y}_7$ 输出端。

图 8.4.2 74LS138 的符号图

在译码器正常译码,即 $ST_A = 1$,$\overline{ST}_B + \overline{ST}_C = 0$ 的条件下,可写出译码器输出端的逻辑函数式为

$$
\begin{cases}
\overline{Y}_0 = \overline{\overline{A}_2 \overline{A}_1 \overline{A}_0} & \overline{Y}_1 = \overline{\overline{A}_2 \overline{A}_1 A_0} \\
\overline{Y}_2 = \overline{\overline{A}_2 A_1 \overline{A}_0} & \overline{Y}_3 = \overline{\overline{A}_2 A_1 A_0} \\
\overline{Y}_4 = \overline{A_2 \overline{A}_1 \overline{A}_0} & \overline{Y}_5 = \overline{A_2 \overline{A}_1 A_0} \\
\overline{Y}_6 = \overline{A_2 A_1 \overline{A}_0} & \overline{Y}_7 = \overline{A_2 A_1 A_0}
\end{cases}
\tag{8.4.1}
$$

(2) 译码器的扩展 利用译码器的控制使能端,可方便地对其进行扩展。图 8.4.3 是把两片 74LS138 扩展为 4 线—16 线译码器的接线图。

由图 8.4.3 可知,由于高位地址 A_3 接在芯片 1 的 $\overline{ST}_B$ 和芯片 2 的 ST_A 端,所以两片 74LS138 分时工作。当使能输入端 $\overline{ST} = 1$ 时,两片 74LS138 均处于禁止状态,$\overline{Y}_0 \sim \overline{Y}_{15}$ 均为 1。当使能输入端 $\overline{ST} = 0$ 时,若 $A_3 = 0$,则芯片 1 正常译码,芯片 2 禁止,输出 $\overline{Y}_8 \sim \overline{Y}_{15}$ 均为 1,而 $\overline{Y}_0 \sim \overline{Y}_7$ 则根据低三位地址 $A_2 A_1 A_0$ 的不同组合相应输出 0,若 $A_3 = 1$,则芯片 1 禁止,芯片 2 正常译码,输出 $\overline{Y}_0 \sim \overline{Y}_7$ 均为 1,而 $\overline{Y}_8 \sim \overline{Y}_{15}$ 则根据低三位地址 $A_2 A_1 A_0$ 的不同组合相应输出 0。

(3) 利用译码器实现逻辑函数 利用 74LS138 加少量的门电路可以实现逻辑函数,下面举例说明。

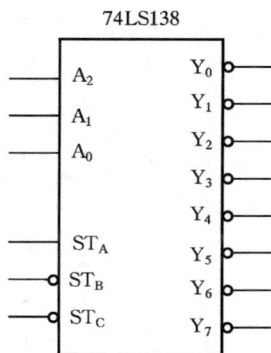

表 8.4.3　3 线—8 线译码器 74LS138 的功能表

控制输入			译码输入			输　出							
ST_A	$\overline{ST_B}$	$\overline{ST_C}$	A_2	A_1	A_0	$\overline{Y_0}$	$\overline{Y_1}$	$\overline{Y_2}$	$\overline{Y_3}$	$\overline{Y_4}$	$\overline{Y_5}$	$\overline{Y_6}$	$\overline{Y_7}$
0	×	×	×	×	×	1	1	1	1	1	1	1	1
×	×	1	×	×	×	1	1	1	1	1	1	1	1
×	1	×	×	×	×	1	1	1	1	1	1	1	1
1	0	0	0	0	0	0	1	1	1	1	1	1	1
1	0	0	0	0	1	1	0	1	1	1	1	1	1
1	0	0	0	1	0	1	1	0	1	1	1	1	1
1	0	0	0	1	1	1	1	1	0	1	1	1	1
1	0	0	1	0	0	1	1	1	1	0	1	1	1
1	0	0	1	0	1	1	1	1	1	1	0	1	1
1	0	0	1	1	0	1	1	1	1	1	1	0	1
1	0	0	1	1	1	1	1	1	1	1	1	1	0

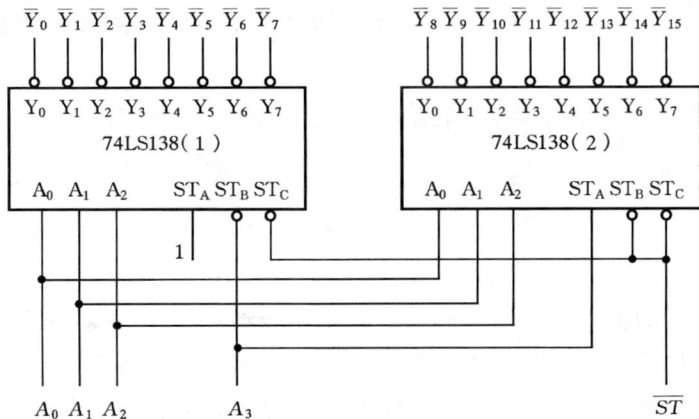

图 8.4.3　74LS138 扩展为 4 线—16 线译码器

【例 8.4.1】 用一片 74LS138 和少量的与非门实现全加器的逻辑功能。

【解】 由例 8.3.5 知,全加器的输出逻辑函数式如下

$$S_i = \overline{A}_i\overline{B}_iC_{i-1} + \overline{A}_iB_i\overline{C}_{i-1} + A_i\overline{B}_i\overline{C}_{i-1} + A_iB_iC_{i-1}$$

$$C_i = \overline{A}_iB_iC_{i-1} + A_i\overline{B}_iC_{i-1} + A_iB_i\overline{C}_{i-1} + A_iB_iC_{i-1}$$

如果使 74LS138 的地址端 $A_2 = A_i$,$A_1 = B_i$,$A_0 = C_{i-1}$ 则在 $ST_A = 1$,

$\overline{ST}_B + \overline{ST}_C = 0$ 的条件下，由式(8.4.1)可知，74LS138 的 8 个输出端的逻辑式为

$$\begin{cases} \overline{Y}_0 = \overline{\overline{A}_i \overline{B}_i \overline{C}_{i-1}} & \overline{Y}_1 = \overline{\overline{A}_i \overline{B}_i C_{i-1}} & \overline{Y}_2 = \overline{\overline{A}_i B_i \overline{C}_{i-1}} & \overline{Y}_3 = \overline{\overline{A}_i B_i C_{i-1}} \\ \overline{Y}_4 = \overline{A_i \overline{B}_i \overline{C}_{i-1}} & \overline{Y}_5 = \overline{A_i \overline{B}_i C_{i-1}} & \overline{Y}_6 = \overline{A_i B_i \overline{C}_{i-1}} & \overline{Y}_7 = \overline{A_i B_i C_{i-1}} \end{cases}$$

把全加器的输出逻辑式变换为 74LS138 的输出形式

$$S_i = \overline{\overline{\overline{A}_i \overline{B}_i C_{i-1}} \; \overline{\overline{A}_i B_i \overline{C}_{i-1}} \; \overline{A_i \overline{B}_i \overline{C}_{i-1}} \; \overline{A_i B_i C_{i-1}}} = \overline{\overline{Y}_1 \overline{Y}_2 \overline{Y}_4 \overline{Y}_7}$$

$$C_i = \overline{\overline{\overline{A}_i B_i C_{i-1}} \; \overline{A_i \overline{B}_i C_{i-1}} \; \overline{A_i B_i \overline{C}_{i-1}} \; \overline{A_i B_i C_{i-1}}} = \overline{\overline{Y}_3 \overline{Y}_5 \overline{Y}_6 \overline{Y}_7}$$

因此，只需把 74LS138 的相应输出经过与非逻辑运算后就可实现全加器的逻辑功能。利用 74LS138 和两个与非门实现的全加器的逻辑电路图如图 8.4.4 所示。

2. 数字显示译码器

为了方便阅读和理解，在数字系统中常常需要将测量或运算的结果用人们习惯的十进制形式显示出来。这就需要用显示译码器把 BCD 码译码成十进制字符码，通过驱动电路驱动显示器显示出来。在中规模集成电路中，常把译码和驱动电路集成在一起，用来驱动数码管。

（1）七段数码管（LED）　把七个制成条形的发光二极管按一定的形状封装在一起便可构成七段发光数码管，如图 8.4.5 所示。当给不同的段施加控制电压使其发光时，就可以显示出 0～9 十个数字。

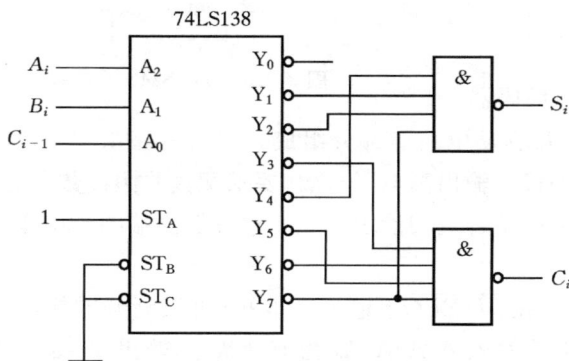

图 8.4.4　例 8.4.1 图

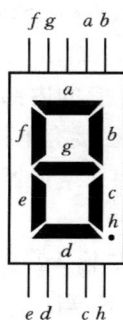

图 8.4.5　半导体发光数码管

数码管内的发光二极管有共阴极和共阳极两种接法，如图 8.4.6 所示。对于共阴极接法的数码管当 a、b、c、d、e、f、g 为高电平时，对应的字段被点亮；对于共阳极接法的数码管当 $\overline{a}$、$\overline{b}$、$\overline{c}$、$\overline{d}$、$\overline{e}$、$\overline{f}$、$\overline{g}$ 为低电平时，对应的字段被点亮。发光二极管的工作电压一般为 1.5 V～3 V，驱动电流为几毫安到十几毫安，可以是直流或脉冲电流。为防止过流，使用时需串接限流电阻。

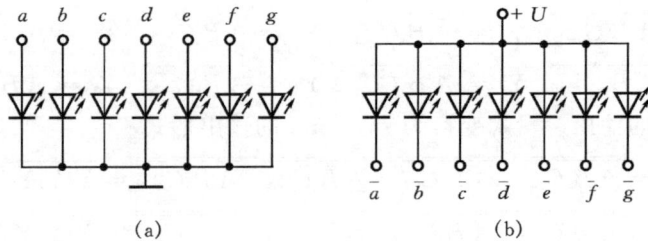

图 8.4.6　数码显示器内发光二极管的接法

(a)共阴极接法；(b)共阳极接法

（2）BCD 七段显示译码器　　BCD 七段显示译码器的功能是把输入的 8421BCD 码译成对应的字段控制信号来驱动数码管，以显示出相应的十进制数。由于数码管有共阴极和共阳极两种不同的接法，所以七段显示译码器也有两种类型，驱动共阴极接法的数码显示器应选择输出高电平有效的译码器（如 74LS248，74LS249）；驱动共阳极接法的数码显示器应选择输出低电平有效的译码器（如 74LS246，74LS247）。

图 8.4.7 给出了 BCD 七段显示译码器 74LS248

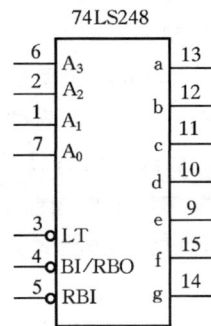

图 8.4.7　74LS248 的符号图

的符号图。它的内部由译码、控制及驱动电路三部分组成。驱动电路采用 OC 门结构，内部已接有上拉电阻，无需外接。输出高电平有效，要求配接共阴极数码管。控制电路用来增加器件的功能。下面结合其功能表 8.4.4 对各控制端的作用作简要的介绍。

① 试灯输入 $\overline{LT}$（Light Test）。在 $\overline{BI/RBO}$ 不输入低电平（可以断开或接高电平）的条件下，当 $\overline{LT}$ 为低电平时，无论输入 $A_3A_2A_1A_0$ 为何种状态，输出 $a\sim g$ 均为高电平，数码管七段全亮，显示"8"字，这一功能可用来检查数码管是否完好。

② 灭零输入 $\overline{RBI}$（Ripple Blanking Input）。在 $\overline{LT}=1$，$\overline{BI/RBO}$ 不输入低电平的条件下，若 $\overline{RBI}=1$，在 $A_3A_2A_1A_0$ 的所有组合下正常显示，若 $\overline{RBI}=0$，在 $A_3A_2A_1A_0\neq0000$ 时仍能正常显示，而当 $A_3A_2A_1A_0=0000$ 时，所有译码输出端均为低电平，数码管熄灭，不显示 0。这一功能可用来在多位数字显示系统中灭掉最高位有效数字左边的 0 和最低位有效数字右边的 0，以使显示清晰明了。

表 8.4.4 74LS248 七段显示译码驱动器的功能表

十进制数或功能	输入						$\overline{BI}/\overline{RBO}$	输出							显示字型
	$\overline{LT}$	$\overline{RBI}$	A_3	A_2	A_1	A_0		a	b	c	d	e	f	g	
0	1	1	0	0	0	0	1	1	1	1	1	1	1	0	$\boldsymbol{0}$
1	1	×	0	0	0	1	1	0	1	1	0	0	0	0	$\boldsymbol{1}$
2	1	×	0	0	1	0	1	1	1	0	1	1	0	1	$\boldsymbol{2}$
3	1	×	0	0	1	1	1	1	1	1	1	0	0	1	$\boldsymbol{3}$
4	1	×	0	1	0	0	1	0	1	1	0	0	1	1	$\boldsymbol{4}$
5	1	×	0	1	0	1	1	1	0	1	1	0	1	1	$\boldsymbol{5}$
6	1	×	0	1	1	0	1	1	0	1	1	1	1	1	$\boldsymbol{6}$
7	1	×	0	1	1	1	1	1	1	1	0	0	0	0	$\boldsymbol{7}$
8	1	×	1	0	0	0	1	1	1	1	1	1	1	1	$\boldsymbol{8}$
9	1	×	1	0	0	1	1	1	1	1	1	1	1	1	$\boldsymbol{9}$
10	1	×	1	0	1	0	1	0	0	0	1	1	0	1	c
11	1	×	1	0	1	1	1	0	0	1	1	0	0	1	$⊐$
12	1	×	1	1	0	0	1	0	1	0	0	0	1	1	$⊔$
13	1	×	1	1	0	1	1	1	0	0	1	0	1	1	$⊏$
14	1	×	1	1	1	0	1	0	0	0	1	1	1	1	$ᵗ$
15	1	×	1	1	1	1	1	0	0	0	0	0	0	0	
灭灯	×	×	×	×	×	×	0	0	0	0	0	0	0	0	
灭零	1	0	0	0	0	0	0	0	0	0	0	0	0	0	
试灯	0	×	×	×	×	×	1	1	1	1	1	1	1	1	$\boldsymbol{8}$

③ 灭灯输入/灭零输出 $\overline{BI}/\overline{RBO}$（Blanking Input/Ripple Blanking Output）。该端子比较特殊,是"线与"结构,既可做输入用,也可做输出用。当该端子输入低电平时,则不论其他输入的状态,译码输出全为低电平,数码管熄灭。如果在此端施加一方波信号电压,则数码管显示的数字将闪烁。这一功能可用来作为数字系统的极限报警显示用。

在灭零条件下（$\overline{LT}=1,\overline{RBI}=0,A_3A_2A_1A_0=0000$）,该端输出低电平,表示译码器目前正在灭零。灭零输入 $\overline{RBI}$ 和灭零输出 $\overline{RBO}$ 配合使用可以实现多位数字显示系统的灭零控制。多位数显系统中,整数部分的最高位灭零是无条件的,而次高位只有在最高位已灭零的条件下才可以灭零。所以最高位译码器的灭零输入应直接接地,而次高位译码器的灭零输入应与最高位译码器的灭零输出相连。同理,小数部分最低位译码器的灭零输入应直接接地,而次低位译码器的灭零输入应与最低位译码器的灭零输出相连。

用 74LS248 驱动共阴极数码管 BS201A 的基本接线如图 8.4.8 所示。

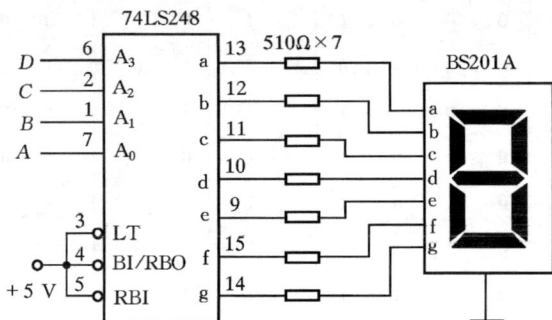

图 8.4.8　BCD 七段显示译码器与数码管的联接图

【练习与思考】

8.4.1　如何扩展译码器? 需要多少块 74LS138 才能扩展成 6 线—64 线译码器? 应如何连线?

8.4.2　简述用译码器实现逻辑函数的方法,能否用 74LS138 和“与门”实现全加器的逻辑功能?

8.4.3　BCD 七段显示译码器的功能是什么? 控制端 $\overline{LT}$、$\overline{RBI}$ 和 $\overline{BI/RBO}$ 有什么作用? 译码器和显示器配合使用时要注意什么问题?

本章小结

1. 基本的逻辑关系有“与”、“或”、“非”三种,由这三种基本逻辑关系可复合出其他复杂的逻辑关系。实现一定逻辑关系的数字逻辑电路称为门电路。常用的门电路有“与门”、“或门”、“非门”、“与非门”、“或非门”、“异或门”、“同或门”。对这些常用的门电路要熟练掌握。

2. 数字集成电路分为 TTL 和 MOS(主要是 CMOS)两大系列。TTL 电路速度高、带负载能力强,是传统的逻辑电路,在工业控制中获得了广泛的应用;CMOS 电路是数字电路中的后起之秀,具有功耗小、集成度高、抗干扰能力强等优点,工作速度也在不断地提高,在大规模集成电路中的应用越来越广泛,大有超过 TTL 电路的趋势。TTL 系列电路的典型产品是“与非门”,CMOS 系列电路的典型产品是“或非门”。用这两种门电路都可以实现任何其他的逻辑关系。

OC(OD)门可以实现"线与"逻辑；三态门可以实现数据总线结构。

3. 涉及到的逻辑函数表示方法有：状态表、逻辑式和逻辑图。这些表示方法之间可以互相转换。利用逻辑代数的基本定律可以对逻辑函数进行化简。化简的方法有：并项法、吸收法、消去法和配项法。

4. 组合逻辑电路的特点是：输出信号只取决于当时的输入信号，而与电路原来的状态无关。组合逻辑电路的分析方法是：首先由给定的逻辑图写出逻辑函数式并化简，然后再列出状态表，分析其逻辑功能。组合逻辑电路的设计与分析过程刚好相反，根据逻辑要求列出状态表，然后写出逻辑式并化简，最后画出逻辑图。

5. 编码和译码是数字系统必不可少的部分。介绍了与此相关的几款中规模集成芯片，重点是掌握这些集成芯片的外部特性，会使用这些集成芯片。

习　题

题 8.01　三极管非门电路如题 8.01 图所示。

(1)为了使三极管在 $U_{BE}=0$ V 时可靠截止，则 U_I 低电平的最大值是多少？

(2)如 $U_{BE}=0.7$ V，$U_{CES}=0.3$ V，为了使三极管饱和导通，则 U_I 高电平的最小值是多少？

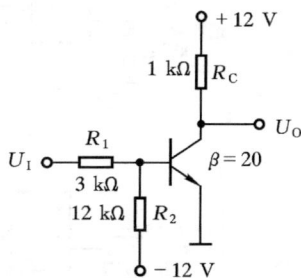

题 8.01 图

题 8.02　题 8.02 图给出了输入信号 A、B、C 的波形，试画出与非门和或非门的输出波形。

题 8.03　题 8.03 图所示电路均为 TTL 门电路，在不考虑悬空端干扰的情况下请指出各电路的输出是什么状态(高电平、低电平或高阻态)。

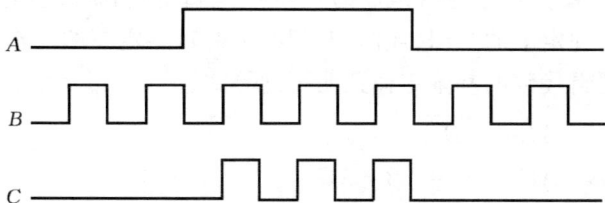

题 8.02 图

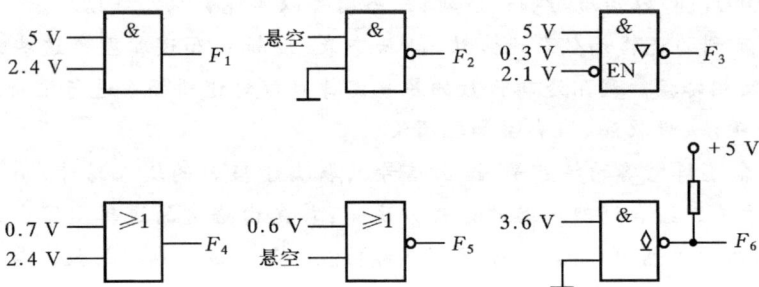

题 8.03 图

题 8.04 题 8.04 图所示各电路均为 CMOS 门电路，请指出各电路的输出是什么状态（高电平、低电平或高阻态）。

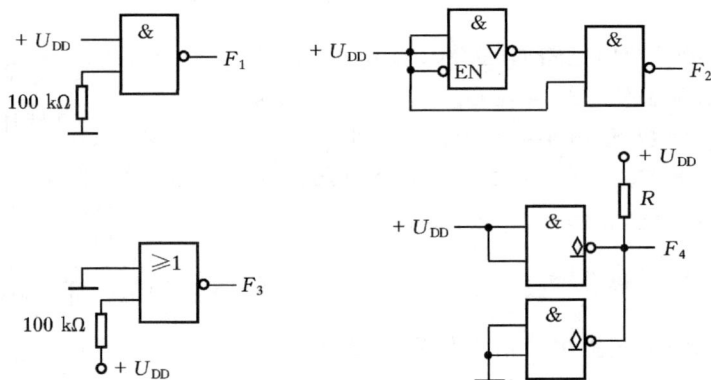

题 8.04 图

题 8.05 写出题 8.05 图中各逻辑电路输出的逻辑表达式。

题 8.06 题 8.06 图为场效应管组成的 CMOS 逻辑电路，试分析它们的逻辑功能。

题 8.07 正逻辑约定下的与门、或门、非门在负逻辑约定下的逻辑功能是什么？

题 8.08 应用逻辑代数的基本定律证明下列等式。

(1) $A\overline{B}+\overline{A}B=\overline{\overline{A}\ \overline{B}+AB}$

(2) $AB+\overline{A}C+BC=AB+\overline{A}C$

(3) $AB\oplus\overline{A}C=AB+\overline{A}C$

(4) $\overline{\overline{AC}+\overline{A}BC+\overline{BC}+\overline{A}\overline{B}C+\overline{A}C+BC}=\overline{C}$

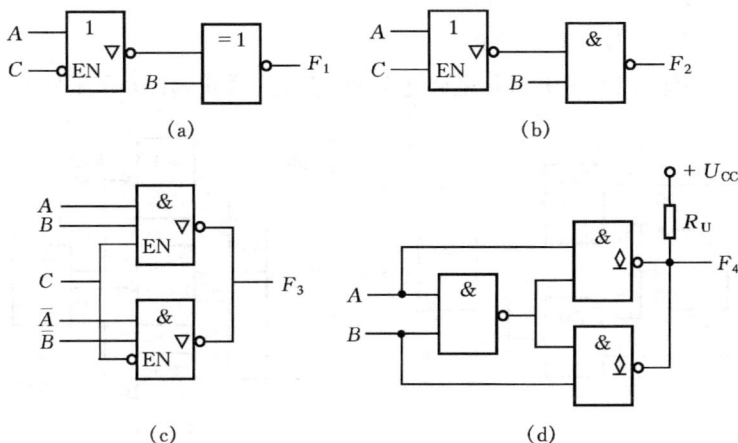

题 8.05 图

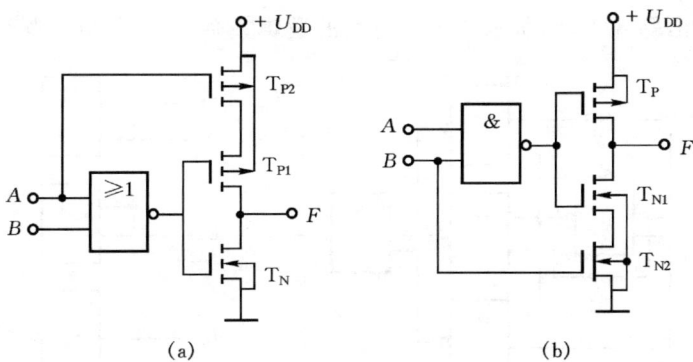

题 8.06 图

题 8.09　用逻辑代数的基本定律将下列各式化简为最简与或表达式。

(1) $F = AB + \bar{A}C + \bar{B}C$

(2) $F = \overline{(\bar{A}+\bar{B}+C)(\bar{D}+E)}(\bar{A}+B+\bar{C}+DE)$

(3) $F = (A+B+C)(\bar{A}+\bar{B}+\bar{C})$

(4) $F = \bar{A}B + \bar{A}C + \bar{B}C + AD + BDEF$

(5) $F = AC\bar{D} + BC + \bar{B}D + A\bar{B} + \bar{A}C + \bar{B}\,\bar{C}$

(6) $F = A(A \oplus B \oplus C)$

题 8.10　用与非门实现以下逻辑函数,并画出逻辑电路图。

(1) $F = AB + \bar{A}C$

(2) $F = (A+B+C)(\bar{A}+\bar{B}+\bar{C})$

(3) $F=\overline{A}\ \overline{B}+(\overline{A}+B)\overline{C}$

(4) $F=A\overline{B}+A\overline{C}+\overline{A}BC$

题 8.11　写出题 8.11 图所示各逻辑电路的逻辑关系式,并分析其逻辑功能。

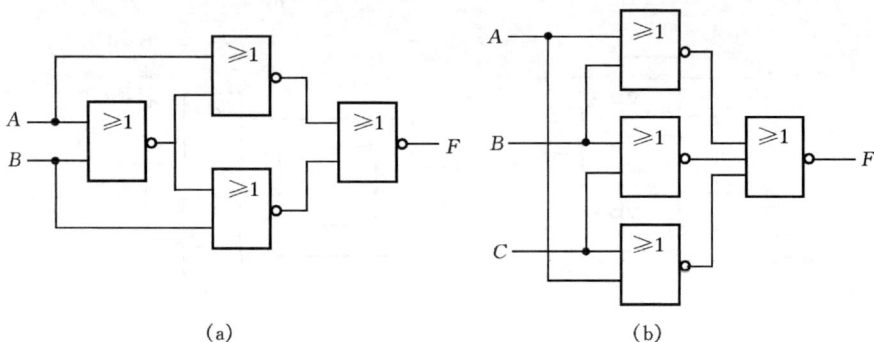

(a)　　　　　　　　　　　　　　　　(b)

题 8.11 图

题 8.12　写出题 8.12 图所示各逻辑电路的逻辑关系式,并分析其逻辑功能。

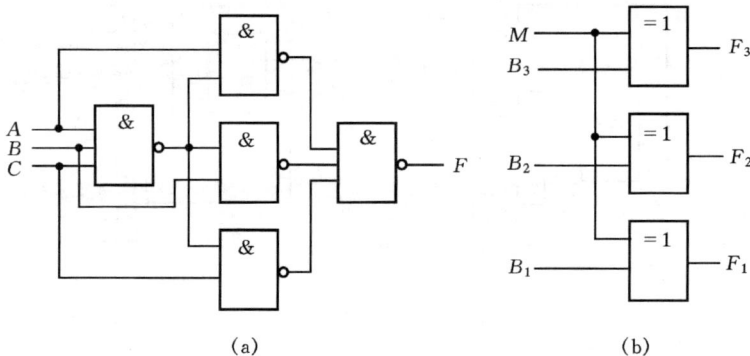

(a)　　　　　　　　　　　　　　　　(b)

题 8.12 图

题 8.13　题 8.13 图所示电路为一奇偶校验电路,A、B、C、D 为传送的数据,F 为奇偶校验位。(1)写出奇偶校验位 F 的逻辑表达式,列出其状态表,说明该奇偶校验电路是奇校验还是偶校验。(2)在接收端 P 为何值时说明接收的数据正确? P 为何值时说明接收的数据不正确?

题 8.14　用与非门设计一个两位二进制数比较的逻辑电路,要求当输入 $A>B$ 时,输出 $F_1=1$,其余输出为 0;当输入 $A=B$ 时,输出 $F_2=1$,其余输出为 0;当输入 $A<B$ 时,输出 $F_3=1$,其余输出为 0。

题 8.15　用与非门设计一个路灯控制电路(同时控制所有路灯的亮与灭),要求在三个不同的地方都能独立地控制灯的亮灭。

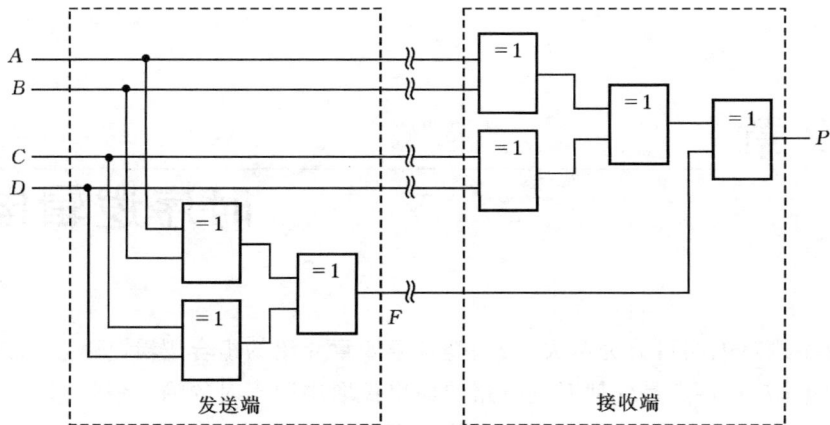

题 8.13 图

题 8.16 用 3 线—8 线译码器 74LS138 和与非门设计一个全减器。

题 8.17 用 3 线—8 线译码器 74LS138 和与非门实现下列逻辑函数。

(1) $F = AC + \overline{A}\,\overline{B} + B\overline{C}$

(2) $F = A\overline{C} + A\overline{B} + \overline{A}B + BC$

第 9 章

时序逻辑电路

数字逻辑电路可分为两大类:一类是第 8 章介绍的组合逻辑电路,它的基本单元是门电路,其特点是任何时刻电路的输出仅取决于当时的输入信号,并且无法保存输出信号;另一类是本章将要讨论的时序逻辑电路,它的基本单元电路是一种具有记忆、存储功能的双稳态触发器。时序逻辑电路的特点是,任何时刻电路的输出不仅取决于当时的输入信号,而且还与电路原来的状态有关。

9.1　双稳态触发器

双稳态触发器按逻辑功能可分为 RS 触发器、JK 触发器、D 触发器等;按电路结构可分为同步型触发器、主从型触发器、维持阻塞型触发器、边沿触发器等;按照触发方式可分为电平触发、主从触发和边沿触发。

9.1.1　基本 RS 触发器

基本 RS 触发器可由两个与非门交叉反馈联接而成,如图 9.1.1(a)所示,(b)为逻辑符号。它有两个输入端 $\overline{S}_D$ 和 $\overline{R}_D$,两个互补的输出端 Q 和 $\overline{Q}$,两个输出端的状态在正常条件下总是相反的,通常把 Q 端的状态作为触发器的工作状态。

触发器在正常情况下具有两个稳定状态,一个是 $Q=1,\overline{Q}=0$ 状态,称为 1 态或置位状态;另一个是 $Q=0,\overline{Q}=1$ 状态,称为 0 态或复位状态。$\overline{S}_D$ 称为直接置位端或直接置 1 端,$\overline{R}_D$ 称为直接复位端或直接置 0 端。由于该触发器具有两种稳定状态,故称双稳态触发器。下面分析触发器输入输出关系,在分析中,用 Q^n 表示触发器原来的状态,用 Q^{n+1} 表示触发器接受输入信号触发后的新状态。

当 $\overline{S}_D=1,\overline{R}_D=1$ 时,若触发器的原状态为 1 态,即 $Q^n=1,\overline{Q}^n=0$。由于 $\overline{Q}^n$ 反馈到 G_1 门输入端,必使 G_1 门输出 Q^n 继续保持为 1,同时 Q^n 又反馈到 G_2 门输入端,又确保了 G_2 门输出 $\overline{Q}^n$ 继续为 0,即触发器保持原状态。如触发器的原状态为 0 态,即 $Q^n=0,\overline{Q}^n=1$,则同样可推导出,触发器保持原状态不变。说明触发器此

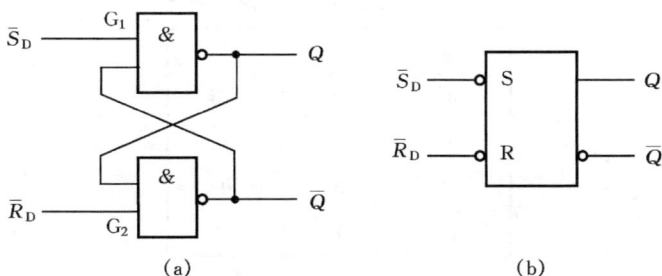

图 9.1.1　基本 RS 触发器

(a)逻辑图；(b)逻辑符号

时具有记忆和保持信息的功能,即 $Q^{n+1}=Q^n$。

当 $\bar{S}_D=0,\bar{R}_D=1$ 时,($\bar{S}_D$ 端输入一负脉冲)无论 Q^n 为何状态,必有 $Q^{n+1}=1$、$\bar{Q}^{n+1}=0$,由于 $\bar{Q}^{n+1}$ 又反馈到 G_1 门输入端,所以,即使 $\bar{S}_D=0$ 的信号消失,仍可继续使 $Q^{n+1}=1$。故触发器置 1。

当 $\bar{S}_D=1,\bar{R}_D=0$ 时,($\bar{R}_D$ 端输入一负脉冲)无论 Q^n 为何状态,必有 $Q^{n+1}=0$、$\bar{Q}^{n+1}=1$,由于 Q^{n+1} 反馈到 G_2 门输入端,即使 $\bar{R}_D=0$ 的信号消失,仍可继续使 $Q^{n+1}=0$。故触发器清 0。

当 $\bar{S}_D=0,\bar{R}_D=0$ 时,($\bar{S}_D$、$\bar{R}_D$ 端同时输入负脉冲),在此期间,$Q^{n+1}=1,\bar{Q}^{n+1}=1$,这一状态破坏了双稳态触发器的正常逻辑关系,即违反了 Q 和 $\bar{Q}$ 状态互补的原则,而且当 $\bar{S}_D=0,\bar{R}_D=0$ 的信号同时撤销后(即 $\bar{S}_D$、$\bar{R}_D$ 同时由 0 变为 1),由于 G_1 和 G_2 翻转速度的不确定性,触发器的状态是不定的。所以这种输入状态在使用中应尽可能避免,即 $\bar{S}_D=\bar{R}_D=0$ 为禁用输入状态。

由以上分析可见,$\bar{S}_D$ 和 $\bar{R}_D$ 对触发器状态的影响是低电平有效,$\bar{S}_D$ 和 $\bar{R}_D$ 上的非号和触发器逻辑符号中 $\bar{S}_D$ 和 $\bar{R}_D$ 输入端靠近方框处的小圆圈也都表示了相同的含义。$\bar{S}_D$ 为置位端,$\bar{R}_D$ 为复位端,$\bar{S}_D$ 和 $\bar{R}_D$ 不能同时为 0。基本 RS 触发器的工作波形见图 9.1.2,表 9.1.1 是基本 RS 触发器的状态表。

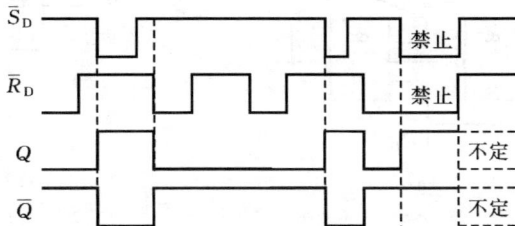

图 9.1.2　基本 RS 触发器的工作波形

表 9.1.1　基本 RS 触发器状态表

$\bar{S}_D$	$\bar{R}_D$	Q^{n+1}
0	**0**	不定
0	**1**	**1**
1	**0**	**0**
1	**1**	Q^n

9.1.2　同步触发器

基本 RS 触发器是一种直接触发的触发器,其输入不受条件约束,随时可将触发器清 **0** 或置 **1**。而在数字系统中,往往要求触发器的翻转时刻受到控制,以便各个触发器能够协调工作。这就需要在触发器电路中增加同步控制信号,同步信号一般是连续的周期矩形窄脉冲或对称方波。通常称为时钟脉冲,简称时钟,用 CP (Clock Pulse)表示。

1. 同步 RS 触发器

同步 RS 触发器的逻辑图及逻辑符号如图 9.1.3(a)、(b)所示。G_1 和 G_2 门组成基本 RS 触发器,G_3 和 G_4 门组成同步控制电路。CP 为时钟信号,S 和 R 为输入信号、Q 和 $\bar{Q}$ 为互补输出,$\bar{S}_D$ 和 $\bar{R}_D$ 为直接置位和复位端,用来设置初始状态。逻辑符号图中 C1、1S、1R 是一种关联标记,表示输入 S、R 是和时钟 CP 相关联的。也就是在时钟端的内逻辑状态为 **1** 时,输入才起作用。

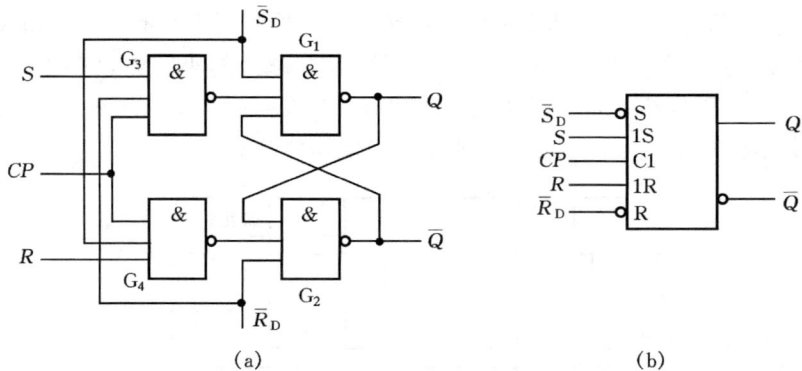

(a)　　　　　　　　　　　　　　　(b)

图 9.1.3　同步 RS 触发器
(a)逻辑图;(b)逻辑符号

由图 9.1.3(a)可以看出,$\bar{S}_D$ 和 $\bar{R}_D$ 可以不受时钟脉冲 CP 的控制而直接对触发器的状态产生影响,如 $\bar{S}_D = 1, \bar{R}_D = 0, Q^{n+1} = 0$,直接复位;$\bar{S}_D = 0, \bar{R}_D = 1$,$Q^{n+1} = 1$,直接置位。所以,$\bar{S}_D$ 和 $\bar{R}_D$ 分别被称为直接置位端和直接复位端,通称为异步输入端。$\bar{S}_D$ 和 $\bar{R}_D$ 都是低电平有效,一般用在工作之初设置触发器的初始状态,触发器正常工作时应使 $\bar{S}_D = \bar{R}_D = 1$。

当 $CP = 0$ 时,G_3 和 G_4 门被封锁,输出高电平,所以 S 和 R 输入端的信号不起作用,触发器保持原状态不变。

当 $CP = 1$ 时,G_3 和 G_4 门解除了封锁,则 S 和 R 端的信号通过 G_3 和 G_4 门可以作用到基本 RS 触发器的输入端。S 是置位信号,R 是复位信号,由于经过了 G_3 和 G_4 门的反相,所以 S、R 信号对触发器状态的影响与 $\bar{S}_D$ 和 $\bar{R}_D$ 对触发器状态的影响刚好相反,它们是高电平有效,同步 RS 触发器的状态表如表 9.1.2 所示,其工作波形见图 9.1.4。

表 9.1.2　RS 触发器状态表

S	R	Q^{n+1}
0	0	Q^n
0	1	0
1	0	1
1	1	不定

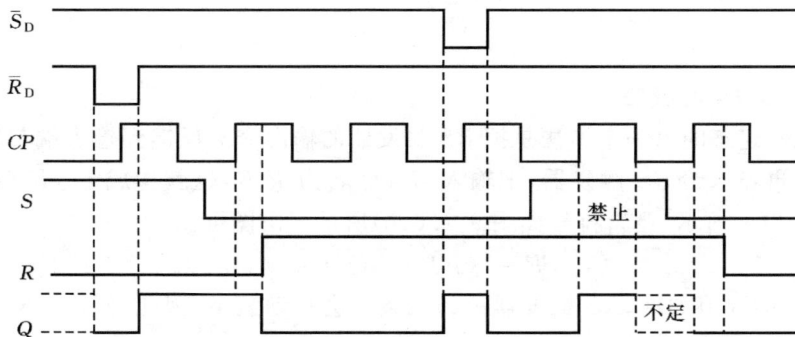

图 9.1.4　同步 RS 触发器的工作波形

与基本 RS 触发器相同,同步 RS 触发器对输入也是有限制的,S、R 不能同时为 1,即 S、R 的取值应满足约束条件:$SR = 0$。

2. 同步 D 触发器

由于 RS 触发器存在着不定态,其输入信号受到一定的约束,这给应用带来了限制。如果在 RS 触发器的 R 输入端增加一个非门,使 $R = \bar{S}$,则约束条件 $SR = 0$ 会自动满足。这种触发器称为 D 触发器,也称为 D 锁存器,适合于单输入信号的场合,其逻辑图和逻辑符号如图 9.1.5 所示。

$CP = 0$,同步 D 触发器输出状态不变,$CP = 1$ 触发器状态发生变化,由同步

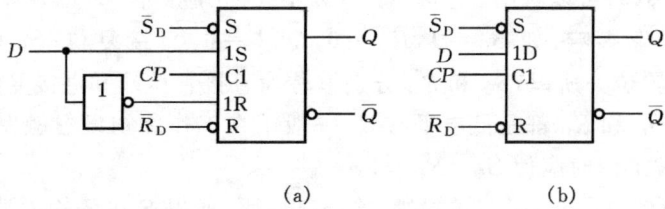

图 9.1.5 同步 D 触发器

RS 触发器的状态表,并考虑到 $S=D,R=\overline{D}$,则不难推出 D 触发器在 $CP=1$ 时的状态表如表 9.1.3 所示。

表 9.1.3 D 触发器状态表

D	Q^{n+1}
0	**0**
1	**1**

由表 9.1.3 可得出 D 触发器的次态方程为

$$Q^{n+1} = D \tag{9.1.1}$$

3. 同步 JK 触发器

消除不定态的另一个做法是把 RS 触发器的输出交叉反馈到输入端与输入信号相与后再输入给 RS 触发器,把输入信号命名为 J、K,这就构成了 JK 触发器,如图 9.1.6(a)所示,逻辑符号如图 9.1.6(b)所示。由图可见

$$SR = (J\overline{Q}^n)(KQ^n) = 0$$

无论 J、K 的取值如何,RS 触发器的约束条件会自动满足,因此,同步 JK 触发器的输入 J、K 无约束条件。

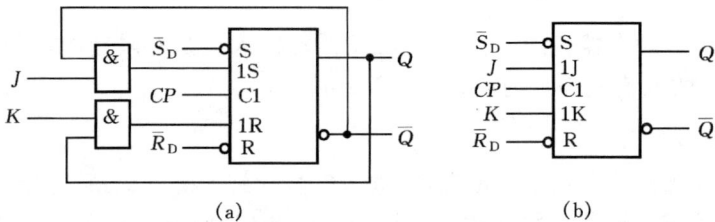

图 9.1.6 同步 JK 触发器

(a)逻辑图;(b)逻辑符号

$CP=0$,同步 JK 触发器输出状态不变,$CP=1$ 触发器状态发生变化,由同步 RS 触发器的状态表,并考虑到 $S=J\bar{Q}^n$、$R=KQ^n$,则不难推出 JK 触发器在 $CP=1$ 时的状态表如表 9.1.4 所示。为了简化常将表 9.1.4 简化为表 9.1.5。

由 JK 触发器的状态表,可得出 JK 触发器的次态方程为

$$Q^{n+1} = J\bar{Q}^n + \bar{K}Q^n \qquad (9.1.2)$$

表 9.1.4　JK 触发器的状态表

J	K	Q^n	Q^{n+1}	功能说明
0	0	0	0	$Q^{n+1}=Q^n$
0	0	1	1	
0	1	0	0	$Q^{n+1}=0$
0	1	1	0	
1	0	0	1	$Q^{n+1}=1$
1	0	1	1	
1	1	0	1	$Q^{n+1}=\bar{Q}^n$
1	1	1	0	

表 9.1.5　JK 触发器简化状态表

J	K	Q^{n+1}
0	0	Q^n
0	1	0
1	0	1
1	1	$\bar{Q}^n$

以上介绍的同步触发器在 $CP=1$ 期间接受输入信号并立即改变输出状态,这种触发方式称为高电平触发。如果在 $CP=0$ 期间接受输入信号并改变输出状态,则称为低电平触发方式,其逻辑符号则应在相应的 CP 输入端靠近方框处加一个小圆圈。高电平触发和低电平触发通称为电平触发方式。电平触发方式的优点是电路结构简单,动作较快。但它的抗干扰能力很差,特别是在一个 CP 脉冲内触发器可能会随着输入的变换而发生多次翻转,这种在一个 CP 脉冲内触发器发生多次翻转的现象称为"空翻",空翻现象的存在意味着触发器的输出状态并不是严格地按时钟节拍动作。例如,同步 JK 触发器在 $J=K=1$ 的作用下,在 CP 作用下,输出状态将视 CP 高电平时间的长短有多次翻转的可能,并不是来一个 CP 脉冲输出状态翻转一次。因此,用其作为计数器来计数 CP 脉冲的个数将是不准确的,这说明同步式触发器不能用于计数器,实用价值不大。虽然同步触发器的实用价值不大,但通过它所介绍的各种触发器的逻辑功能却是普遍适用的。

为了克服电平触发方式存在的空翻现象,需要采用新的电路结构。在实际中常采用无空翻现象的主从型 JK 触发器,维持阻塞型 D 触发器和负边沿 JK 触发器。

9.1.3 主从型 JK 触发器

主从型 JK 触发器的结构如图 9.1.7(a)所示,图中主触发器 FF_1 与门电路 G_1、G_2 一起构成同步 JK 触发器,FF_2 称为从触发器,主触发器的输出作为从触发器的输入,从触发器的输出 Q 和 $\bar{Q}$ 交叉反馈至主触发器的输入。由于经过了 G_3 门的反相,所以主触发器和从触发器的时钟脉冲信号相位相反,这样主从触发器输出状态的改变不是同时完成的。

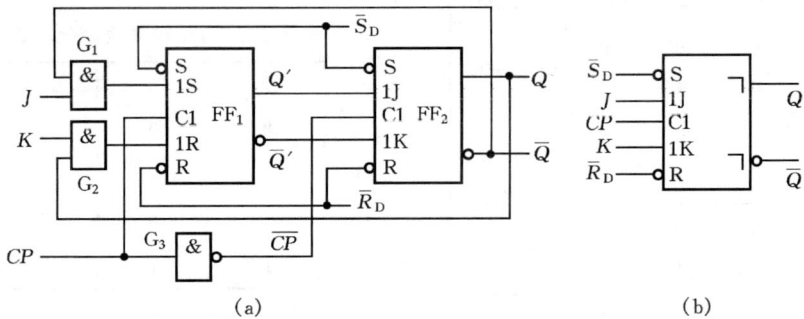

图 9.1.7 主从 JK 触发器
(a)逻辑图;(b)逻辑符号

当 $CP=1$ 时,$\overline{CP}=0$,主触发器 FF_1 获得电平触发信号,其输出状态 Q' 和 $\bar{Q}'$ 由 JK 端输入信号按同步 JK 触发器的状态表决定。此时,从触发器 FF_2 的状态,也就是整个主从触发器的状态由于从触发器没有触发信号而保持不变。

当 $CP=0$ 时,$\overline{CP}=1$,主触发器 FF_1 因无电平触发信号,其输出状态 Q' 保持不变,输入信号不会影响主触发器的状态。此时,从触发器 FF_2 的输出状态 Q 变得和主触发器的状态 Q' 一致。整个触发器状态的变化是分两步完成的,$CP=0$ 时的输出状态是由 $CP=1$ 期间的输入 J、K 所决定的。输出与输入之间有时差,从而克服了空翻。图 9.1.7(b)是主从 JK 触发器的逻辑符号,符号图上的"⌐"表示延迟输出的含义。

由上面的讨论可知,主从 JK 触发器的逻辑状态表与同步 JK 触发器的状态表完全一样,其工作波形如图 9.1.8 所示。

常用的中规模集成主从型 JK 触发器有 7472、7473、74107 等。

主从型 JK 触发器虽然克服了空翻现象,但在 $CP=1$ 期间主触发器都可以接受输入信号,由于 Q 和 $\bar{Q}$ 反馈回输入端,在 $Q=0$ 时,主触发器只能接受置 1 输入信号(因为主触发器的 $R=0$),在 $Q=1$ 时,主触发器只能接受清 0 输入信号(因为主触发器的 $S=0$),所以一旦输入变量因干扰信号使主触发器发生翻转,则干扰信

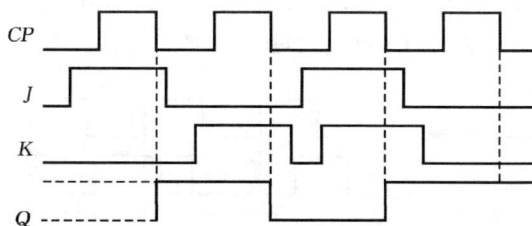

图 9.1.8　主从型 JK 触发器工作波形

号消失后,该变量无论怎样变化也不能使主触发器再返回到原来的状态。这种在一个时钟脉冲内,主触发器只能翻转一次的现象称为主从型 JK 触发器的"一次翻转"。因此,使用主从型 JK 触发器时必须注意:只有在 $CP=1$ 的全部时间内,输入信号保持不变的情况下,用触发器下降沿到达时的输入信号决定触发器的次态才是正确的。"一次翻转"降低了主从型 JK 触发器的抗干扰能力,限制了它的使用范围。

9.1.4　边沿触发器

与上述的主从型 JK 触发器不同,边沿型触发器的次态只取决于 CP 的上升沿(或下降沿)到达时刻输入信号的状态,而在有效触发沿之前或之后输入状态的任何变化,对触发器输出状态均无影响,这便有效地解决了"一次翻转"现象,是目前抗干扰能力最强,应用最为广泛的触发器。

边沿触发器有多种,但主要应用的有两类,即用 CP 上升沿触发的维持阻塞型 D 触发器和用 CP 下降沿触发的负边沿 JK 触发器。

图 9.1.9 是上升沿触发 D 触发器的逻辑符号和工作波形。逻辑符号图中 CP 端的"$>$"表示上升沿触发,如是下降沿触发则应在 CP 端靠近方框处画一小圆圈。常用的上升沿 D 触发器有 74LS74、74LS377、74HC377 等。

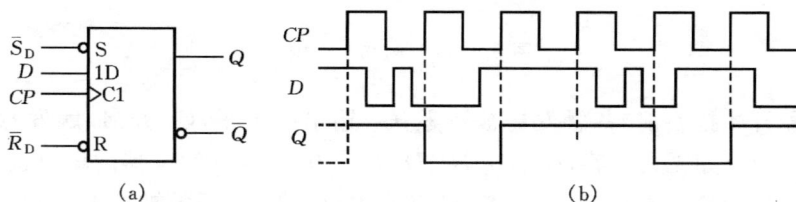

图 9.1.9　上升沿触发 D 触发器的逻辑符号和工作波形

(a)逻辑符号;(b)工作波形

图 9.1.10 是下降沿触发的 JK 触发器的逻辑符号和工作波形。常用的下降沿 JK 触发器有 74LS78A、74LS112、74HC112 等。

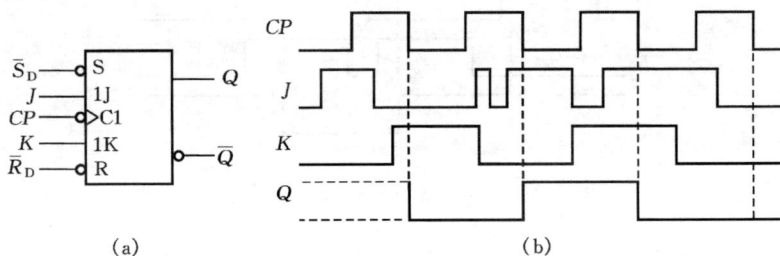

(a)　　　　　　　　　　　　　　(b)

图 9.1.10　下降沿触发 JK 触发器的逻辑符号和工作波形

(a)逻辑符号；(b)工作波形

【例 9.1.1】 图 9.1.11 所示电路是一个供 4 人用的抢答器,74LS175 内部有 4 个上升沿触发的 D 触发器。试分析该抢答器的工作原理。

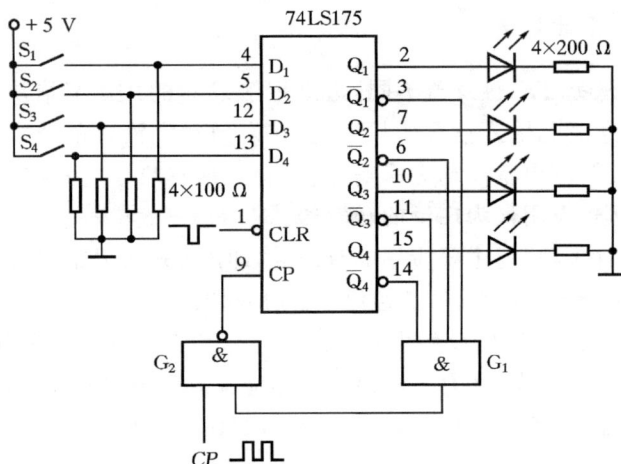

图 9.1.11　例 9.1.1 图

【解】 开始抢答前,各触发器被清零,G_1 输出高电平,G_2 开启,触发脉冲 CP 送入 74LS175,如无人抢答,D_1、D_2、D_3、D_4 均为 0,4 个 D 触发器的输出也全为低电平,所有指示灯不亮;若某人抢答,对应的按钮(如 S_1)开关被按下,则对应的 D 触发器的 Q_1 端被置位,对应的指示灯亮,同时,相应的 $\overline{Q}_1$ 使 G_1 门输出低电平,门 G_2 被封锁,触发脉冲便不能再进入触发器。因此,其他 3 个按钮如随后被按下将不起作用。

【练习与思考】

9.1.1　在触发器中,直接置位端和复位端起什么作用? 触发器正常工作时应将它们置于什么状态?

9.1.2　从逻辑功能上看触发器有哪几种? 触发器都有哪几种触发方式? 它们各有什么特点?

9.1.3　什么是 RS 触发器的不定状态? 基本 RS 触发器,当 $\overline{S}_D = \overline{R}_D = 0$ 时触发器的状态是什么?

9.2　寄存器与计数器

时序逻辑电路一般由触发器和组合逻辑电路组成,它的输出不仅与当时的输入有关,还与触发器原来的状态有关。寄存器和计数器是两种最常用的时序逻辑电路。

9.2.1　寄存器

在数字系统中,常需要将一些数据暂时存放起来,能暂时存放数码的逻辑部件称为寄存器。寄存器通常由具有记忆功能的触发器和某些起控制作用的门电路组成。1 个触发器可以寄存 1 位二进制数,存储 n 位二进制数则需要 n 个触发器。

寄存器按照能否对数据进行移位可分为数码寄存器和移位寄存器。

1. 数码寄存器

数码寄存器具有暂时存放数码的功能,根据需要可以随时把寄存的数码取出。图 9.2.1 所示逻辑电路是一个由 D 触发器组成的 4 位数码寄存器。它由 4 个 D 触发器组成,CP 时钟脉冲端在这里作为存数指令端,$D_A \sim D_D$ 为 4 位数码输入端,$Q_A \sim Q_D$ 为 4 位数码的原码输出端,$\overline{Q}_A \sim \overline{Q}_D$ 为 4 位数码的反码输出端,$\overline{CR}$ 为清零指令端,$\overline{READ}$ 为取数指令端。

当要存入数码时,先将数码送到相应的数据端,在存数指令 CP 到达后,数码便存入了寄存器,一直保存到下一次存数指令到达前。当取数指令 $\overline{READ}$ 到达后,数码便从三态缓冲门的输出端读出。这种将各位数码同时存入、同时取出的方式称为并入并出方式。中规模集成数码寄存器有 4 位的 74LS175、6 位的 74LS173 以及 8 位的 74LS373 等。

2. 移位寄存器

移位寄存器不仅能寄存数码,而且在移位脉冲作用下,可以将寄存器中的数码依次向左(或向右)移动。按数码移动方式不同可分为单向(左移或右移)移位寄存

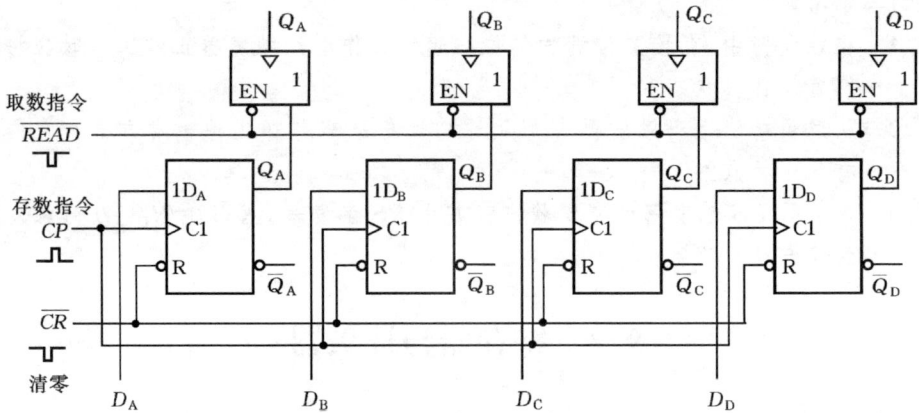

图 9.2.1　D 触发器组成的 4 位数码寄存器

器和双向移位寄存器,按数码输入输出方式可分为串行输入,并行输入,串行输出,并行输出等。

　　图 9.2.2 所示为用 4 个 D 触发器构成的 4 位串行输入、并行输出移位寄存器。CP 是移位脉冲输入端,$\overline{CR}$ 为清零端,D_{SR} 为串行右移数据输入端,$Q_A \sim Q_D$ 为并行数据输出端。

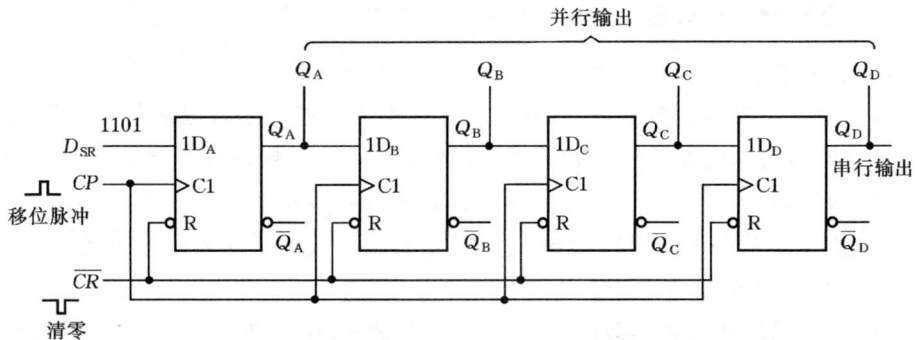

图 9.2.2　右移寄存器

　　在输入数码之前,首先清零。设需要寄存的 4 位数码是:**1101**,右移寄存器总是先从数码的最低位输入并向右移位。当第一个移位脉冲 CP 来到后,串行输入信号的最低位 **1** 移入 Q_A,此时 4 个触发器的输出状态 $Q_A Q_B Q_C Q_D =$ **1000**。第二个 CP 脉冲到来后,D_A 中的 **1** 移入 D_B,串行输入信号的次低位 **0** 被移入 Q_A,此时 $Q_A Q_B Q_C Q_D =$ **0100**。同样依此分析可知,第三个 CP 脉冲来到后,$Q_A Q_B Q_C Q_D =$

1010；第四个脉冲来到后，$Q_A Q_B Q_C Q_D = \mathbf{1101}$，串行输入的 4 位数码需在 4 个 CP 移位脉冲的作用下，才能全部移入寄存器中，所以串行输入的速度较慢。所存的数码可以通过 Q_A、Q_B、Q_C、Q_D 一次并行输出；也可以从 Q_D 端串行输出。

常用的移位寄存器有 8 位单向移位寄存器 74LS164，4 位双向移位寄存器74LS194 等。

9.2.2　计数器

计数器是一种能累计输入脉冲个数的时序逻辑电路，它是数字系统中非常重要和基本的时序逻辑部件。除了计数，计数器还可用来进行定时、分频等。

计数器的种类很多，按时钟脉冲作用方式可分为同步计数器和异步计数器；按进位制可分为二进制计数器、十进制计数器和任意进制计数器；按计数功能可分为加法计数器、减法计数器和可加可减的可逆计数器。此外，按集成工艺还可分为TTL 型计数器和 MOS 型计数器等。

1. 二进制计数器

二进制计数器是构成其他进制计数器的基础。1 位二进制数需用 1 个触发器表示，n 位二进制数则需用 n 个触发器。由 n 个触发器构成的二进制计数器称作 n 位二进制计数器。

（1）异步二进制加法计数器　图 9.2.3(a)是由负边沿 JK 触发器构成的 3 位二进制加法计数器，由图可见，计数脉冲只是加到最低位触发器的时钟端，其他触发器的时钟脉冲来源于比它低一位的触发器的 Q 端，各级触发器的时钟来源不同，不是同时翻转的，所以称为异步计数器。

JK 触发器的输入端 J 和 K 均悬空，相当于接高电平，故 JK 触发器处于计数状态，其时钟端每来一个脉冲后沿，输出翻转一次。最低位触发器的时钟直接与计数脉冲相连，每一个触发器的输出端 Q 接到相邻高位触发器的时钟端。这样，每来一个计数脉冲，最低位触发器翻转一次，当 Q_0 由 **1** 翻转到 **0** 时，产生进位脉冲，使第二位触发器翻转，当 Q_1 由 **1** 翻转到 **0** 时，引起 Q_2 翻转。根据以上分析可画出计数器的波形如图 9.2.3(b)所示。表 9.2.1 为该计数器的状态转换表。

由表 9.2.1 可见，每来一个计数脉冲，计数器的状态加 **1**，经过 8 个计数脉冲后，计数器状态循环一周，同时 Q_2 端产生进位信号，整个计数器完成"逢八进一"的功能，因此，该计数器是八进制加法计数器。对于 $2^n (n = 1, 2, 3, \cdots)$ 进制的计数器，也常称为 n 位二进制计数器。所以该计数器也称为 3 位二进制加法计数器，由于 Q_2、Q_1、Q_0 的频率比计数脉冲低，所以计数器也称为分频器，Q_0 是 CP 脉冲的二分频；Q_1 是 CP 脉冲的四分频；Q_3 是 CP 脉冲的八分频。

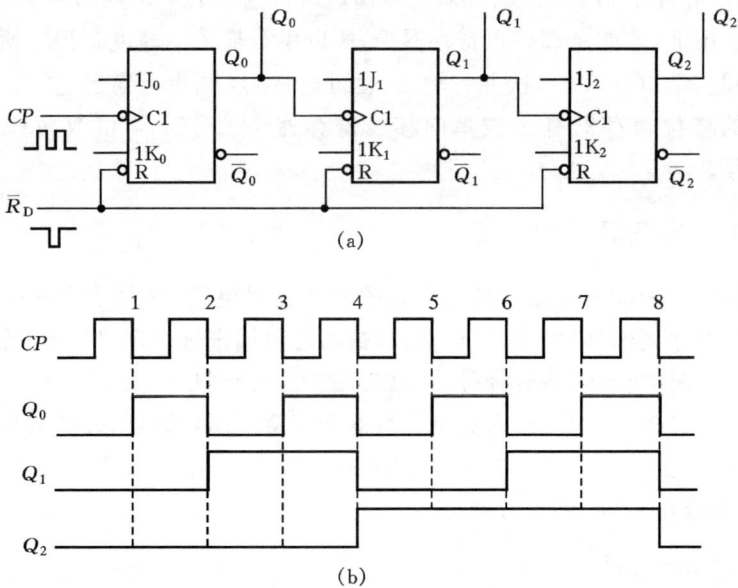

图 9.2.3　3 位异步二进制加法计数器

(a)逻辑电路图；(b)工作波形

异步计数器的优点是电路结构简单,缺点是高位触发器的翻转必须在低位触发器翻转之后进行,所以进位延时较长,计数速度受到影响,不适合于高速计数场合。

表 9.2.1　3 位二进制加法计数器状态转换表

CP	Q_2	Q_1	Q_0	十进制数
0	0	0	0	0
1	0	0	1	1
2	0	1	0	2
3	0	1	1	3
4	1	0	0	4
5	1	0	1	5
6	1	1	0	6
7	1	1	1	7
8	0	0	0	0

(2)同步二进制加法计数器　所谓同步计数器,是指计数脉冲直接加到所有

触发器的时钟端,因而各个触发器能够与计数脉冲同步动作,大大减少了进位时间,计数速度较快。

同步计数器通过控制各个触发器输入端的状态来决定其次态。图 9.2.4 是由 3 个 JK 触发器构成的 3 位同步二进制加法计数器。由图可知各个触发器的驱动方程(触发器的 J、K 端逻辑表达式)为

$$J_0 = K_0 = 1, J_1 = K_1 = Q_0, J_2 = K_2 = Q_1 Q_0$$

由于 $J_0 = K_0 = 1$,所以每来 1 个计数脉冲,Q_0 的状态都会发生一次翻转;$J_1 = K_1 = Q_0$,当 $Q_0 = 0$ 时,即使有计数脉冲 Q_1 的状态也保持不变,只有当 $Q_0 = 1$ 时,再来计数脉冲,Q_1 的状态才发生翻转,因此每来 2 个计数脉冲,Q_1 的状态发生一次翻转;$J_2 = K_2 = Q_1 Q_0$,只有当 $Q_1 = Q_0 = 1$ 时,再来计数脉冲 Q_2 的状态才会发生翻转,否则 Q_2 的状态保持不变,因此,每来 4 个计数脉冲,Q_2 的状态发生一次翻转。根据以上分析,可做出计数器的状态转换表和波形图与表 9.2.1 和图 9.2.3(b)相同。

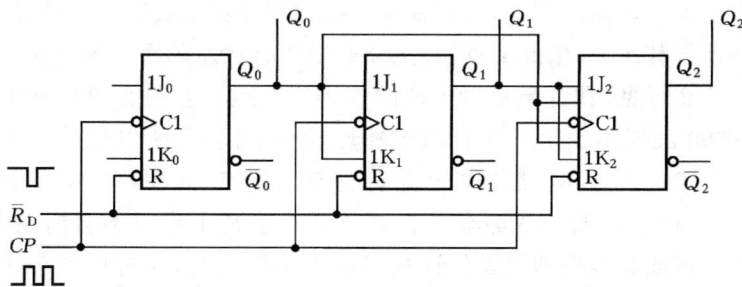

图 9.2.4　3 位同步二进制加法计数器

2. 非 2^n 进制计数器

在实际工作中,人们习惯于用十进制数,而不是二进制数。所以在数字系统中常采用十进制计数器,并且多用 8421BCD 码计数器。除了二进制和十进制计数器之外,有时也采用其他进制的计数器,例如在电子钟内就有六十进制计数器和十二进制计数器。这些不同进制计数器的分析方法完全相同,下面通过例题来加以说明。

【例 9.2.1】试分析图 9.2.5 所示电路是几进制计数器。

【解】　由图 9.2.5 可见,该计数器是一同步计数器,对同步计数器的分析可按以下几步进行。

① 写出各触发器的驱动方程。

$$J_1 = \overline{Q}_3^n, \ K_1 = 1, \ J_2 = K_2 = Q_1^n, \ J_3 = Q_2^n Q_1^n, \ K_3 = 1$$

② 写出各触发器的次态方程。

$$Q_1^{n+1} = J_1 \overline{Q}_1^n + \overline{K}_1 Q_1^n = \overline{Q}_3^n \overline{Q}_1^n$$

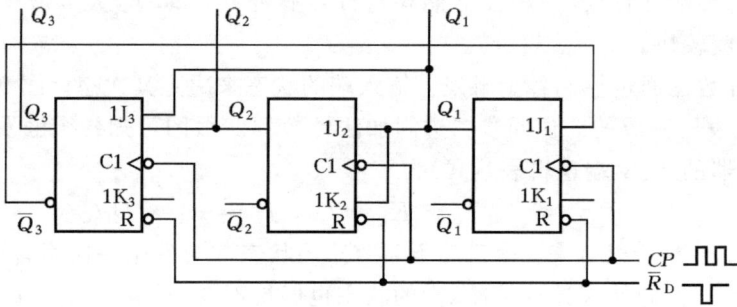

图 9.2.5　例 9.2.1 图

$$Q_2^{n+1} = J_2 \overline{Q}_2^n + \overline{K}_2 Q_2^n = \overline{Q}_2^n Q_1^n + Q_2^n \overline{Q}_1^n$$

$$Q_3^{n+1} = J_3 \overline{Q}_3^n + \overline{K}_3 Q_3^n = \overline{Q}_3^n Q_2^n Q_1^n$$

③ 根据次态方程列出计数器的状态转换表,如表 9.2.2 所示。列表时可先假设一个初态作为计数器的现态,然后根据次态方程计算出其次态,再以新算出的次态作为现态计算其次态,依此类推,直至计算出所有状态的次态为止。

由表 9.2.2 可见,在计数脉冲 CP 的作用下,$Q_3 Q_2 Q_1$ 按照 **000→001→010→011→100→000** 的规律变化,5 个计数脉冲形成一个循环,所以这是一个同步五进制计数器。上述计数循环中出现的状态称为有效状态,而在计数循环中未出现的 3 个状态 **101、110、111** 称为无效状态。计数器在正常工作时不会出现无效状态,但如果由于干扰或其他偶然因素使计数器进入无效状态,这时如果在计数脉冲作用下,计数器能自动返回到某个有效状态,则称计数器能自启动。显然该计数器具有自启动能力。

表 9.2.2　同步五进制加法计数器的状态转换表

CP 序号	现　态			次　态		
	Q_3	Q_2	Q_1	Q_3^{n+1}	Q_2^{n+1}	Q_1^{n+1}
1	0	0	0	0	0	1
2	0	0	1	0	1	0
3	0	1	0	0	1	1
4	0	1	1	1	0	0
5	1	0	0	0	0	0
	1	0	1	0	1	0
	1	1	0	0	1	0
	1	1	1	0	0	0

为了更加形象直观地表示计数器的逻辑功能,也经常用状态转换图和波形图来分析计数器,如图 9.2.6 所示,其实这两种表示方法只不过是状态转换表的不同表现形式而已。状态转换图中椭圆圈内的二进制数表示计数器的状态,椭圆圈之间的箭头表示状态转换的方向。在画波形图时应注意计数器状态的改变与计数脉冲边沿的对应关系。

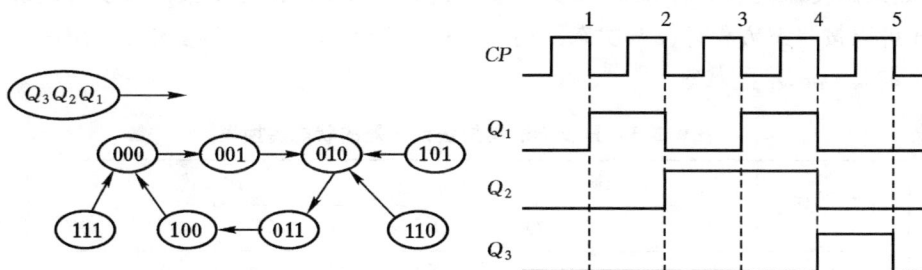

图 9.2.6　同步五进制加法计数器的状态转换图和波形图
(a)状态转换图;(b)波形图

【例 9.2.2】试分析图 9.2.7 所示电路是几进制计数器。

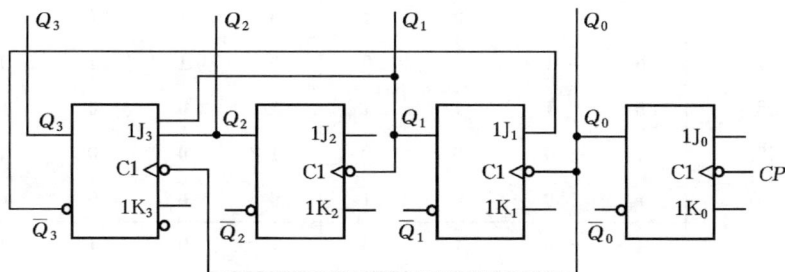

图 9.2.7　例 9.2.2 图

【解】由图 9.2.7 可见,该计数器是一个异步计数器,对异步计数器的分析基本上与同步计数器的分析方法相同。但对异步计数器需注意:有计数脉冲 CP 并不意味着每个触发器都会得到时钟脉冲。所以对异步计数器除了要搞清楚每个触发器的 J、K 端的驱动来源外,还需搞清楚它的时钟来源。

① 写出各触发器的驱动方程。

$$J_0 = K_0 = 1,\ J_1 = \overline{Q}_3^n,\ K_1 = 1,\ J_2 = K_2 = 1,\ J_3 = Q_2^n Q_1^n,\ K_3 = 1$$

② 写出各触发器的次态方程并注明其时钟脉冲来源。

$$Q_0^{n+1} = J_0\bar{Q}_0^n + \bar{K}_0 Q_0^n = \bar{Q}_0^n \qquad\qquad (CP\downarrow)$$

$$Q_1^{n+1} = J_1\bar{Q}_1^n + \bar{K}_1 Q_1^n = \bar{Q}_3^n\bar{Q}_1^n \qquad\qquad (Q_0\downarrow)$$

$$Q_2^{n+1} = J_2\bar{Q}_2^n + \bar{K}_2 Q_2^n = \bar{Q}_2^n \qquad\qquad (Q_1\downarrow)$$

$$Q_3^{n+1} = J_3\bar{Q}_3^n + \bar{K}_3 Q_3^n = \bar{Q}_3^n Q_2^n Q_1^n \qquad\qquad (Q_0\downarrow)$$

③ 根据次态方程列出计数器的状态转换表,如表 9.2.3 所示。列表时需注意,如果触发器没有时钟脉冲,则其次态应维持不变,只有触发器获得了触发脉冲后才可以按状态方程计算其次态。例如,只有当 Q_0 由 **1** 变 **0** 时,才可以用次态方程决定 Q_3 和 Q_1 的状态。

表 9.2.3　异步十进制加法计数器的状态转换表

CP 序号	现　态				次　态			
	Q_3	Q_2	Q_1	Q_0	Q_3^{n+1}	Q_2^{n+1}	Q_1^{n+1}	Q_0^{n+1}
1	0	0	0	0	0	0	0	1
2	0	0	0	1	0	0	1	0
3	0	0	1	0	0	0	1	1
4	0	0	1	1	0	1	0	0
5	0	1	0	0	0	1	0	1
6	0	1	0	1	0	1	1	0
7	0	1	1	0	0	1	1	1
8	0	1	1	1	1	0	0	0
9	1	0	0	0	1	0	0	1
10	1	0	0	1	0	0	0	0
	1	0	1	0	1	0	1	1
	1	0	1	1	0	1	0	0
	1	1	0	0	1	1	0	1
	1	1	0	1	0	1	0	0
	1	1	1	0	1	1	1	1
	1	1	1	1	0	0	0	0

由表 9.2.3 可见,经过 10 个脉冲计数器状态循环一次,并且计数状态是递增的,且为 8421BCD 码,所以该计数器是 8421BCD 码异步十进制加法计数器。由于无效状态最终都将返回有效循环,所以该计数器具有自启动能力。

也可根据次态方程直接作出计数器的状态转换图和波形图如图 9.2.8 所示。

(a)

(b)

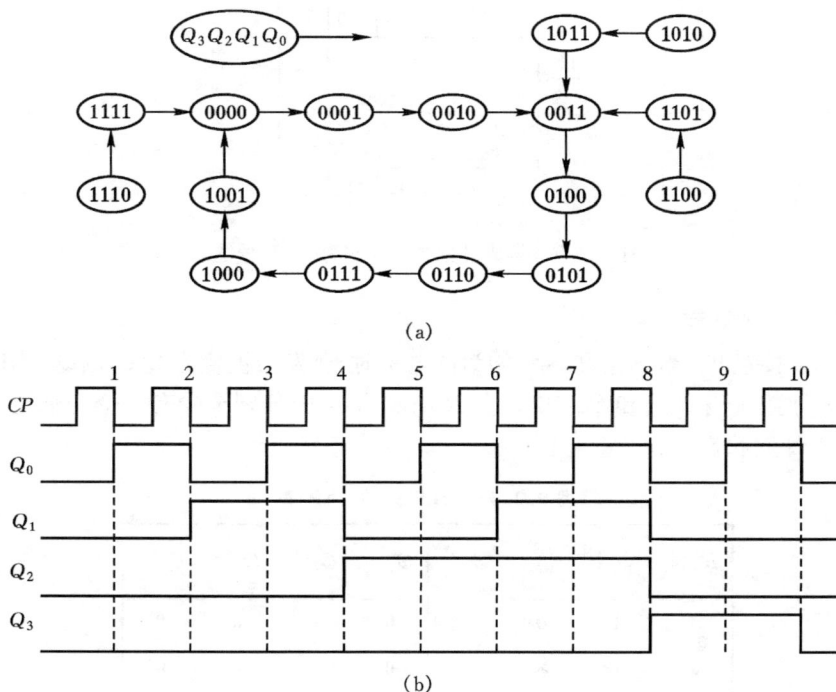

图 9.2.8　异步十进制加法计数器的状态转换图和波形图

(a)状态转换图；(b)波形图

3. 中规模集成计数器

时序逻辑器件现在已广泛地采用中规模集成电路。中规模集成组件具有功耗低、体积小、速度及可靠性高等特点，越来越多地应用在各种数字系统中。下面介绍两种常用集成计数器的性能及应用。

(1) 74LS290 异步二-五-十进制计数器　74LS290 的逻辑符号如图 9.2.9 所示，它内部有两个独立的计数器，一个为二进制计数器，一个为五进制计数器。CP_0 是二进制计数器的计数脉冲端，Q_0 是二进制计数器的输出端，CP_1 是五进制计数器的计数脉冲端，$Q_3Q_2Q_1$ 是五进制计数器的输出端。这两个计数器可以单独使用，也可以联接为一个整体使用。如果把二进制计数器的输出 Q_0 与五进制计数器的计数脉冲端 CP_1 相联接，计数脉冲从 CP_0 接入，就构成了 8421BCD 码的十进制计数器，这时 74LS290 的内部电路实际上就是异步十进制计数器。$S_{9(1)}$ 和 $S_{9(2)}$ 为直接置 9 控制端，$R_{0(1)}$ 和 $R_{0(2)}$ 为直接清零控制端。

74LS290 的功能如表 9.2.4 所示，由该表可知它的功能如下。

(a) 直接清零。当 $R_{0(1)}$ 和 $R_{0(2)}$ 均为高电平，$S_{9(1)}$ 和 $S_{9(2)}$ 中至少有一个低电平

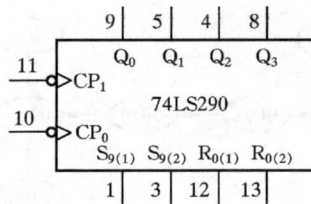

图 9.2.9　集成计数器 74LS290 的符号图

时,所有触发器复零。

　　(b) 直接置 9。当 $S_{9(1)}$ 和 $S_{9(2)}$ 均为高电平时,触发器被置为 $Q_3 Q_2 Q_1 Q_0 = 1001$。

　　(c) 计数。当 $S_{9(1)}$ 和 $S_{9(2)}$ 中以及 $R_{0(1)}$ 和 $R_{0(2)}$ 中分别至少有一个为低电平时,电路处于计数状态。

表 9.2.4　74LS290 的功能表

$R_{0(1)}$	$R_{0(2)}$	$S_{9(1)}$	$S_{9(2)}$	Q_3^{n+1}	Q_2^{n+1}	Q_1^{n+1}	Q_0^{n+1}
1	1	0	×	0	0	0	0
1	1	×	0	0	0	0	0
×	×	1	1	1	0	0	1
0	×	0	×				
0	×	×	0		计数状态		
×	0	0	×				
×	0	0	×				

　　通过对 74LS290 外部不同方式的联接,可以构成任意进制计数器。采用中规模集成计数器构成任意进制计数器通常有两种方法,即反馈复位法和反馈置数法。反馈法的原理是:当计数器计数到需要跳转的状态时,通过译码电路产生一个跳转信号,如把跳转信号反馈到复位端强制计数器复位就是反馈复位法,如把跳转信号反馈到置数端强制计数器跳转到某一状态就是反馈置数法。反馈复位法和反馈置数法都减少了计数循环的状态数,都能把大进制计数器改造为小进制计数器。

　　这里只介绍反馈复位法(反馈清零法)。由于 74LS290 是异步复位,所以如要实现 M 进制计数器,应以 M 作为跳转状态,也就是反馈复位条件。把 M 写成 8421BCD 码的形式,然后把状态为 1 的所有输出经与门相与后联接到 $R_{0(1)}$ 和 $R_{0(2)}$ 端。如果状态为 1 的输出端不超过两个,则无需与门,直接把输出端分别联接到 $R_{0(1)}$ 和 $R_{0(2)}$ 即可。这样构成的计数器的有效状态是从 $0 \sim M-1$,M 是过渡态。

【例 9.2.3】 试用 74LS290 构成一个七进制和九进制加法计数器。

【解】（a）将 74LS290 的 Q_0 端与 CP_1 端相连，构成 8421BCD 码的十进制计数器。

（b）由于 7 的 8421BCD 码为 **0111**，故将 Q_2、Q_1、Q_0 分别接到一个三输入与门的输入端，与门的输出再接到 $R_{0(1)}$ 和 $R_{0(2)}$ 端上，当计数器计到 **0111** 时，与门输出复位信号，强迫计数器返回到零状态。图 9.2.10(a) 为七进制计数器的接线图。

9 的 8421BCD 码为 **1001**，由于只有 Q_3 和 Q_0 为 **1**，所以直接把 Q_3 和 Q_0 分别连到 $R_{0(1)}$ 和 $R_{0(2)}$ 端即可使计数器复位，而无需再经过与门译码。图 9.2.10(b) 为九进制计数器的接连图。

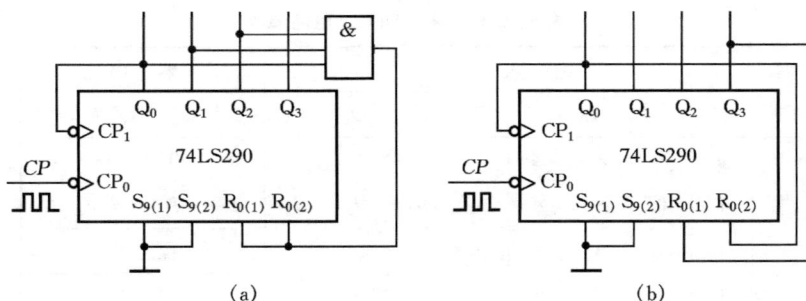

图 9.2.10　74LS290 用反馈复位法构成的计数器

(a)七进制计数器；(b)九进制计数器

（2）74LS163 可预置同步二进制计数器　　74LS163 是 4 位二进制加法计数器，其逻辑符号如图 9.2.11 所示。计数器在时钟脉冲的上升沿触发翻转。$\overline{CR}$ 是同步清零信号，CT_P、CT_T 是使能信号，$\overline{LD}$ 是同步置数信号，D_0、D_1、D_2、D_3 是预置数端，CO 是进位输出，进位条件为 $CO = CT_T Q_3 Q_2 Q_1 Q_0$。

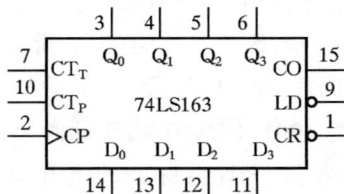

图 9.2.11　74LS163 的符号图

74LS163 的功能如表 9.2.5 所示，由该表可知它的功能如下。

（a）同步清零。在 $\overline{CR} = \mathbf{0}$ 的条件下，当时钟脉冲 CP 上升沿到来时，计数器被清零。

（b）同步预置。在置数控制端 $\overline{LD}=0$、$\overline{CR}=1$ 的条件下,在预置数据输入端 $D_3 \sim D_0$ 预置外加的数据,当时钟脉冲 CP 上升沿到来时,预置数据将被同步预置到输出端 $Q_3 \sim Q_0$ 上。

（c）计数。在 $CT_P=CT_T=1$,且 $\overline{CR}=\overline{LD}=1$ 的条件下,在 CP 时钟脉冲上升沿作用下,电路按二进制加法计数,当 $Q_3 Q_2 Q_1 Q_0=1111$ 时,进位端 $CO=1$,再来一个 CP 脉冲后,输出端 $Q_3 \sim Q_0$ 复零,进位端 CO 也复零,输出一个进位脉冲。

（d）保持。在 $\overline{CR}=\overline{LD}=1$ 的条件下,CT_P 或 CT_T 中有一个为 0,计数器处于保持状态。

表 9.2.5　74LS163 的功能表

输　　入									输　　出			
CP	$\overline{CR}$	$\overline{LD}$	CT_P	CT_T	D_0	D_1	D_2	D_3	Q_0^{n+1}	Q_1^{n+1}	Q_2^{n+1}	Q_3^{n+1}
↑	0	×	×	×	×	×	×	×	0	0	0	0
↑	1	0	×	×	d_0	d_1	d_2	d_3	d_0	d_1	d_2	d_3
×	1	1	0	×	×	×	×	×	保　持			
×	1	1	×	0	×	×	×	×	保　持			
↑	1	1	1	1	×	×	×	×	计　数			

可以利用 74LS163 的同步复位端和同步置数端构成任意进制计数器。

① 反馈复位法（反馈清零法）。由于 74LS163 是同步复位,所以如要实现 M 进制计数器,应以 $M-1$ 作为跳转状态,也就是反馈复位条件。把 $M-1$ 写成 4 位二进制数码的形式,然后把状态为 1 的所有输出经与非门进行与非运算后联接到 $\overline{CR}$ 端。这样构成的计数器的有效状态是从 $0 \sim M-1$,没有过渡态。

【例 9.2.4】试用同步清零法由 74LS163 构成一个十进制加法计数器。

【解】要构成十进制计数器,因为 74LS163 是同步清零,所以 9 是反馈条件。9 对应的二进制数是 1001,因此,把 Q_3 与 Q_0 与非后接到 $\overline{CR}$ 端。这样当计数到第 9 个脉冲时,计数器的状态为 1001,$\overline{CR}=0$,由于此时第 9 个脉冲上升沿已过去,所以无法对计数器清零,直到第 10 个计数脉冲的上升沿到来后,计数器才被清零。计数器的有效循环状态是 $0000 \sim 1001$,无过渡态。接线图如图 9.2.12 所示。

② 反馈置数法。反馈置数法的原理与反馈清零法基本相同,反馈清零法的初态只能是 0000,而反馈置数法的初态则可由预置数端 $D_3 D_2 D_1 D_0$ 任意送入。所以反馈置数法要比反馈复位法灵活得多。由于 74LS163 是同步置数,所以如要实现 M 进制计数器,设初态为 S_0,那么应以 $S_n=M+S_0-1$ 作为跳转状态,也就是反馈

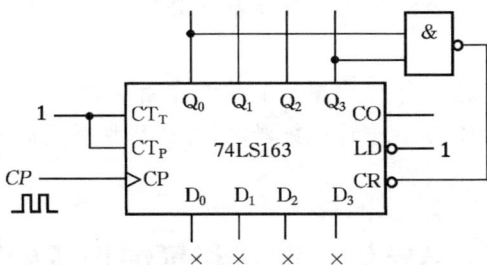

图 9.2.12 74LS163 用反馈复位法构成的十进制计数器

置数条件。把 S_n 写成 4 位二进制数码的形式,然后把状态为 **1** 的所有输出经与非门进行与非运算后联接到 LD 端。这样构成的计数器的有效状态是从 $S_0 \sim S_n$,没有过渡态。

【例 9.2.5】试用同步置数法由 74LS163 分别构成一个初态为 0 和初态为 3 的十进制加法计数器。

【解】初态为 0 的十进制计数器,其末态(反馈置数条件)为 $S_n = 10 + 0 - 1 = 9$,因此,把 Q_3 和 Q_0 与非后接到 $\overline{LD}$ 端即可,计数器的有效循环状态是 **0000 ~ 1001**,无过渡态。接线图如图 9.2.13(a)所示。

初态为 3 的十进制计数器,其末态(反馈置数条件)为 $S_n = 10 + 3 - 1 = 12$,因此,把 Q_3 与 Q_2 与非后接到 $\overline{LD}$ 端即可,计数器的有效循环状态是 **0011 ~ 1100**,无过渡态。接线图如图 9.2.13(b)所示。

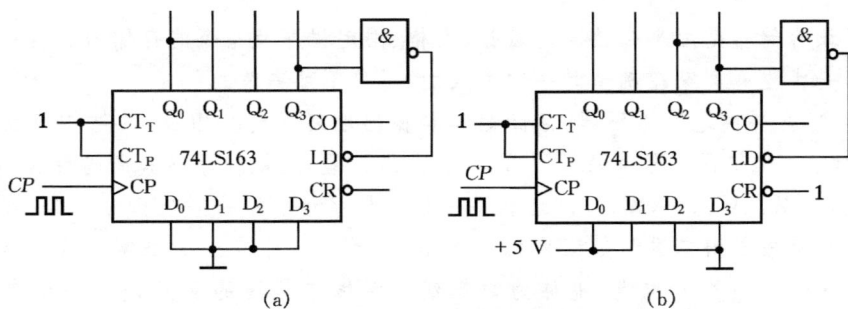

图 9.2.13 74LS163 用反馈置数法构成的十进制计数器

(a)初态为 0;(b)初态为 3

【练习与思考】

9.2.1 数码寄存器和移位寄存器有何不同? 什么是串行输入、串行输出? 什么是并行输入、并行输出?

9.2.2　什么是异步计数器？什么是同步计数器？对这两种计数器的分析方法有何不同？

9.2.3　什么是同步复位？什么是异步复位？在用反馈复位法把集成计数器由大进制计数器改造为小进制计数器时，对这两种不同的复位方式所用的反馈复位条件有何不同？

*9.3　半导体存储器和可编程逻辑器件

半导体存储器是用来存放大量二进制信息的一种大规模集成电路，是数字系统和计算机的重要组成部分。

半导体存储器按所用半导体器件的不同可分为双极型（晶体管）存储器和单极型（MOS 管）存储器，双极型存储器速度快，但功耗大；单极型存储器速度较慢，但功耗小，集成度高。

半导体存储器按数据存取方式的不同和能否编程改变存储内容分为只读存储器（Read Only Memory，简称 ROM）、随机存取存储器（Random Access Memory，简称 RAM）和可编程逻辑器件（Programmable Logic Devices，简称 PLD）。ROM 的内容一般不可更改，只能从中读出信息，不能写入信息，其存储的信息在断电后仍能保持。RAM 中的信息可随时读出，也可随时写入。PLD 中的信息可通过专门的编程设备改写。

9.3.1　只读存储器（ROM）

只读存储器是用来存放固定数据、表格、固定程序及指令的存储器。其中的存储内容是由生产厂家在制造时一次写入的，用户不可更改。

ROM 主要由地址译码器、存储矩阵和输出电路三部分组成，其结构框图如图 9.3.1所示。地址译码器有 $A_{n-1} \sim A_0$ 共 n 条地址线，经地址译码器译码后有 $N = 2^n$ 条字线，即 W_0、W_1、$\cdots$，W_{N-1}。这些字线分别与存储矩阵的一个行相对应，存储矩阵内每行存放着由二进制数组成的一组信息，称为一个字。一个字由 M 位组成，D_0、D_1、$\cdots$，D_{M-1} 称为位线，也称为数据线。字线与位线的交叉处是一个存储单元，可存放一位二进制数。当地址译码器选中存储矩阵中的某个字时，组成该字的 M 位可以同时读出。为了将存储器的输出送到数字系统的数据总线上，存储器的输出电路一般都是三态门结构。

存储器中所能存储的二进制信息的总位数，也就是存储器的存储单元数称为存储器的存储容量。一片具有 n 条地址线和 M 条数据线的存储器的存储容量为：$2^n \times M$ 字位。

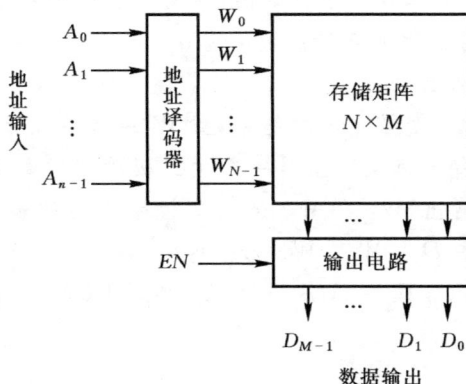

图 9.3.1　ROM 结构示意图

　　存储器中的存储单元可由二极管、晶体管和 MOS 管等不同的半导体器件构成。图 9.3.2 是一个 4×4 二极管 ROM 的结构图,字线与位线的每个交叉点就是

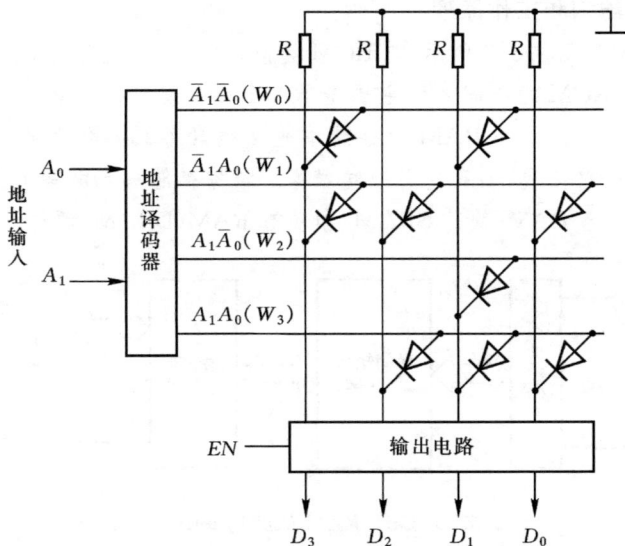

图 9.3.2　4×4 二极管 ROM 电路结构

一位存储单元。当地址码 $A_1 A_0 = 00$ 时,字线 W_0 被选中,$W_0 = 1$,W_0 为高电平,其他未被选中的 3 条字线均为低电平。所以,与 W_0 字线相连的两个二极管导通,其他二极管均截止,此时输出 $D_3 D_2 D_1 D_0 = 1010$,同理当地址码分别为 **01、10** 和 **11** 时,可依次读出存储器中的内容为 **1101、0010** 和 **0111**。因此,存储单元中所存的

数据是由该单元内是否有二极管来决定的,接有二极管的存储单元内存储的数据为 **1**,没有接二极管的存储单元存储的数据为 **0**。显然对这种结构的 ROM,用户只能读出数据,而不能写入数据。

由于字线逻辑是地址变量相与的结果,如 $W_0 = \overline{A_1}\overline{A_0}$,所以,地址译码器是一个"与"逻辑阵列,而存储矩阵实际上是一个由二极管或门组成的"或"阵列,如 D_3 是一个二极管或门的输出,W_0 和 W_1 是该二极管或门的输入,$D_3 = W_1 + W_0 = \overline{A_1}A_0 + \overline{A_1}\overline{A_0}$,同理可得:$D_2 = W_3 + W_1 = A_1A_0 + \overline{A_1}A_0$,$D_1 = W_3 + W_2 + W_0 = A_1A_0 + A_1\overline{A_0} + \overline{A_1}\overline{A_0}$,$D_0 = W_3 + W_1 = A_1A_0 + \overline{A_1}A_0$,所以 ROM 是由"与"阵列和"或"阵列两部分组成。

9.3.2　随机存取存储器(**RAM**)

随机存取存储器(RAM)中的内容可随时写入和读出,其最大优点是存取方便,但缺点是信息易丢失。一旦断电,RAM 内的信息就会随之消失。所以 RAM 一般用于临时存放数据,不能用于需长期存放数据的场合。

1. RAM 的结构和工作原理

RAM 的结构如图 9.3.3 所示,与 ROM 类似,但由于要随时对 RAM 进行读写操作,所以 RAM 与 ROM 的不同之处主要是 RAM 具有读写控制器,由读写控制器控制数据的读出与写入。此外 RAM 中存储单元必须具备写入数据的功能,一般是由具有记忆功能的电路完成,如双稳态触发器等。根据存储单元电路工作原理的不同,可把 RAM 分为静态 RAM(简称 SRAM)和动态 RAM(DRAM)两种。

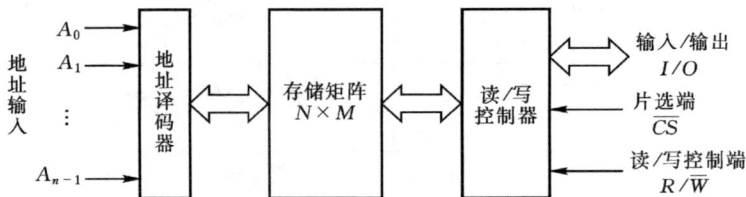

图 9.3.3　RAM 的结构框图

静态 RAM 的存储单元相当于一个双稳态触发器,信息写入后,只要保证通电,数据便可一直保持下去。由于每个存储位需要一个双稳态触发器,因此,SRAM 所需管子很多,功耗大,集成度低,一般容量较小。

动态 RAM 是利用 MOS 管的栅极等效电容存储信息,由于电容上的电荷不可避免地因漏电而损失,为了保护所存储的信息,必须定期对存储信息的电容进行充电刷新。动态 RAM 只在数据刷新时才消耗功率,因此功耗极低,集成度高,非常适宜于制成大规模集成电路,但其要增加复杂的刷新电路。

2. RAM 容量的扩展

在实际工作中,单个存储器芯片往往不能满足存储容量的要求,这就需要把多个存储器芯片组合在一起,以扩展其容量。对存储器容量的扩展分为位扩展和字扩展两种情况。下面以静态存储器芯片 RAM 2114 的扩展为例来说明。

RAM 2114 的管脚排列如图 9.3.4 所示。有 10 根地址线 $A_9 \sim A_0$,4 根数据线,存储容量为 1 024 字×4 位(简称 1k×4)。一个片选端 $\overline{CS}$ 和一个读写控制端 $R/\overline{W}$。当 $\overline{CS}=1$ 时,输出端的三态门处于悬空态,此时不能对芯片进行读写操作。当 $\overline{CS}=0$ 时可对芯片进行读写操作,此时如 $R/\overline{W}=0$,数据可写入芯片,如 $R/\overline{W}=1$,可从芯片内部读出数据。

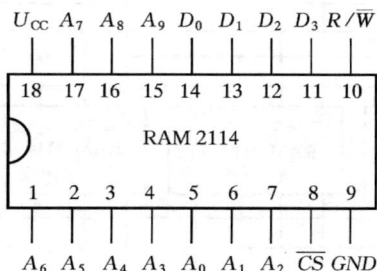

图 9.3.4　RAM 2114 的管脚排列图

(1) 位扩展　位扩展的方法是把几片 RAM 的地址端、读写控制端、片选端都对应地并在一起,数据端独立,这样数据位就扩展为几片 RAM 的位数之和,图 9.3.5 是把两片 RAM 2114 扩展成为 1k×8 RAM 的连线图,RAM 2114(1)存放数据的高 4 位,RAM 2114(2)存放数据的低 4 位。

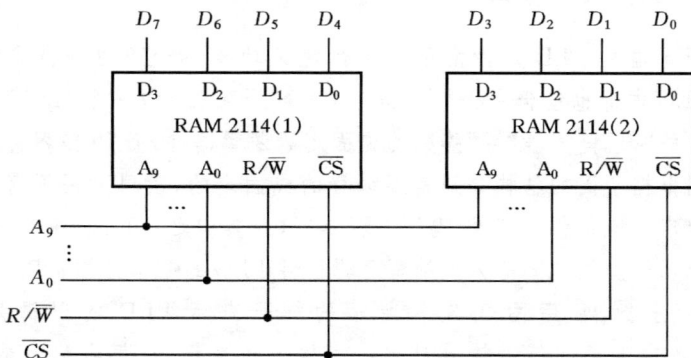

图 9.3.5　RAM 2114 的位扩展

（2）字扩展　　字扩展的方法是把几片 RAM 的读写控制端、数据端并联作为扩展后的存储器的读写控制端和数据端，把几片 RAM 的地址端并联作为扩展后的存储器的低位地址，然后再用高位地址通过译码器控制各片 RAM 的片选端。图 9.3.6 是用 4 片 RAM 2114 组成的字扩展电路。2 线—4 线译码器 74LS139 的两位地址 A_{11}、A_{10} 作为整个扩展后 RAM 的高 2 位地址，低 10 位地址 $A_9 \sim A_0$ 同时联接到各片 2114 的地址端。这样当高位地址 A_{11}、A_{10} 从 **00** 变到 **11** 时，就会分别对不同的 2114 内的数据进行存取。扩展后的地址线为 12 根，数据线还是 4 根，所以扩展后的存储器的容量是 $2^{12} \times 4 = 4\,096 \times 4$ 字位，简称 $4k \times 4$。

如果字数和位数都不够时，可以进行复合扩展，即先进行位的扩展，然后再进行字扩展。

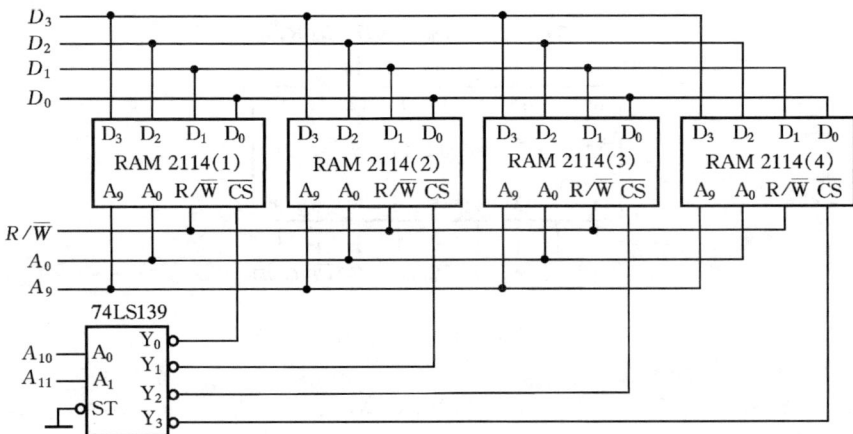

图 9.3.6　RAM 2114 的字扩展

9.3.3　可编程逻辑器件

可编程逻辑器件 PLD 是指由用户自行定义功能（编程）的一类逻辑器件。与 ROM 一样，PLD 内部也包含一个"与"阵列（地址译码器）和一个"或"阵列（存储矩阵）。ROM 中的"与"阵列和"或"阵列均为固定的逻辑器件，而 PLD 器件内的"与"阵列和"或"阵列根据不同的结构分别是可编程的或固定的，由用户根据需要按某种规定的方式对生产厂家提供的标准"与"、"或"阵列（或其中之一）进行编程改造，从而获得所需的逻辑功能。图 9.3.7 为可编程逻辑器件 PLD 的基本结构框图。

为了便于分析，常用图 9.3.8 所示的符号表示 PLD 的逻辑关系。在图 9.3.8(a) 中，多输入端与门的输入只用一根输入线表示，这根线称为乘积线，输入变量 A、B、C 的输入线与乘积线的交叉点为编程点，如果在交叉点处标有黑点

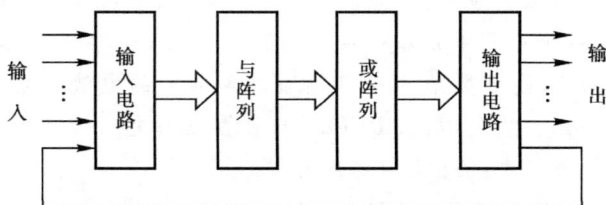

图 9.3.7 PLD 的基本结构框图

"·",则表示该编程点为固定联接点,芯片在出厂时已被确定为永久性联接点,用户不可更改,与此对应的变量是与门的输入量;如果在交叉点处标有叉"×",则表示该编程点是可以编程的,产品出厂时该点是接通的,用户可根据需要通过编程可将其断开(擦除)或者让其继续保持接通,如果既无"·",又无"×",则表示该编程点是断开的,与其对应的变量不是与门的输入量。

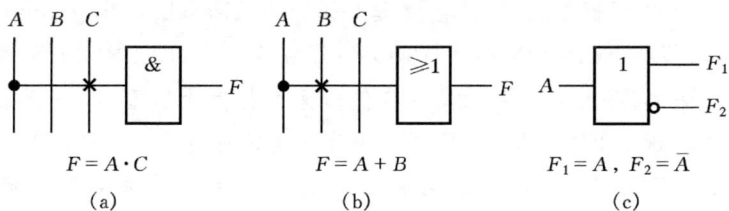

图 9.3.8 PLD 常用逻辑符号

(a)三输入与门;(b)三输入或门;(c)缓冲器

可编程逻辑器件主要有以下四种。

① 可编程只读存储器(Programmable ROM,简称 PROM):"与"阵列固定不可编程,"或"阵列可编程。

② 可编程逻辑阵列(Programmable Logic Array,简称 PLA):"与"、"或"阵列均可编程。

③ 可编程阵列逻辑(Programmable Array Logic,简称 PAL):"与"阵列可编程,"或"阵列固定不可编程。

④ 通用阵列逻辑(Generic Array Logic,简称 GAL):可编程的"与"阵列和固定"或"阵列。

1. 可编程只读存储器(PROM)

PROM 是一种"或"阵列(存储矩阵)是可编程的 ROM。PROM 出厂时,在每个存储单元都接有存储元件(二极管、晶体管或 MOS 管),只是每个存储元件都串接一根熔断丝接到相应的位线上,如图 9.3.9 所示(以二极管为例),出厂时所有熔断丝都是接通的,每个存储单元都存储的是 **1**。用户编程时,如果需要将某些单元的存储内容改写为 **0**,则只要给相应单元通以足够大的电流把熔断丝熔断即可。显然熔丝熔断后不能再恢复,所以 PROM 只可编程一次。

PROM 只能编程一次,但在数字系统开发阶段可能需要对存放的数据进行修改,为满足这种需要,人们又开发出了紫外线可擦除可编程只读存储器(Erasable Programmable Read Only Memory,简称 EPROM),这种芯片用专用的紫外线灯照射 10~20 分钟就会擦除芯片中的内容,然后可重新对其编程。

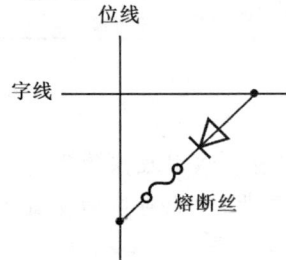

图 9.3.9　PROM 的基本编程单元

EPROM 在重新编程前必须先对其存储的内容进行擦除,而且只能全部擦除,且擦除过程漫长。于是电可擦除可编程存储器(Electric Erasable Programmable Read Only Memory,简称 EEPROM 或 E^2PROM)便应运而生,EEPROM 的擦除和编程只需加电就可完成,并且可以针对某一存储单元进行擦除后重写,一般擦除时间在 10ms 内,速度远高于 EPROM,而且允许的改写次数远远大于 EPROM。

对 PROM、EPROM 和 E^2PROM 常用图 9.3.10 所示的阵列图表示其逻辑关

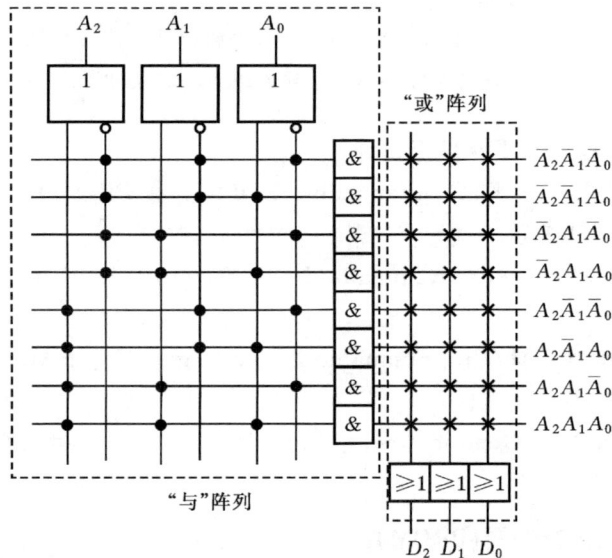

图 9.3.10　PROM 的阵列图

系。"与"阵列中的"·"表示其"与"阵列不可编程,"或"阵列中的"×"表示其"或"阵列是可编程的。

【例 9.3.1】 用 PROM 实现下列多输出逻辑函数。

$$Y_0 = A\bar{C} + \bar{A}B, \quad Y_1 = \bar{A}B + A\bar{B}, \quad Y_2 = ABC + A\bar{B}C + B\bar{C}$$

【解】 由于 PROM 的地址译码器是一个全地址译码器,地址逻辑是所有地址变量的乘积项,所以需将 $Y_0 \sim Y_2$ 的逻辑式转换为全变量乘积项之和的形式

$$Y_0 = A(B + \bar{B})\bar{C} + \bar{A}B(C + \bar{C}) = \bar{A}B\bar{C} + \bar{A}BC + A\bar{B}\,\bar{C} + AB\bar{C}$$

$$Y_1 = \bar{A}B(C + \bar{C}) + A\bar{B}(C + \bar{C}) = \bar{A}B\bar{C} + \bar{A}BC + A\bar{B}\,\bar{C} + A\bar{B}C$$

$$Y_2 = ABC + A\bar{B}C + (A + \bar{A})B\bar{C} = \bar{A}B\bar{C} + A\bar{B}C + AB\bar{C} + ABC$$

根据上式对"或"阵列编程,编程后的 PROM 的阵列图如图 9.3.11 所示。

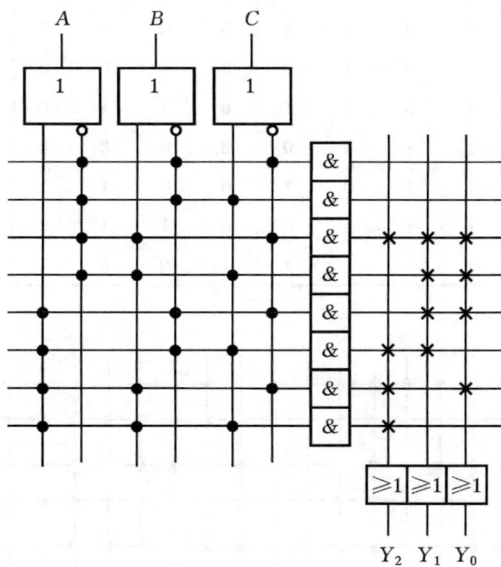

图 9.3.11　例 9.3.1 图

【例 9.3.2】 用 PROM 实现两个 2 位二进制数的乘积运算。

【解】 用 $X_1 X_0$ 和 $Y_1 Y_0$ 表示两个 2 位二进制数,因为 2 位二进制数之积最大为 9,所以需 4 位二进制数表示乘积,设为 $Z_3 Z_2 Z_1 Z_0$。两个 2 位二进制数相乘的逻辑状态表如图 9.3.1 所示。要实现该乘法运算,应把 $X_1 X_0$ 和 $Y_1 Y_0$ 作为 PROM 的地址,把两数的乘积作为数据存入 PROM 中的存储矩阵中,当 $X_1 X_0$ 和 $Y_1 Y_0$ 给定后,选中 PROM 中的对应字,乘积可由 PROM 的数据端读出。所需 PROM 的容量为 4×4 位。根据表 9.3.1 对"或"阵列编程,编程后的 PROM 的阵列图如 9.3.12 所示。

表 9.3.1 两个 2 位二进制数相乘的状态表

X_1	X_0	Y_1	Y_0	Z_3	Z_2	Z_1	Z_0
0	0	0	0	0	0	0	0
0	0	0	1	0	0	0	0
0	0	1	0	0	0	0	0
0	0	1	1	0	0	0	0
0	1	0	0	0	0	0	0
0	1	0	1	0	0	0	1
0	1	1	0	0	0	1	0
0	1	1	1	0	0	1	1
1	0	0	0	0	0	0	0
1	0	0	1	0	0	1	0
1	0	1	0	0	1	0	0
1	0	1	1	0	1	1	0
1	1	0	0	0	0	0	0
1	1	0	1	0	0	1	1
1	1	1	0	0	1	1	0
1	1	1	1	1	0	0	1

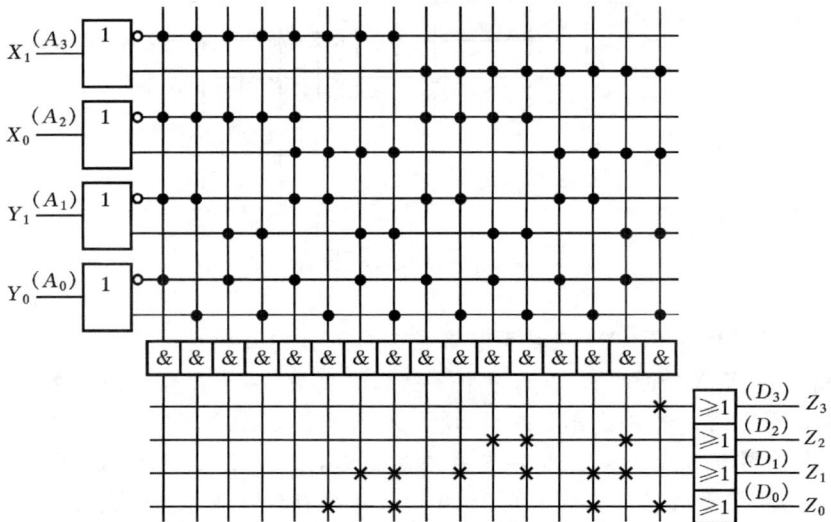

图 9.3.12 例 9.3.2 图

2. 可编程逻辑阵列(PLA)

PROM 中的"与"阵列实际上是一个全地址译码器,字逻辑是所有地址变量的乘积项。而在实际中,逻辑函数中的乘积项并不一定包含所有的变量。例如在例 9.3.1 中,Y_0 表达式中的与项是 $A\bar{C}$ 和 $\bar{A}B$,只含有两个变量。因此,如果能使"与"阵列也可编程,就会使"与"阵列的结构大大简化,这就形成了另一种存储器——可编程逻辑阵列(PLA),如 PLA 有 n 位地址,由于地址译码器不是全地址译码器,所以其字线数会小于 2^n,如 PLA 产品的规格为 $16\times64\times8$,表示该 PLA 有 16 根变量输入线(地址线),"与"阵列可以产生 64 个乘积项,"或"阵列有 8 个输出项,"与"阵列产生的乘积项可以包含所有 16 个变量,也可只包含部分变量,由用户编程决定。

【例 9.3.3】 用 PLA 实现例 9.3.1 中的多输出逻辑函数。

【解】 由于 PLA"与"阵列也可编程,所以需将 $Y_0 \sim Y_2$ 的逻辑式化简

$$Y_0 = A\bar{C} + \bar{A}B$$
$$Y_1 = \bar{A}B + A\bar{B}$$
$$Y_2 = ABC + A\bar{B}C + B\bar{C} = AC + B\bar{C}$$

根据上式对"与"、"或"阵列编程,编程后的 PLA 的阵列图如图 9.3.13 所示。

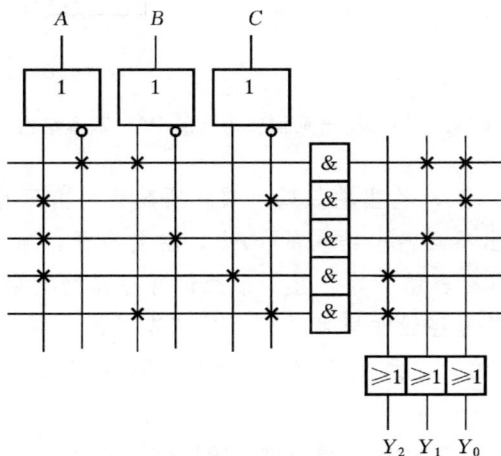

图 9.3.13　例 9.3.3 图

从例 9.3.1 和 9.3.3 的结果可以看出,在同样的逻辑功能下,PLA 阵列要比 PROM 阵列简单,这是由于 PROM 中的"与"阵列字线数有 2^n 个,而 PLA 中"与"阵列的字线数是化简后的逻辑函数中的与项数,显然后者的数量少于前者。

3. 可编程阵列逻辑(PAL)

可编程阵列逻辑(PAL)是在 PROM 和 PLA 的基础上发展起来的,PAL 的基本门阵列结构与 PLA 相似,但 PAL 是一种"与"阵列可以编程,而"或"阵列是固定的器件,它的输出是若干个乘积项之和,其中乘积项包含的变量可以编程选择,PAL 的结构如图 9.3.14 所示,图中每个或输出只有两个乘积项,而实际器件中一般有 8 个乘积项。

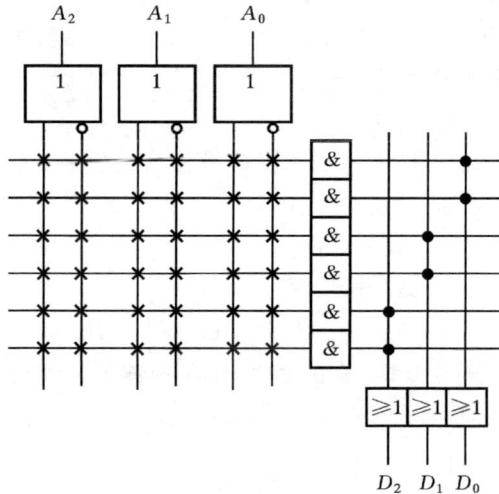

图 9.3.14　输出乘积项为 2 的 PAL 基本结构

PAL 器件的输入端数、输出端数以及乘积项数目由出厂时固定。为了满足不同的需要,现已生产出不同输出结构的 PAL。主要有或门直接输出结构、可编程 I/O 结构、带反馈的寄存器结构等。其中带反馈寄存器结构由于输出增加了 D 触发器,触发器的状态信号经缓冲器可反馈至"与"阵列作为输入信号。这样 D 触发器就可以作为电路中的记忆元件,因而这种输出结构的 PAL 器件可以实现时序电路的功能。

【例 9.3.4】 用或门直接输出结构的 PAL 实现例 9.3.1 中的多输出逻辑函数。

【解】 由例 9.3.3 知,化简后的逻辑函数式为

$$Y_0 = A\bar{C} + \bar{A}B$$

$$Y_1 = \bar{A}B + A\bar{B}$$

$$Y_2 = AC + B\bar{C}$$

根据上式对"与"阵列编程,编程后的阵列图如图 9.3.15 所示。

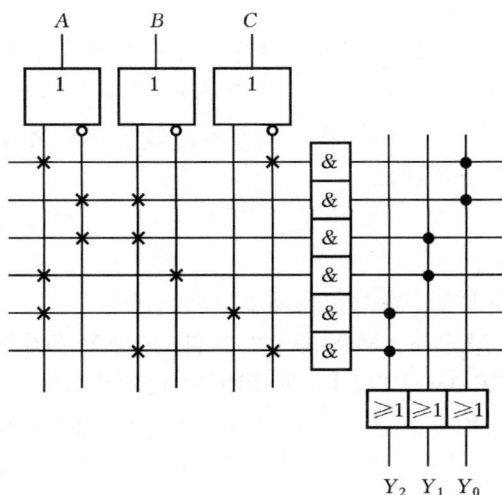

图 9.3.15 例 9.3.4 图

4. 通用阵列逻辑(GAL)

尽管 PAL 器件设置了多种输出结构,给逻辑设计带来了很大的方便,但每个器件的输出形式还是比较单一,且固定不能改变,另外 PAL 采用熔丝编程,一旦编程后便不能修改,这些都给 PAL 的使用带来了不便。因此,人们进一步将编程的概念引入到输出结构中,设计出了一种能对输出方式进行编程的器件,这便是通用可编程阵列逻辑(GAL)。

GAL 器件在制造工艺上采用了 CMOS E^2PROM 工艺,使其可以重复编程。在结构上 GAL 不但直接继承了 PAL 器件"与"阵列可编程、"或"阵列固定的结构,而且还具有可编程的输出宏单元(简称 OLMC),通过对 OLMC 的编程,可实现多种形式的输出,使用起来比 PAL 更加灵活方便。此外由于采用了 CMOS 工艺,GAL 的集成度比 PAL 有了较大的提高,其"与"阵列的规模大大超过了 PAL,一个 GAL 可代替多种 PAL。GAL 在功能上几乎可以取代整个 54/74LS、74HC、CD4000 系列的器件,既可以作为组合逻辑器件使用,又可以作为时序逻辑器件使用,其速度与 TTL 器件相匹配,可实现高速电写入和电擦除,并且功耗很低。

随着集成电路规模的不断提高,在 20 世纪 80 年代中期出现了比 GAL 规模更大的可编程逻辑器件,它们基本上仍沿用了 GAL 的"与"阵列可编程、"或"阵列固定的电路结构,故称之为复杂可编程逻辑器件(CPLD)。在 20 世纪 90 年代,美国 Lattice 公司率先提出了在系统可编程技术,即无需编程器,可在用户电路板上对器件直接进行在线编程,并推出了一批具有在系统编程能力的 CPLD 器件,使

CPLD 器件发展到了新的高度。

在可编程逻辑器件发展的同时,又出现了另一种可在用户现场进行编程的门阵列逻辑电路,称为现场可编程门阵列(FPGA)。FPGA 尽管也是可以编程的,但它的电路结构和编程方法均和以"与"、"或"阵列结构为基础的可编程逻辑器件不同,是一种新型的可编程器件。

【练习与思考】

9.3.1 比较 ROM 和 RAM 在结构和功能上有何不同?

9.3.2 怎样表示 ROM 和 RAM 的容量?如何对 RAM 的字和位进行扩展?

9.3.3 比较 ROM、PROM、EPROM、E²PROM 在结构和功能上有何不同?

9.3.4 比较 PROM、PLA、PAL 在"与"阵列和"或"阵列上有何不同?

本章小结

1. 触发器是时序逻辑电路的基本单元电路,要从两个方面来掌握触发器,一是触发器的逻辑功能,有 RS、JK 和 D 触发器;二是触发器的触发方式,有电平触发、主从触发和边沿触发三种方式。电平触发存在空翻现象,主从触发存在"一次翻转问题",而边沿触发不存在以上问题,抗干扰能力最强,应用最多。掌握各种触发器的逻辑符号。

2. 寄存器和计数器是两种典型的时序逻辑电路,寄存器分为数码寄存器和移位寄存器,移位寄存器又分为单向移位和双向移位两种。计数器从结构上可分为同步和异步计数器两种。有二进制和非二进制计数器之分,有加法和减法计数器之分。一般用次态方程对计数器进行分析,同步计数器和异步计数器的分析方法有点差别,在异步计数器中尽管有计数脉冲,但如果某触发器没有得到有效的时钟脉冲,那么它的状态也不会发生变化。会根据次态方程列出计数器的状态转换表,会画计数器的波形图和状态转换图。集成计数器现已被广泛使用,本章介绍了两种常用的集成计数器 74LS290 和 74LS163,对这两种集成计数器采用反馈复位法和反馈置数法可构成任意进制计数器,对此应熟练掌握。

3. 半导体存储器主要有 ROM 和 RAM,ROM 中的内容不可改变,数据可长久保存,RAM 中的内容可随时改写,但掉电后数据会丢失。了解对 RAM 容量的扩展方法。可编程逻辑器件有 PROM、PLA、PAL 和 GAL,PROM 的"与"阵列不可编程,"或"阵列可编程;PLA 的"与"、"或"阵列均可编程;PAL 和 GAL 的"与"阵列可编程,"或"阵列不能编程,GAL 的输出结构也可编程。了解可编程逻辑器件的"与"、"或"阵列表示方法,了解用可编程逻辑器件实现逻辑函数的方法。

习　题

题 9.01　基本 RS 触发器的逻辑符号和输入波形如题 9.01 图所示,试画出输出端 Q 和 $\overline{Q}$ 的波形。

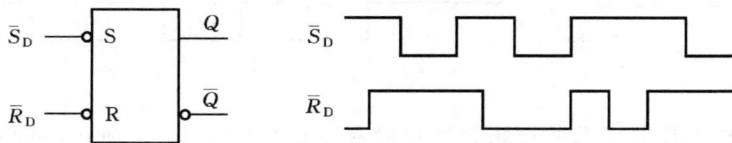

题 9.01 图

题 9.02　同步 RS 触发器的逻辑符号和输入波形如题 9.02 图所示,试画出输出端 Q 和 $\overline{Q}$ 的波形。

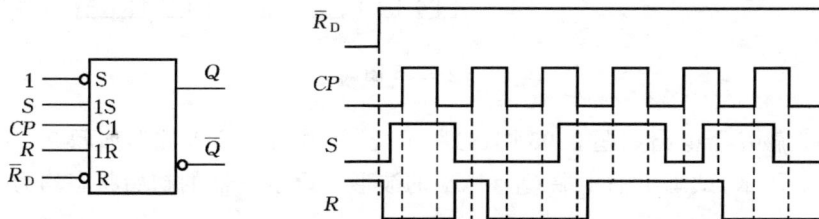

题 9.02 图

题 9.03　主从 JK 触发器的逻辑符号和输入波形如题 9.03 图所示,试画出输出端 Q 的波形。

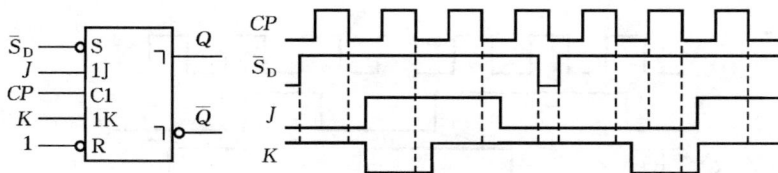

题 9.03 图

题 9.04　负边沿 JK 触发器的逻辑符号和输入波形如题 9.04 图所示,试画出输出端 Q 的波形。

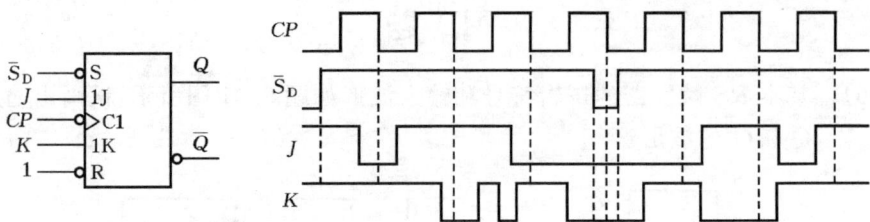

题 9.04 图

题 9.05　边沿 D 触发器的逻辑符号和输入波形如题 9.05 图所示,试画出输出端 Q 的波形。

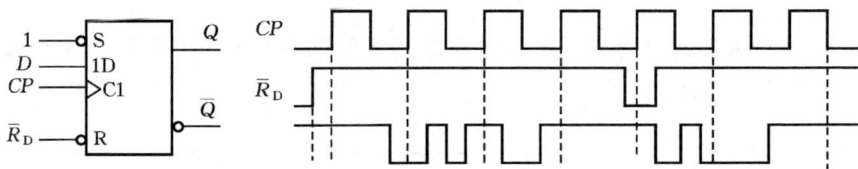

题 9.05 图

题 9.06　触发器电路如题 9.06 图(a)所示,已知电路的输入波形如题 9.06 图(b)所示,试画出输出端 Q_1 和 Q_2 的波形。设触发器的初始状态均为"**0**"。

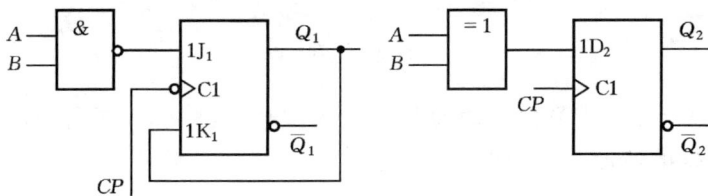

(a)

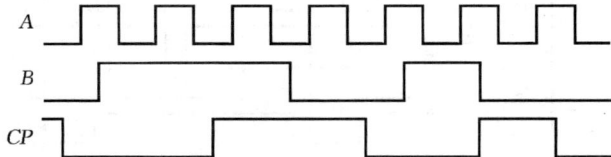

(b)

题 9.06 图

题 9.07　触发器电路如题 9.07 图所示,两个触发器的初始状态均为"**0**",试画出在 CP 脉冲作用下 Q_0 和 Q_1 的波形。

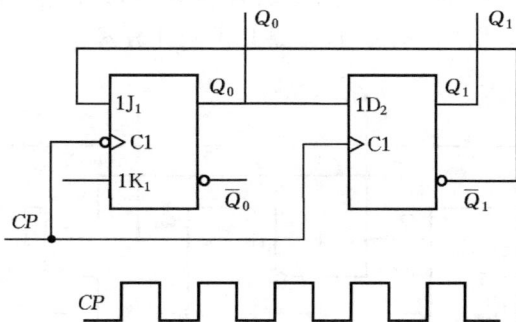

题 9.07 图

题 9.08 JK 触发器电路和输入波形如题 9.08 图所示,触发器的初始状态均为 "**0**",试画出在 CP 脉冲作用下 Q_0 和 Q_1 和 Z 的波形。

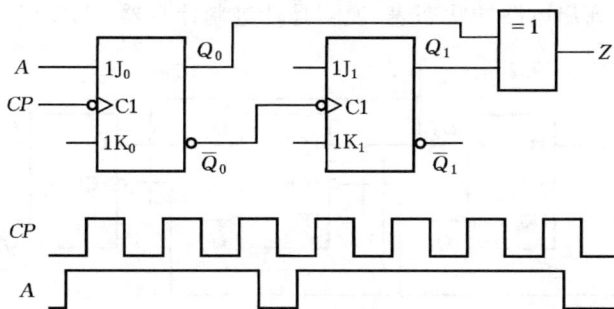

题 9.08 图

题 9.09 试分析题 9.09 图所示电路,设各触发器的初始状态均为"**0**",列出电路的状态转换图,并画出其波形图。

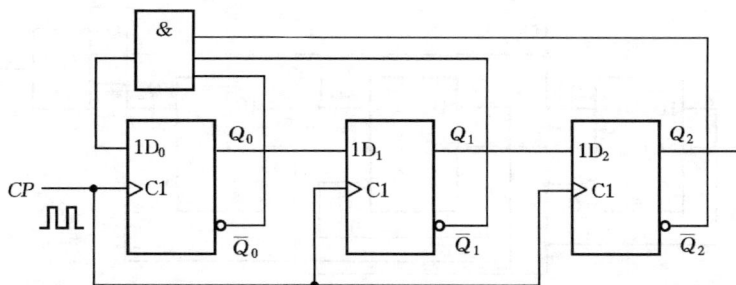

题 9.09 图

题 9.10 JK 触发器构成的计数器如题 9.10 图所示,设各触发器的初始状态均为
"0",列出电路的状态表,说明是几进制计数器。

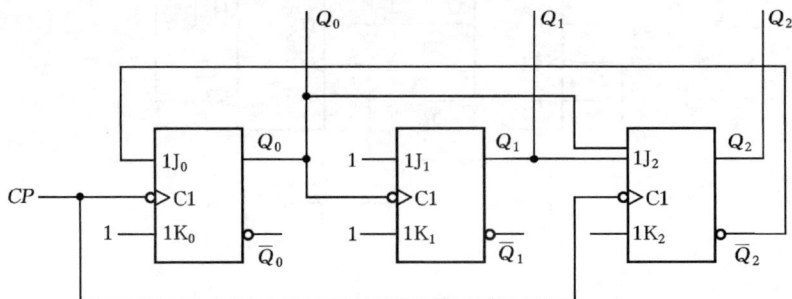

题 9.10 图

题 9.11 JK 触发器构成的计数器如题 9.11 图所示,设各触发器的初始状态均
为"0",列出电路的状态表,说明是几进制计数器。

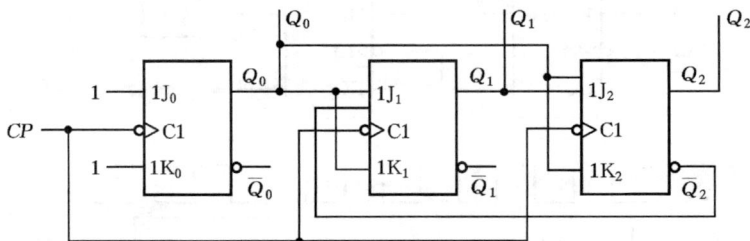

题 9.11 图

题 9.12 D 触发器构成的计数器如题 9.12 图所示,设各触发器的初始状态均为
"0",画出电路的状态转换图,说明是几进制计数器。

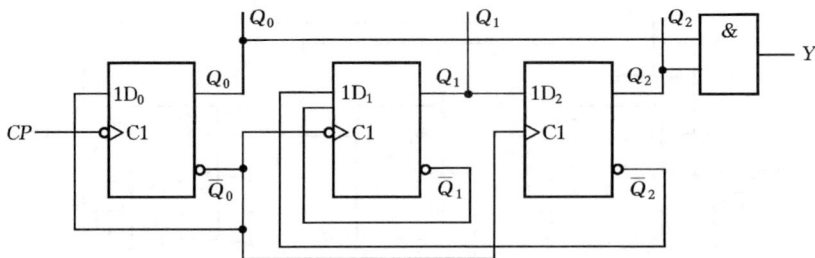

题 9.12 图

题 9.13　集成计数器 74LS290 构成的计数电路如题 9.13 图所示,试分析它们各是几进制计数器。

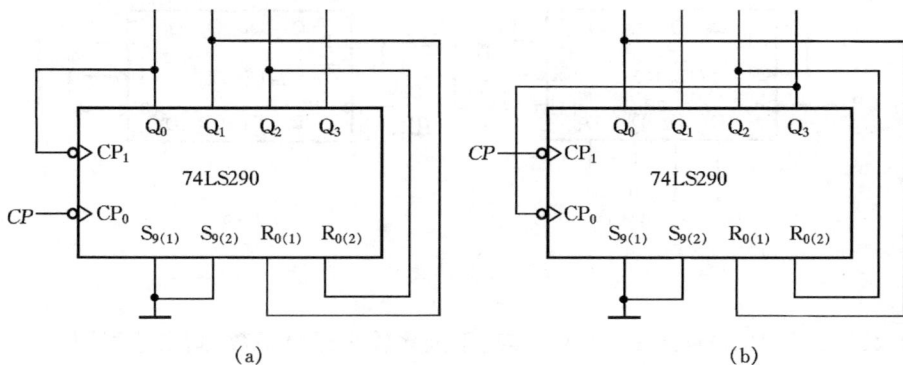

(a)　　　　　　　　　　　　　　　(b)

题 9.13 图

题 9.14　集成计数器 74LS290 构成的计数电路如题 9.14 图所示,试分析它是几进制计数器。

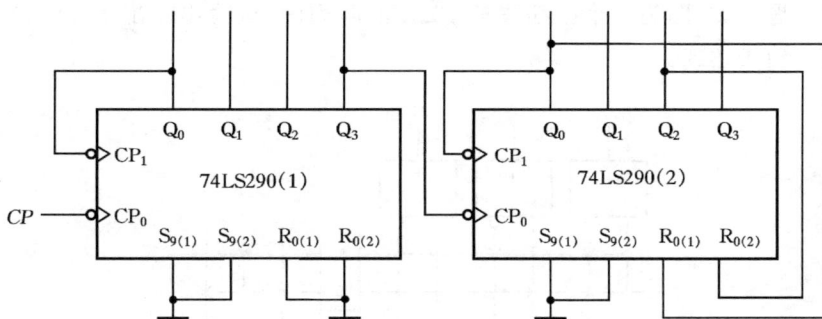

题 9.14 图

题 9.15　集成计数器 74LS163 构成的计数电路如题 9.15 图所示,试分析它们各是几进制计数器。

题 9.16　用集成计数器 74LS290 分别构成 8421 码的六进制和二十四进制计数器。

题 9.17　用集成计数器 74LS163 的反馈复位法和反馈置数法分别构成八进制和十二进制计数器。

题 9.18　某 ROM 有 10 根地址线和 8 根数据线,该存储器的存储容量是多大?

题 9.19　16k×8 位的 RAM 有多少根数据线和地址线?

题 9.20　试把 1k×4 位的 RAM2114 扩展成为以下容量的存储器,并画出连线图。

(1) 1k×8 位　　　(2) 4k×4 位　　　(3) 4k×8 位

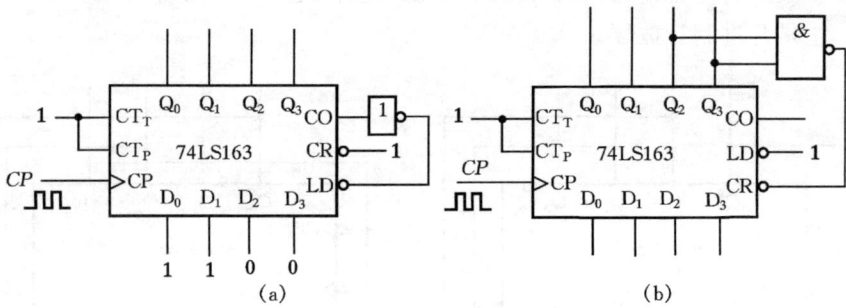

题 9.15 图

题 9.21 试用 PROM、PLA、PAL 实现下列多输出逻辑函数,画出阵列图。

$$Y_1 = \overline{A}BC + A\overline{B}C + AB\overline{C} + ABC$$

$$Y_2 = \overline{A}\ \overline{B} + \overline{A}B + AB$$

$$Y_3 = \overline{A}\ \overline{B}C + A\overline{B}\ \overline{C} + AB\overline{C}$$

$$Y_4 = A\overline{B} + \overline{A}BC + AB\overline{C} + ABC$$

题 9.22 题 9.22 图为一个已编程的 PLA 的阵列图,试写出输出 Y_0、Y_1、Y_2 的逻辑表达式。

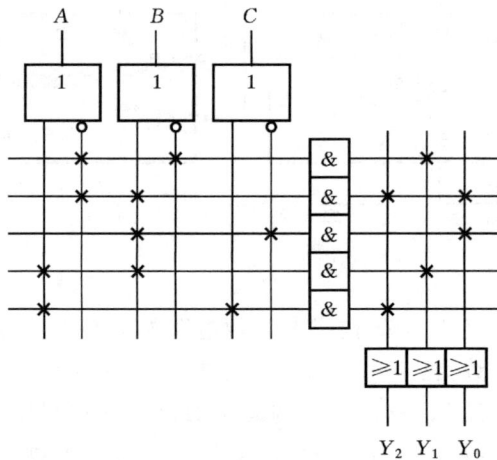

题 9.22 图

第 10 章

数字技术应用电路

在数字系统中,经常遇到信号的产生、变换与处理。它们大多数是由组合逻辑电路和时序逻辑电路的基本单元所构成,本章主要介绍一些典型的应用电路。

首先介绍由 555 集成定时器组成的脉冲信号产生和波形变换、整形电路;然后讨论作为在模拟电路与数字电路之间起桥梁作用的接口电路——模数转换器和数模转换器。

信号变换电路及转换器的种类很多,仅对其中基本电路的组成、工作原理和使用方法等作简单介绍,并通过讨论它们的应用实例,使读者对这些电路有初步的了解,为今后深入学习打下基础。

10.1   集成 555 定时器及其应用

集成 555 定时器是一种将模拟电路和数字电路相结合的中规模集成电路。它的性能灵活、适用范围广,外部配上少量的阻容元件便可方便地构成单稳态触发器、无稳态触发器、施密特触发器等。因此,集成 555 定时器广泛应用在脉冲波形的产生与变换、测量与控制等方面。本节介绍 555 集成芯片的内部结构、工作原理以及它的应用。

10.1.1   555 定时器

集成 555 定时器的内部结构如图 10.1.1(a)所示。它由电压比较器 C_1 和 C_2、基本 RS 触发器、三个等值电阻构成的分压器、放电晶体管 T 和反相器 G 等部分组成。整个组件共有 8 个引线端,排列如图 10.1.1(b)所示。

图 10.1.1(a)中,由电阻分压器提供 $\frac{2}{3}U_{CC}$ 和 $\frac{1}{3}U_{CC}$ 两个参考电压,分别接到电压比较器 C_1 的同相端和 C_2 的反相端,阈值端(TH)和触发端(TL)的外加输入信号通过和上述两个参考电压进行比较,以决定比较器的输出状态。比较器的输出又控制 RS 触发器和放电晶体管 T 的状态,从而最终确定定时器的输出。

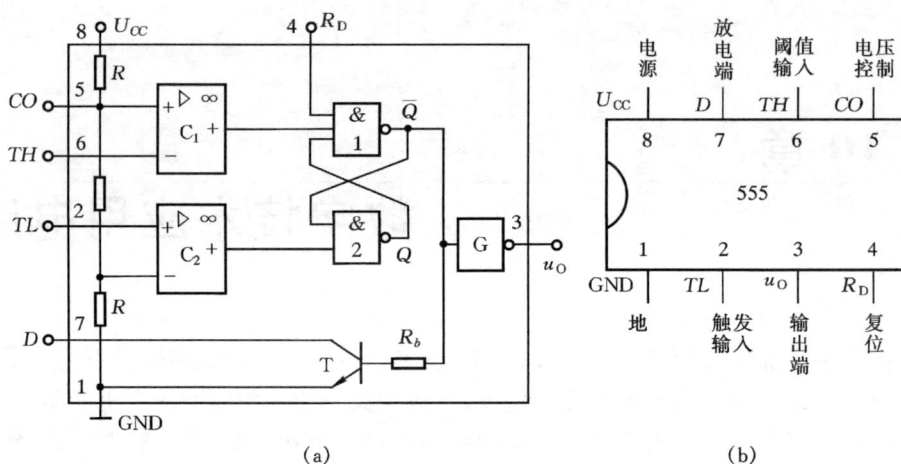

图 10.1.1　555 定时器

(a)电路图；(b)引线端排列图

根据 555 定时器的电路，可得如表 10.1.1 所示的功能表。

表 10.1.1　555 定时器功能表

R_D	TH	TL	Q	$\bar{Q}$	u_O	T
0	×	×	**0**	**1**	**0**	导通
1	$>\frac{2}{3}U_{CC}$	$>\frac{1}{3}U_{CC}$	**0**	**1**	**0**	导通
1	$<\frac{2}{3}U_{CC}$	$<\frac{1}{3}U_{CC}$	**1**	**0**	**1**	截止
1	$<\frac{2}{3}U_{CC}$	$>\frac{1}{3}U_{CC}$	保持原状态			

　　这里需要说明，如果在电压控制端 5 施加一个电压，比较器的参考电压值将发生变化，电路的阈值、触发电平也将相应随之变化，进而影响定时器的输出工作状态。当此端不用时，一般用 0.01 μF 电容接地，以防止外部干扰电压的影响。

10.1.2　由 555 定时器构成的无稳态触发器

　　无稳态触发器没有稳定状态，只有两个暂稳态，而且不需要外加触发信号，它会自动地从一个暂稳态转入另一个暂稳态，输出高、低电平交替的周期性矩形脉冲。由于矩形波包含众多的谐波信号，故将这种矩形波发生器也称为多谐振荡器。

多谐振荡器主要用来产生各种矩形波,是数字系统中必不可少的时钟脉冲信号源。多谐振荡器的电路结构较多,下面仅介绍由 555 定时器构成的电路。

图 10.1.2 是 555 定时器与外接电阻 R 和电容 C 元件构成的多谐振荡器电路及其工作波形。图 10.1.2(a)中,电阻 R_1、R_2 和电容 C 是外接的定时元件,阈值端 6(TH)和触发端 2(TL)接在 R_2 与 C 之间,放电端 7 接在 R_1 和 R_2 之间,其工作原理如下。

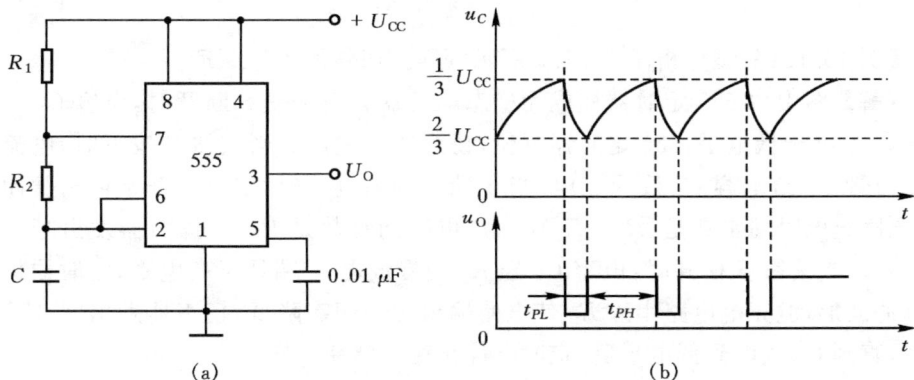

图 10.1.2　555 定时器构成的多振荡器
(a)电路图；(b)工作波形

当接通电源后,U_{CC} 通过电阻 R_1 和 R_2 向电容 C 充电,当 u_C 小于 $\frac{1}{3}U_{CC}$ 时,555 定时器内部电路的比较器 C_1 输出高电平,比较器 C_2 输出低电平,RS 触发器置"1",输出 $Q=1$,$\bar{Q}=0$,放电管 T 截止,u_C 被充电而上升,当其高于 $\frac{1}{3}U_{CC}$,但小于 $\frac{2}{3}U_{CC}$ 时,比较器 C_1、C_2 输出高电平,RS 触发器处于保持状态,输出不变。当 u_C 充电升至略高于 $\frac{2}{3}U_{CC}$ 时,555 定时器内部电路的比较器 C_1 输出低电平,C_2 输出高电平,RS 触发器被置"0",输出 $Q=0$,$\bar{Q}=1$,此时,放电管 T 导通,电容 C 通过 R_2 和 T 放电,当 u_C 放电至略低于 $\frac{1}{3}U_{CC}$ 时,比较器 C_2 输出低电平,此时的 C_1 输出高电平,故 RS 触发器又被置"1",输出为高电平,放电管 T 又截止,电容 C 又开始充电,……,如此周而复始,充放电过程交替进行,则在输出端可得到周期性矩形波信号 u_O。输出高电平的时间即为电容 C 从 $\frac{1}{3}U_{CC}$ 充电到 $\frac{2}{3}U_{CC}$ 的时间 t_{PH},可推导出

$$t_{PH} = (R_1 + R_2)C\ln 2 \approx 0.7(R_1 + R_2)C \qquad (10.1.1)$$

输出低电平的时间即为电容 C 从 $\frac{2}{3}U_{CC}$ 开始放电至 $\frac{1}{3}U_{CC}$ 的时间 t_{PL}，可推导出

$$t_{PL} = R_2 C\ln 2 \approx 0.7R_2 C \qquad (10.1.2)$$

因此，输出的矩形波脉冲的频率

$$f = \frac{1}{t_{PH} + t_{PL}} \approx \frac{1.43}{(R_1 + 2R_2)C} \qquad (10.1.3)$$

【例 10.1.1】试分析图 10.1.3 所示"叮咚"门铃的工作原理。

【解】图中由 555 定时器构成无稳态触发器。当按钮 S 断开时，电容 C_1 未被充电，4 端处于低电平，555 定时器复位，扬声器不发声。当按钮 S 按下时，电流通过二极管 D_1 给电容 C_1 快速充电，当 4 端达到高电平时，定时器开始输出脉冲波形，电路充电时间常数是 $(R_3 + R_4)C_2$，放电时间常数是 $R_4 C_2$，扬声器发出"叮叮"的声音。当按钮 S 松开时，电容 C_1 经 R_1 缓慢放电，4 端处于高电平，定时器仍输出脉冲波形，但充电电路串入 R_2 使电路输出脉冲频率降低，扬声器发出"咚咚"的声音，直到 C_1 放电到低电平后，定时器停止输出脉冲。

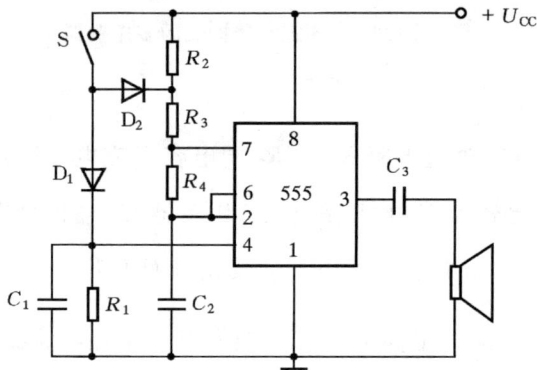

图 10.1.3　例 10.1.1 图

10.1.3　由 555 定时器构成的单稳态触发器

前述时序逻辑电路中介绍的双稳态触发器有两个稳定状态，在外加触发信号作用下，可以从一个稳定状态转变为另一个稳定状态。而单稳态触发器只有一个稳定状态，在外加触发信号作用下，可以从稳定状态转变到另一个暂稳状态，经过一定的时间延迟后，又自动地翻转回原先的稳定状态，且暂稳态的持续时间与触发信号无关，仅取决于电路本身的参数。单稳态触发器主要用于脉冲波形的整形和

信号的定时和延时。

　　集成单稳态触发器有现成的产品可供选用,也可以由 555 定时器来组成,其电路如图 10.1.4(a)所示。R 和 C 是外接元件。外加触发信号 u_1 是负脉冲信号,由低电平触发端 2 输入。输出信号从输出 3 端输出。电压控制端 5 如前所述不用时经 0.01 μF 电容接地。结合图 10.1.4(b)分析工作原理如下。

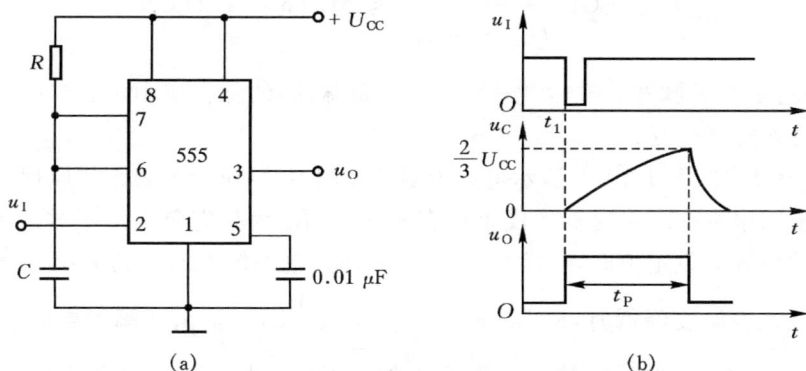

图 10.1.4　555 定时器构成的单稳态触发器
(a)电路图;(b)工作波形

　　稳定状态($0 \sim t_1$):

　　此时无触发脉冲,u_1 为高电平($u_1 > \frac{1}{3} U_{CC}$),555 定时器内部电路的比较器 C_2 的输出为高电平"1",比较器 C_1 的输出也将为高电平"1"。RS 触发器处于"保持"的稳定状态,何种稳定状态则分两种情况分析。

　　若触发器的状态为 $Q=0,\bar{Q}=1$ 时,则放电管 T 导通,使电容 C 两端电压 $u_C \approx 0$ V,比较器 C_1 输出为"1",故触发器输出保持"0"状态不变。

　　若触发器的状态为 $Q=1,\bar{Q}=0$ 时,则放电管 T 截止,U_{CC} 通过电阻 R 和电容 C 充电,当 u_C 上升至略高于 $\frac{2}{3} U_{CC}$ 时,比较器 C_1 输出为"0",将触发器置"0",即翻转为 $Q=0,\bar{Q}=1$ 状态,则放电管 T 导通,u_C 迅速放电接近 0 V,比较器 C_1 输出为"1",使触发器输出保持"0"状态不变。因此,在无触发信号时,触发器将为 $Q=0$ 的稳定状态。

　　当 u_1 下跳至低电平($u_1 < \frac{1}{3} U_{CC}$)时,555 定时器内部电路的比较器 C_2 的输出为"0",将 RS 触发器置"1",即翻转为 $Q=1,\bar{Q}=0$,同时放电管 T 截止,电容 C 开始充电,电路进入暂稳态,当 u_C 上升至略高于 $\frac{2}{3} U_{CC}$ 时,比较器 C_1 输出低电平"0",

RS 触发器置"0",触发器翻转回 $Q=0,\bar{Q}=1$ 的稳定状态。此后,放电管 T 导通,u_C 迅速放电,又回到无触发信号时的稳态。

根据暂稳态结束于 $u_c=\frac{2}{3}U_{cc}$ 时刻的条件,则由 RC 电路暂态方程可得出暂态时间

$$t_P = RC\ln\frac{U_{cc}-0}{U_{cc}-\frac{2}{3}U_{cc}} \approx RC\ln3 \approx 1.1RC$$

t_P 即为暂态脉冲的脉宽。显然,触发信号 u_1(负脉冲)的脉宽应小于 t_P。调节 R 和 C 的值,可方便地改变 t_P。

【例 10.1.2】 图 10.1.5 所示电路为温度控制电路,试分析其工作原理。

【解】 图中由 555 定时器构成单稳态触发器,R_t 为具有负温度系数的热敏电阻,在被控温度为设定值时,应满足 $R_t+R_3=2R_2$,电平触发端 2 的分压 u_1 恰好为 $\frac{1}{3}U_{cc}$。当被控温度降低时,R_t 阻值增大,使 $u_1<\frac{1}{3}U_{cc}$,输出 3 端为高电平,使晶体管 T_K 导通,继电器吸合,接通加热器加热。与此同时,电容 C 开始充电,阈值端 6 的电位按指数规律上升。随着加热而温度升高,R_t 阻值减小,u_1 随之升高直到恰好为 $u_1\geqslant\frac{1}{3}U_{cc}$,当电容 C 充电,6 端电位大于 $\frac{2}{3}U_{cc}$,即暂稳态结束时,3 端输出低电平,晶体管 T_K 截止,加热器停止加热,且电容器迅速放电。若温度再下降,重复上述工作过程,从而使被控温度保持在设定值附近。

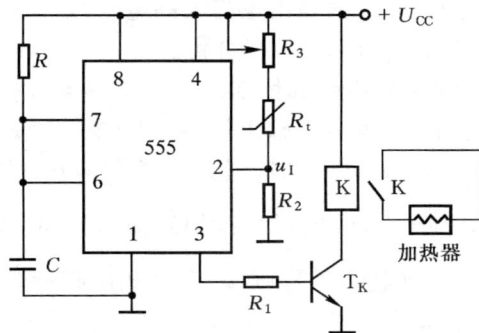

图 10.1.5 例 10.1.2 图

*10.1.4 由 555 定时器构成的施密特触发器

施密特触发器不同于前述的各类触发器,它具有两种特点:①施密特触发器属

于电平触发,对于缓慢变化的信号仍然适用,当输入信号达到某一电压值时,输出
电压会发生突变;②输入信号增加和减少时,电路有不同的阈值电压。图 10.1.6
为施密特触发器的传输特性。由特性曲线可看出,使输出电压发生跳变的输入电
压(阈值电压)大小和输入信号的变化方向有关,即输入信号从小变到大与从大变
到小的阈值电压是不相同的。通常,将两个触发电平之差称为回差 ΔU_T

$$\Delta U_T = U_{T+} - U_{T-}$$

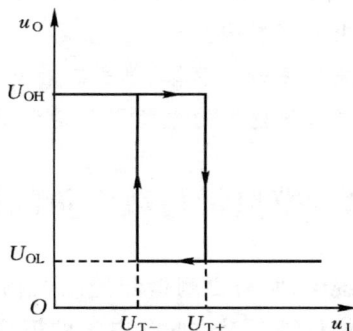

图 10.1.6 施密特触发器的传输特性

施密特触发器同样也有多种电路形式,并有专门的集成电路。本节介绍由
555 定时器构成的施密特触发器,如图 10.1.7(a)所示。电路中,阈值端 6(TH)和
触发端 2(TL)连在一起作为信号输入端。设输入信号为三角波,依据 555 定时器
的功能表,容易得出,输出信号是矩形波,如图 10.1.7(b)所示。电路的正向阈值

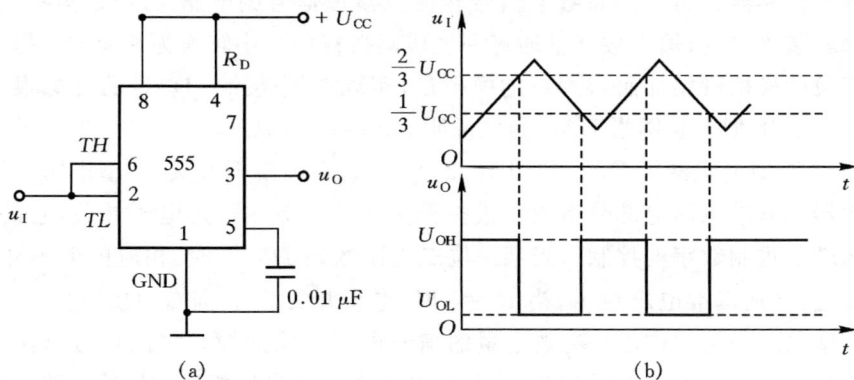

图 10.1.7 555 定时器构成的施密特触发器

(a)电路图;(b)工作波形

电压 $U_{T+} = \frac{2}{3}U_{CC}$，负向阈值电压 $U_{T-} = \frac{1}{3}U_{CC}$，回差 $\Delta U_T = U_{T+} - U_{T-} = \frac{1}{3}U_{CC}$。

施密特触发器广泛应用于波形的变换、整形以及幅度鉴别等方面。

【练习与思考】

10.1.1 555 定时器由哪几部分组成？简述各部分的作用。

10.1.2 555 定时器的电压控制端（5 脚）有何作用？若在其端外加一个电压时，试分析它对输出电压有何影响？

10.1.3 由 555 定时器构成的多谐振荡器、单稳态触发器、施密特触发器在电路结构上有何不同？多谐振荡器的振荡周期是由哪些参数决定的？

10.2　模拟量与数字量的转换

计算机检测与控制系统中，所需要测量和控制的物理量大多是连续变化的模拟量，如电压、温度、压力、位移等。对这些非电量的模拟信号首先要通过传感器变换为电量的模拟量，然后再将这些模拟信号转换为数字信号，送入计算机进行处理，处理后的数字信号再转换为模拟信号，送入控制执行电路。将模拟量（A）转换为数字量（D）用模数转换器（ADC）实现。反之，将数字量转换为模拟量用数模转换器（DAC）实现，它们都是非常重要的计算机系统的接口电路。

10.2.1　数模转换器（DAC）

数模转换器（DAC）是将数字信号转换成模拟信号的电路。DAC 实际上是一种"译码"装置，它将输入数字量的每一位代码按权的大小转换为相应的模拟量，再将所有位的模拟量相加而得到总的模拟量，实现数模转换。DAC 的种类很多，现仅以常用的 T 型电阻网络 DAC 为例说明数模转换的原理。

四位 T 型电阻网络 DAC 如图 10.2.1 所示，它由模拟开关、T 型电阻网络、运算放大器和基准电压等部分组成。模拟开关 S_0、S_1、S_2、S_3 是电子开关，它的动作受输入端二进制数字的控制。当某一位二进制数码 $D_i = 1$ 时，相应的电子开关 S_i 合向左边，接通基准电压 U_{REF}；当 $D_i = 0$ 时，电子开关 S_i 合向右边接"地"。

T 型电阻网络的作用是将数字量的信号电压转换成模拟量的信号电流，它的输出端接到运算放大器的反相输入端，运算放大器接成反相比例运算电路，它将模拟信号的电流变换为模拟信号电压输出。

下面分析 T 型电阻网络的工作原理。由图 10.2.1 可知，运算放大器的反相输入端为"虚地"，因此不论模拟开关合向左边还是合向右边，电阻 2R 接模拟开关

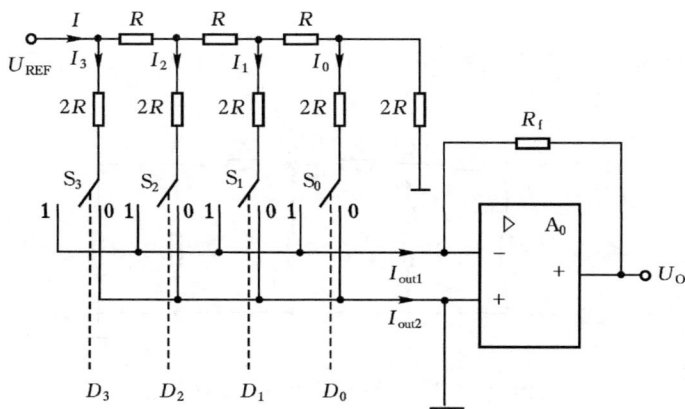

图 10.2.1　T 型电阻网络数模转换器

一侧的电位等于零,其等效电路如图 10.2.2 所示。T 型电阻网络具有一种特殊性质,即无论 A、B、C、D 中的任何一点,其右边的电阻网络的等效电阻均等于 R。可见,从电路的右边看过去整个电阻网络的等效电阻也为 R,那么,从参考电压端输入的电流 $I = \dfrac{1}{R} U_{\text{REF}}$。而后根据分流公式得出各支路电流分别为

$$I_3 = \frac{1}{2} I = \frac{I}{2^4} \times 2^3$$

$$I_2 = \frac{1}{4} I = \frac{I}{2^4} \times 2^2$$

$$I_1 = \frac{1}{8} I = \frac{I}{2^4} \times 2^1$$

$$I_0 = \frac{1}{16} I = \frac{I}{2^4} \times 2^0$$

由以上结果可以看出,每个支路的电流与二进制权值成正比。

对于输入一个任意 4 位二进制数 $D_3 D_2 D_1 D_0$ 有

$$I_{\text{out1}} = I_0 + I_1 + I_2 + I_3 = \frac{I}{2^4}(D_3 2^3 + D_2 2^2 + D_1 2^1 + D_0 2^0)$$

运算放大器输出的模拟电压可表示为

$$U_{\text{O}} = -R_{\text{f}} I_{\text{out1}} = -\frac{R_{\text{f}} I}{2^4}(D_3 2^3 + D_2 2^2 + D_1 2^1 + D_0 2^0)$$

$$= -\frac{U_{\text{REF}} R_{\text{f}}}{2^4 R}(D_3 2^3 + D_2 2^2 + D_1 2^1 + D_0 2^0) \tag{10.2.1}$$

可见输出的模拟电压正比于输入的二进制数字信号。依此类推,对于 n 位 DAC,

则有

$$U_O = -\frac{U_{REF}R_f}{2^n R}(D_{n-1}2^{n-1} + D_{n-2}2^{n-2} + \cdots + D_1 2^1 + D_0 2^0) \quad (10.2.2)$$

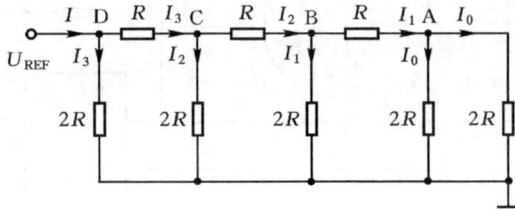

图 10.2.2　Ｔ型电阻网络的等效电路

DAC 的最小输出电压(输入的二进制数最低位为"**1**",其余位均为"**0**"时的输出电压)与最大输出电压(输入的二进制数全为"**1**"时的输出电压)之比称为分辨率,即

$$分辨率 = \frac{1}{2^n - 1}$$

DAC 的输入数码位数 n 愈多,则分辨率愈小,分辨能力就愈高,转换的精度也就愈高。

集成 DAC 同其他数字逻辑器件一样,发展非常迅速,种类也甚多。目前在市场上有 8 位、12 位、16 位、18 位等高分辨率产品,有速度可达 100 MHz 的高速产品。

现以 DAC0832 集成数模转换器为例介绍其参数特性及管脚功能。DAC0832 是具有双缓冲输入寄存器的 8 位 DAC 集成芯片,因而可实现与微机总线直接相联,并可与 TTL 兼容,是目前使用广泛的数模转换器,其管脚排列图如图 10.2.3 所示。图中,$D_0 \sim D_7$ 为 8 位数码输入端;U_{REF} 端是由外部提供的基准电压(+10 V ~ -10 V);I_{out1} 和 I_{out2} 为数模转换后的模拟电流输出端,可接至外接的运算放大器输入端;R_{fb} 为反馈电阻,作为外部所接运算放大器的反馈电阻,用以提供适当的输出电压;ILE 为输入锁存选通,高电平有效;$\overline{CS}$ 为片选信号,与 ILE 组合可选通 $\overline{WR_1}$,低电平有效;$\overline{WR_1}$ 为写控制 1,与 $\overline{CS}$ 和 ILE 组合将输入数码 $D_0 \sim D_7$ 送入输入寄存器,低电平有效;$\overline{XFER}$ 为传递控制信号,可选通 $\overline{WR_2}$,低电平有效;$\overline{WR_2}$ 为写控制 2,与 $\overline{XFER}$ 组合将输入寄存器的数送入 DAC 寄存器,低电平有效;U_{CC} 为数字电源电压端(范围在 +5 V ~ +15 V 间);AGND 为模拟地端;DGND 为数字地端。

【例 10.2.1】 设一个 6 位的 Ｔ型电阻网络 DAC 的基准电压 $U_{REF} = 10$ V,

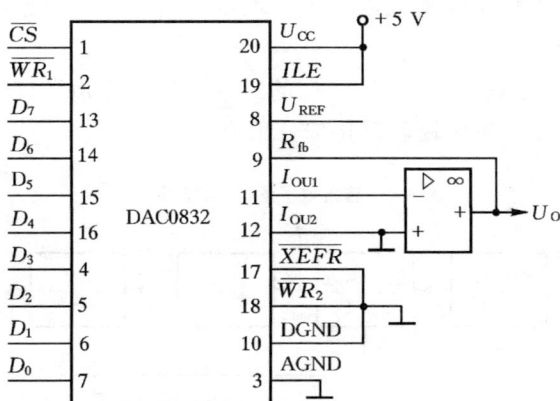

图 10.2.3　DAC0832 管脚排列及电压输出电路

$R=R_f$，输入二进制数为 **1011** 和 **111101**，试求这两种情况下的输出模拟电压及该数模转换器的分辨率。

【**解**】(1)输入数字量为 **1011** 时

$$U_O = -\frac{U_{REF}R_f}{2^nR}(D_{n-1}2^{n-1} + D_{n-2}2^{n-2} + \cdots + D_1 2^1 + D_0 2^0)$$

$$= -\frac{10}{2^4} \times (1 \times 2^3 + 0 \times 2^2 + 1 \times 2^1 + 1 \times 2^0)$$

$$= -1.718\ 75\ V$$

(2)输入数字量为 **111101** 时

$$U_O = -\frac{U_{REF}R_f}{2^nR}(D_{n-1}2^{n-1} + D_{n-2}2^{n-2} + \cdots + D_1 2^1 + D_0 2^0)$$

$$= -\frac{10}{2^6} \times (1 \times 2^5 + 1 \times 2^4 + 1 \times 2^3 + 1 \times 2^2 + 0 \times 2^1 + 1 \times 2^0)$$

$$= -9.531\ 25\ V$$

(3)分辨率为 $\dfrac{1}{2^n-1} = \dfrac{1}{2^6-1} = 0.015\ 9$

10.2.2　模数转换器(ADC)

模数转换器(ADC)是将模拟信号转换成数字信号的电路。DAC 类似一个"译码"装置,而 ADC 则类似"编码"装置。它对输入的模拟信号进行编码,输出与模拟量大小成比例关系的数字量。目前应用的 ADC 种类很多,总的来说可分为直接 ADC 和间接 ADC 两大类。前者可将模拟量直接转换成数字量;后者则需经过某个中间变量才将模拟量转换成数字量。现以常用的逐次逼近型 ADC 来说明模数转换的基本工作原理。

图 10.2.4 所示是逐次逼近型 ADC 的原理框图。它由顺序脉冲发生器、逐次逼近寄存器、DAC 和电压比较器等几部分组成。

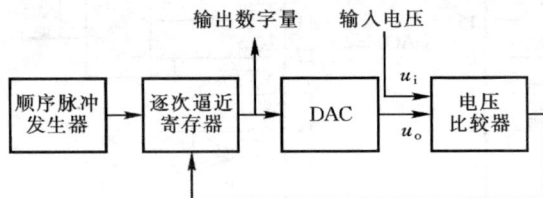

图 10.2.4　逐次逼近型 ADC 原理框图

逐次逼近型 ADC 是直接模数转换器的一种,其模数转换过程如下:转换开始前,ADC 输出的各位数字量全为 **0**。转换开始,在顺序脉冲发生器的控制下,首先将逐次逼近寄存器最高位置"**1**",即 $Q^{n-1} = 1$,经 DAC 转换为相应的模拟电压 u_o,送至电压比较器与输入的模拟电压 u_i 相比较,若 $u_i > u_o$,将最高位的"**1**"保留;若 $u_i < u_o$,将最高位的"**1**"清除。然后使逐次逼近寄存器次高位置"**1**",即 $Q^{n-2} = 1$,与上次结果一起,经 DAC 转换后再与 u_i 相比较,这样逐位比较下去,直至寄存器的最末一位为止。n 次比较后,逐次逼近寄存器中的逻辑状态就是对应于模拟电压 u_i 的输出数字量。

下面结合图 10.2.5 所示的具体电路来说明逐次逼近的过程。图中 4 个 JK 触发器构成逐次逼近寄存器,其输出是 4 位二进制数。4 位 DAC 的输入来自逐次逼近寄存器,输出电压送至电压比较器的反相输入端。电压比较器的输出接 JK 触发器的 J 端,经反相器后接 JK 触发器的 K 端。4 个 D 触发器构成 4 位数码寄存器,其输出端即是 ADC 的数字量输出。顺序脉冲发生器输出的是 C_4、C_3、C_2、C_1、C_0 五个在时间上有一定先后顺序的脉冲,依次右移位,如图 10.2.6 所示。

现分析电路的转换过程,设输入模拟电压 $U_i = 5.52$ V,参考电压 $U_{REF} = +8$ V,$R = R_f$。

当第一个 CP 脉冲上升沿到来时,顺序脉冲发生器的输出端 C_0 由高电平变为低电平,则逐次逼近寄存器的 $Q_3 Q_2 Q_1 Q_0 = \mathbf{1000}$,该数码送入 4 位 DAC,由式 (10.2.1) 可知,此时 DAC 的输出电压

$$U_o = \frac{U_{REF}}{2^4}(D_3 2^3 + D_2 2^2 + D_1 2^1 + D_0 2^0) = \frac{8}{16} \times 8 = 4 \text{ V}$$

由于 $U_o < U_i$,故比较器输出 U_+ 为"**1**",也就是逐次逼近寄存器的 J 端为"**1**"和 K

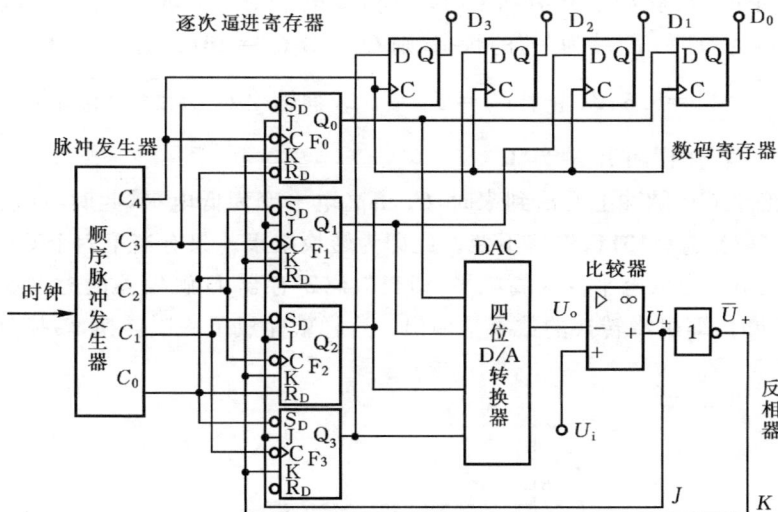

图 10.2.5　四位逐次逼近型 ADC 原理电路

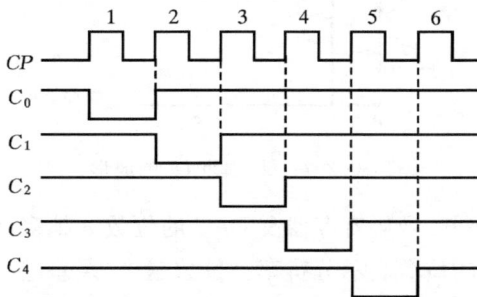

图 10.2.6　顺序脉冲发生器输出的顺序脉冲

端为"0"。

当第二个 CP 脉冲上升沿到来时，C_1 由高电平变为低电平，结合逐次逼近寄存器的 J 端为"1"和 K 端为"0"的状态，则 $Q_3Q_2Q_1Q_0=1100$，送入 DAC。

$$U_o=\frac{8}{16}\times12=6\ \text{V}$$，由于 $U_o>U_i$，故比较器输出 U_+ 为"0"，即逐次逼近寄存器的 J 端为"0"和 K 端为"1"。

当第三个 CP 脉冲上升沿到来时，C_2 由高电平变为低电平，结合逐次逼近寄存器的 J 端为"0"和 K 端为"1"的状态，则 $Q_3Q_2Q_1Q_0=1010$，送入 DAC。

$$U_o=\frac{8}{16}\times10=5\ \text{V}$$，由于 $U_o<U_i$，故比较器输出 U_+ 为"1"，也就是逐次逼近寄存器的 J 端为"1"和 K 端为"0"。

当第四个 CP 脉冲上升沿到来时，C_3 由高电平变为低电平，结合逐次逼近寄存器的 J 端为"**1**"和 K 端为"**0**"的状态，则 $Q_3Q_2Q_1Q_0 = $ **1011**，送入 DAC。

$U_o = \dfrac{8}{16} \times 11 = 5.5$ V，由于 $U_o = U_i$，故比较器输出 U_+ 为"**1**"，也就是逐次逼近寄存器的 J 端为"**1**"和 K 端为"**0**"。

当第五个 CP 脉冲上升沿到来时，C_4 由高电平变为低电平，此时，逐次逼近寄存器的 $Q_3Q_2Q_1Q_0 = $ **1011**，保持不变。此即为转换结果。只有当第六个 CP 脉冲上升沿到来时，C_4 由低电平变为高电平，即当数码寄存器 D 触发器的时钟脉冲输入端来正脉冲时，即可将转换的数字量输出。这样就完成了一次转换，转换过程如图 10.2.7 所示。

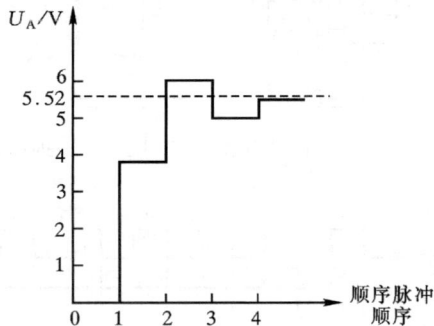

图 10.2.7　U_o 逼近 U_i 的波形

从上述转换过程可知，数码寄存器及 DAC 的位数 n 越多，则转换精度越高。通常以 ADC 输出二进制的位数表示分辨率。位数越多，误差越小，转换效果越好。逐次逼近型 ADC 转换器有 8 位、10 位、12 位、14 位等多种，由于它的转换速度和转换精度都较其他类型的 ADC 转换器要高，故被广泛使用在微机接口电路中。

目前集成 ADC 芯片有多种型号，根据应用场合的不同，可选用不同性能的芯片。例如廉价通用的 AD570、ADC0804 等；高速高精度的 AD574、AD578；高分辨率的 ADC1140 等等。它们的工作原理、外部引线及主要技术指标可参考有关资料。

【练习与思考】

10.2.1　在数字系统中，为什么既要使用 DAC，又要使用 ADC？

10.2.2　DAC 和 ADC 的分辨率是如何定义的？有何不同？DAC 的分辨率与其位数有何关系？与基准电压有无关系？

10.2.3　若 ADC 的输出为 8 位二进制数，输入信号最大值为 5 V，那么该 ADC 能否区分 19.53 mV 的输入电压？

本章小结

1. 555 定时器是一种将数字电路和模拟电路集成于一体的专用集成器件,通过外接适当的元件(电阻、电容)可组成多谐振荡器、单稳态触发器、双稳态触发器等,广泛应用于脉冲产生、整形及定时。

2. 多谐振荡器也称无稳态触发器,其特点是它没有稳定状态,只有两个暂稳态,且不需要外加触发信号,它会自动从一种暂稳态转入另一暂稳态,从而输出高低电平交替的周期性矩形脉冲。

3. 单稳态触发器在输入脉冲信号未加之前,处于一种稳定状态,经信号触发后,触发器翻转到暂稳态,经过一定延时后又自动翻转到原来的稳定状态,所以只有一种稳定状态。单稳态触发器的暂稳态持续时间取决于 RC 电路的充电时间。

4. DAC 转换器是将数字量转换成模拟量的部件。主要由模拟开关、T 型电阻网络、求和电路和基准电压等部分组成。其原理是利用电阻网络来分配数字量各位的权,使输出电流与数字量成正比,然后利用求和电路将电流转换成电压,从而把数字量转换成相应的模拟电压。

5. ADC 转换器将模拟量转换成数字量。通常包括采样、保持、量化和编码四个步骤。其基本原理是将模拟量采样后与量化基准电压进行比较,得到一组数字量,最后通过编码,从而获得与输入模拟电压成正比的数字量。

6. DAC 和 ADC 是在模拟信号与数字信号之间起桥梁作用的电路,是现代数字系统中重要的部件。目前大量使用集成器件,使用时应注意查阅技术手册,了解其性能和相关技术参数。

习　题

题 10.01　题 10.01 图是一过压监测电路。试分析当被监测电压 u_x 越过某一定值时,555 电路输出端的发光二极管 LED 将发出闪烁信号的工作原理。

题 10.02　题 10.02 图为自动控制灯电路,当手触摸金属片 J 时,小电珠 L 就能亮数秒左右,作为晚上看表或者走廊的瞬间照明,试说明其工作原理。

题 10.03　在图 10.1.3 电子门铃电路中,R_L 为 8Ω 喇叭,$R_1 = 5.1$ kΩ,$R_2 = 100$ kΩ,$R_3 = 1$ kΩ,$R_4 = 30$ kΩ,电容 $C_1 = 0.01$ μF,$C_2 = 100$ μF,$C_3 = 33$ μF,$U_{CC} = 6$ V。试问:(1)按钮 S 不按下时,为什么喇叭不发声? (2)估算电路输出 u_o 的周期 T;(3)定性画出按钮 S 被按下振荡稳定时 u_{C1}、u_o 的波形;(4)接入电容 C_2 有什么作用?

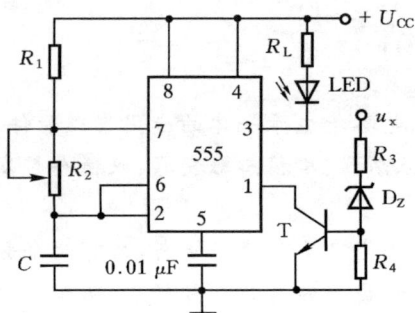

题 10.01 图

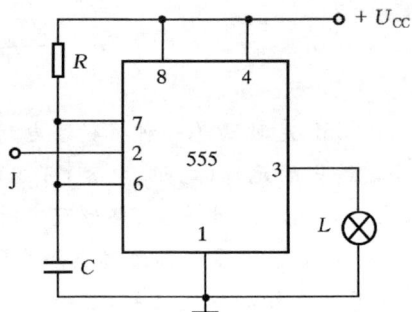

题 10.02 图

题 10.04 题 10.04 图是由 555 定时器构成的电路，$R_1 = R_2 = 1\ \text{k}\Omega$，$R = 2\ \text{k}\Omega$，$C = 50\ \mu\text{F}$，$C_1 = 0.01\ \mu\text{F}$，电容的初始电压为 0，$t = 0$ 时 K 闭合，试问：(1)K 闭合后，发光二极管 D_1 和 D_2 是否同时亮？若不同时亮，其时间间隔是多少？（忽略 555 定时器内部门电路的传输延迟）。(2)画出 K 闭合后，电压 u_R 和 u_o 的波形图。

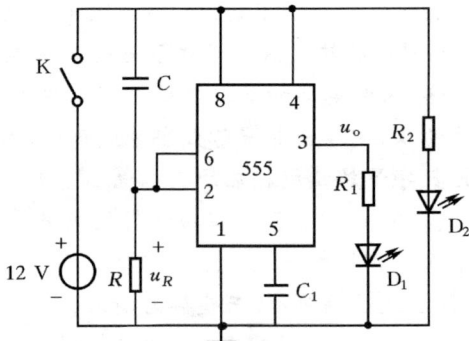

题 10.04 图

题 10.05 题 10.05 图所示电路为两个 555 构成的报警电路，要求：(1)指出两片

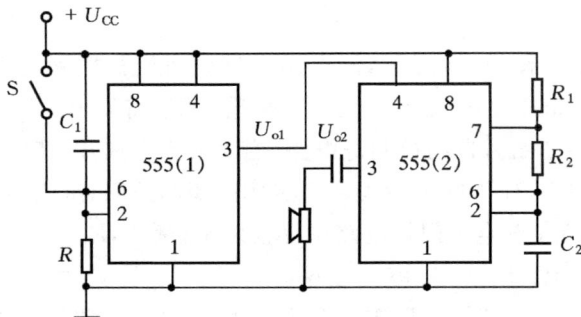

题 10.05 图

555 分别构成何种应用电路。(2)如果开关 S 打开并迅速闭合,电路是否会报警? (3)简要说明该报警电路的工作原理。

题 10.06　5 位 T 型电阻 DAC 转换器,当参考电压 $U_{REF} = 5$ V, $R = 125$ Ω, $R_f = 5$ kΩ,输入二进制代码 **11001** 时,输出电压是多少?

题 10.07　在图 10.2.1 所示 T 型电阻数模转换器中,若 $R_f = R$, $U_{REF} = 8\sin\omega t$ V,试问当输入码为 **0010** 时输出的模拟电压为多少?

题 10.08　某 8 位梯形电阻网络 DAC,当数字信号为 **00000001** 时,输出模拟电压为 -0.04 V。若数字信号为 **00010010** 时,输出模拟电压应是多少?

题 10.09　某 8 位逐次逼近型 ADC 中的,如果已知 8 位 T 型电阻网络 DAC 的最大输出电压为 9.945 V,试分析当输入电压为 6.435 V 时 ADC 输出的二进制数是多少?

题 10.10　有一 4 位逐次逼近型 ADC,其中 T 型电阻网络 DAC 的基准电压 $U_{REF} = 10$ V,若待转换的模拟电压为 7.5 V,则转换成的数字量是多少?

第 11 章

变压器和电动机

电气工程中广泛使用的变压器、电动机以及继电器等电器设备,都是依靠电与磁相互作用而工作的,它们的原理既涉及电路问题又涉及磁路问题。因此,仅从电路的角度分析研究是不够的,还必须对磁路进行分析。

本章首先讨论磁路的基本知识和分析方法,然后介绍变压器的基本原理和主要性能。在此基础上分析三相交流异步电动机的工作性能及应用,最后介绍单相异步电动机和两种常用的控制电机。

11.1 磁 路

通常,电机和电器内部的磁场都是利用通入电流的线圈产生的。为了用较小的励磁电流产生较强的磁场,从而获得较大的感应电动势或电磁力;同时也为了把磁场聚集在一定的空间范围内,常把线圈绕制在用铁磁材料做成一定形状的铁心上,使之形成一定磁通的路径,使磁通的绝大部分通过这一路径而闭合,这种磁通的路径称为磁路。磁路问题实质上就是局限在一定路径内的磁场问题。物理学中有关磁场的知识是分析磁路的基础。

11.1.1 铁磁材料的磁性能

自然界的物质按其导磁性能大体上分为铁磁材料和非铁磁材料两大类。非铁磁材料(如水、金、银、铜、空气、木材等)对磁场强弱的影响很小,其磁导率 μ 与真空的磁导率 μ_0 近似相等,且为常数。铁磁材料(如铁、镍、钴及其合金)的磁导率很高,是制造变压器、电机和各类电器的主要材料之一。铁磁材料具有以下特点。

1. 高导磁性

铁磁材料的磁导率 μ 远远大于真空的磁导率 μ_0,两者之比可达数百甚至数万。这是因为在磁性材料内部存在着许多很小的天然磁化区,称之为磁畴。在没有外磁场的作用时,磁畴的排列呈现杂乱无章的状态,磁场相互抵消,对外显示不出磁性。在外磁场作用下,则磁畴的方向渐趋一致,形成一个附加磁场,它与外磁场相叠加,从而加强了原来的磁场,铁磁材料也就表现出高的磁导率,当外磁场消失后,磁畴排列又恢复到原来状态。非铁磁材料没有磁畴的结构,所以不具有磁化的特性,故 μ 相对较小。

2. 磁饱和性

　　铁磁材料被放入磁场强度为 H 的磁场内,会受到强烈的磁化。磁场的磁感应强度 B 随外加磁场 H 的变化曲线,即 B-H 的关系曲线称为磁化曲线,如图 11.1.1 所示。由曲线图可以看出,当外磁场 H 比较小时,B 差不多与 H 成比例地增加;当 H 增大一定值后,B 的增加缓慢下来,逐渐出现磁饱和现象,即具有磁饱和特性。由于 $\mu = \dfrac{B}{H}$,而铁磁材料的 B、H 间不是线性

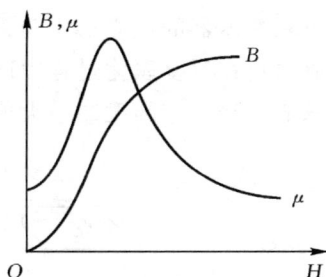

图 11.1.1　磁性材料的 B-H,μ-H 曲线

关系,所以 μ 不是常量,如图 11.1.1 中的 μ-H 曲线所示。

3. 磁滞性

　　铁磁材料在交变磁场中被反复磁化,其 B-H 关系曲线是一条闭合曲线,称为磁滞回线,如图 11.1.2 所示。当 H 由 H_m 减小到零时,B 却未回到零(这时的值称为剩磁 B_r),只有当 H 反方向变化到 $-H_c$ 时,B 才减小到零(H_c 称为矫顽磁力)。这种磁感应强度 B 的变化滞后于磁场强度 H 变化的性质,称为磁滞性。

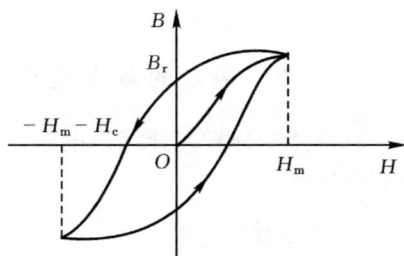

图 11.1.2　磁滞回线

　　铁磁材料的成分和制造工艺不同,则材料的磁滞回线的形状不同。软钢、硅钢、坡莫合金和铁氧体等材料的磁滞回线较狭窄,剩磁感应强度 B_r 低,矫顽磁力 H_c 小。这一类铁磁材料称为软磁材料,通常用来制造交流电机、变压器和继电器的铁心。而碳钢、铁、镍铝钴合金、稀土合金等材料的磁滞回线较宽,具有较高的剩磁感应强度 B_r 和较大的矫顽磁力 H_c。这一类铁磁材料为硬磁材料,通常用来制造永久磁铁。

　　铁磁材料在交变磁化过程中,由于磁滞现象而发生能量损耗,称为磁滞损耗。

这种损耗的能量转变为热能而使铁磁材料发热。磁滞损耗的大小与磁滞回线的面积成正比。因此,为了减小磁滞损耗,通常电机、变压器用磁滞回线狭窄的硅钢来制造铁心。铁磁材料在交变磁化过程中还有另一种损耗——涡流损耗。由于磁性物质不仅导磁,也能导电,在交变磁场作用下,铁心中也会产生感应电动势,从而在垂直于磁力线方向的铁心截面上产生如图 11.1.3(a)所示的旋涡状的电流,称之为涡流。涡流在铁心内产生的功率损耗称为涡流损耗。为了减小涡流损耗,通常交流电机和变压器的铁心都用硅钢片叠加而成,如图11.1.3(b)所示。

铁磁材料在反复磁化过程中产生的磁滞损耗和涡流损耗称为铁损耗。铁损差不多与铁心内磁感应强度的最大值 B_m 的平方成正比,故 B_m 不宜选得过大。

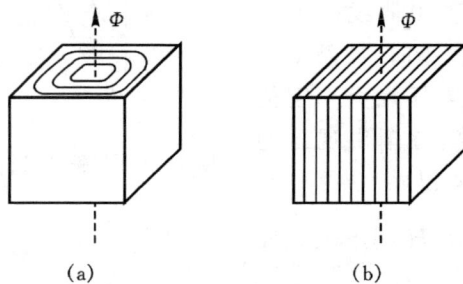

图 11.1.3 涡流损耗
(a)涡流;(b)硅钢片叠成的铁心

11.1.2 磁路的基本定律

对磁路的分析与计算同电路一样,也需要用到一些基本定律,例如安培环路定律和磁路欧姆定律。

1. 安培环路定律

安培环路定律指出:在磁路中,沿任一闭合路径,磁场强度的线积分等于与该闭合路径交链的电流的代数和,即

$$\oint H dl = \sum I \tag{11.1.1}$$

当电流的方向与闭合路径的方向符合右螺旋定则时,电流取正号,反之取负号。

2. 磁路欧姆定律

磁路欧姆定律也是分析磁路的基本定律,可由安培环路定律推导得出。图 11.1.4 为一环形铁心,横截面积为 S,铁心上绕有 N 匝线圈,并通有直流电流 I,设环的内外半径相差不大,则可近似认为铁心中的磁场强度 H 大小各处是均匀

的,磁路的平均长度为 l。

根据安培环路定律,对于均匀磁路

$$\oint H \mathrm{d}l = Hl = IN \qquad (11.1.2)$$

上式左边 $= H\oint \mathrm{d}l = Hl$,式右边 $= IN$,所以

$Hl = IN$,或 $H = \dfrac{IN}{l}$,式中 IN 称为磁动势,用 F_m 表示,即 $F_m = IN$;Hl 称为磁压降,用 U_m 表示,即 $U_m = Hl$。铁心中的磁感应强度 B 与磁场强度 H 的关系为 $B = \mu H$,所以铁心中的磁通量为

图 11.1.4　环形铁心磁路

$$\Phi = BS = \mu HS = \mu S \frac{IN}{l} = \frac{F_m}{\dfrac{l}{\mu S}} \qquad (11.1.3)$$

式中,$R_m = \dfrac{l}{\mu S}$,称为磁阻,它表示物质对磁通的阻碍作用,则

$$\Phi = \frac{NI}{R_m} = \frac{F_m}{R_m} \qquad (11.1.4)$$

式(11.1.4)在形式上与电路中的欧姆定律相似,故称为磁路欧姆定律。还须指出:磁性材料的磁导率 μ 不是常数,故其磁阻也不是常数,因而不能用磁路欧姆定律进行定量计算,但用来定性分析磁路中磁动势、磁阻和磁通间的关系是方便的。

【练习与思考】

11.1.1　什么是磁饱和? 为什么变压器和电机都工作在接近磁饱和区?

11.1.2　当磁路的结构一定时,磁路的磁阻是否是线性的?

11.1.3　简单磁路分析

1. 直流磁路

用直流电流励磁的磁路称为直流磁路。直流磁路中的磁通是不随时间变化的,不会在线圈中产生感应电动势,因而在铁心中无磁滞和涡流损耗,可以采用整块的铁磁材料做成铁心。在稳态情况下,由于磁场是恒定的,励磁电流的大小仅取决于线圈的电压及电阻,即

$$I = \frac{U}{R} \qquad (11.1.5)$$

而与磁路结构和性质无关。直流磁路具有恒磁动势的特性。

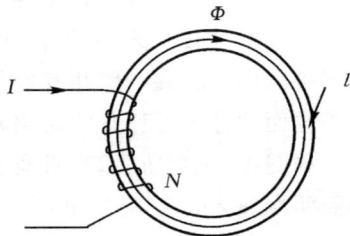

2. 交流磁路

用交流电流励磁的磁路称为交流磁路。由于交流磁路中励磁电流、磁通和磁感应强度都是交变的,所以在线圈中将会感应电动势,感应电动势阻碍电流变化。交流磁路中电路和磁路相互制约。因此,对其电磁关系、电压电流关系以及功率损耗等方面的分析要比直流磁路复杂得多。

如图 11.1.5 所示,当带有铁心的线圈两端通入正弦交流电压 u 时,线圈中将有电流 i 通过。若线圈匝数为 N,则磁动势 iN 将在线圈中产生磁通,其中绝大部分通过铁心而闭合,称为主磁通 Φ,此外还有很少的一部分磁通主要经过空气或其他非导磁媒质而闭合,称为漏磁通 Φ_σ,这两个磁通在线圈中产生两个感应电动势:主磁电动势 e 和漏磁电动势 e_σ。

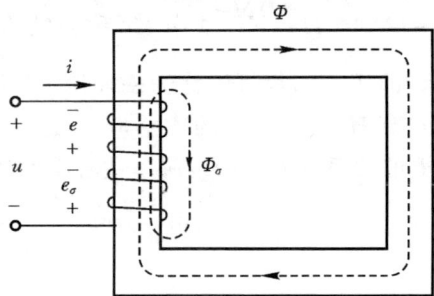

图 11.1.5 交流铁心线圈电路

图 11.1.5 中的 u、i、Φ、e、e_σ 取关联参考方向,由 KVL 得铁心线圈交流电路的电压和电流之间的关系,即

$$u + e + e_\sigma - iR = 0 \tag{11.1.6}$$

式中,u 为铁心线圈上所加的交流电压;iR 为电流通过线圈电阻后所产生的电压降;e_σ 为漏磁电动势,其大小由公式 $e_\sigma = -\dfrac{N d\Phi_\sigma}{dt}$ 而定。因为漏磁通经过的路径绝大部分为非导磁材料所构成,所以励磁电流 i 与 Φ_σ 之间呈线性关系,铁心线圈的漏磁电感 $L_\sigma = \dfrac{N\Phi_\sigma}{i} =$ 常数,所以,$e_\sigma = -\dfrac{N d\Phi_\sigma}{dt} = -\dfrac{L_\sigma di}{dt}$。$e$ 为主磁电动势,由于主磁通通过铁心闭合,所以 i 与 Φ 之间不存在线性关系,铁心线圈的主磁通电感 L 不是一个常数。

主磁电动势 e 的大小通过如下的方法来计算:

设主磁通 $\Phi = \Phi_m \sin\omega t$,则

$$e = -\frac{N d\Phi}{dt} = -\frac{N d(\Phi_m \sin\omega t)}{dt} = -N\omega\Phi_m \cos\omega t$$

$$= 2\pi f N \Phi_m \sin(\omega t - 90°) = E_m \sin(\omega t - 90°) \tag{11.1.7}$$

可见在相位上,e 相对于 Φ 滞后 $90°$;在数值上,e 的有效值为

$$E = \frac{E_m}{\sqrt{2}} = \frac{2\pi f N \Phi_m}{\sqrt{2}} = 4.44 f N \Phi_m \tag{11.1.8}$$

通常,线圈的电阻 R 很小,漏磁通 Φ_σ 也比主磁通 Φ 小得多,故式(11.1.6)可

改写为

$$u = (-e) + (-e_\sigma) + iR \approx -e \qquad (11.1.9)$$

结合式(11.1.8)可得

$$U \approx E = 4.44 f N \Phi_\mathrm{m} \qquad (11.1.10)$$

式中 Φ_m 为铁心中主磁通的幅值。

由式(11.1.10)可知,当交流铁心线圈电路的电源频率 f 和线圈匝数 N 不变时,主磁通 Φ_m 基本上与外加电压 U 成正比关系,U 不变则 Φ_m 基本不变。当 U 一定时,若磁路磁阻发生变化,例如出现空气隙使磁阻增大时,要想保持 Φ_m 不变,根据磁路欧姆定律 $\Phi = \dfrac{NI}{R_\mathrm{m}}$,励磁电流 I 必然增大。在直流磁路中,U 不变,励磁电流 I 不变,磁阻大小的变化将影响磁路中磁通的变化,这是交流磁路和直流磁路的重要区别。

【练习与思考】

11.1.3 交变磁通和恒定磁通通过磁路时所产生的功率损耗有什么不同?为什么?

11.1.4 某交流铁心线圈在维修后线圈匝数减少了 10%(其余参数不变),试分析铁心中的磁通和线圈中的电流变化情况。

11.1.5 将额定频率为 60 Hz 的交流铁心线圈接在 50 Hz 的交流电源上,交流铁心线圈能长期正常工作吗,为什么?

11.1.6 将一个空心线圈先后接到直流电源和交流电源上,然后在该线圈中插入铁心。如果交流电源电压的有效值和直流电源电压相等,在上述四种情况下试比较通过线圈的电流和功率的大小,并说明其理由。

11.2　变压器

变压器是通过电磁感应原理工作的电器。它具有变换电压、变换电流和变换阻抗的功能,在各个领域有着广泛的应用。

变压器的种类很多。按用途不同,变压器可分为电力变压器、电焊变压器、整流变压器、耦合变压器和测量变压器等。按相数的不同变压器又可分为单相变压器和三相变压器等。不同类型的变压器在容量、结构、外形、体积和重量等方面有很大差别,但是它们的基本结构是相同的,主要由铁心和绕组两部分组成。按绕组和铁心之间的结构形式,变压器可分为心式和壳式两种,如图 11.2.1 和图 11.2.2 所示。心式变压器的特点是绕组包围着铁心,其结构简单,一般用于容量较大的场合。壳式变压器的结构特点是铁心包围着绕组,一般用于较小容量的变压器。

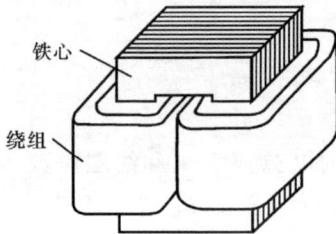

图 11.2.1　心式变压器

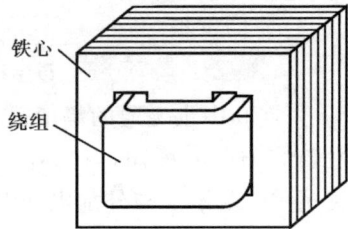

图 11.2.2　壳式变压器

变压器的铁心通常采用表面涂有绝缘漆的硅钢片冲剪、叠制而成。变压器的绕组有一次绕组和二次绕组,与电源(电力网、发电机)联接,吸收电能的绕组称为一次绕组;与负载联接,输出电能的绕组称为二次绕组。一次绕组和二次绕组均可以由一个或几个线圈组成,使用时可根据需要把它们联接成不同的组态。

11.2.1　变压器的工作原理

本节将以单相变压器为例来介绍变压器的工作原理,如图 11.2.3 所示。变压器的一次绕组和二次绕组的匝数分别为 N_1 和 N_2。

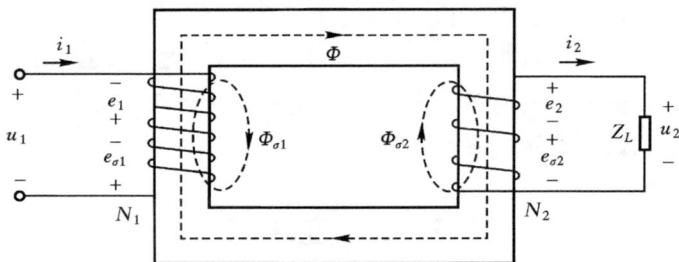

图 11.2.3　变压器的原理图

1. 变压器的空载运行

变压器一次绕组接入交流电源,二次绕组开路的工作状态称为空载运行。当一次绕组接上交流电压 u_1 时就有电流 i_0 通过,并由此产生磁通。i_0 称为励磁电流,也称为空载电流。变压器空载电流一般都很小,约为额定电流的 $3\% \sim 8\%$。这时,二次绕组电流 $i_2 = 0$,其两端电压 u_2 为空载电压,记为 u_{20}。

当变压器空载运行时,除了铁心上多了二次绕组外,实际上就是一个交流铁心线圈电路。主磁通 Φ 与一次、二次绕组相交链并分别产生感应电动势 e_1 和 e_2,漏磁通 $\Phi_{\sigma1}$ 在一次绕组中产生感应电动势 $e_{\sigma1}$。设一次绕组的等效电阻为 R_1,则

变压器一次绕组的电压平衡方程为

$$u_1 + e_1 + e_{\sigma1} - i_0 R_1 = 0 \tag{11.2.1}$$

变压器二次绕组的电压平衡方程为

$$e_2 = u_{20} \tag{11.2.2}$$

由于漏磁通感应电动势 $e_{\sigma1}$ 和一次绕组的等效电阻 R_1 的压降通常比较小,因此式(11.2.1)可近似表示为

$$u_1 \approx -e_1 \tag{11.2.3}$$

由此可知

$$U_1 \approx E_1 = 4.44 f N_1 \Phi_{\mathrm{m}} \tag{11.2.4}$$

$$U_{20} = E_2 = 4.44 f N_2 \Phi_{\mathrm{m}} \tag{11.2.5}$$

于是

$$\frac{U_1}{U_{20}} \approx \frac{E_1}{E_2} = \frac{N_1}{N_2} = K \tag{11.2.6}$$

式中 K 称为变压器的变压比,简称变比。它表明,变压器一次、二次绕组的电压比等于它们的匝数比,当 N_1 和 N_2 具有不同数值时,变压器就可以把某一数值的交流电压变换成同频率的另一数值的交流电压,这就是变压器的电压变换作用。如果 $K>1$,变压器起降压作用,称为降压变压器;如果 $K<1$,变压器起升压作用,称为升压变压器。

必须指出,变压器的的两个绕组之间,在电路上并不相互联接。一次绕组外加交流电压后,依靠两个绕组之间的磁耦合和电磁感应作用,使二次绕组产生交流电压。也就是说一次、二次绕组在电路上是相互隔离的。

2. 变压器的负载运行

变压器的一次绕组接入交流电源,二次绕组接上负载时的工作状态称为负载运行。

变压器接上负载后,在二次绕组就有电流 i_2 产生,所产生的磁动势 $i_2 N_2$ 将产生磁通 Φ_2,磁通 Φ_2 的绝大部分与原磁动势 $i_1 N_1$ 产生的磁通共同作用在同一闭合的磁路上,仅有很少一部分通过二次绕组周围的空间闭合,即漏磁通 $\Phi_{\sigma2}$。二次绕组接上负载后,变压器的一次绕组电流将从空载电流 i_0 增大为 i_1。此时的 u_1、i_1、Φ、e_1、$e_{\sigma1}$、e_2、$e_{\sigma2}$、i_2 的参考方向如图 11.2.3 所示。

由上所述,二次绕组接上负载后,$i_2 N_2$ 也将在铁心中产生磁通 Φ_2。因此,变压器负载时,主磁通 Φ 将由磁动势 $i_1 N_1$ 和 $i_2 N_2$ 共同产生。而空载时,主磁通 Φ 是由磁动势 $i_0 N_1$ 产生的。由于 $U \approx E = 4.44 f N \Phi_{\mathrm{m}}$,即当电源电压 U_1 和频率 f 不

变时，E_1 和 Φ_m 都接近于常数。也就是说，铁心中主磁通的最大值在变压器空载或负载时差不多是恒定的。因此，负载时产生主磁通的合成磁动势 $(i_1 N_1 + i_2 N_2)$ 应该和空载时产生主磁通的磁动势 $i_0 N_1$ 差不多相等，用相量表示，则为

$$\dot{I}_1 N_1 + \dot{I}_2 N_2 = \dot{I}_0 N_1 \qquad (11.2.7)$$

此式称为变压器的磁势平衡方程，它也可以写为

$$\dot{I}_1 N_1 = \dot{I}_0 N_1 + (-\dot{I}_2 N_2)$$

或

$$\dot{I}_1 = \dot{I}_0 + \left(-\frac{N_2}{N_1}\dot{I}_2\right) = \dot{I}_0 + \left(-\frac{1}{K}\dot{I}_2\right) \qquad (11.2.8)$$

式(11.2.8)表明，变压器负载时，一次绕组电流由两部分组成：一部分是产生主磁通 Φ 的励磁分量 $\dot{I}_0$；另一部分是抵消二次绕组电流对主磁通影响的负载分量 $\left(-\frac{N_2}{N_1}\dot{I}_2\right)$。这样，在变压器二次绕组输出功率时，通过二次绕组电流对主磁通的影响使变压器一次绕组内的电流能够自动增加，从而使电源供给变压器的功率供应增加。

如忽略分量 $\dot{I}_0$，得 $\dot{I}_1 = \left(-\frac{N_2}{N_1}\dot{I}_2\right) = -\frac{1}{K}\dot{I}_2$

或

$$I_1 = \frac{N_2}{N_1}I_2 = \frac{1}{K}I_2 \qquad (11.2.9)$$

这就是变压器的电流变换作用。

3. 变压器的阻抗变换作用

变压器的负载阻抗 Z_L 变化时，$\dot{I}_2$ 变化，$\dot{I}_1$ 也随之变化。Z_L 对 $\dot{I}_1$ 的影响可以用一个接于一次绕组的等效阻抗 Z'_L 来代替，如图 11.2.4 所示。为了分析方便，这样的变压器称为理想变压器。理想变压器虽然不存在，但性能良好的铁心变压器的特性与理想变压器是比较接近的。

由图 11.2.4(b)，可得

$$|Z'_L| = \frac{U_1}{I_1}$$

如果图 11.2.4(a)、(b)中的 $\dot{U}_1$、$\dot{I}_1$ 对应相等，则它们互为等效网络，因此

$$|Z'_L| = \frac{U_1}{I_1} = \frac{KU_2}{\frac{1}{K}I_2} = K^2\frac{U_2}{I_2} = K^2|Z_L| \qquad (11.2.10)$$

上式表明，接在变压器二次绕组的阻抗 Z_L 对一次绕组的影响，可以用一个接于一次绕组的等效阻抗 Z'_L 来代替，代替后一次绕组的电压、电流保持不变。Z'_L 称为负载阻抗 Z_L 在一次绕组的等效阻抗。

应用变压器的阻抗变换作用可以实现电路的阻抗匹配，即选择变压器的匝数

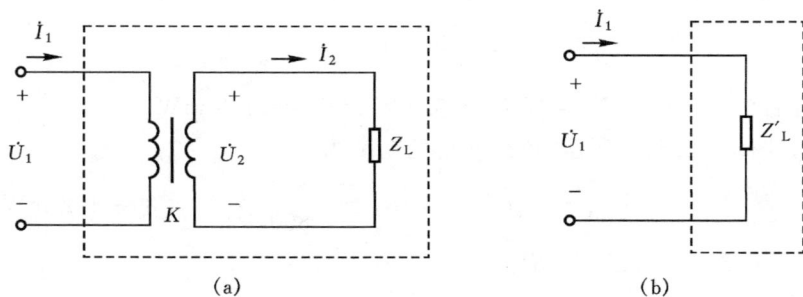

图 11.2.4 变压器的阻抗变换作用

(a)负载阻抗经变压器接电源；(b)等效阻抗

比把负载阻抗变换为电路所需要的合适数值，在电子线路中常常会用到。

【例 11.2.1】已知信号源电压 $U_s = 10$ V，内阻 $R_0 = 800$ Ω，负载电阻 $R_L = 8$ Ω。为使负载获得最大功率，阻抗需要匹配。今在信号源和负载之间接入一变压器，如图 11.2.5(a)所示。试求(1)变压器的变比 K；(2)一次、二次绕组的的电流、电压以及负载获得的功率；(3)若将负载直接接在信号源上，求负载获得的功率？

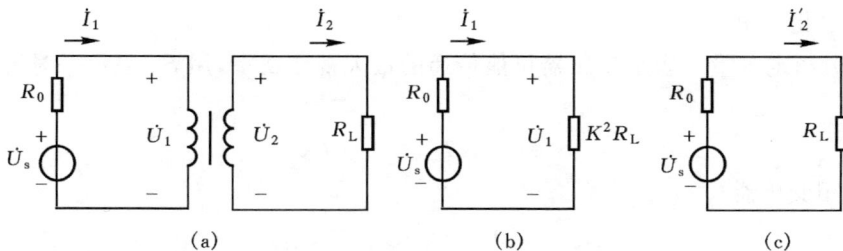

图 11.2.5 例 11.2.1 图

【解】(1)为使电路达到阻抗匹配，变压器的输入阻抗应等于电源内阻，即

$$R_0 = K^2 R_L$$

所以

$$K = \sqrt{\frac{R_0}{R_L}} = \sqrt{\frac{800}{8}} = 10$$

(2)由图 11.2.5(b)得

$$I_1 = \frac{U_s}{R_0 + K^2 R_L} = \frac{10}{800 + 800} = 6.25 \text{ mA}$$

二次绕组电流

$$I_2 = K I_1 = 10 \times 6.25 = 62.5 \text{ mA}$$

一次、二次绕组的电压 $U_1 = I_1 \times K^2 R_L = 6.25 \times 10^{-3} \times 100 \times 8 = 5$ V

$$U_2 = \frac{U_1}{K} = \frac{5}{10} = 0.5 \text{ V}$$

负载获得的功率 $P_2 = U_2 I_2 = 0.5 \times 62.5 = 31.3$ mW

(3)如图 11.2.5(c)所示，负载获得的功率为

$$P'_2 = I'_2 U'_2 = I'^2_2 R_L = \left(\frac{10}{800 + 8}\right)^2 \times 8 \approx 1.2 \text{ mW}$$

可见 $P'_2 \ll P_2$

11.2.2 变压器的额定值和特性

1. 变压器的额定值

变压器在规定的使用环境和运行条件下的主要技术数据称为额定值。额定值通常标在变压器的铭牌上，所以额定值也称为铭牌数据。

(1) 额定电压 U_{1N}/U_{2N} 额定电压 U_{1N} 是指变压器一次绕组应加的电压，U_{2N} 是指变压器输入端为额定电压时二次侧的空载电压。在三相变压器中，额定电压都是指线电压。

(2) 额定电流 I_{1N}/I_{2N} 额定电流指在规定条件下，根据绝缘材料容许的温升所确定的最大允许工作电流。额定电流时的负载称为额定负载。三相变压器的额定电流是指线电流值。

(3) 额定容量 表示变压器可能传递的最大视在功率，用 S_N 表示。对于单相变压器

$$S_N = U_{2N} I_{2N} \approx U_{1N} I_{1N}$$

对于三相变压器

$$S_N = \sqrt{3} U_{2N} I_{2N} \approx \sqrt{3} U_{1N} I_{1N}$$

(4) 额定温升 变压器额定运行时，其内部温度容许超出规定的环境温度（+40℃）的数值。

除了上述项目之外，变压器的额定值还有相数 m（单相或三相）、冷却方式、效率等，它们都标注在变压器的铭牌上。

2. 变压器的外特性

变压器的外特性是指变压器一次绕组电压 U_1 为额定值时，$U_2 = f(I_2)$ 的关系曲线。

变压器负载运行时，二次绕组电路的电压平衡方程式为

$$\dot{U}_2 = \dot{E}_2 + \dot{E}_{\sigma 2} - \dot{I}_2 R_2 = \dot{E}_2 - \dot{I}_2 (R_2 + jX_{\sigma 2}) \quad\quad (11.2.11)$$

可见，当负载变化即二次绕组电流 I_2 变化时，二次绕组的阻抗压降变化，从而会引

起 U_2 的改变。如图 11.2.6 所示,电阻性负载($\cos\varphi_2 = 1$)和感性负载($\cos\varphi_2 < 1$)的外特性是下降的,端电压 U_2 随负载电流 I_2 的增大而降低。

变压器二次绕组电压 U_2 随负载电流 I_2 变化的程度通常用电压调整率或称电压变化率来表示,定义为

$$\Delta U\% = \frac{(U_{20} - U_2)}{U_{20}} \times 100\% \qquad (11.2.12)$$

式中 U_{20} 为二次绕组空载电压,U_2 是二次绕组电流为额定值时的端电压。为了满足不同负载的特性要求,不同用途的变压器希望具有不同的外特性。例如,照明变压器应当有一条较为平直的外特性;但是有些负载则要求变压器具有下垂的外特性,如电焊设备用的变压器。一般电力变压器的电压变化率平均为 $3\% \sim 5\%$。

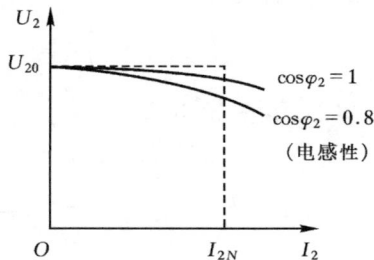

图 11.2.6　变压器的外特性

3. 变压器的损耗和效率

变压器的损耗包括铁损耗 p_{Fe} 和铜损耗 p_{Cu} 两部分。铁损耗是交变的主磁通在铁心中产生的磁滞损耗 p_h 和涡流损耗 p_e 之和,即

$$p_{Fe} = p_h + p_e \qquad (11.2.13)$$

变压器在运行时,虽然它的负载经常在变化,但由于原绕组电压 U_1 和频率 f 都不变,由 $U_1 \approx E_1 = 4.44 N_1 \Phi_m$ 可知,主磁通 Φ_m 基本不变,所以铁损耗也基本上保持不变,因此,铁损耗又称为不变损耗。铜损耗是一次、二次绕组电流流过其绕组时在电阻上产生的损耗之和,即

$$p_{Cu} = p_{Cu1} + p_{Cu2} = I_1^2 R_1 + I_2^2 R_2 \qquad (11.2.14)$$

当负载变化时,铜损耗将发生变化,故铜损耗又称为可变损耗。

变压器的效率是指输出功率 P_2 与输入功率 P_1 的百分比,即

$$\eta = \frac{P_2}{P_1} \times 100\% = \frac{P_2}{P_2 + p_{Fe} + p_{Cu}} \times 100\% \qquad (11.2.15)$$

通常变压器的损耗很小,故效率很高,小功率变压器的效率约为 $70\% \sim 82\%$,一般变压器的效率在 85% 左右,大型变压器的效率可达 $98\% \sim 99\%$。

【例 11.2.2】某单相变压器,额定值为 10 kVA,6 000 V/230 V。满载时铜损耗 $p_{Cu} = 740$ W,铁损耗 $p_{Fe} = 400$ W。负载为荧光灯,每只额定值为 220 V、48 W、$\cos\varphi_2 = 0.51$,满载时二次绕组电压 $U_2 = 220$ V。试求:(1)满载时灯的数目;(2)二次绕组电流和功率;(3)一次绕组电流、功率因数和功率;(4)变压器的效率;(5)变压器的电压变化率?

【解】（1）每只灯的额定电流为

$$I_{dN} = \frac{P_N}{U_N \cos\varphi_2} = \frac{48}{220 \times 0.51} = 0.428 \text{ A}$$

变压器二次绕组电流的额定值为

$$I_2 = I_{2N} = \frac{S_N}{U_{2N}} = \frac{10\ 000}{230} = 43.5 \text{ A}$$

满载时灯的数目为

$$x = \frac{I_{2N}}{I_{dN}} = \frac{43.5}{0.428} = 101.6 \quad \text{取为 101 只}$$

（2）$I_{2N} = 43.5$ A

$$P_2 = x U_N I_{dN} \cos\varphi_2 = 101 \times 220 \times 0.428 \times 0.51 = 4\ 850.2 \text{ W}$$

（3）$I_1 = \dfrac{I_{2N}}{K} = 43.5 \times \dfrac{230}{6\ 000} = 1.67$ A

$$P_1 = P_2 + p_{Fe} + p_{Cu} = 4\ 850.2 + 740 + 400 = 5\ 990.2 \text{ W}$$

$$\cos\varphi_1 = \frac{P_1}{U_1 I_1} = \frac{5\ 990.2}{6\ 000 \times 1.67} = 0.598$$

（4）$\eta = \dfrac{P_2}{P_1} \times 100\% = \dfrac{4\ 850.2}{5\ 990.2} \times 100\% = 80.96\%$

（5）$\Delta U = \dfrac{U_{20} - U_2}{U_{20}} \times 100\% = \dfrac{230 - 220}{230} \times 100\% = 4.55\%$

11.2.3　自耦变压器及仪用互感器

1. 自耦变压器

一、二次共用一个绕组的变压器，称之为自耦变压器，如图 11.2.7 所示。自耦

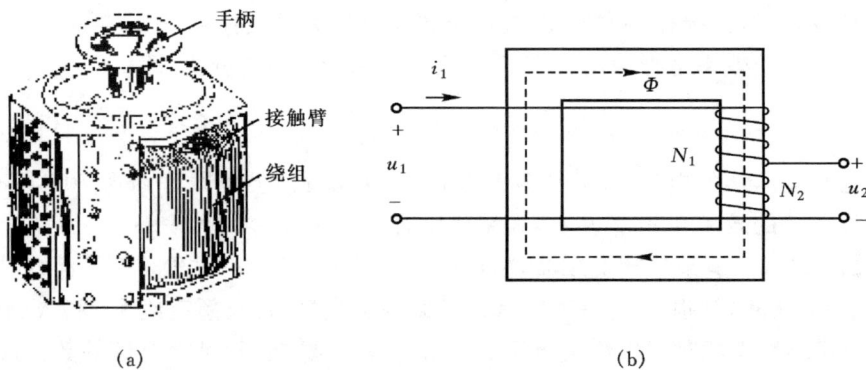

图 11.2.7　自耦变压器

（a）自耦变压器；（b）自耦变压器的原理图

变压器的基本原理与普通双绕组变压器相同。若设自耦变压器的变比为 K，则

$$\frac{U_1}{U_2} \approx \frac{E_1}{E_2} = \frac{N_1}{N_2} = K, \quad \frac{I_1}{I_2} \approx \frac{N_2}{N_1} = \frac{1}{K}$$

自耦变压器由于是单绕组变压器，一次、二次绕组之间既有磁的联系，也有电的联系，这是与普通双绕组变压器不同之处，在使用中要切实注意。自耦变压器仅用于变比不大的情况，一般约为 1.5～2，以免一次、二次绕组共同部分断线，高电压窜入低压电路造成危险。通常在实验室中，为了能平滑地变换电压，经常采用一种电压连续可调的自耦变压器，又称之为自耦调压器。

2. 仪用互感器

与仪表配合进行高电压、大电流测量的专用变压器，称为仪用互感器。采用仪用互感器的目的是：使测量回路、控制回路和继电保护回路与高压电网相隔离，以保护工作人员和仪表设备的安全；在自动控制和继电保护装置中用以提取交流电流和电压信号；扩大仪表量程，测量大电流和高电压；使测量电压和电流的仪表量程标准化。通常电压互感器的二次电压规定为 100 V，电流互感器的二次绕阻电流规定为 5 A 和 1 A。

(1)电压互感器　如图 11.2.8(a)所示，电压互感器的一次绕组并联在待测量的电路上，二次绕组接入的是仪表。它的一次绕组匝数大于二次绕组。由于电压表的内阻抗很大，所以电压互感器的运行情况类似普通变压器的空载运行。

为了正确、安全地使用电压互感器，应注意：互感器的二次绕组的一端、铁心及外壳必须可靠地接地，以防止出现危及量测人员的漏电事故发生。此外，由于互感器的短路阻抗很小，在使用时，要严防二次绕组短路。

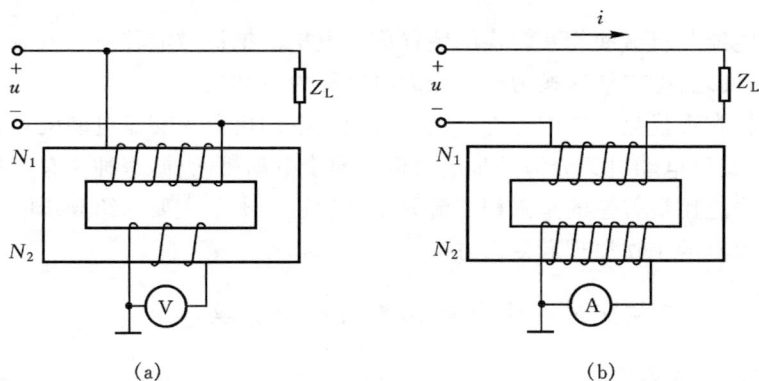

图 11.2.8　仪用互感器

(a)电压互感器；(b)电流互感器

（2）电流互感器　如图 11.2.8（b）所示。电流互感器的一次绕组一般只有一匝或少数几匝，且导线较粗。使用时，其一次绕组和待测电路相串联，二次绕组与电流表或功率表的电流线圈相接，因此电流互感器运行时，相当于变压器的短路工作状态。通常电流互感器的励磁电流 I_0 极小。电流互感器在使用时决不允许二次绕组开路。这是因为电流互感器正常运行时，一、二次绕组的磁动势互相平衡，主磁通很小。二次绕组一旦开路，二次绕组磁动势即为零，而一次绕组电流 I_1 仅由被测负载所决定与二次绕组情况无关。此时，一次绕组的磁动势全部用于励磁，主磁通急剧增加达到饱和状态，因此二次绕组将感应出很高的电压，危及仪表和操作人员的安全。同时，铁损耗剧增，会使互感器过热以致损坏。

【练习与思考】

11.2.1　一台单相变压器的额定容量为 50 kVA，额定电压为 10 kV/230 V，满载时二次绕组电压为 220 V，空载电流为额定电流的 3%。则变压器的一次绕组额定电流、二次绕组额定电流、空载电流和电压调整率各为多少？

11.2.2　有人在修理变压器时为节省材料，将变压器一次、二次绕组的匝数均减少了一半，修理后的变压器能否在修理前变压器的额定电压下正常工作，为什么？

11.2.3　变压器的额定电压为 220/110 V，如果不慎将低压绕组接到 220 V 电源上，试问励磁电流有何变化？后果如何？

11.3　电动机

实现电能与机械能相互转换的装置称为电机。把机械能转换为电能的装置称为发电机，反之，把电能转换为机械能的电机称为电动机。

电动机在现代化生产中有着广泛的应用。电动机分为交流电动机和直流电动机两大类，交流电动机又分为异步电动机和同步电动机两种，每种又有三相和单相之分。其中应用最普遍的是三相交流异步电动机。本节主要介绍异步电动机以及常用控制电机的工作原理和使用方法。

11.3.1　三相交流异步电动机的结构和原理

1. 电动机的结构

三相异步电动机由定子和转子两部分组成，如图 11.3.1 所示。定子是异步电动机固定不动的部分，转子是异步电动机旋转的部分。

三相异步电动机的定子部分主要由定子铁心、定子绕组和机座等组成。机座用铸铁或铸钢浇铸而成。定子铁心由彼此绝缘的硅钢片叠成圆桶形,固定在机座里面。定子铁心硅钢片内壁有间隔均匀的槽,槽内对称嵌放着用绝缘铜导线绕制而成的三相定子绕组。一般中、小容量低电压的异步电机,通常把三相绕组的首、末端 U_1、U_2,V_1、V_2,W_1、W_2 分别引到电动机出线盒的接线柱上,如图 11.3.2(a)所示,在电机外部根据需要把它接成三角形($\triangle$)或星形(Y),分别如图 11.3.2(b)、(c)所示。

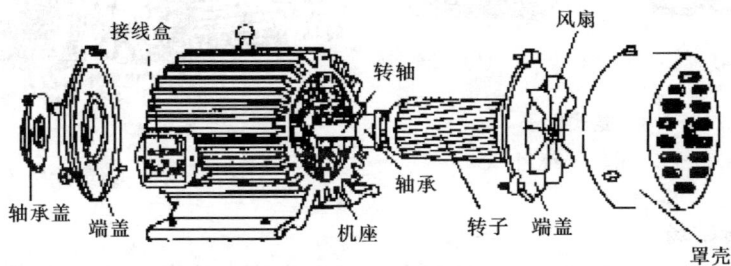

图 11.3.1　三相异步电动机的结构

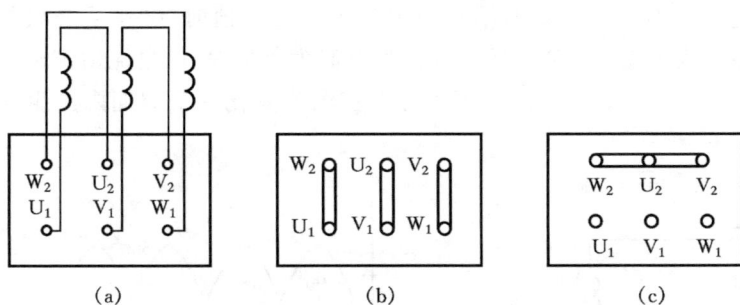

图 11.3.2　三相定子绕组及联接法
(a)三相定子绕组;(b)三角形联结;(c)星形联结

　　三相异步电动机的转子是由转子铁心、转子绕组和转轴组成的。转子铁心也是磁路的一部分,一般由硅钢片叠成,铁心固定在转轴上或是固定在转子支架上。异步电机的转子结构,按绕组形式可分为笼式(又称鼠笼式)和绕线式两种。

　　笼式异步电动机的转子绕组是由嵌放在转子铁心槽内的导条组成的。在转子铁心的两端各有一个导电端环,把所有导条伸出槽外的部分都联接起来,形成了短接的回路。去掉转子铁心时,转子绕组的形状就像一个松鼠笼子,如图 11.3.3 所示。

　　绕线式异步电动机的转子绕组与定子绕组一样也是三相绕组,各相绕组的一端联结成星形,另一端分别与转轴上的三个彼此绝缘的滑环相联接,再用一套电刷引出来,如图 11.3.4 所示,这样可以把外接电阻串连到转子绕组回路里,以达到改善电动机运行特性的目的。

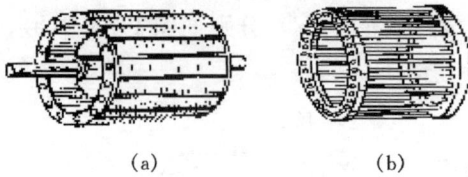

图 11.3.3 笼式转子
(a)转子;(b)转子绕组

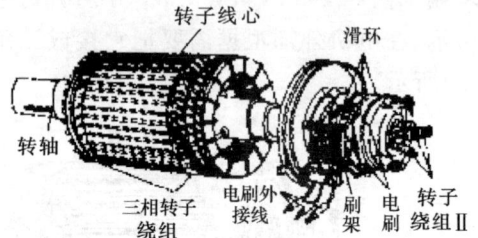

图 11.3.4 绕线式转子

2. 旋转磁场

三相异步电动机的基本工作原理是基于电磁感应的作用,首先分析三相定子绕组接入三相电源后产生旋转磁场的情况。

异步电动机三相对称的定子绕组接成 Y 形后接入三相对称电源,绕组内通过三相对称电流,如图 11.3.5 所示。规定当电流为正值时,电流从绕组的首端 U_1、W_1、V_1 流入,从末端 U_2、W_2、V_2 流出;当电流为负值时,则电流由末端 U_2、W_2、V_2 流入,从首端 U_1、W_1、V_1 流出。下面分析在电流变化一个周期内产生合成磁场的情况。

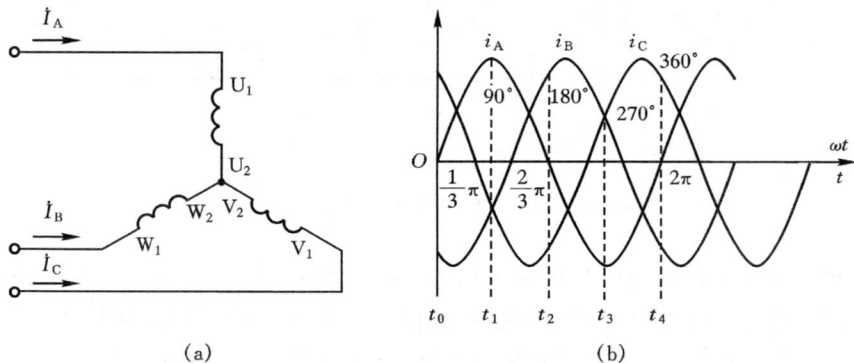

图 11.3.5 三相对称绕组中通入三相对称电流
(a)三相对称绕组;(b)三相对称电流

当 $t=t_0=0$ 时,定子各绕组中电流的方向如图 11.3.6(a)所示。电流 $i_A=0$。i_B 为负值,i_B 从 W_2 端流入(用符号$\otimes$表示)从 W_1 端流出(用符号$\odot$表示)。i_C 为

正值,即自 V_1 流入,从 V_2 流出。绕组中通入电流后,应用右手螺旋定则可知在三个绕组通电后,t_0 时刻所产生的合成磁场形成一对磁极,上端为 S 极,下端为 N 极。

当 $t=t_1$ 时,电流 i_A 为正,$i_B=i_C$ 均为负。i_A 从 U_1 端流入,从 U_2 端流出;i_B 从 W_2 端流入,W_1 端流出;i_C 从 V_2 端流入,V_1 端流出,这时三相绕组的电流所产生的合成磁场仍形成一对磁极,如图 11.3.6(b)所示。但此时的磁极在空间的位置与 $t=0$ 的位置不同,从 $t=0$ 到 $t=t_1$ 这段时间内磁场在电机定子空间转过了一定角度。

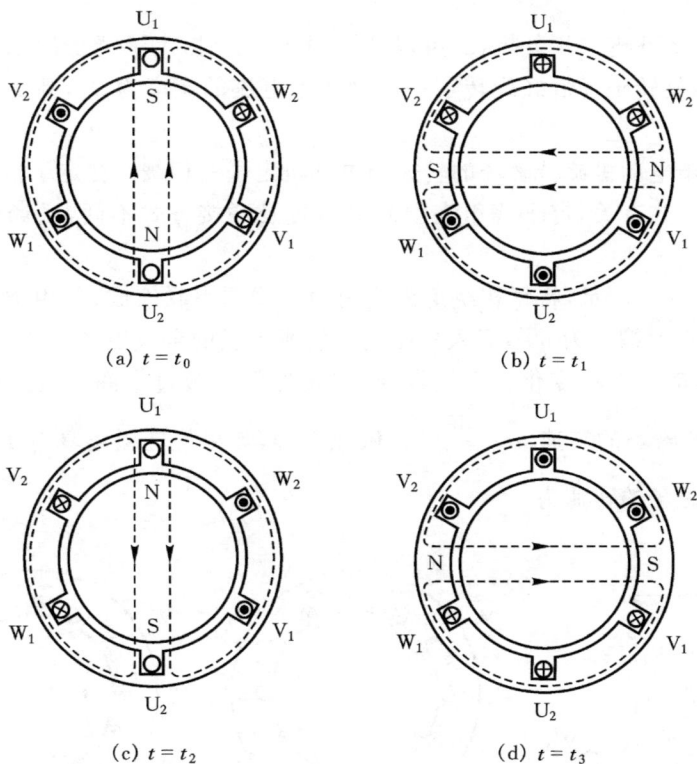

(a) $t=t_0$　　　　　　　　　　(b) $t=t_1$

(c) $t=t_2$　　　　　　　　　　(d) $t=t_3$

图 11.3.6　三相电流产生的旋转磁场(一对磁极)

同理可以做出 $t=t_2$、t_3 时电动机定子空间内合成磁场的情况,如图 11.3.6(c)和 11.3.6(d)所示,注意不同时刻,合成磁场在空间的位置不同。

当 $t=t_4$ 时,从图 11.3.5(b)可知,这时电动机定子绕组中电流的情况与 $t=t_0$ $=0$ 时完全相同,当然定子空间的合成磁场的情况也应与 $t=t_0$ 时相同,如图 11.3.6(a)所示。

由以上分析可知,当异步电动机的定子绕组接入三相电源后,对称三相电流产生的合成磁场是一个旋转磁场,旋转磁场有一对磁极,即磁极对数 $P=1$。

从图 11.3.5 和图 11.3.6 可以看出,旋转磁场是由 U、W、V 三相绕组中通入三相电流 i_A、i_B、i_C 产生的。旋转磁场的旋转方向是逆时针方向,即与通入定子绕组三相电流的相序 $A{\rightarrow}B{\rightarrow}C$ 一致。如果把三相绕组接至电源的三根引线中任意两根对调,例如把 i_B 通入 V 相绕组,把 i_C 通入 W 相绕组,i_A 不变仍通入 U 相绕组。同样按照上述方法分析可以证明,此时旋转磁场的旋转方向将按顺时针方向旋转。可见,三相异步电动机旋转磁场的旋转方向与通入定子绕组三相电流的相序一致。

对图 11.3.6 进一步分析,还可以证明当 $P=1$ 时,定子绕组的三相电流变化一个周期时,旋转磁场恰好旋转了一圈。如果电流的频率为 f_1,则旋转磁场的转速 $n_1=60f_1$。

三相异步电动机旋转磁场的转速与电动机定子三相绕组在定子槽内放置的位置及联接的方式有关,定子绕组在空间的位置及联接方式不同,磁场的转速将不同。

如图 11.3.7 所示,将每相绕组都改用两个线圈串联组成,各相绕组由原来在空间互差 120° 而缩小为 60°,通入三相电流后所形成的合成磁场为 4 极,即磁极对数 $P=2$。这时当电流变化一个周期时,旋转磁场只转过半圈。因此当磁极对数 $P=2$ 时,旋转磁场的转速 $n_1=\dfrac{60f_1}{2}$。依此类推,如果旋转磁场具有 P 对磁极,则电动机旋转磁场的转速为

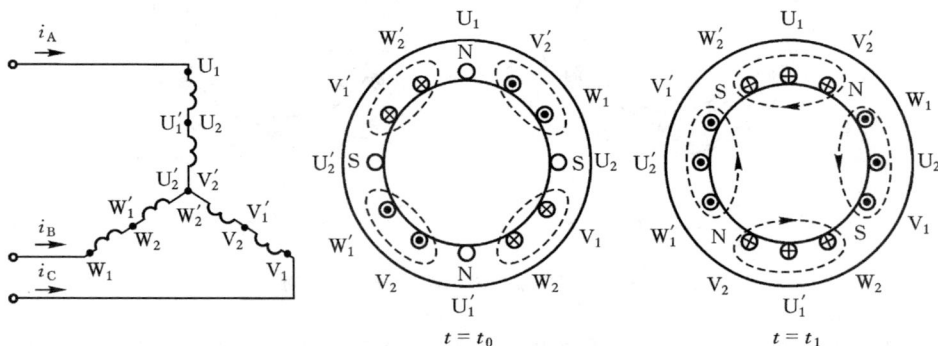

图 11.3.7 三相电流产生的旋转磁场(两对磁极)

$$n_1 = \frac{60f_1}{P} \tag{11.3.1}$$

式中,磁场转速 n_1 又称为同步转速,其单位为 r/min(转/分)。在交流电的频率 $f_1 = 50$ Hz 时,电动机的同步转速 n_1 与磁极对数 P 的关系如表 11.3.1 所示。

表 11.3.1　电动机的同步转速 n_1 与磁极对数 P 的关系

磁极对数 P	1	2	3	4	5	…
同步转速 n_1(r/min)	3 000	1 500	1 000	750	600	…

3. 电动机转动原理

图 11.3.8 是三相异步电动机工作原理示意图。设定子三相绕组中通有三相电流,则定子内部产生了一个方向为逆时针、转速为 n_1 的旋转磁场。若电机的转子原来是静止的(即电机的转速 $n = 0$),则转子导体与旋转磁场间存在着相对运动,因而在转子导体中产生感应电动势,由于转子绕组是闭合的,于是感应电动势在转子导体中产生感应电流,其方向用右手定则确定。另外,载流导体在磁场中也会受到力的作用,其方向可

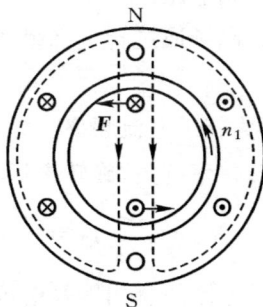

图 11.3.8　三相异步电动机的工作原理

按左手定则确定,如图 11.3.8 中 F 所示。电磁力 F 作用在转子上从而形成电磁转矩,促使转子按旋转磁场的旋转方向转动起来。异步电动机的定子与转子间只有磁的耦合而无电的联系,能量的传递正是依靠这种电磁感应作用的,所以异步电动机亦被称为感应电动机。

虽然电动机的转向(即转子的转向)与旋转磁场的转向一致,那么电动机的转速 n(即转子的转速)与旋转磁场的转速 n_1(即同步转速)有什么关系呢? 在异步电动机中,转子的转速 n 总是略小于同步转速 n_1 的。这是因为,如果两者相等(即 $n = n_1$),则转子与旋转磁场之间就不存在相对运动,转子导体中便不会产生感应电动势和电流,也就不存在电磁转矩,转子也就失去了转动的动力。故 n 与 n_1 必须有差别,这就是异步电动机名称的由来。为了衡量电动机转速 n 与同步转速 n_1 相差的程度,引入转差率 s,即

$$s = \frac{n_1 - n}{n_1} \tag{11.3.2}$$

转差率 s 是分析异步电动机运行特性时的一个重要参数。例如,电动机还没有转动起来时 $n = 0$,这时 $s = 1$,一般异步电动机在额定负载下的转差率 s 在 $0.01 \sim 0.06$ 之间,特殊的高转差率电动机的转差率可以在 0.07 以上。

以上分析说明,异步电动机的定子绕组和转子绕组之间能量的传递依靠电磁

感应作用,这与变压器的电磁关系类似。从电磁关系看,异步电机的定子绕组相当于变压器的一次绕组,而转子绕组则相当于二次绕组。因此,当电动机的定子绕组通入三相交流电流时,定子电流产生旋转磁场,其磁通通过定子和转子铁心而闭合。同样,在电动机的定子绕组和转子绕组中会产生感应电动势。

在异步电动机中,旋转磁场切割定子绕组产生的感应电动势为

$$E_1 = 4.44 f_1 N_1 \Phi_m \approx U_1 \tag{11.3.3}$$

式中 Φ_m 为旋转磁场每极磁通,f_1 为定子每相绕组中感应电动势的频率,U_1 为定子绕组的相电压。

旋转磁场通过转子绕组产生的感应电动势为

$$E_2 = 4.44 f_2 N_2 \Phi_m \tag{11.3.4}$$

式中 f_2 为转子电流频率。异步电动机中转子与定子是相对运动的,所以转子电流频率与转差率有关,旋转磁场是以转差 $\Delta n = (n_1 - n)$ 的速度切割转子绕组,所以

$$f_2 = \frac{P(n_1 - n)}{60} = \frac{n_1 - n}{n_1} \times \frac{P n_1}{60} = s f_1 \tag{11.3.5}$$

由于转子电路的每相等效电抗为

$$X_2 = 2\pi f_2 L_2 = 2\pi s f_1 L_2 \tag{11.3.6}$$

于是可得转子绕组中的电流和转子电路的功率因数分别为

$$I_2 = \frac{E_2}{\sqrt{R_2^2 + X_2^2}} = \frac{s E_{20}}{\sqrt{R_2^2 + (s X_{20})^2}} \tag{11.3.7}$$

$$\cos\varphi_2 = \frac{R_2}{\sqrt{R_2^2 + X_2^2}} = \frac{R_2}{\sqrt{R_2^2 + (s X_{20})^2}} \tag{11.3.8}$$

式中 X_{20} 为转子静止时的等效电抗,$E_{20} = 4.44 N_2 f_1 \Phi_m$ 是转子静止时转子绕组的感应电动势。可见,异步电动机转子电路的有关参数,如 X_2、E_2、I_2、$\cos\varphi_2$ 都与转差率 s 有关,即与转速 n 有关。这是学习异步电动机时所应注意的一个特点。

【练习与思考】

11.3.1 三相异步电动机中的旋转磁场是怎样产生的?其转向取决于什么?在电源频率一定时,磁极数增加,旋转磁场的转速如何变化?

11.3.2 为什么三相异步电动机的转速小于同步速?能否两者相等?

11.3.3 三相异步电动机在正常运行时,如果电源电压下降,电动机的定子电流 I_1 和转速如何变化?

11.3.4 某人在修理三相异步电动机时把转子抽掉,而在定子绕组上加三相额定电压,这会产生什么后果?为什么?

11.3.2　三相异步电动机的电磁转矩和机械特性

1. 电磁转矩

所谓三相异步电动机的电磁转矩,是指转子中各个载流导体在旋转磁场的作用下受到的电磁力对于转轴所形成的转矩之和,它是由转子电流和旋转磁场相互作用而产生的,可以证明,电磁转矩 T 为

$$T = C_\mathrm{T} \Phi_\mathrm{m} I_2 \cos\varphi_2 \tag{11.3.9}$$

将式(11.3.3)、(11.3.7)、(11.3.8)代入式(11.3.9),整理后得

$$T = K_\mathrm{T} \frac{sR_2 U_1^2}{R_2^2 + (sX_{20})^2} \tag{11.3.10}$$

式中 K_T 为常数,R_2 为电动机转子电路每相绕组的电阻,X_{20} 为电动机转子静止时的等效电抗,U_1 为定子绕组的相电压。由式(11.3.10)可知,电磁转矩 $T \propto U_1^2$,所以电源电压的波动对异步电动机的影响很大。

2. 机械特性

三相异步电动机的电磁转矩 T 与转差率 s 的关系可用图 11.3.9 所示的曲线表示,即转矩特性曲线 $T = f(s)$,n 与 T 的关系称之为机械特性,如图 11.3.10 所示。

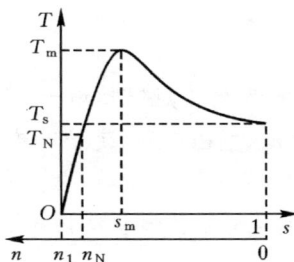

图 11.3.9　三相异步电动机的
$T = f(s)$ 曲线

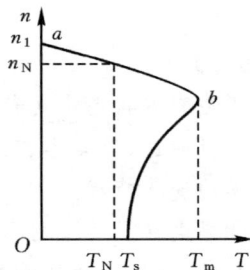

图 11.3.10　三相异步电动机的
$n = f(T)$ 曲线

依据三相异步电动机的转矩特性和机械特性,主要分析以下几个主要的转矩特点。

(1)额定转矩 T_N　电动机在额定电压下,输出功率达到额定值时的转矩称为额定转矩。运行时,电动机的电磁转矩 T 与负载转矩 T_2 和损耗转矩 T_0 相平衡,即有

$$T = T_2 + T_0$$

由于 T_0 较小,将其忽略,则

$$T = T_2 + T_0 \approx T_2 = \frac{P_2}{2\pi n/60}$$

式中 P_2 为电动机的输出功率,单位为 W,n 为电动机的转速,单位为 r/min,T 为转矩,单位为 N·m。如果功率以 kW 计,则电磁转矩的数学表达式为

$$T_N = 9550 \frac{P_{2N}}{n_N} \tag{11.3.11}$$

式中 T_N、P_{2N}、n_N 依次称为电动机的额定转距、额定功率和额定转速。

(2)最大转矩 T_m 最大转矩是电动机转距的最大值。在电动机的技术数据中给出最大转矩 T_m 与额定转矩 T_N 的比值,将其定义为 λ,即

$$\lambda = T_m/T_N \tag{11.3.12}$$

λ 称为电动机的过载系数,通常为 1.8~2.5。

由(11.3.12)可知,电动机的额定转矩 T_N 不能太接近最大转矩 T_m,否则可能出现不正常运行。例如,当电动机在额定负载下工作,电源电压 U_1 下降时,T_m 有可能小于 T_N,电动机就会因带不动负载而造成停车,发生电流增大,电动机发热甚至烧坏的现象,这是应该避免的。

(3)启动转矩 T_s 电动机刚启动($n=0,s=1$)时的转矩称为启动转矩。只有当电动机的启动转矩 T_s 大于负载转矩时,电动机才能启动。

【练习与思考】

11.3.5   当在额定状态下运行的三相异步电动机的负载转矩突然增大时,试分析电机转速、转差率、转子感应电势、转子电流、电磁转距、定子电流、输入功率的变化情况。

11.3.6   如果电动机的三角形联结误接成星形联结,或者星形联结误接成三角形联结,分析上述两种情况的后果,并说明原因。

11.3.7   当三相异步电动机在某一恒定的负载转矩下运行时,如果电源电压降低,电动机的转矩、电流和转速是否变化? 如何变化?

11.3.3   三相异步电动机的使用

三相异步电动机的使用主要包括启动和调速等方面,而了解异步电动机的铭牌和额定值则是正确使用的前提。

1. 铭牌和额定值

电动机的额定数据都标记在其外壳的铭牌上,如表 11.3.2 所示,以某台 Y 系列电动机为例说明电动机铭牌的意义。

(1)额定功率 在额定运行情况下,电动机轴上输出的机械功率。

(2)额定电压 在额定运行状态下定子绕组应加的线电压。额定电压与定子绕组的联结方式有对应的关系。Y 系列中小型三相异步电动机,额定功率在 3 kW 以上的,其额定电压为 380 V,绕组为△联结;额定功率在 3 kW 以下的,其额定电压为 380/220 V,绕组为 Y/△联结,它表示:电源电压为 380 V 时,为星形联结;电源电压为 220 V 时,则为三角形联结。

(3)额定电流 电动机在额定运行状态下,定子绕组中的线电流,也就是电动机在长期运行时所允许的定子线电流。如果定子绕组有两种联结方式,则铭牌上标出两种额定电流。例如:380/220 V,Y/△,6.48/11.2 A。

(4)额定转速 n_N 电动机在额定运行时的转速。国产异步电动机的额定转速略小于同步转速,其额定转差率 s_N 一般在 0.01~0.06 之间。因此,依据电动机的额定转速 n_N,即可确定其同步转速和极对数。例如:$n_N = 2\ 900$ r/min,则 $n_1 = 3\ 000$ r/min,$P=1$。

表 11.3.2

三相异步电动机					
型号:	Y132S2—2	功率:	7.5 kW	频率:	50 Hz
电压:	380 V	电流:	15.0 A	接法:	△
转速:	2 900 r/min	绝缘等级:	B 级	工作方式:	连续
噪声:	LW82 dB	防护等级:	P44	重量:	××公斤
				出厂年月	××××年××月

(5)额定频率 f_N 电动机额定运行时,定子绕组所加交流电源的频率。我国工业交流电的额定频率 $f_N = 50$ Hz。

(6)额定功率因数 $\cos\varphi_N$ 电动机在额定运行时定子电路的功率因数,其中 φ_N 为定子相电流与相电压之间的相位差。

(7)额定效率 η_N 电动机在额定运行情况下,电动机轴上输出的功率 P_2 与输入功率 P_1(电动机从电源获得的功率)之比。可根据下式计算

$$\eta_N = \frac{P_{2N}}{\sqrt{3}U_N I_N \cos\varphi_N} \times 100\% \tag{11.3.13}$$

2. 三相异步电动机的启动

异步电动机接通电源后,转速由 $n=0$ 上升到稳定值的过程称为启动过程。启动瞬间,由于 $n=0$,$s=1$,所以旋转磁场和静止转子间的相对转速很大,因此,转子中的感应电动势很大,转子电流也就很大。定子从电源吸取的电流随着转子电流

的增大而增大。启动时的定子电流称为启动电流 I_s。当电动机在额定电压的情况下启动时,称为直接启动。直接启动时的启动电流 I_s 约为额定电流 I_N 的 5～7 倍。

　　通常情况下,由于异步电动机的启动时间短暂,只要不是频繁启动的电动机,不会因启动电动机过热。但是过大的启动电流在短时间内会在线路上造成较大的电压降落,从而影响同一线路上其他负载的正常工作。为了降低启动电流,通常采用以下几种启动方法。

　　(1)Y-△降压启动　这种方法适用于正常运行时定子绕组为三角形联结的鼠笼式异步电动机。如图 11.3.11 所示,启动时定子绕组 Y 联结,启动后换成△联结,电路的换接由开关 S_2 完成,而 S_1 用来断开电源。由图可知,当电动机定子绕组接成 Y 启动时,定子绕组上所加的电压只有它的额定电压的 $1/\sqrt{3}$,即电动机降压启动。当电动机达到一定转速后,定子绕组再由 Y 换接成△,使电动机在额定电压下正常运行。

　　采用 Y-△降压启动的方式,可以证明,电动机的启动电流是直接启动时的 $\dfrac{1}{3}$,确实降低了启动电流。但依据式(11.3.10)启动转矩与电压的平方成正比,所以降压启动时转矩也会相应地降低,因此降压启动只适用于轻载或空载的情况。

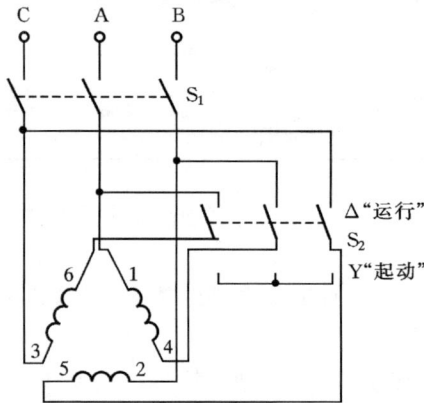

图 11.3.11　Y-△启动电路

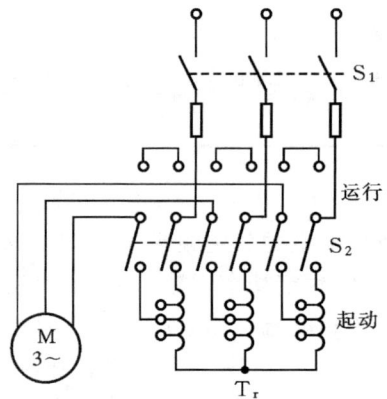

图 11.3.12　自耦变压器降压启动

　　(2)自耦变压器降压启动　这种方法适用于正常运行时定子绕组联结成星形,也适用于联结成三角形的电动机。如图 11.3.12 所示,启动时先合上开关 S_1,开关 S_2 投向"启动"位置,电动机的定子绕组通过自耦变压器接到三相电源上,属降压启动。当转速上升到一定程度后,开关 S_2 投向"运行"位置,自耦变压器被切除,电动机改接至电源,进入全压运行。

需要指出，采用自耦变压器降压启动时，与直接启动相比较，电压降低到 $\dfrac{N_2}{N_1}$ 倍时，启动电流与启动转矩降低到 $\left(\dfrac{N_2}{N_1}\right)^2$ 倍。实际上启动用的自耦变压器，备有几个抽头供选用，可以根据对启动转矩的不同要求选用不同的输出电压。自耦变压器降压启动在较大容量鼠笼异步电动机上广泛采用。其缺点是自耦变压器体积大、价钱高，不能带重负载启动。

（3）绕线式异步电动机的启动方法　绕线式异步电动机可以采用在转子回路中串电阻的启动方法。这样既可以限制启动电流，同时又增大了启动转矩。启动结束后，可以切除外串电阻，电动机的效率不受影响。绕线式三相异步电动机通常应用在重载和频繁启动的生产机械上。

3. 三相异步电动机的调速

电动机的调速是指根据拖动对象的需要，在同一负载转矩下，人为地调节电动机的转速。根据转差率的定义，异步电动机的转速为

$$n = (1-s)\frac{60 f_1}{P} \tag{11.3.14}$$

因此异步电动机有三种基本调速方式：即改变极对数 P；改变供电电源频率 f_1 和调节转差率 s。通常对于笼型异步电动机采用前两种调速方法，而绕线式电机则常采用调节转差率的方法。

（1）变极对数调速　根据异步电动机的结构和原理，其同步转速 n_1 与磁极对数 P 成反比。因此，笼型多速异步电动机的定子绕组是特殊设计和制造的，可以通过改变定子绕组的外部联结方式，来改变磁极对数，从而实现变极调速。这种调速方法，电动机的转速只能整数倍变化，属于有级调速。通常有双速、三速和四速等多种不同额定转速的电动机。

（2）变频调速　变频调速是通过改变异步电动机的电源频率 f_1，来改变电动机的同步转速 n_1 而实现调速。由式（11.3.14）可知，当连续改变电源频率 f_1 时，异步电动机的转速可以平滑地调节，它是一种无级调速方法。在异步电动机的诸多调速方法中，变频调速的性能最好，具有调速范围宽、稳定性好和运行效率高等特点。变频调速是通过频率可调的专用变频器实现的。随着电子变频技术的迅速发展，目前这种调速方法已日趋成熟并得到广泛的应用。

（3）变转差率调速　如前所述，绕线式异步电动机转子电路中串入电阻，可以改变电动机的机械特性，从而实现调速的目的。转子电路中串入电阻的阻值越大，转速越低。这种调速方法比较简单、投资少，但因调速电阻消耗电能而使运行效率降低。变转差率调速广泛应用于起重设备中。

【练习与思考】

11.3.8　三相异步电动机在空载和满载时的启动电流是否相同？启动转距又如何？

11.3.9　一台 380 V、△接法的三相异步电动机能否采用 Y-△启动？为什么？

11.3.4　单相异步电动机

单相异步电动机只需要单相电源供电,使用方便,广泛应用于工业和人民生活的各个方面,尤以家用电器、电动工具、医疗器械等使用较多。

单相异步电动机的定子绕组为单相绕组,转子为笼型绕组。当单相定了绕组中通入单相交流电时,将在定子内产生一个大小按正弦规律变化,但在空间位置上固定的脉动磁场,如图 11.3.13 中虚线所示,磁场轴线与定子绕组轴线重合。设脉动磁场的磁感应强度 $B=B_m\sin\omega t$,如图 11.3.14(a)所示。上述脉动磁场可以分解为两个旋转磁场 $\boldsymbol{B}_1$ 和 $\boldsymbol{B}_2$,$\boldsymbol{B}_1$、$\boldsymbol{B}_2$ 大小相等,幅值均为 $\dfrac{1}{2}B_m$,且两者的转速相同,但旋转方向相反,

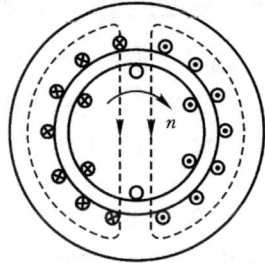

图 11.3.13　单相异步电动机的磁场

如图 10.3.14(b)所示。由图可见,在任何瞬时,$\boldsymbol{B}=\boldsymbol{B}_1+\boldsymbol{B}_2$ 均成立。

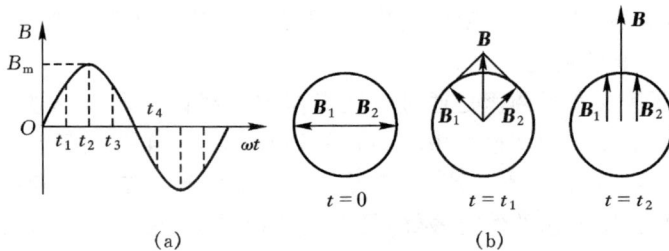

图 11.3.14　脉动磁场的分解

(a)脉动磁场；(b)脉动磁场分解

由三相异步电动机转动原理可知,两个旋转磁场将同时在转子上产生电磁转矩 T' 和 T'',由于 $\boldsymbol{B}_1$ 与 $\boldsymbol{B}_2$ 旋转方向相反,因此,T' 和 T'' 对转子的转矩方向也是相反的,如图 11.3.15 所示。由图可知,当转速 $n=0$ 时,电磁转矩 $T=0$,即无启动转

矩,电机不能够启动。如果此时采取措施,设法使电动机转起来,则合成转矩不再为零,电动机将沿着启动时的方向旋转,直至达到稳定。

从上述分析可知,单相异步电动机的关键问题是解决启动转矩的问题。目前常用的方法有以下两种。

1. 电容分相法

电容分相单相异步电动机是在定子嵌放两个绕组,如图 11.3.16 所示,其副绕组回路串联电容器和离心启动开关 S,然后再和主绕组并联到同一单相电源上。电容器的作用是使副绕组回路的阻抗呈容性。选择合适的电容,可以使两个绕组中的电流 $\dot{I}_a$、$\dot{I}_m$ 在相位上近似相差 90°,即单相电流变为两相电流。分析表明,当具有 90° 相位差的两个电流通过空间位置相差 90° 的两相绕组时,产生的合成磁场为旋转磁场。笼型转子在此旋转磁场作用下能够产生电磁转矩而旋转。当转速升高到一定数值时,开关 S 因离心力的作用而脱开,将副绕组和电容的电路与电源断开,只有主绕组工作,电动机将在脉动磁场的作用下稳定运行。

2. 罩极法

罩极式电动机的结构分为凸极式和隐极式两种,原理完全一样,只是凸极式结构更为简单一些,如图 11.3.17 所示,其转子仍然是普通的笼型转子,但其定子都有凸起的磁极,在每个磁极上有集中绕组,即为主绕组。极面的一边约 $\frac{1}{3}$ 处开有小槽,经小槽放置一个闭合的铜环 K(短路环),把磁极的

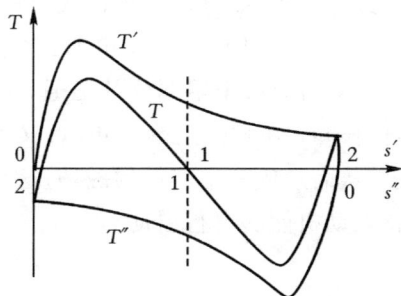

图 11.3.15　单相异步电动机的机械特性

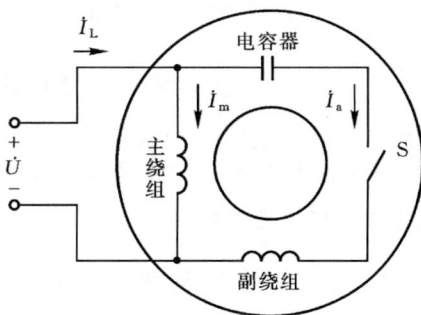

图 11.3.16　电容分相法

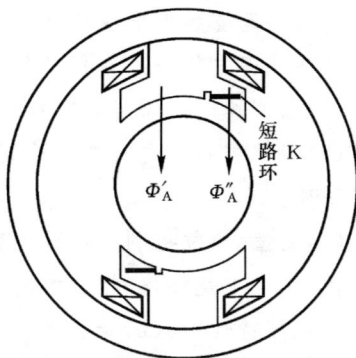

图 11.3.17　罩极式电动机

小部分罩起来,故称之为罩极式异步电动机。

当定子绕组通入交流电时,产生交变的磁通 $\dot{\Phi}_A$,它包含两部分磁通 $\dot{\Phi}'_A$ 和 $\dot{\Phi}''_A$。$\dot{\Phi}'_A$ 为通过未罩部分的磁通,$\dot{\Phi}''_A$ 为通过被罩部分的磁通。由于短路环的作用,使得 $\dot{\Phi}''_A$ 在相位上落后 $\dot{\Phi}'_A$。又由于磁通 $\dot{\Phi}'_A$ 与 $\dot{\Phi}''_A$ 在空间位置上也相差一定角度,从而形成一个移动的磁场,这个移动的磁场将在转子上产生电磁转矩,从而使得电动机能够自行启动。

【练习与思考】

11.3.10 单相异步电动机为何不能自行启动?一般采用哪些启动方法?

11.3.11 三相异步电动机若在启动时断了一根线,它能否启动?若在运行中发生一相断线,又有何影响?

*11.4　控制电机

控制电机的主要作用是转换和传递控制信号,其种类繁多,本节仅介绍交流伺服电动机和步进电动机。

11.4.1　交流伺服电动机

交流伺服电动机是两相异步电动机,它的定子上有空间相差 90° 电角度的两相分布绕组,一相为励磁绕组 f,一相为控制绕组 K。电动机工作时,励磁绕组 f 接单相交流电压 $\dot{U}_f$,控制绕组 K 接控制信号电压 $\dot{U}_K$,$\dot{U}_f$ 与 $\dot{U}_K$ 二者同频率。交流伺服电动机实际上是两相电机的不对称运行,电机中存在着旋转磁场和反向旋转磁场。只要改变控制电压的大小或相位,就可以改变两个旋转磁场之间的比值,以达到最终改变电机合成转矩及转速的目的。具体控制方式有以下三种。

(1)幅值控制　通过调节控制电压的大小来改变电机的转速。

(2)相位控制　通过调节控制电压的相位来改变电机的转速,控制电压的幅值保持不变。

(3)幅值-相位控制　同时改变控制电压的大小和相位来进行控制。

图 11.4.1 是幅值-相位控制时交流伺服电动机的特性,图(a)是在不同控制电压下的机械特性;图(b)是在不同转矩下,控制电压 U_K 与转速 n 的关系,即调节特性。由图可见,在一定负载转矩下,控制电压愈高,则转速也愈高;在一定控制电压下,负载增加,转速下降。

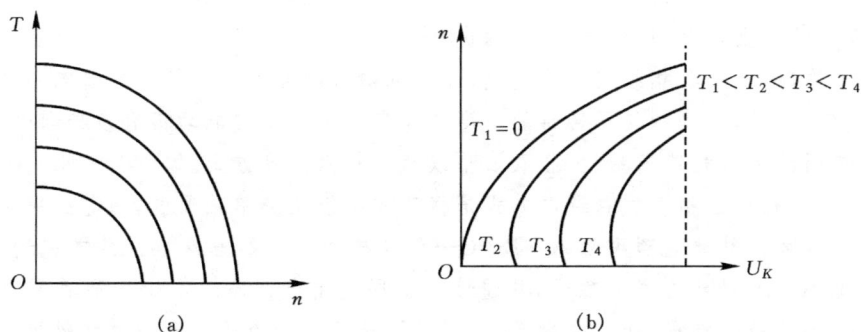

图 11.4.1　两相交流伺服电动机的特性
(a)机械特性；(b)调节特性

11.4.2　步进电动机

步进电动机是一种用电脉冲信号进行控制,并将其转换成相应的角位移或线位移的控制电机。它由专用电源供给电脉冲,每输入一个脉冲,电动机就移动一步,故称之为步进电动机。步进电动机具有定位精度高、反应速度快、结构简单等特点,很适合数字控制系统的要求。因此广泛应用于数控机床、计算机外围设备、自动化仪器仪表中作为执行元件。

步进电动机种类繁多,按其运动形式可分为旋转式步进电动机和直线步进电动机两大类。按激磁方式又可分为反应式、永磁式和感应式。其中反应式步进电动机应用比较普遍,结构也比较简单。图11.4.2是反应式步进电动机的典型结构图,这是一台四相的电机。定子铁心由硅钢片叠成,定子上有 8 个磁极(大齿),每个磁极上又有许多小齿,四相反应式步进电动机有 4 套定子控制(激磁)绕组,对称绕在径向相对的两个磁极上的 1 套绕组为一相。转子也是由叠片铁心构成的,沿圆周也有很多小齿。

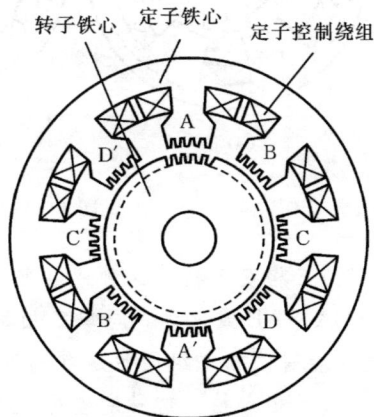

图 11.4.2　四相反应式步进电动机的结构

现以三相反应式步进电动机为例来说明其工作原理。图 11.4.3 是一台三相反应式步进电动机的结构和原理图。定子上有 6 个磁极,不带小齿,磁极上绕有励磁绕组,每两个相对的磁极组成一相。步进电动机转子上没有绕组,为了分析方便,假定转子上具有四个均匀分布的齿。

工作时,定子各相绕组轮流通电,即轮流输入脉冲电压。从一次通电到另一次通电称为一拍,每一拍转子转过的角度称为步距角。步进电动机有多种通电方式,比较常用的有三相单三拍、三相双三拍以及三相六拍等方式。

(1)三相单三拍　这种通电方式是将三相绕组轮流单独通电,通电三次完成一个通电循环。其通电顺序为 A→B→C→A 或相反。例如当 A 相绕组首先通电,电机产生 A-A′轴线方式的磁通,并通过转子形成闭合回路。由于磁通具有力图走磁阻最小路径的特点,所以在磁场的作用下,转子总是力图转到使磁路磁阻最小的位置,从而使转子齿 1 和齿 3 的轴线与定子 A 相绕组的轴线 A-A′ 对齐,如图 11.4.3(a)所示。接着 B 相通电,转子便按逆时针方向转过 30°,使转子齿 2 和齿 4 的轴线与定子 B 极轴线对齐,如图 11.4.3(b)所示。随后 C 相通电,转子又逆时针转过 30°,如图 11.4.3(c)所示,使转子齿 1 和齿 3 的轴线与 C 相绕组轴线对齐,如此不断接通和断开控制绕组,转子就会一步一步地按逆时针方向连续转动。

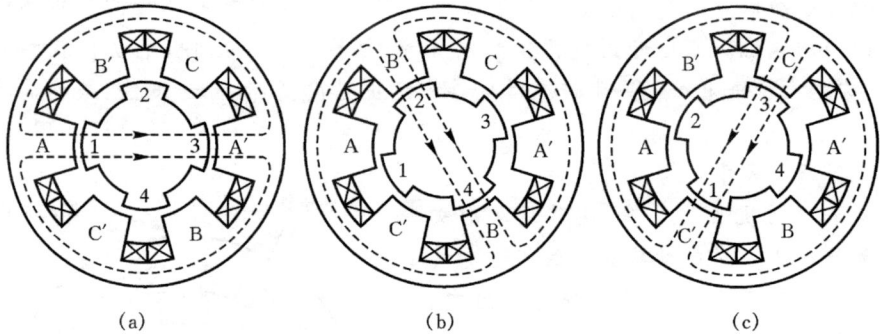

(a)　　　　　　　　　　(b)　　　　　　　　　　(c)

图 11.4.3　三相单三拍通电方式

(2)三相双三拍　这种通电方式是每次给两相绕组通电,其通电顺序为 AB→BC→CA→AB 或反之。与单三拍运行时一样,每一循环也是换接 3 次,不同的是每次换接有两相绕组同时通电。步距角仍是 30°。

(3)三相六拍　这种通电方式的顺序是 A→AB→B→BC→C→CA→A 或反之。通电 6 次完成一个通电循环,步距角为 15°。

由上述可知,无论采用何种通电方式,步距角 θ 与转子齿数 Z 和拍数 N 之间的关系为

$$\theta = \frac{360°}{ZN} \tag{11.4.1}$$

如果步距角 θ 的单位是度,脉冲频率 f 的单位是 Hz,则步进电动机每分钟的转速 n 为

$$n = \frac{\theta f}{360°} \times 60 = \frac{60f}{ZN}(r/\min) \tag{11.4.2}$$

可见,步进电动机的转速与脉冲频率成正比。

为了提高步进电动机的控制精度,通常采用较小的步距角,例如 $3°$、$1.5°$、$0.75°$ 等。此时需将转子做成多极式的,并在定子磁极上制作许多相应的小齿。

步进电动机的输入脉冲电压是由专门的驱动电源提供,它可以按照指令的要求将脉冲信号按一定的顺序输送给步进电动机的各相绕组,使其按一定的通电方式工作。

本章小结

1. 在电气设备中,为了得到较强的磁场,常采用铁磁材料制成一定形状的铁心,使磁场集中分布于由铁心构成的闭合路径内,形成磁路。磁性材料的主要性能是高导磁性、磁饱和性和磁滞特性。磁路欧姆定律是磁路的基本定律,它描述了磁通、磁动势和磁阻之间的关系。磁性材料的导磁率不是常数,使得电磁设备的磁路呈非线性,即其 B 与 H 或 Φ 与 I 关系为非线性关系。

2. 铁心线圈根据电源的不同,分为直流铁心线圈和交流铁心线圈,它们具有不同的工作特性。直流铁心线圈电流恒定,且 $I = \dfrac{U}{R}$,磁路具有恒磁动势特性。交流铁心线圈的磁通与电源电压之间的关系为 $U \approx E = 4.44fN\Phi_m$,磁路具有恒磁通特性,功率损耗包含铜损和铁损两部分,铁损是由磁滞和涡流引起的。

3. 变压器是利用电磁感应原理传输电能或信号的静止设备。变压器具有变换电压、变换电流和变换阻抗的作用,即

$$\frac{U_1}{U_2} \approx \frac{N_1}{N_2} = K, \quad \frac{I_1}{I_2} \approx \frac{N_2}{N_1} = \frac{1}{K}, \quad Z'_L = \left(\frac{N_1}{N_2}\right)^2 Z_L = K^2 Z_L$$

单相变压器的效率为 $\eta = \dfrac{P_2}{P_1} \times 100\% = \dfrac{P_2}{P_2 + p_{Fe} + p_{Cu}} \times 100\%$。

4. 三相异步电动机的基本结构主要由定子和转子两部分组成。根据转子绕组结构的不同分为笼式和绕线式两种类型。

异步电动机定子三相对称绕组通入三相对称电流,便产生旋转磁场。其转向取决于三相绕组中电流的相序。旋转磁场的转速(即同步转速)为 $n_1 = \dfrac{60f_1}{P}$。转子的转速 n 略小于 n_1,它们之间的关系用转差率表示,即为 $s = \dfrac{n_1 - n}{n_1}$。

5. 三相异步电动机的电磁转矩是很重要的物理量,其关系式为 $T=K_T \dfrac{sR_2U_1^2}{R_2^2+(sX_{20})^2}$。可见,异步电动机对于电网电压的波动十分敏感。当 U_1 和 R_2 为定值时,T 和 s 的关系曲线 $T=f(s)$,或转速 n 和转矩 T 的关系曲线 $n=f(T)$,称为三相异步电动机的机械特性,该特性是分析异步电动机运行性能的基础。

6. 三相异步电动机的使用包括正确理解铭牌数据和额定值的意义,异步电动机的启动和调速等问题。

鼠笼式异步电动机的启动分直接启动和降压启动两种方式。直接启动是最简单易行的启动方式,但启动电流大,启动转矩并不大。为了减少对供电线路的影响,功率较大或频繁启动的笼式异步电动机应采用降压启动方法,如自耦变压器降压启动、Y-△换接启动等。绕线式电动机则在转子绕组中串接启动电阻启动,这样既可以限制启动电流,又可以增大启动转矩,因此在不能轻载启动的场合要选用绕线式电动机。

鼠笼式电动机的调速方法有改变电源频率(变频)和改变电动机极对数(变极)两种;绕线式电动机可采用改变转差率的方法调速。

7. 单相异步电动机的定子为单相绕组,通入交流电源产生的是正弦脉动磁场,脉动磁场可以分解为两个大小相等、方向相反的旋转磁场,他们在转子上产生的电磁转矩大小相等、方向相反,故启动转矩为零。单相异步电动机获得启动转矩的常用方法有两种:电容分相法和罩极法,它们的目的都是使在电机气隙形成旋转磁场。

8. 控制电机是用于自动系统和计算装置中实现信号(或能量)的检测、解算、执行、转换或放大等功能的电机。伺服电动机是一种将控制电压信号转换为机械转动或位移的执行元件。交流伺服电动机转动原理与单相异步电动机电容分相启动情况类似,电动机的转速和转向受控制电压的控制。步进电动机是将脉冲电信号变换为相应的角位移的电机,它的角位移与脉冲数成正比,它的转速与脉冲频率成正比。步进电动机由专用电源供给电脉冲,每相绕组脉冲式通电,每输入一个电脉冲,转子转过一个步距角。

习　题

题 11.01　有一铁心线圈,试分析铁心中的磁感应强度、线圈中的电流和铜耗 I^2R 在下列几种情况下将如何变化:

(1)直流励磁——铁心截面积加倍,线圈的电阻、匝数和电源电压保持不变；

(2)交流励磁——同(1)；

(3)直流励磁——线圈匝数加倍,线圈的电阻和电源电压保持不变；

(4)交流励磁——同(3)；

(5)交流励磁——电源频率减半,电源电压的大小保持不变；

(6)交流励磁——电源电压的大小和频率减半。

假设上述情况的工作点在磁化曲线的直线段。在交流励磁的情况下,设电源电压与感应电动势在数值上近于相等,且忽略磁滞和涡流损耗。铁心是闭合的,截面均匀。

题 11.02　将一铁心线圈接在电压 $U=100$ V,频率 $f=50$ Hz 的正弦交流电源上,其电流 $I_1=5$ A,$\cos\varphi_1=0.7$。若将此线圈中铁心抽出,再接于上述电源上,则线圈中电流 $I_2=10$ A,$\cos\varphi_2=0.05$。试求此线圈在具有铁心时的铜损耗和铁损耗。

题 11.03　将一铁心线圈接在电压 $U_1=20$ V 的直流电源上,测得电流 $I_1=10$ A。然后接在 $U_2=200$ V,频率 $f=50$ Hz 的正弦交流电源上,测得电流 $I_2=2.5$ A,$P_2=300$ W,试求线圈的铜损耗和铁损耗及功率因数。

题 11.04　有一台额定容量 2 kVA,额定电压 380/110 V 的单相变压器。试求：

(1)一次绕组和二次绕组的额定电流；

(2)若负载为 110 V、15 W 的灯泡,问接多少盏能达到满载运行；

(3)若改接 110 V、15 W、$\cos\varphi=0.8$ 的小型电机,问满载运行可接几台？

题 11.05　已知某单相变压器 $S_N=50$ kVA,$U_{1N}/U_{2N}=6\,600/230$ V,空载电流为额定电流的 3%,铁损耗为 500 W,满载铜损耗为 1 450 W。向功率因数为 0.85 的负载供电时,满载时的二次绕组电压为 220 V。试求：

(1)一次绕组和二次绕组的电流；

(2)空载时的功率因数；

(3)电压变化率；

(4)满载时的效率。

题 11.06　某单相变压器 $S_N=45$ kVA,$U_{1N}/U_{2N}=6\,600/220$ V 若忽略电压变化率和空载电流。试求：

(1)负载是 220 V、40 W 及功率因数为 0.5 的 440 盏日光灯时,变压器一、二次绕组的电流是多少？

(2)上述负载是否使变压器满载？ 若未满载,还能接入多少盏 220 V、40 W 及功率因数为 1 的白炽灯？

题 11.07　某单相变压器,用实验方法测得,空载时 $U_1=220$ V,$U_{20}=36$ V;损耗

$\Delta P=60$ W；负载后 $U_1=220$ V，$U_2=34$ V，$\Delta P=180$ W，负载功率因数 $\cos\varphi_2=0.7$。试求：

(1)变压器的变比；

(2)若容量为 5 kVA，一次绕组和二次绕组的额定电流各为多少？

(3)变压器的铜损耗和铁损耗各为多少？

题 11.08 某收音机的输出变压器，一次绕组的匝数为 230，二次绕组的匝数为 80，原配接 8 Ω 的扬声器，现改用 4 Ω 的扬声器。问二次绕组的匝数应改为多少？

题 11.09 已知信号源电压 $U_s=10$ V，内阻 $R_0=560$ Ω，负载电阻 $R_L=8$ Ω。今在信号源和负载之间接入一变压器，以使负载获得最大功率。试求：

(1)变压器的变比；

(2)一次绕组和二次绕组的电流和电压；

(3)负载获得的功率；

(4)若将负载直接接在信号源上，再求负载获得的功率，并与(3)的结果比较。

题 11.10 某三相异步电动机，其额定转速为 $n=2\,940$ r/min，电源频率 50 Hz，求：

(1)定子旋转磁场的转速；

(2)额定转差率；

(3)转子电流频率；

(4)转子旋转磁场对转子的转速；

(5)转子旋转磁场对定子的转速；

(6)定子旋转磁场对转子旋转磁场的转速。

题 11.11 一台 Y225—4 型三相异步电动机，其额定数据如下表所示，试求：(1)额定电流；(2)额定转差率；(3)额定转矩、最大转矩和启动转矩。

功率 (kW)	转速 (r/min)	电压 (V)	效率 (%)	功率 因数	I_s/I_N	T_s/T_N	T_m/T_N
45	1 480	380	92.3	0.88	7.0	1.9	2.2

题 11.12 三相异步电动机的额定数据如下：2.8 kW，380/220 V，Y/△，6.3/10.9 A，1 460 r/min，$\cos\varphi_N=0.84$。

(1)如电源电压为 380 V，电动机应如何联接？求电动机的额定转矩、额定转差率、额定效率各为多少；

(2)如电源电压为 220 V,电动机应如何联接? 求电动机的额定转矩、额定转差率、额定效率,并与(1)的结果比较。

题 11.13 一台三相异步电动机在运行时测得如下数据:

(1)当电动机的输出功率 $P_2 = 4$ kW,输入功率 $P_1 = 4.8$ kW,定子线电压 $U_1 = 380$ V,线电流 $I_1 = 8.9$ A;

(2)当 $P_2 = 1$ kW;$P_1 = 1.6$ kW,$U_1 = 380$ V,线电流 $I_1 = 4.8$ A。

试求两种情况下电动机的效率和功率因数。

题 11.14 某三相异步电动机的额定数据如下:$P_N = 4.5$ kW,$U_N = 220/380$ V(Y/△),$\cos\varphi_N = 0.8$,$\eta_N = 0.84$,$T_s/T_N = 1.4$,$I_s/I_N = 6.5$,$T_m/T_N = 1.8$,$f_1 = 50$ Hz,$n_N = 1\,430$ r/min,试求:

(1)电动机的磁极对数;

(2)额定转差率;

(3)定子绕组为 Y 和△接法时的额定电流和启动电流;

(4)额定转矩、启动转矩和最大转矩。

题 11.15 一台 Y160M—4 型三相异步电动机,其额定数据如下:11 kW,380 V,$1\,455$ r/min,$\cos\varphi_N = 0.84$,$\eta_N = 0.87$,$T_s/T_N = 1.9$,$I_s/I_N = 7.0$,试求:

(1)额定电流;

(2)电网电压为 380 V,全压启动的启动转矩和启动电流;

(3)采用 Y/△降压启动的启动转矩和启动电流。

(4)带 70%的负载能否采用 Y/△降压启动?

第 12 章

电气自动控制

在现代工农业生产中,为了满足生产工艺和生产过程自动化的要求,经常需要对生产机械的起停、制动、调速等进行自动控制。通常有电气、液压、机械、气动等控制手段,其中以电气自动控制的应用最广泛、最方便。继电接触器控制是实现这种电气自动控制的方法之一,它具有控制方法简单、工作稳定、便于维护等优点,因而在许多场合得到广泛使用。

可编程序控制器是在继电接触器控制的基础上,伴随着计算机技术、微电子技术的发展而发展起来的一种先进的控制器。可编程控制(PLC)技术和数字控制技术的出现,使电气自动控制系统进入到现代控制系统的崭新阶段。

本章主要介绍继电接触器控制的基本控制电器和基本控制电路,在此基础上再介绍可编程序控制器的基本原理、基本编程方法及其应用。

12.1 继电接触器控制

继电接触器控制电路,无论简繁,都是由一些基本控制电器组成的。这些控制电器通过一定顺序的接通与断开实现生产机械动作的自动控制。在学习控制电路时,首先应了解各种控制电器的结构、动作原理以及它们的控制作用。在此基础上,掌握基本控制电路的组成及其功能,掌握分析控制电路的思路和技巧。

12.1.1 常用低压控制电器

常用控制电器的种类较多,其作用和原理结构也不相同,按其动作方式通常分为手动控制电器和自动控制电器两大类。由人工直接操作的,例如转换开关、按钮等为手动控制电器;自动控制电器是借助电路或电气设备的某一物理量的量值变化自动使其改变工作状态的,例如各种继电器、接触器等。

1. 转换开关

转换开关又称组合开关,如图 12.1.1 所示。它是由动触片、静触片、转轴和手柄等主要部分组成。动触片装在转轴上,随转动轴旋转而改变通、断位置。转换开关具有体积小、操作方便、通断电路能力强等优点,主要作为电源引入开关,或用以直接控制小容量异步电动机的启动和停止。组合开关有单极、双极、三极和四极几种,额定电流有 10 A、25 A、60 A 和 100 A 等多种。

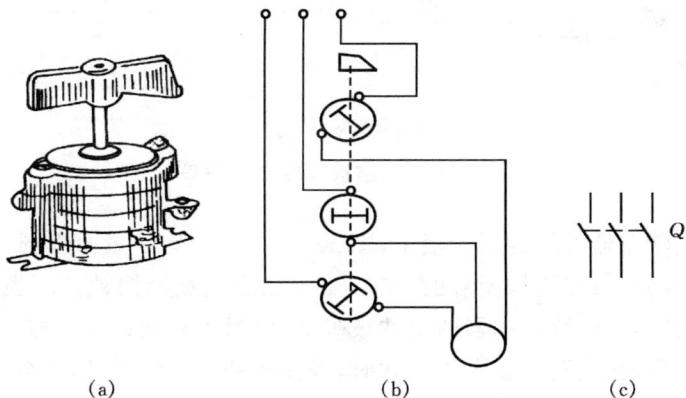

(a)　　　　　　　　(b)　　　　　　　(c)

图 12.1.1　转换开关
(a)外形;(b)结构原理;(c)符号

2. 按　钮

按钮是一种结构简单,应用广泛的手动主令电器,它主要用于接通或断开工作电流较小的控制电路。

图 12.1.2 是按钮的外形和结构原理图,它由按钮、动触片、静触片和复位弹簧构成。未按动按钮之前的状态称之为常态。常态时闭合着的触点称为常闭触点,常态时断开着的触点称为常开触点。将按钮按下时常闭触点断开,常开触点闭合。当手松开时,在复位弹簧的作用下,各触点又恢复原来的状态。使用时,可视需要只选其中的常开触点或常闭触点,也可以两者同时选用。按钮触点的接触面都很小,额定电流通常不超过 5 A。常见的一种双联按钮由两个按钮组成,一个用于电动机启动,一个用于电动机停止。

3. 自动空气断路器

自动空气断路器也称自动开关。它可以通断电源与负载的联系,起到隔离作用。而且在短路、过载和失压的情况下能自动切断故障电路。因此,自动空气断路器是低压电路中常用的具有保护环节的断合电器,常用于笼型异步电动机的不频繁全压启动和照明开关等。

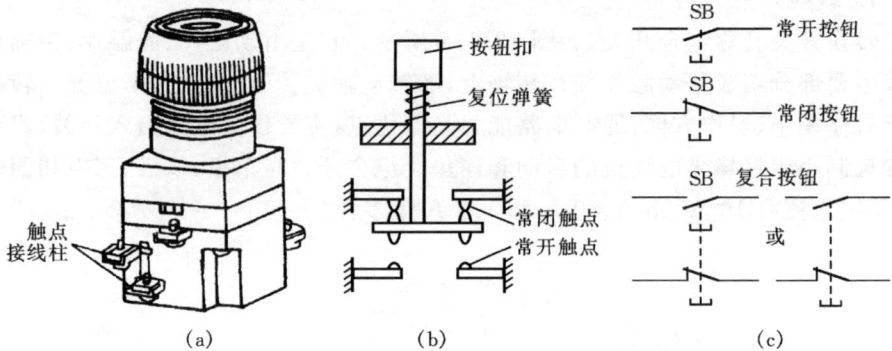

图 12.1.2　按钮
(a)外形；(b)结构原理；(c)符号

　　自动空气断路器的结构形式很多,图 12.1.3 所示为一般原理图,开关的主触点通常是由手动的操作机构闭合的,主触点闭合后就被锁钩锁住。当电路发生短路或严重过载时,过电流脱扣器的衔铁被吸下,同时顶开锁钩,使主触点全部断开。欠压脱扣器工作恰恰相反,在电压正常时,吸住衔铁,主触点得以闭合;一旦电压下降,衔铁就被释放而使主触点断开,达到欠压保护的目的。

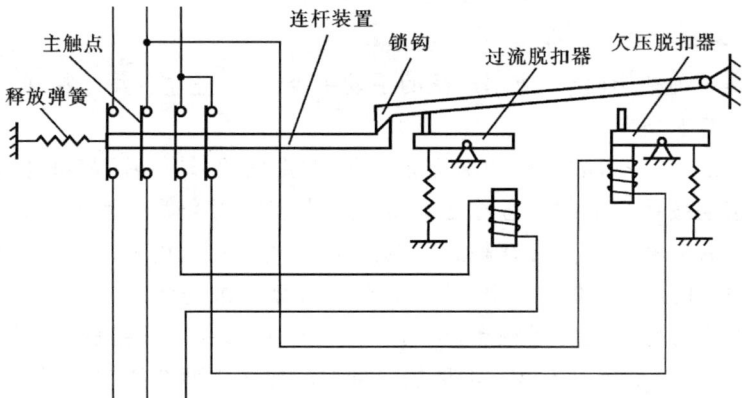

图 12.1.3　自动空气断路器原理图

4. 交流接触器

　　交流接触器是利用电磁力操作的电磁开关,常用于直接控制通过电流较大的主电路的接通和断开。它是继电接触器控制电路中的主要器件之一。

图 12.1.4 所示为交流接触器的外形及结构示意图。它主要由电磁部件、传动连杆和触点系统组成。电磁部件包括静铁心、动铁心(衔铁)和励磁线圈。励磁线圈通电前,动铁心未被吸动时的接触器状态称为常态。常态时处于闭合状态的触点称为常闭触点,而处于断开状态的触点称为常开触点。当励磁线圈通电后动铁心被吸合,此时,所有的常开触点闭合,常闭触点则断开。

交流接触器的触点按其功能的不同,可分为主触点和辅助触点。主触点的电流容量较大,用以控制主电路,辅助触点的电流容量较小,常接在电动机的控制电路中。

常用的国产交流接触器有 CJ10、CJ12、CJ20 等系列。选用时应根据额定电压、额定电流以及主辅触点数量等综合情况加以考虑。

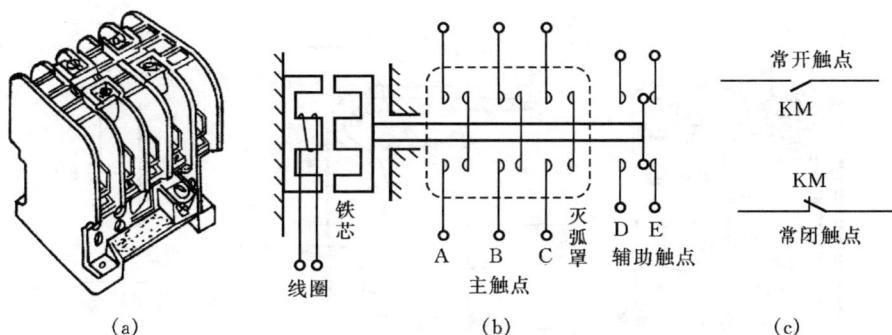

图 12.1.4　交流接触器
(a)外形;(b)结构原理;(c)符号

5. 中间继电器

中间继电器通常用来传递信号和同时控制多个电路。其结构和交流接触器基本相同,只是中间继电器的电磁系统小些,触点数多些,且没有主触点与辅助触点之分。常用的中间继电器的有 JZ7 系列和 JZ8 系列两种,后者是交直流两用的。此外还有 JTX 系列小型通用继电器,常用在自动装置上以接通或断开电路。选用中间继电器时,主要考虑线圈的电压等级和触点的数量。

6. 热继电器

热继电器是一种保护电器,它是利用电流的热效应原理工作的,用于电动机的过载保护。通常电动机的电流超过额定值就称之为过载。短时间的过载,一般情况下只要不超过其允许温升,不会产生什么危害,但是过载时间过长,绕组温升超过其允许值时,将会加剧绕组绝缘老化,缩短电动机的使用寿命,严重时甚至会使电动机绕组烧毁。因此必须对电动机采取过载保护措施。

热继电器的外形及结构原理图如图 12.1.5 所示。它主要由发热元件、双金属片和触点等主要部分组成。发热元件串接在电动机的主电路中,通过它的电流是电动机绕组的电流;常闭触点串接在电动机的控制电路中,正常情况下其触点是闭合的;双金属片是由两层热膨胀系数不同的金属片碾压而成,上层热膨胀系数小,而下层大。当电动机过载即电流过大时,因发热元件过热,使双金属片受热变形,自由端上翘脱开扣板,扣板在弹簧作用下转动,通过牵引板将常闭触点打开,控制电路断电,使电动机脱离电源,达到过载保护的目的。欲使热继电器重新工作,则按下复位按钮即可。由于热惯性,电动机启动或短路过载时,热继电器不会动作,这可避免不必要的停车。需要特别指出,热继电器只能保护过载,不能保护短路,短路保护通常由熔断器实现。

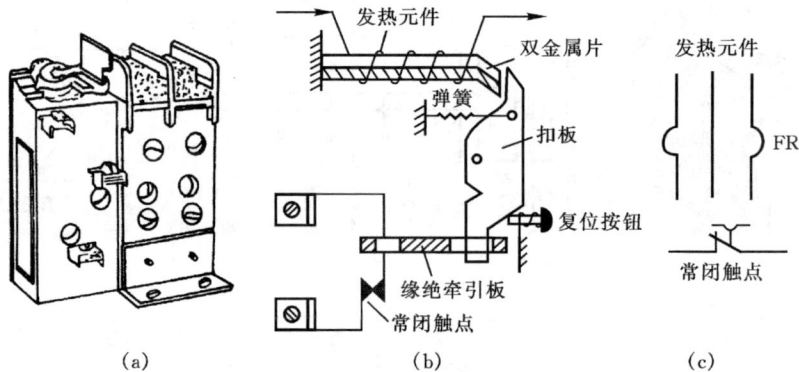

图 12.1.5　热继电器
(a)外形；(b)结构原理；(c)符号

常用的热继电器有 JR15、JR16 等系列。其设定的动作电流称为整定电流,可在一定范围内调节。

7. 熔断器

熔断器是最简单有效的短路保护器。主要由熔体和外壳两个部分组成。熔体俗称保险丝,是由低熔点的金属丝(或薄片)组成。熔体与被保护的电路串联,在正常工作状态下熔体不会熔断,当发生短路或严重过载时,电路电流使熔体温度高过熔点,熔体立即熔断,迅速切断电源,保护电路和设备不受损坏。

图 12.1.6 是常用的三种熔断器。选择熔断器时,主要是确定熔体的额定电流。对于照明线路等没有冲击电流的负载,应使熔体的额定电流等于或大于电路的实际工作电流。对于保护电动机电路的熔断器,熔体的额定电流可按电动机的

启动电流的 $1/2.5\sim1/3$ 选取。

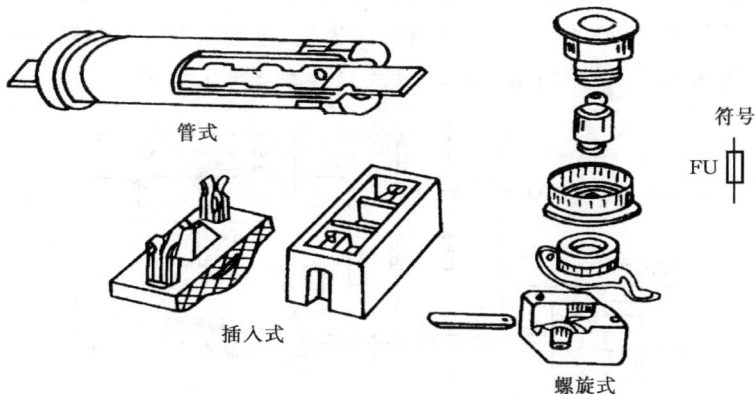

图 12.1.6 熔断器

【练习与思考】

12.1.1 交流接触器是如何工作的？其触点有哪些种类？用途有什么不同？

12.1.2 热继电器的用途是什么？它的发热元件和触点各接在什么电路中？热继电器为什么不能用于短路保护？

12.1.3 熟悉总结本节所述各控制电器的文字符号和图形符号。

12.1.2 三相异步电动机基本控制电路

1. 直接启动控制

中小容量的笼型三相异步电动机通常可以直接启动,其控制电路如图 12.1.7 所示。它是由刀开关 Q、熔断器 FU、交流接触器 KM、按钮 SB 和热继电器 FR 等组成。

整个控制电路可分为主电路和控制电路两部分。主电路由三相电源、熔断器、接触器主触点、热继电器发热元件和电动机定子绕组组成。控制电路由按钮、接触器辅助触点和线圈、热继电器常闭触点等组成。

启动电动机时,首先合上开关 Q,引入电源。当按下启动按钮 SB_2 时,交流接触器 KM 的线圈通电,动铁心吸合并带动三对主触点闭合,电动机接通电源启动运转。与此同时,辅助常开触点也闭合,由于它和启动按钮并联,因此即使启动按钮恢复常开状态时,接触器线圈仍能通电,电动机将继续运转。这种利用接触器自身的常开触点使线圈保持通电的作用称为自锁,完成自锁功能的这一对触点称为自锁触点。按下停止按钮 SB_1,接触器线圈断电,所有常开触点断开,电动机停止运转。

如果撤除自锁触点,则可对电动机实现点动控制,即按下启动按钮,接触器线圈通电,电动机就转动;手一松,接触器线圈失电,电动机就停止运转。点动控制常用于吊车、机床刀架、横梁的快速移动以及刀具调整等工作中。

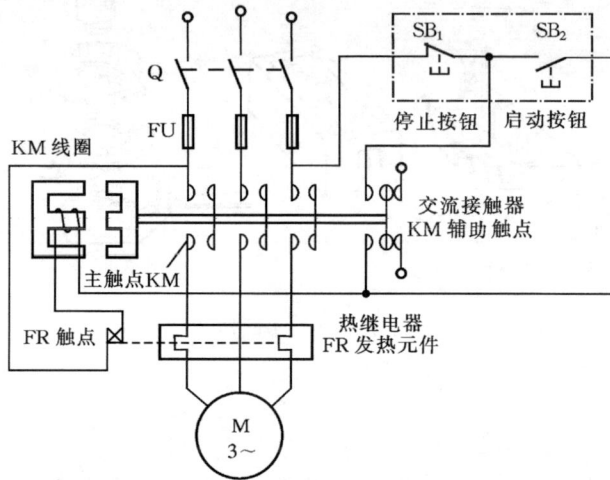

图 12.1.7 异步电动机直接启动控制结构图

采用上述控制电路还可以实现短路保护、过载保护和零压保护。

熔断器 FU 起短路保护作用。一旦发生短路事故,熔丝立即熔断,电动机立即停转。

热继电器 FR 起过载保护作用。当电动机过载时,主电路电流增大使 FR 的热元件发热,将串在线圈绕组电路中的常闭触点断开,使交流接触器断电,主触点断开,电动机也就停转。

在上述控制线路中,接触器除用于通断电动机外,还具有失压(或欠压)保护作用。即当电源电压过低或突然停电时,接触器线圈失电,使得所有常开触点断开,电动机停转。电源电压恢复正常后,必须重新按下启动按钮,电动机才能启动,否则不能自行启动。如果不采用上述电路而是用刀开关直接启动,若停电时未及时断开开关,电源恢复时,电动机会自行启动,有可能造成事故。

图 12.1.7 称为控制电路的结构图,比较形象直观。但是,当电路复杂、使用电器较多时,结构图不容易画出,也难看得清楚,所以通常不用它,而是画出如图 12.1.8 所示的原理图。

在控制线路原理图中,各电器都用统一规定的图形符号表示。因此,必须首先弄清图形符号和文字符号所代表的意义。

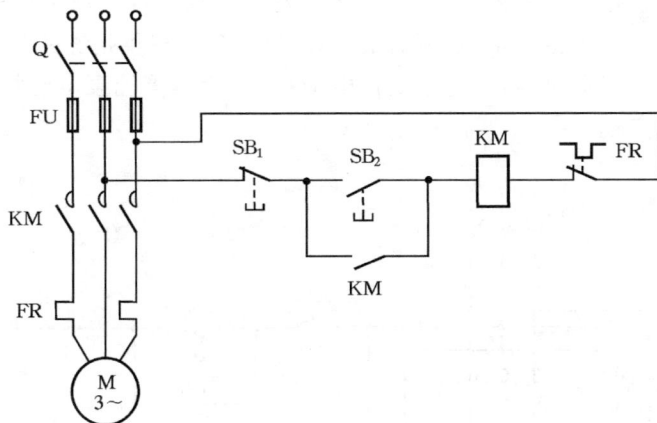

图 12.1.8   异步电动机直接启动控制原理图

在原理图中,主电路与控制电路分开画出,因此同一电器的触点和线圈也是分开画的。但属同一电器的各部分,都用同一文字符号标注。所有电器的触点均按线圈不通电或按钮无外力作用时的常态位置画出。分析电路时应注意上述特点。

【例 12.1.1】试分析图 12.1.9 电路的工作原理(仅画出了控制电路)。

【分析】该电路是点动和连续运行的控制电路。当按下启动按钮 SB$_2$ 时,联动常闭触点 SB$_2$ 断开,自锁触点 KM 不起作用,接触器线圈 KM 通电,主触点 KM 闭合(未画出),电动机运转。一旦释放按钮 SB$_2$,线圈 KM 失电,电动机停转。因此,SB$_2$ 为点动控制按钮。

若需要电动机连续运转时,则按下启动按钮 SB$_3$,线圈 KM 通电,自锁触点 KM 闭合,电动机启动并连续运行。因此,SB$_3$ 为电动机连续运行启动按钮。

请读者思考利用接触器、中间继电器和按钮实现点动与连续运行的控制方案。

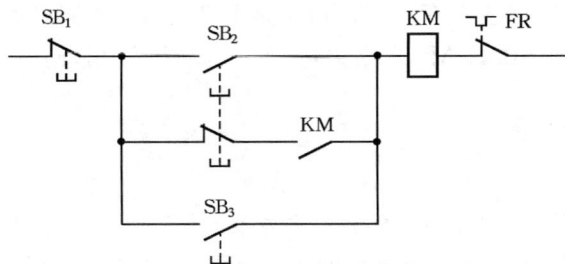

图 12.1.9   例 12.1.1 图

【例 12.1.2】图 12.1.10 所示电路为两台电动机按一定顺序连续运行的控制电路,试分析其工作原理。

【分析】　根据生产工艺的要求,往往需要两台或多台电动机按规定的顺序启动停车。例如某些大型机床,必须油泵电动机先启动,提供足够的润滑油后才能启动主轴电动机。停车时,则应先停主轴电动机,然后再停油泵电动机,这些要求可用连锁环节来实现。

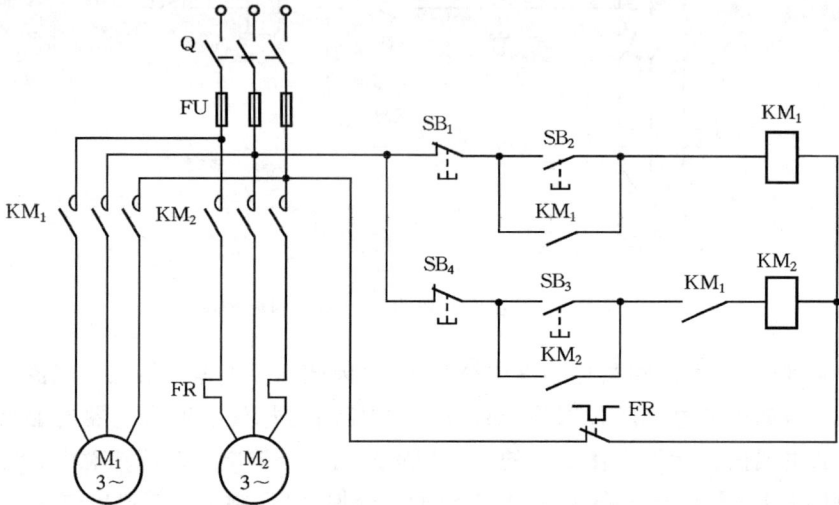

图 12.1.10　例 12.1.2 电路图

图 12.1.10 的主电路中,M_1 表示先启动的电动机,M_2 表示必须后启动的电动机,它们分别由接触器 KM_1 和 KM_2 的常开触点控制。KM_1 的常开辅助触点串在 KM_2 控制电路中起连锁作用。按下 SB_2,线圈 KM_1 通电使主触点 KM_1 接通,M_1 电动机启动。与此同时,KM_1 的自锁触点(与 SB_2 并联的常开触点)和连锁触点(与 SB_3 串联的常开触点)同时闭合。这时再按下 SB_3,控制电路的电源通过闭合的连锁触点 KM_1 向线圈 KM_2 供电,于是电动机 M_2 才能启动运行。

按下停车按钮 SB_1,KM_1 线圈失电,M_1 电动机停车,同时连锁触点 KM_1 打开,M_2 也停车。

【练习与思考】

12.1.4　在继电器控制电路中,什么是主电路,什么是控制电路?

12.1.5　什么叫自锁、连锁?在控制电路中如何实现它们?

12.1.6　什么是零电压保护?用刀开关启动和停止电动机能否起到零压保护作用?

12.1.7　做实验时,在断电情况下试说明如何用万用表电阻挡检测图 12.1.8 控制线路接线是否正确。

2. 正反转控制

在生产实际中,经常需要电动机能够实现可逆运行。如机床工作台的前进与后退、主轴的正转与反转、起重机吊钩的上升与下降等等。这就要求电动机能够正反转。由前述已知,改变异步电动机的旋转方向,只要将接至电源的三根定子端线中的任意两根对调即可。这样,需要两只接触器来完成上述任务,一只控制电动机正转,另一只控制电动机反转。因此,在图 12.1.8 所示电路中再增加一条控制电动机反转的电路,如图 12.1.11 所示。

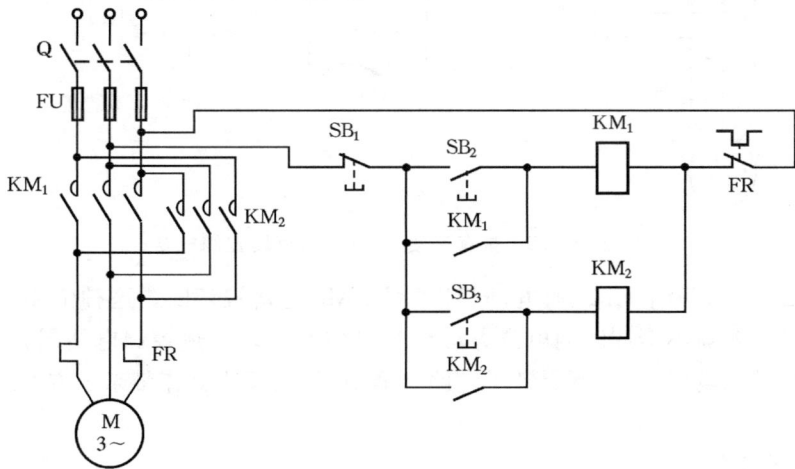

图 12.1.11　异步电动机正反转控制电路

在图 12.1.11 中,接触器 KM_1 控制电动机正转,KM_2 控制反转。按下正转按钮 SB_2,接触器 KM_1 线圈通电,其主触点闭合,电动机正转启动。需要反转时必须先按下停止按钮 SB_1,使 KM_1 线圈失电,其常开触点打开,电动机定子绕组与电源断开后才能按反转启动按钮 SB_3,使 KM_2 线圈通电,电动机反转启动。如果操作时不是按照上述顺序,而是在接触器 KM_1 尚未断电的情况下又按了反转启动按钮,使 KM_1、KM_2 同时通电动作,其常开主触点全部闭合,将会使得主电路中电源线间短路,这是决不允许的。为了避免由于误操作出现事故,在控制电路中必须要有防范措施,如图 12.1.12 所示,把接触器的常闭触点互相串接在对方的控制电路中,进行互锁控制。这样,当接触器线圈 KM_1 通电时,由于其串接在 KM_2 控制电路中的常闭触点打开,使得 KM_2 不能通电,反之亦然,从而避免了两只接触器同时通电的可能。这种利用两个接触器的常闭触点相互制约的方法称为互锁,起互锁作用的一对触点称为互锁触点。

在图 12.1.12 中,还使用了复合按钮。很显然,采用复合按钮也可以起到互锁作用,这是由于按下 SB_2 时,只有线圈 KM_1 通电,同时线圈 KM_2 电路被切断。同

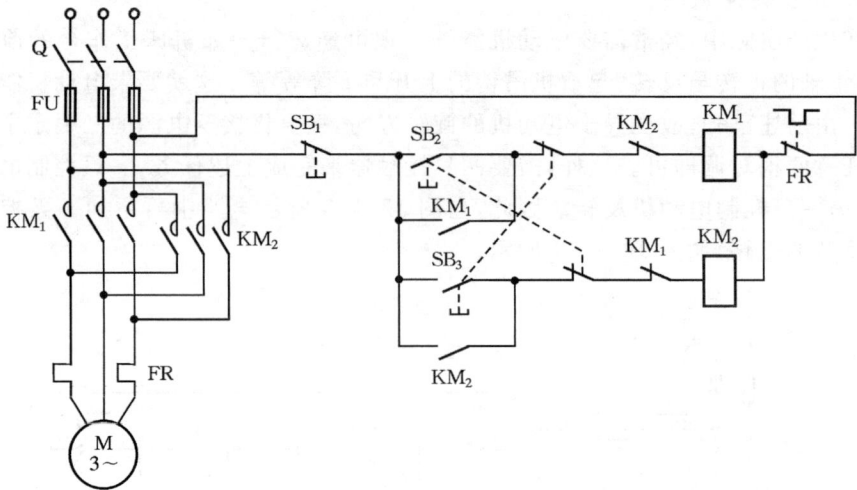

图 12.1.12　具有互锁环节的正、反转控制电路

理按下 SB_3 时，只有 KM_2 通电，同时线圈 KM_1 电路被切断。这种依靠机械机构保证两只接触器不会同时通电的方法称为机械互锁。上述控制电路图，由于采用了机械互锁和电气互锁，既保证了电路可靠地工作，又为操作带来了方便。

【练习与思考】

12.1.8　什么叫互锁？它与自锁和连锁有什么区别？

12.1.9　在图 12.1.12 的控制电路中，采用了机械互锁为操作带来何种方便？

3. 时间控制

在自动控制系统中，有时需要按时间间隔要求接通或断开被控制的电路，以协调和控制整个系统的动作。这种按时间原则所进行的控制称为时间控制，如多台电动机按时间顺序启动、电动机 Y-△降压启动控制等，都属于时间控制的典型例子。

（1）时间继电器　实现时间控制的自动电器称为时间继电器。时间继电器的种类很多，主要有空气式、电动式和电子式。其中空气式结构简单、成本低，应用较广泛，但由于精度低、稳定性较差，正逐步被数字式时间继电器所取代。下面以空气式时间继电器为例说明时间继电器的工作原理。

空气式时间继电器是利用空气阻尼作用使继电器的触点延时动作，一般分为通电延时（线圈通电后触点延时动作）和断电延时（线圈断电后触点延时动作）两类。图 12.1.13(a)所示为通电延时继电器的结构示意图，它主要由电磁机构、触点系统和空气室等部分组成。当线圈通电后，将动铁心吸下，使之与活塞杆之间拉开距离，这时活塞杆将在释放弹簧的作用下开始下降。但由于受到橡皮膜内空气阻尼的作用,活塞杆只能缓慢下降。经过一定时间后,活塞杆下降到一定位置,通过杠杆推动延时动作触点,使常开触点闭合,常闭触点打开。从线圈通电开始到触点完成动作为止,这段时间的间隔就是继电器的延时时间。延时时间的长短可通过调节进气孔的大小来改变。延时继电器的触点系统有延时闭合、延时断开和瞬时闭合、瞬时断开四种触点类型。

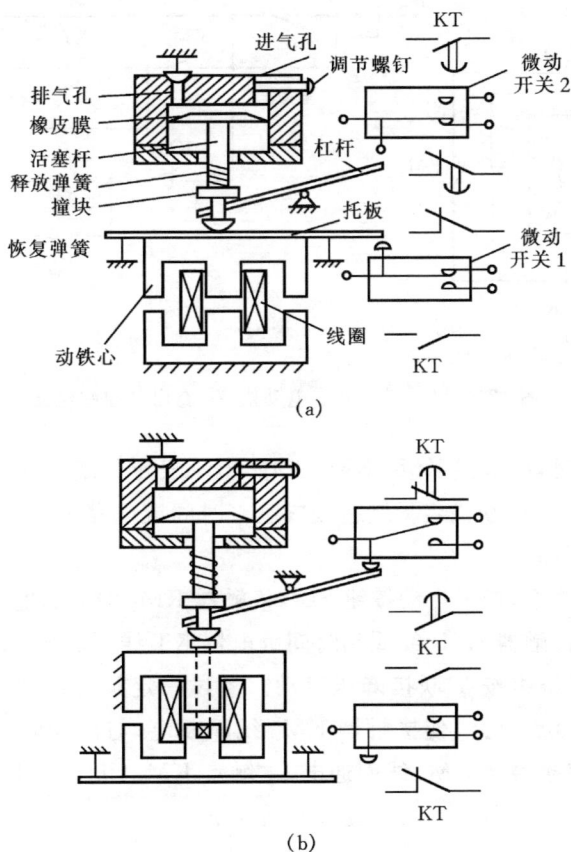

图 12.1.13 时间继电器

(a)通电延时的时间继电器;(b)断电延时的时间继电器

如果将上述时间继电器的电磁铁倒装一下,即动、静铁心换位装置,则可得到断电延时的时间继电器,如图 12.1.13(b)所示,同样也有两个延时触点:一个延时闭合的常闭触点,一个延时断开的常开触点。基本工作原理同上,读者可以自行分析。

(2) Y-△启动控制电路 图 12.1.14 是利用通电延时继电器实现三相异步电动机 Y-△启动的控制电路。

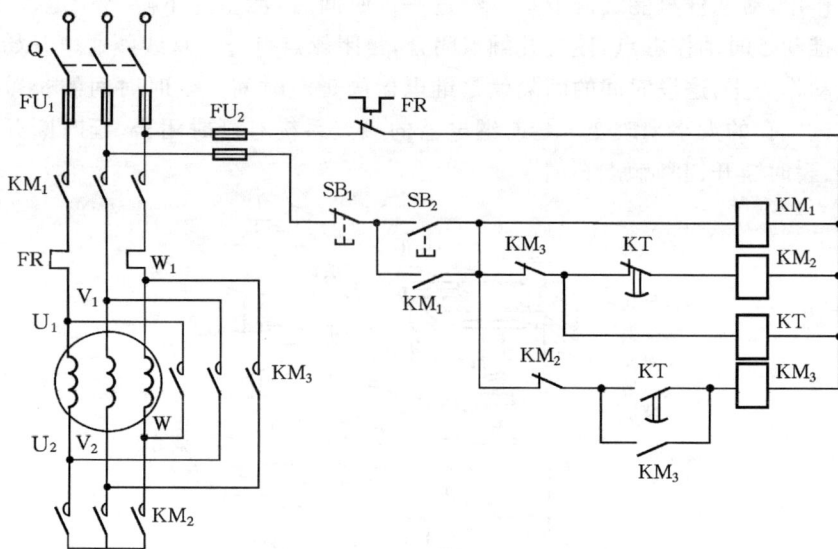

图 12.1.14　三相异步电动机 Y-△启动控制电路

　　电动机启动时,接触器 KM_1、KM_2 工作,电动机定子绕组接成 Y;运行时接触器 KM_1、KM_3 工作,电动机定子绕组接成△。时间继电器 KT 控制电动机启动的时间,其工作过程如下:

　　合上电源开关 Q,按下启动按钮 SB_2,接触器 KM_1 线圈通电,其辅助常开触点闭合实现自锁。接触器 KM_2 线圈和时间继电器 KT 线圈通电,KM_1、KM_2 主触点闭合,电动机定子绕组按 Y 联接降压启动。经过一定延时后,时间继电器 KT 的延时断开的常闭触点打开,使接触器 KM_2 线圈断电;与此同时,延时闭合的常开触点 KT 闭合,使接触器 KM_3 线圈通电,主触点 KM_3 闭合,于是电动机定子绕组改成△联接,投入正常运行。动作过程概括如下:

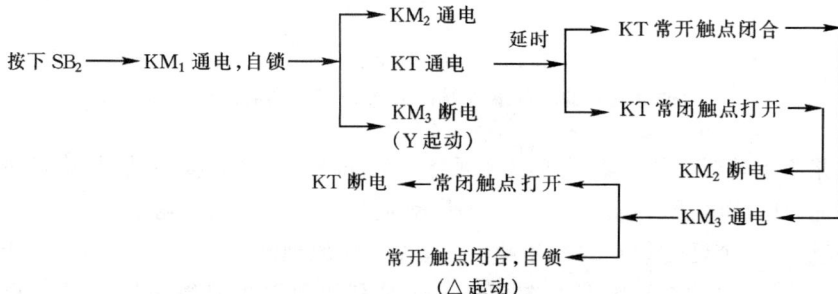

在电动机 Y - △ 启动控制电路中，常闭触点 KM_2 和 KM_3 起互锁作用，以保证接触器 KM_2 和 KM_3 不会同时工作。常开触点 KM_3 在电路中起自锁作用。

【练习与思考】

12.1.10 通电延时与断电延时有什么区别？总结时间继电器的四种延时触点的符号特点以及它们的动作过程。

12.1.3　继电接触器控制电路图的阅读方法

生产机械的继电接触器控制原理图一般是比较复杂的，阅读这类电路图应掌握其组成的特点和阅读方法。

综合前述内容可知，继电接触器控制电路主要由信号元件、控制元件和执行元件组成。执行元件主要用来操纵机器的执行机构，如电动机，电磁铁和电磁阀等。信号元件的作用是把非电量（如机械位移、压力等）的变化转换为电信号，以此作控制信号，如按钮、行程开关等。控制元件主要根据有关信号的综合结果，来控制执行元件的动作，如接触器、继电器等。有时，信号元件也可以直接用来控制执行元件。

继电接触器控制电路主要分为主电路和控制电路两部分。主电路一般为执行元件所在的电路，控制电路为控制元件和信号元件所组成的电路，主要用来控制主电路工作。

控制电路图中各电器元件采用统一的标准符号画出。读图之前应先了解各元件的符号、作用和意义。图中各元件符号均按常态表示。如接触器未通电状态，按钮处于未按下位置等。同一电器的线圈和触点用同一符号表示，但同一电器的线圈和触点分布在不同的支路中起着不同的作用。

读图时通常采用的步骤和方法如下。

（1）阅读说明书　通过阅读设备说明书，首先了解生产机械的工艺过程，控制电路服务的对象及生产过程对控制电路提出的要求。

（2）阅读主电路　从主电路入手，了解生产设备由几台电动机拖动，各电动机有哪些动作要求，由哪些控制电器实现和满足要求。主电路中采取了哪些保护措施，采用何种启动方法等等。这样，为阅读控制电路做好了准备。

（3）阅读控制电路　根据主电路中各电动机和执行电器的控制要求，逐一找出控制电路中有关控制环节及各环节间的联系，将其"化整为零"，按功能不同划分成若干局部控制线路再着手分析。

① 具体分析之前，首先把各控制电器的有关触点所在的位置全部找到，避免分析功能时遗漏。

② 读图时,要掌握控制电路编排上的特点。一般控制电路都是按照动作先后顺序,自上而下,从左到右绘制而成。因此阅读时,也应自上而下,从左到右,逐行弄清楚它们的作用和动作条件。

③ 从按动启动按钮开始,查对线路,观察元件的触点信号是如何控制其他控制元件动作的。然后再查看这些被带动的控制元件的触点是如何控制执行电器或其他控制元件动作的,并随时注意控制元件的触点使执行电器有何运动或动作。

④ 经过"化整为零"逐步分析了每一局部电路的工作原理以及各部分之间的控制关系之后,最后还要从整体角度去进一步检查和理解各控制环节之间的联系以及某些特殊要求部分,从而达到对整个控制线路功能的掌握和了解。

12.2　可编程控制器

由前一节所述可知,继电接触器控制系统简单、实用,但由于它是利用接线实现各种控制逻辑,当改变生产过程时就需要改变大量的硬接线,甚至重新设计继电接触器控制柜,要花费大量的人力、物力和时间。同时使控制系统体积大、可靠性差。

随着微处理器、计算机和数字通信技术的飞速发展,计算机控制已扩展到了几乎所有的工业领域。20 世纪 70 年代出现了采用微计算机技术制造的一种通用自动控制系统——可编程控制器(Programmable Controller,简称 PLC)。根据国际电工委员会(IEC)的标准,可编程控制器定义如下:PLC 是一种数字运算操作的电子系统,专为在工业环境条件下的使用而设计。它采用可编程的存储器,用来在其内部存储执行逻辑运算、顺序控制、定时、计数和算术运算等操作的指令,并通过数字式、模拟式的 I/O 口,控制各种类型的机械设备或生产过程。

PLC 把计算机功能完善、灵活、通用的特点与继电接触器控制系统的结构简单、抗干扰能力强等特点相结合,具有通用性强、可靠性高、编程简单、使用方便、抗干扰能力强等优点,已广泛应用于冶金、机械、石油、化工、电力、纺织等行业,是目前控制领域的首选控制器件。

鉴于各公司 PLC 产品的编程语言不尽相同,本节以 OMRON 公司的 C20P 型机为例说明,为读者介绍 PLC 的基础知识。

12.2.1　可编程控制器的结构和工作原理

1. PLC 的硬件结构

PLC 是专为工业生产过程设计的控制器,实质上是一种工业控制的专用计算机,它主要由中央处理器(CPU)模块、输入/输出(I/O)模块、电源和外围设备等部分组成,如图 12.2.1 所示。

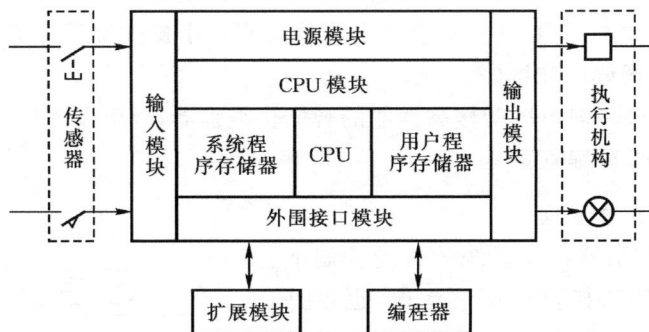

图 12.2.1　PLC 组成框图

　　(1) CPU 模块包括微处理器 CPU、系统程序存储器和用户程序存储器三部分。

　　CPU 是 PLC 的核心,它负责 PLC 的运算、控制和管理等项任务。

　　PLC 存储器由系统程序存储器(ROM)和用户程序存储器(RAM)两部分组成。ROM 用来存放系统管理和监控程序,它们是由厂家在生产时固化到其中的,用户一般不能修改。RAM 用来存放用户程序。用户程序是由用户根据生产过程和工艺要求编制的程序,可通过编程器进行编制或修改。

　　(2) I/O 模块是系统联系外部现场和 CPU 模块的桥梁。输入模块接受现场设备如按钮、行程开关、传感器等的控制信号,并将这些信号转换成 CPU 能够处理的数字信号。输出模块接受经 CPU 处理过的数字信号,并把它转换成输出设备能够接受的电压或电流信号,以驱动诸如控制电机、电磁阀、指示灯等被控设备。

　　(3) PLC 使用 220 V 交流电源或 24 V 直流电源。电源模块一般采用体积小的开关电源,内部的开关电源为各模块提供 5 V、±12 V、24 V 等直流电源。在 PLC 内部一般还配有 RAM 后备电源(常用锂电池),以保证在电源模块掉电时能维持 RAM 内的程序和数据。

　　(4) PLC 的 CPU 需要通过外围接口模块才能与编程器、I/O 扩展模块、通信模块、打印机等外设相连。外围接口按信息传递方式分为并行和串行两种形式。并行接口传送数据快,但传送距离短。近程的串行通信可以直接通过 RS-232 或 RS-485 进行,远程的串行通信则需要通过调制解调器、通信电缆进行。普通计算机可通过串行接口与 PLC 相连,对其编程或监控。远程 I/O 模块、智能编程器均须通过串行接口与 PLC 相连。

　　(5)PLC 的编程装置用来生成用户程序,并对它进行编辑、检查和修改,它是

PLC 最重要和基本的外部设备。一般小型可编程序控制器编程配有手持式编程器,它不能直接输入和编辑梯形图,只能输入和编辑指令表程序,由于没有独立的 CPU,所以它必须与 CPU 主机连在一起在线编程。手持式编程器的体积小,价格便宜,适用于现场调试和维修。

大中型 PLC 一般可以配接高性能的智能化编程器,也可以利用普通计算机加上专业软件对 PLC 编程。

2. PLC 的工作原理

可编程序控制器在其系统软件的控制下周而复始地循环扫描执行用户程序,也就是说采用的是顺序循环工作方式。每一个循环分为自诊断、输入刷新、执行用户程序、输出刷新和通信五个阶段,如图 12.2.2 所示。

（1）自诊断阶段　PLC 在加电后和每一扫描周期的开始前都要执行自诊断程序。自诊断包括对存储器、CPU、系统总线、I/O 接口等硬件的动态检测,也包括对程序执行时间的监控。如出现异常,PLC 将做出相应处理后停止运行并发出报警信号,如未出现异常,PLC 将顺序执行后面的程序。自诊断对用户来说是一种隐含的操作,也就是说只要系统正常工作,用户可能感觉不到它的存在,一般也仅占用很少的扫描时间。

图 12.2.2　PLC 扫描工作过程

（2）输入刷新阶段　输入刷新也称输入采样,在此期间 PLC 以扫描方式顺序读入所有输入端子的状态并存入输入映像寄存器内,此后,无论外部输入是否发生变化,输入映像寄存器中的内容在下一周期输入采样之前将一直保持不变。

（3）执行用户程序阶段　在程序执行阶段,PLC 按先上后下、先左后右的顺序对每条指令进行扫描,并从输入映像寄存器中“读入”输入端子的状态,根据需要从输出状态映像寄存器中“读出”输出状态。然后进行逻辑运算。运算结果存入输出映像寄存器中,后面的程序可以随时应用输出映像寄存器的内容,也就是说输出映像寄存器中的内容会随着程序的执行而发生变化。

（4）输出刷新阶段　用户程序执行完后,输出映像寄存器中的内容在输出刷新阶段转存到输出锁存器,并驱动输出电路,这才是 PLC 的实际输出。

（5）通信阶段　输出刷新过后,如果有通信请求,PLC 将进入与编程器或上、下位机的通信阶段,在与编程器通信过程中,编程器把编辑、修改的参数和命令发

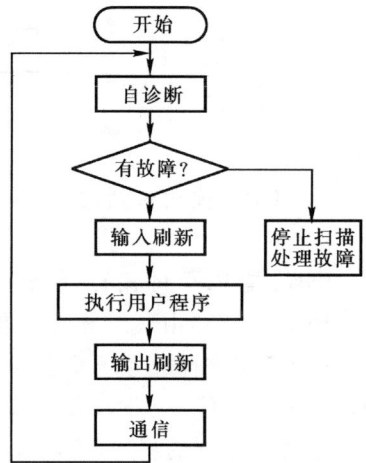

送给主机,主机则把要显示的状态、数据、错误代码等发送给编程器进行相应的显示。

12.2.2　可编程控制器的编程语言和基本指令

1. PLC 的编程语言

PLC 控制系统是通过执行用户程序来实现其控制功能的。因此需要用户按照生产工艺和流程的要求编写程序,然后用编程器将其编制好的程序写入用户程序存储器以备用。

PLC 常用的编程语言有梯形图、语句表、流程图及高级语言。目前使用较多的是梯形图和语句表。

(1) 梯形图　梯形图语言与继电接触器控制电路的电气原理图结构相似,如图 12.2.3 所示,均是通过触点的组合联接及触点的开与闭去控制线圈的通电与断电来实现对生产机械运行的控制。但两者也有许多不同之处,其差别如下。

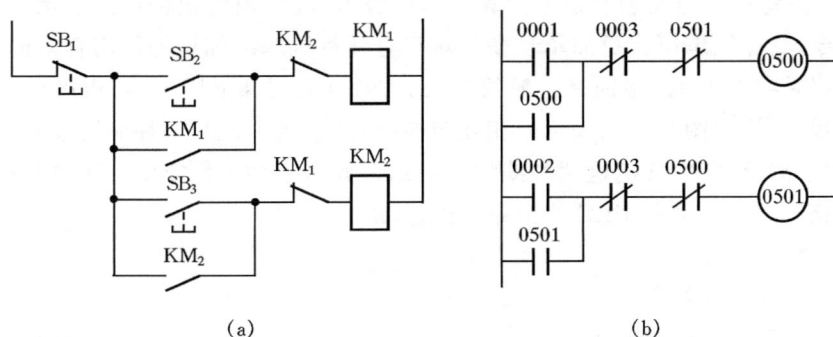

图 12.2.3　三相异步电动机正反转控制电路
(a)继电接触器控制电路;(b)梯形图控制逻辑图

① 梯形图中的触点只有两种符号,常开触点的符号为"┤├",常闭触点的符号为"┤╱├"。

② 梯形图中的继电器、定时器不是物理意义的继电器,而是一种电子电路,习惯上称为"软继电器"。每个软继电器实际上与 PLC 内部的某一位存储器相对应,相应位为"1"态,表示继电器接通,其常开触点闭合,常闭触点断开。所以梯形图中继电器的触点可以无限制的引用,不存在触点短缺问题。

③ 梯形图只是 PLC 形象化的编程方法,其左右两侧母线并不接任何电源,因此在梯形图中不存在真实的电流,但为了形象,通常认为在梯形图中有一种概念"电流"或"能流"。这种概念"电流"或"能流"实际上是满足输出执行条件的形象化

表示,在层次上也只能先上后下地流动。

④ 输入继电器的触点与 PLC 内输入映像寄存器相对应,用户程序对输入的运算是根据该映像寄存器的状态进行的,而不是运算时外设的实际状态。输入继电器只能由外设驱动,在梯形图中不能出现输入继电器的线圈。

⑤ 输出继电器的线圈与 PLC 内部输出映像寄存器相对应,不能直接驱动外部负载,必须通过 I/O 模板上的输出单元才能驱动外部负载。

⑥ 输出线圈不能直接与左母线相连,在左母线与输出线圈之间至少有一个触点。

⑦ 输出线圈必须与右母线相连,在输出线圈与右母线之间不能再有其他的触点。

⑧ PLC 在执行用户程序时是按照梯形图从上到下、从左到右的顺序进行的,因此,不存在几条支路同时动作的情况,这可以减少许多有约束关系的连锁电路,使梯形图的设计大为简化。

(2) 语句表　语句表类似于计算机的汇编语言,采用助记符形式表示 PLC 的操作命令,它比汇编语言更简单易懂。对于有计算机基础知识的使用者来说,用语句表编程是很方便的,特别是一般的 PLC 既可以使用梯形图编程,也可以使用语句表编程,且梯形图与语句表可以相互转换,因此语句表也是一种应用较多的编程语言,在小型 PLC 中常把这两种编程方法结合起来使用。图 12.2.3(b)所示的梯形图,用 S7 - 200 系列的 PLC 的指令编程,其语句表如下:

LD	0001
OR	0500
AND NOT	0003
AND NOT	0501
OUT	0500
LD	0002
OR	0501
AND NOT	0003
AND NOT	0500
OUT	0501
END	

可见,语句表由若干条指令语句组成. 每条语句表示一个操作指令,相当于梯形图中的一个编程元件,是语句表程序的最小编程单位。与计算机汇编语言表达形式相似,指令语句由操作码和操作数两部分组成,其格式如下:

操作码　　　　　　　操作数

　　操作码又称编程指令,用助记符表示,指示 CPU 要完成的某种操作功能,包括逻辑运算、算术运算、定时、计数、移位等指令。

　　操作数给出了操作码指定的某种操作的对象或执行操作所需要的数据,如语句表中的 0001 等,通常为编程元件的编码或常数,如各种继电器、定时器、计数器等的编码以及定时器、计数器等的设定值。

2. 基本编程指令

　　基本编程指令有逻辑运算指令:LD、AND、OR、NOT、OUT;程序结束指令:END;定时器、计数器指令:TIM、CNT。

　　(1) 输入(LD)、输入取反(LD NOT)、输出(OUT)及输出取反(OUT NOT)指令　一个逻辑行的开始要使用 LD 或 LD NOT 指令,如果与左母线相连的是继电器的常开触点,则使用 LD 指令;如果与左母线相连的是继电器的常闭触点,则使用 LD NOT 指令。OUT 与 OUT NOT 是输出指令,它们的功能是把一个逻辑行的运算结果输出给一个继电器的线圈,OUT 是直接输出,OUT NOT 是取反后输出。

　　(2) 逻辑与(AND、AND NOT)指令　触点串联时要用 AND 和 AND NOT 指令,相当于实现逻辑与运算,串联常开触点用 AND 指令,串联常闭触点用 AND NOT 指令。

　　(3) 逻辑或(OR、OR NOT)指令　触点并联时要用 OR 或 OR NOT 指令,相当于实现逻辑或运算,并联常开触点用 OR 指令,并联常闭触点用 OR NOT 指令。

　　(4) 逻辑非(NOT)指令　对于常闭触点要用 NOT 指令,相当于实现逻辑非运算。但 NOT 指令不能单独使用,必须与 LD、AND、OR、OUT 指令一起使用,以构成复合指令。

　　(5) 程序结束(END)指令　END 指令表示程序结束,一个完整的程序在最后必须有一条 END 指令,否则,程序不能执行并且在编程器上显示"NOT END INST"。

　　(6) 定时器(TIM)指令　TIM 是减一定时器,实现触点的导通延时操作。定时器指令有定时器序号和定时设定值两个操作数,如图 12.2.4(a)所示。定时器序号 N 可以在 00～47 之间任意指定,但不能与计数器指令重复。定时器设定值 SV 的范围是 0～9999。

　　TIM 定时器的度量单位是 0.1s,定时时间等于定时设定值 SV 与 0.1s 的乘积,在 0～999.9s 之间。图 12.2.4(b)是定时器 TIM 的编程示例。在此例中定时器时间设定为 15s,当触点 0002 和 0003 闭合时,定时器的输入为 ON,定时器 TIM00 开始定时,经过 15s 后,定时器的常开触点 TIM00 闭合,输出线圈 0500 接通,此时定时器当前值为 0000,如果定时器的输入为 OFF(触点 0002 和触点 0003

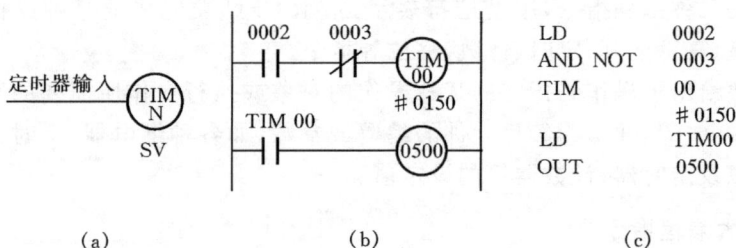

图 12.2.4 TIM 指令梯形图符号和编程示例
(a)TIM 指令梯形图符号；(b)梯形图编程；(c)语句表编程

中有任一个断开)，定时器的线圈断电，其常开触点断开(同时常闭触点闭合)，输出线圈 0500 断开，定时器当前值恢复到设定值。

(7) 计数器(CNT)指令　CNT 也是减 1 计数器，其梯形图符号如图 12.2.5(a)所示。当计数脉冲输入 CP 从断开(OFF)变为接通(ON)，即脉冲前沿到来时，计数当前值减 1。当计数器的当前值减为 0000 时，计数器接通(ON)，常开触点闭合(ON)，其常闭触点断开(OFF)。直到复位输入端接通(ON)使计数器线圈断开(OFF)，计数器复位，当前计数值恢复为设定值 SV。如果在计数期间有复位信号 R 出现时，计数器立即复位，当前计数值恢复为设定值 SV，且此时对计数脉冲 CP 不产生响应。

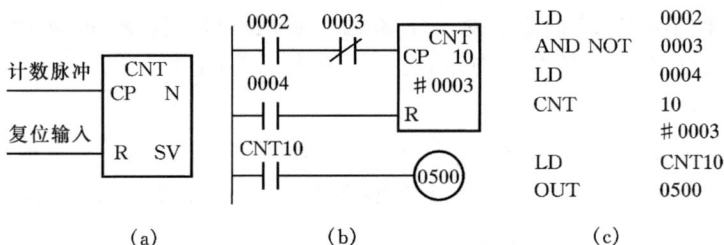

图 12.2.5 CNT 指令梯形图符号和编程示例
(a)CNT 指令梯形图符号；(b)梯形图编程；(c)语句表编程

图 12.2.5(b)为计数器指令的基本应用示例，计数脉冲 CP 是常开触点 0002 与常闭触点 0003 相与的结果，在 CP 的上升沿触发计数器。当计数器当前值减为"0"时，计数器线圈立即接通，常开触点闭合使输出 0500 线圈接通。复位条件取决于输入触点 0004 的状态。当 0004 接通时，计数器线圈立即复位，其常闭触点断开使输出 0500 线圈断开。

C 系列 P 型机还有一些专用指令，如移位指令、分支指令、跳转指令以及加、减法指令等等,受篇幅所限不再——介绍,读者可查阅有关机型的用户手册。

【练习与思考】

12.2.1　C 系列 PLC 有哪些基本编程指令?　各编程指令的操作数是如何规定的?

12.2.2　什么是定时器的设定值、定时单位和定时时间?　三者有何关系?

12.2.3　定时器的减 1 计数是如何实现的?

*12.2.3　可编程控制器的应用举例

PLC 的应用设计步骤如下:

(1)熟悉被控对象、明确控制任务与设计要求　通过了解控制对象的机械结构、生产工艺过程以及设备的运动方式和顺序,确定对电气元件的控制要求。例如驱动机械设备运动的电动机、液压电磁阀、气动元件的控制,显示仪表以及指示灯等的驱动,按钮、传感器等指令信号和现场信号的输入联接。归纳出电气执行元件的动作节拍表或工作流程图。这些图、表综合地反映了对控制系统的要求,是设计控制系统的依据,必须仔细分析与掌握。

(2)制定电气控制方案　根据生产工艺和机械运动的控制要求,确定控制系统的工作方式,例如全自动、半自动、手动、单机运行、多机连动等。还要确定控制系统应有的其他功能,例如故障诊断与显示报警、紧急情况的处理、管理功能、联网通信功能等。

(3)明确控制系统的输入、输出关系　确定哪些信号需要输入 PLC,哪些信号由 PLC 输出或者哪些负载要由 PLC 来驱动,分类统计 PLC 应具有的 I/O 的点数、性质和参数,从而确定 PLC 的选型与硬件配置。

(4)程序设计　根据控制要求设计出梯形图程序或语句表程序。如果可能的话,先画出顺序功能图,再根据顺序功能图设计出梯形图或语句表。

(5)模拟运行及调试程序　将设计好的控制程序送入 PLC 后,在实验室模拟运行与调试程序,观察在各种可能的情况下各个输入、输出量的变化关系是否符合设计要求,从中发现问题及时修改设计和控制程序,直到满足控制要求。

在进行程序设计和模拟运行调试的同时,可以同时进行 PLC 外部电路和电气控制柜、控制台等的设计、装配、安装和接线工作。

(6)现场调试　完成上述各项工作后,即可为 PLC 接入现场实际输入信号与实际负载,进行现场运行调试,直到完全满足设计的要求。

【例 12.2.1】 三相异步电动机 Y -△启动控制。图 12.2.6(a)所示为三相异步电动机 Y -△启动控制主电路。控制功能要求为:启动时,接触器 KM_1 和 KM_2 通电,电动机接成星形降压启动;经过一定延时(预先设定 12s 后),接触器 KM_2 断电,再经过 0.6s 后 KM₃ 通电,电动机接成三角形,在额定电压下正常运转。其中 0.6s 的延时,是为了避免在 KM₂ 和 KM₃ 换接时造成电源短路。

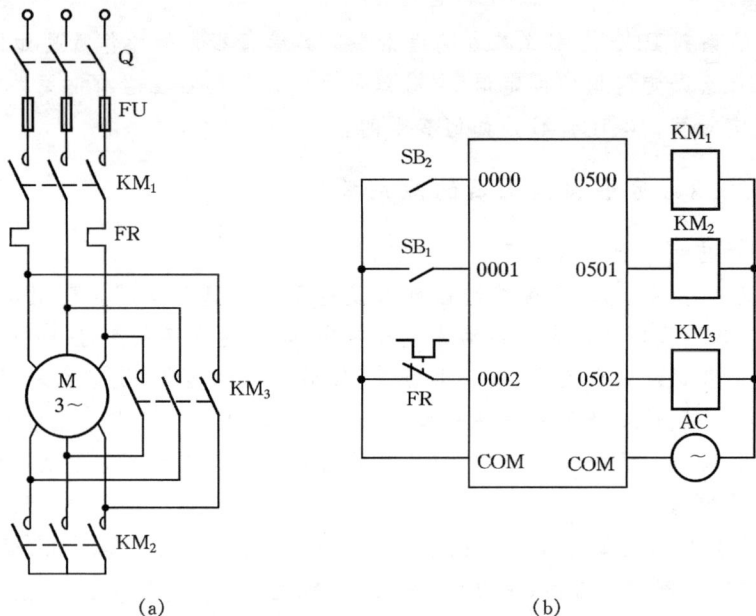

(a)   (b)

图 12.2.6　例 12.2.1 图

【解】(1)首先确定 PLC 输入、输出端子接线以及各输入、输出口的地址分配如图 12.2.6(b)所示。I/O 口分配情况如下:按钮 SB₁、SB₂、FR 分别接输入口 0000、0001、0002;接触器线圈 KM₁、KM₂、KM₃ 分别接输出口 0500、0501、0502。

(2)根据控制要求设计梯形图如图 12.2.7(a)所示。启动时按下 SB₂,PLC 输入继电器 0000 的常开触点闭合,内部输出继电器 0500 接通,其常开触点 0500 闭合并自锁,使接触器 KM₁ 通电,为电动机启动作准备。与此同时,内部时间继电器 TIM00 被接通(定时开始,但触点尚未动作),0501 接通,KM₂ 通电,电动机接成星形降压启动。当启动时间达到设定时间 12s 时,TIM00 的常闭触点断开,常开触点闭合。使 0501 和 KM₂ 断电,同时使时间继电器 TIM01 接通,经过 0.6s 后,0502 接通,KM₃ 通电,电动机换接成三角形联接进入正常运行。

语句表编程如图 12.2.7(b)所示。

【例 12.2.2】试用 PLC 实现十字路口交通信号灯控制。控制要求如下:

(1) 按下启动按钮时,系统开始工作,且南北红灯和东西绿灯先亮。

(2) 南北红灯亮维持 30s,在南北红灯亮的同时,东西绿灯亮 28s,接着东西黄

```
0000    0001    0002
─┤├──┬──┤/├───┤/├──────(0500)

0500    │
─┤├─────┘

0500                      ┌─TIM─┐
─┤├──────────────────────│ 00  │
                         └─────┘
                         #0120

0500    TIM00   0502
─┤├──────┤/├─────┤/├──────(0501)

TIM00                     ┌─TIM─┐
─┤├──────────────────────│ 01  │
                         └─────┘
TIM 01          0501      #0006
─┤├──────────────┤/├──────(0502)
```

LD	0000
OR	0500
AND NOT	0001
AND NOT	0002
OUT	0500
LD	0500
TIM	00
	#0120
LD	0500
AND NOT	TIM00
AND NOT	0502
OUT	0501
LD	TIM00
TIM	01
	#0006
LD	TIM01
AND NOT	0501
OUT	0502
END	

(a)　　　　　　　　　　　　　　(b)

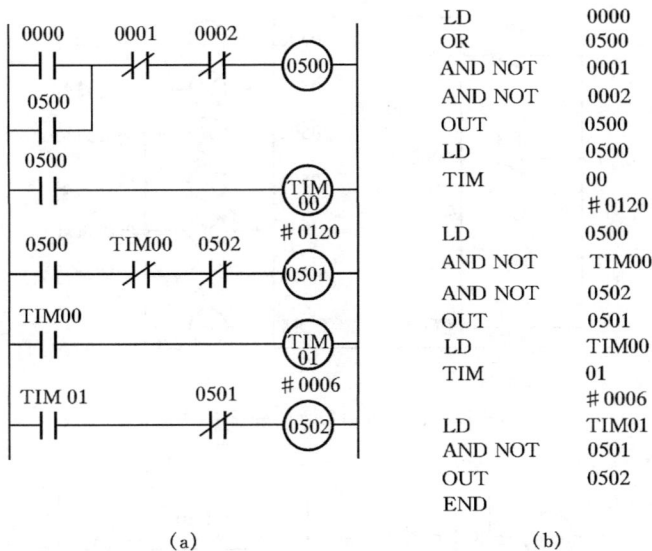

图 12.2.7　例 12.2.1 梯形图和语句表

灯亮并维持 2s,到 2s 时,东西黄灯熄灭,东西红灯亮。同时南北红灯熄灭,南北绿灯亮。

(3) 东西红灯亮维持 30s,在东西红灯亮的同时,南北绿灯亮 28s,接着南北黄灯亮并维持 2s,到 2s 时,南北黄灯熄灭,南北红灯亮。同时东西红灯熄灭,东西绿灯亮。

(4) 周而复始。按下停止按钮,整个系统停止工作。

按照控制要求,仅设计出满足(1)、(2)要求的梯形图,余下部分请读者自行设计。

【解】(1)确定 PLC 输入、输出端子接线以及各输入、输出口的地址分配如图 12.2.8 所示。PLC 定时器分配如下:

(a) 南北红灯工作 30s 设定 TIM00 ♯300 (30s)

(b) 东西红灯工作 30s 设定 TIM01 ♯300 (30s)

(c) 东西绿灯工作 28s 设定 TIM02 ♯280 (28s)

(d) 东西黄灯工作 2s　设定 TIM03 ♯20　(2s)

(e) 南北绿灯工作 28s 设定 TIM04 ♯280 (28s)

(f) 南北黄灯工作 2s　设定 TIM05 ♯20　(2s)

根据控制要求设计系统工作梯形图和定时器设定分别如图 12.2.9(a)、(b)所示。

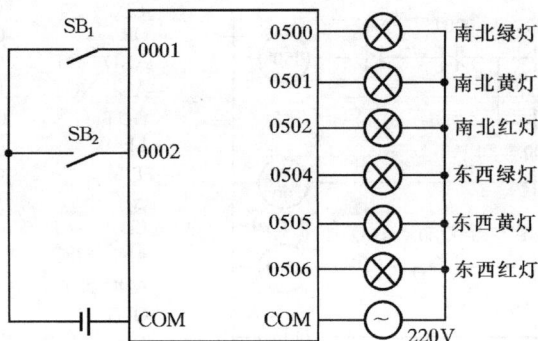

图 12.2.8　例 12.2.2 外部接线图

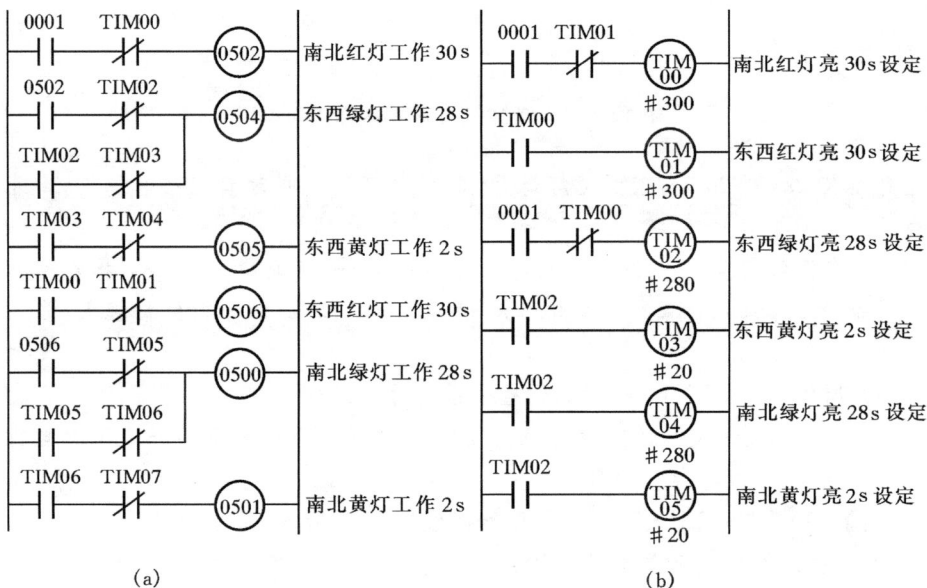

(a)　　　　　　　　　　　　　　　　　(b)

图 12.2.9　例 12.2.2 梯形图

本章小结

1. 继电接触器控制系统是电气自动控制发展的基础,它是由各种有触点的控制电器组成的。这类控制电器的共同特点是具有切换电路的触点系统。控制电动机运行的电路分为主电路和控制电路两大部分。主电路从电源到电动机,其中接有组合开关、熔断器、接触器的主触点、热继电器的发热元件等;控制电路中接有按钮、接触器的线圈和辅助触点、热继电器的常闭触点以及其他控制电器(如行程开关、时间继电器等)的触点和线圈。

2. 继电接触器控制的基本电路有点动、起停、正反转、顺序连锁控制以及时间控制电路。其中含有自锁、互锁和连锁等重要控制功能。复杂控制电路常由这些基本环节和基本控制功能组合而成。熔断器用来实现短路保护和严重过载保护。热继电器用来实现过载保护。此外,交流接触器还可以起失压(欠压)保护的作用。

3. 可编程控制器 PLC 是一种新型的智能化的工业控制器。具有通用性强、可靠性高、编程简单、使用方便、抗干扰能力强等优点,是目前控制领域的首选控制器件。

4. 各厂商生产的 PLC 编程指令的表述形式不尽相同,但其功能相差不大,应用 PLC 时,只要掌握具体 PLC 的编程元件编码及其编程指令形式即可。

5. 梯形图和语句表是 PLC 编程的主要语言,应重点掌握。学习 PLC 的最佳方法就是实践,最好结合实际应用编程、上机调试进行学习。

习　题

题 12.01　试画出可以在两处控制一台异步电动机直接启动、停止的控制电路。

题 12.02　试用按钮(复合按钮)、开关、中间继电器画出三种既能连续工作,又能点动工作的控制电路。

题 12.03　如题 12.03 图所示为某机床的控制电路,其中 1M 为油泵电机,2M 为主轴驱动电动机,试总结说明该电路的控制功能和保护功能。

题 12.04　题 12.04 图所示为电动机正反转控制电路。

(1)该电路存在几处错误? 请改正。

(2)若按照题 12.04 图所示电路连线并通电做实验,将会出现哪些实验现象?

题 12.05　有三台鼠笼式电动机 M1、M2、M3,按下启动按钮后 M1 启动,延时 5s 后 M2 启动,再延时 4s 后 M3 启动,试画出控制电路。

题 12.06　有两台三相鼠笼式电动机 M1 和 M2,按下列要求分别设计出控制电路。

(1) M1 先启动,M2 才能启动,并且 M2 能单独停车;

(2) M1 先启动,经一定延时后 M2 能自行启动;

(3) M1 先启动,经一定时间后 M2 能自行启动,M2 启动后,M1 立即停车;

(4) 启动时,M1 启动后 M2 才能启动;停车时,M2 停止后 M1 才能停止。

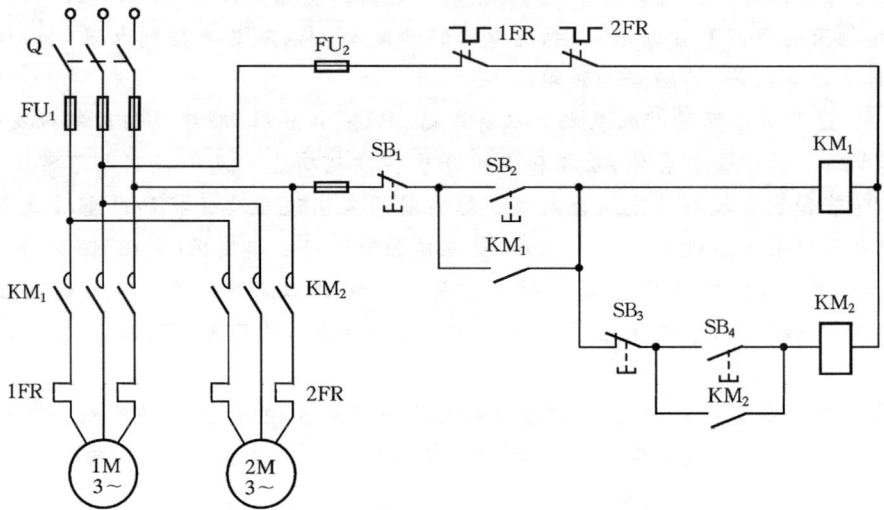

题 12.03 图

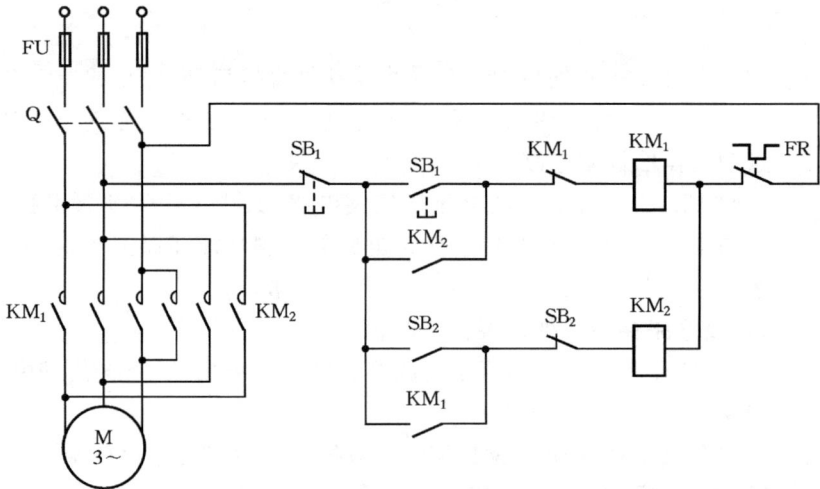

题 12.04 图

题 12.07 题 12.07 图是一种用时间继电器组成的灯光闪烁控制电路,其中 KA 为中间继电器,试分析该电路的工作过程。

题 12.08 题 12.08 图是由定时器构成的瞬时接通、延时断开的梯形图电路,试说明其工作过程并画出动作时序图。

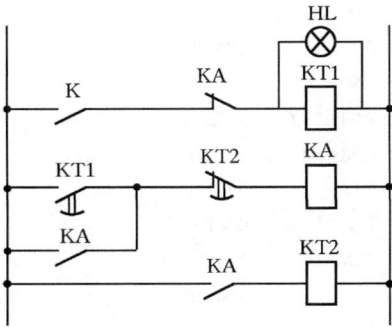

题 12.07 图

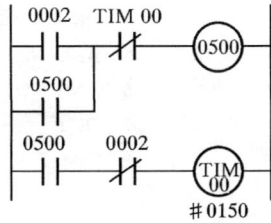

题 12.08 图

题 12.09　试画出题 12.09 图动作时序图所对应的梯形图。

题 12.10　试画出题 12.10 图所示指令语句表所对应的梯形图。

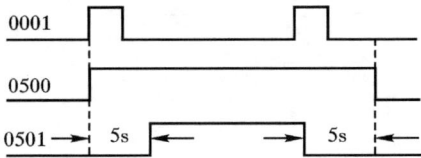

题 12.09 图

0	LD	0500
1	AND NOT	0002
2	TIM	01
		#0100
3	LD	0002
4	OR	0500
5	AND NOT	TIM01
6	OUT	0500
7	END	

题 12.10 图

题 12.11　试用 PLC 实现秒脉冲发生器的功能。要求按动启动按钮后,即可输出连续不断的矩形脉冲,其脉宽为 1 s。试写出梯形图和指令表。

题 12.12　试画出题 12.12 图所示各梯形图中 0500 的动作时序图。

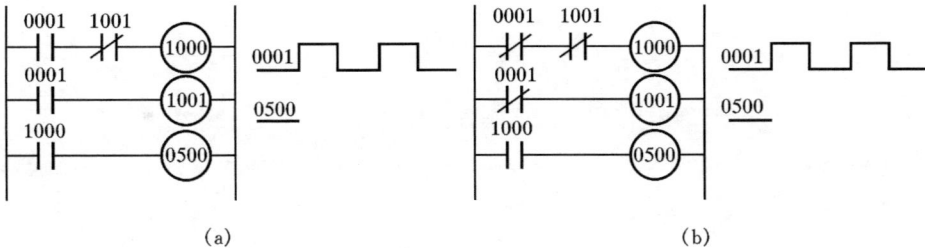

　　　　(a)　　　　　　　　　　　　　　(b)

题 12.12 图

题 12.13　试画出题 12.13 图所示指令语句表所对应的梯形图。

0	LD	0000	9	LD	0001
1	OR	TIM01	10	OR	TIM00
3	AND	0002	11	OR	0501
4	OR	0500	12	AND NOT	0002
5	AND NOT	0002	13	AND NOT	TIM01
6	AND NOT	TIM00	14	OUT	0501
7	OUT	0500	15	LD	0501
8	TIM	00	16	TIM	01
		#0050			#0050
			17	END	

题 12.13 图

题 12.14 用 PLC 实现习题 12.07 的灯光闪烁控制电路。要求写出梯形图和指令表。

题 12.15 有一台电动机,要求当按下启动按钮后,电机运转 10 s,停止 5 s,重复执行 3 次后,电动机自行停止。试写出梯形图和指令表。

电工电子技术试题

一、(30 分)填空题,将正确的答案填入题中空白处。

1. 图示直流电路中,流过理想电压源 U_s 的电流 $I =$ _____ A,输出功率 $P_{U_s} =$ _____ W。

2. 图示直流电路中,a 点的电位 $U_a =$ _____ V。

3. 图示正弦交流电路,已知各支路电流的值为 $I_1 = 1$ A,$I_2 = 2$ A,$I_3 = 3$ A,则总电流的值 $I =$ _____ A。

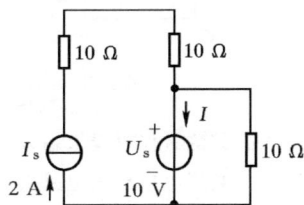

第 1 小题图

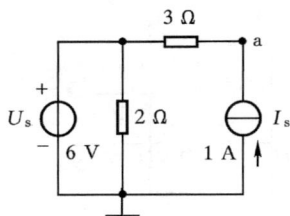

第 2 小题图

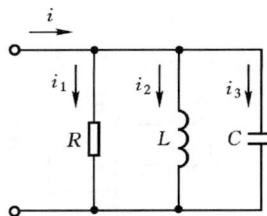

第 3 小题图

4. 满足正弦波振荡电路自激振荡的幅度条件是_____;相位条件是_____。

5. 图示电路中,电源线电压为 380 V。各灯泡的额定功率相同,额定电压均为 220 V。当中性线在 P 点处断开后,灯泡亮度情况正确的是_____。

　a. L_1 更亮,L_2 亮度正常,L_3、L_4 较暗;

　b. L_1 亮度正常,L_2 较暗,L_3、L_4 更亮;

　c. L_1 亮度正常,L_2 更亮,L_3、$L4$ 较暗

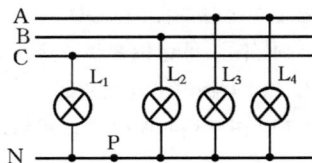

第 5 小题图

6. 交流电磁铁通电后,若长时间被卡住不能吸合,线圈中的励磁电流将_____(减小、增大、不变)。

7. 某变压器额定容量为 300 VA,额定电压为 220/36 V,下列_____规格的电灯唯一能接在变压器二次侧绕组电路中正确使用。

　a. 36 V,500 W;　　b. 220 V,25 W;　　c. 36 V,60 W

8. 如图所示三相异步电动机正反转控制电路中,动合(常开)触点 KM_2 的作用是_____;动断(常闭)触点 KM_1 的作用是_____。

9. 图示电路中,二极管 D 为理想元件,则输出电压 $U_o =$ _____ V。

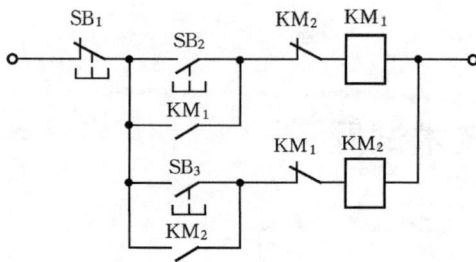

第 8 小题图

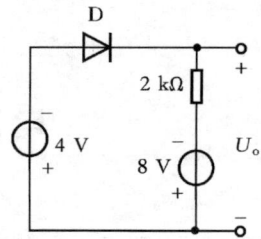

第 9 小题图

10. 某测量仪表要求输入电阻高,输出电压稳定,则放大电路中应选用_____反馈。

11. 共集电极放大电路具有输入电阻 r_i _____;输出电阻 r_o _____;输出电压 u_o 与输入电压 u_i 的相位_____的特点。

12. 图示由集成运放组成的比较器电路,当参考电压 $U_{REF} = -2$ V 时,其电压传输特性曲线为_____。

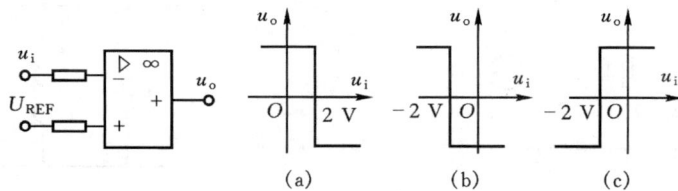

第 12 小题图

13. 五位 T 型电阻 D/A 转换器,当参考电压 $U_{REF} = 5$ V,$R = 125$ Ω,$R_f = 96$ Ω,输入二进制代码 11001 时,输出电压 $U_o = $ _____ V。

14. 图示单相桥式整流滤波电路,已知变压器二次绕组电压 $U_2 = 10$ V,若输出电压 $U_L = 9$ V,此时电路中出现的故障是_____。

15. 图示用 CW7805 获得输出电压可调的稳压电路,其输出电压的表达式 $U_o = $ _____。

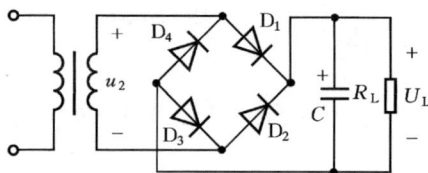

第 14 小题图

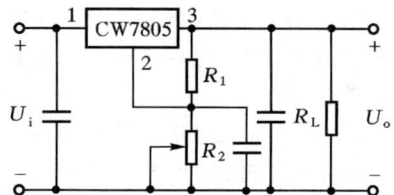

第 15 小题图

二、(10 分)图示电路,应用戴维宁定理求电流 I。

三、(10分)图示正弦交流电路中,已知电压 $u=220\sqrt{2}\sin\omega t$,电流表 A_1 的读数为 8 A,电流表 A_3 的读数为 6 A,且已知电流 i_1 和电压 u 同相。要求:

1. 定性画出各电流及总电压的相量图;

2. 求电流 $\dot{I}_2$;

3. 求感性负载的 R 和 X_L;

4. 求感性负载的功率因数 $\cos\varphi$、有功功率 P 和无功功率 Q。

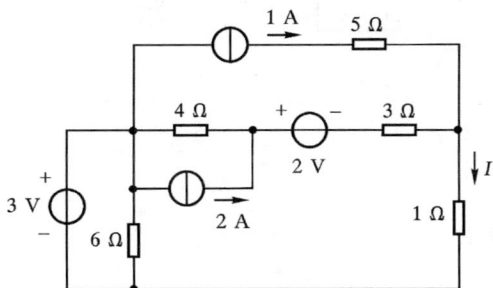
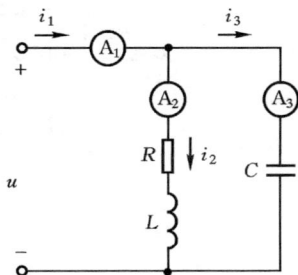

第二题图   第三题图

四、(8分)图示电路换路前已处于稳定状态,已知 $C=2\ \mu F$, $I_s=10\ mA$, $R_1=R_3=3\ k\Omega$, $R_2=6\ k\Omega$, $t=0$ 时开关 S 闭合。试求 S 闭合后的电压 u_C、电流 i_1、i_2。

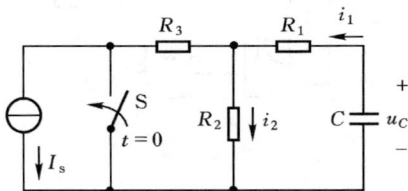

第四题图

五、(10分)图示单管放大电路,已知晶体管的 $U_{BE}=0.7\ V$, $\beta=50$, $r_{be}=1.5\ k\Omega$,其他元器件参数如图示。

1. 若要求静态值 $U_{CEQ}=6\ V$,计算出 R_B 的值;

2. 画出放大电路对应的微变等效电路;

3. 计算电压放大倍数 A_u,输入电阻 r_i 和输出电阻 r_o。

六、(10分)由理想运算放大器构成的电路如图所示,要求:

1. 指出分别由 A_1、A_2、A_3 及相关元件组成基本

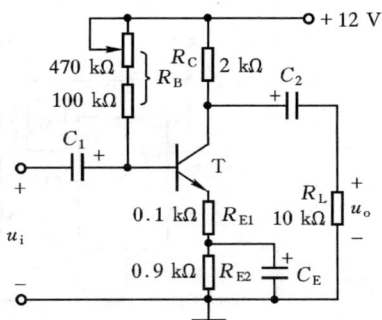

第五题图

电路的名称；

2. 推导输出电压 u_O 与输入电压 u_{I1}、u_{I2} 之间的关系式。

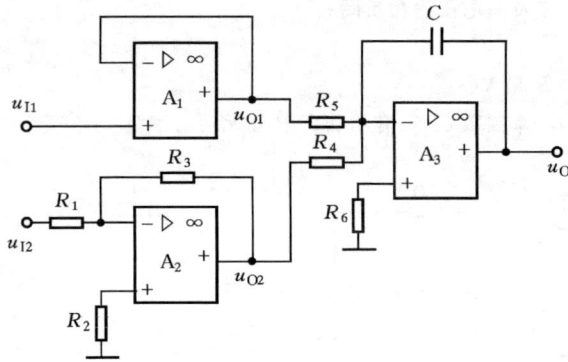

第六题图

七、(6 分) 求图示电路中 F 的逻辑表达式,并化简成最简化形式。

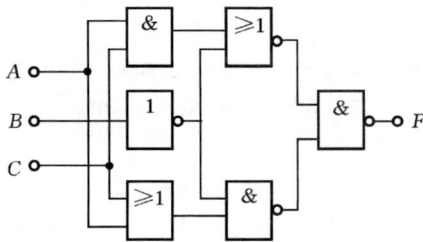

第七题图

八、(8 分) 图示为 JK 触发器构成的计数器,设各触发器的初态为"0"。要求:

1. 写出各个触发器 J、K 端的驱动方程;

2. 列出其状态转换表,并说明该电路完成何种逻辑功能。

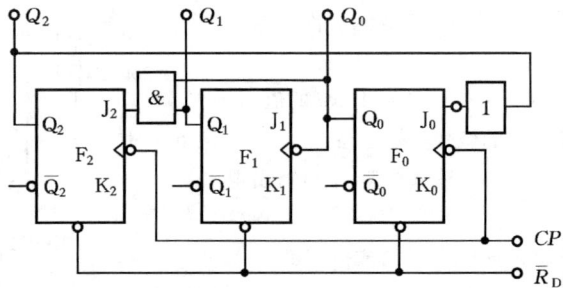

第八题图

九、(8 分) 一台 Y160M－4 型笼型三相异步电动机，其技术数据如下：$P_N = 11$ kW，$U_N = 380$ V，$n_N = 1\,450$ r/min，$\eta_N = 87\%$，$\cos\varphi_N = 0.85$，$T_{st}/T_N = 1.9$，$I_{st}/I_N = 7$，试求：

1. 额定电流；

2. 电网电压为 380 V 时的启动电流和启动转矩；

3. 采用 Y-△降压启动的启动电流和启动转矩；

4. 带 70% 额定负载时，能否采用 Y-△降压启动？

部分习题参考答案

第 1 章

1.01 (a)、(d)是电源,(b)、(c)是负载

1.03 $U_{ab}=2$ V

1.04 $U_s=5.8$ V;$R_0=0.3$ Ω

1.06 $U_2=6$ V

1.07 $U_s=48.6$ V

1.08 (a) $U=5+10I$ (b) $U=5(I+2)$

(c) $U-5+5(I+3)$ (d) $U=40+5(I-10)$

1.09 (a) $U=10$ V,$I=5$ A;$P_{I_s}=-20$ W,$P_{U_s}=-30$ W,$P_{R_L}=50$ W,$P_收=P_发$

(b) $U=4$ V,$I=2$ A;$P_{I_s}=12$ W,$P_{U_s}=-20$ W,$P_{R_L}=8$ W,$P_收=P_发$

1.10 $I_4=1$ A,$P_{I_s}=16$ W,发出功率

1.12 R 改变前:$I_前=0.83$ mA,$U_前=0.83$ V,R 改变后:$I_后=0.5$ mA,$U_后=2.5$ V,$P_{max}=0.00125$ W

1.13 $U_{AB}=-3$ V

1.14 $I_1=6$ A,$I_2=1$ A;电压源 U_{s1} 起电源作用,电压源 U_{s2} 起负载作用

1.15 $U_1=33$ V,$U_2=8$ V;I_{s1} 处于电源状态;I_{s2} 处于负载状态

1.17 $I_2=0.48$ A

1.18 $I=\dfrac{10}{7}$ A

第 2 章

2.01 $I_1=4$ A,$I_2=3$ A,$I_3=1$ A,$I_4=7$ A

2.02 $I=1$ A

2.03 $U_4=13.33$ V

2.04 $I=0.33$ A

2.05 $I=1.67$ A

2.07 $I=7$ A

2.08 $I_3=1$ A

2.09 (1) $U_5=0$, $I_5=0$; (2) $I_5=1$ A

2.10 (1) 电压的相位比电流超前 75°;

(2) $\dot{I}=10\angle-30°$ A,$\dot{U}=220\angle45°$ V;

(3) 电流反向后,电压的相位比电流滞后 115°

$\dot{I}=10\angle150°$ A,$\dot{U}=220\angle45°$ V

2.11 $\dot{I}_{\mathrm{m}}=10\sqrt{3}\diagup-24.74°$ A

2.12 $I=5.91$ A, $U_R=118.2$ V, $U_L=185.6$ V

2.13   (1) $I=0.386$ A; (2) $U_{R1}=115.8$ V, $U_{RL}=182$ V; (3) $P=47.68$ W

2.14 $C=100$ μF

2.15 $C=2.2\times10^{-7}$ F, $U_{\mathrm{o}}=0.5\sin314t$ V

2.16 $I_1=22$ A, $I_2=\dfrac{11\sqrt{6}}{3}$ A, $P=6453$ W

2.17 $C=112.6$ μF, $L=0.0318$ H, $R=10$ Ω, ⒜₁表的读数为 15.56 A, ⒜₂表的读数为

7.78 A, ⒜表的读数为 11.46 A, ⒱表的读数为 220 V

2.19 $I=5\sqrt{2}$ A, $U=100\sqrt{2}$ V

2.20 $I=10$ A, $X_C=15$ Ω, $X_L=7.5$ Ω, $R_2=7.5$ Ω

2.21 $I=10\sqrt{2}$ A, $R=10\sqrt{2}$ Ω, $X_C=10\sqrt{2}$ Ω, $X_L=5\sqrt{2}$ Ω

2.22 $f_0=83.26$Hz, $I_{RL}=6.66$ A, $I_C=6.68$ A, $I=0.41$ A

2.23 $X_L=523.95$ Ω, $\cos\varphi=0.5$, $C=3.28$ μF

2.24 $U_{\mathrm{p}}=220$ V, $I_{\mathrm{p}}=22$ A, $I_1=22$ A

2.25 $\dot{I}_{AB}=\dfrac{220\diagup0°}{9\diagup30°}=24.4\diagup-30°$ A, $\dot{I}_{BC}=24.4\diagup-150°$ A, $\dot{I}_{CA}=24.4\diagup+90°$ A

$\dot{I}_A=42.3\diagup-60°$ A, $\dot{I}_B=42.3\diagup-180°$ A, $\dot{I}_C=42.3\diagup60°$ A

2.26   线电压为 380 V 时要用星形接法

$\dot{U}_{AB}=220\diagup0°$ V, $\dot{I}_{AB}=6\diagup-30°$ A, $\dot{I}_B=6\diagup-150°$ A, $\dot{I}_A=6\diagup90°$ A

线电压为 220 V 时要用三角形接法

$\dot{U}_{AB}=220\diagup0°$ V, $\dot{I}_{AB}=6\diagup-30°$ A, $\dot{I}_A=6\sqrt{3}\diagup-60°$ A

2.27   (1) $\dot{U}_A=220\diagup0°$ A, $\dot{I}_A=0.44\diagup0°$ A, $\dot{I}_B=0.44\diagup-120°$ A, $\dot{I}_C=0.44\diagup120°$ A

(2) $\dot{U}_B=190\diagup-90°$ V, $\dot{U}_C=190\diagup90°$ V, $\dot{I}_B=0.38\diagup-90°$ A, $\dot{I}_C=0.38\diagup90°$ A

(3) $\dot{U}_B=380\diagup-150°$ V, $\dot{I}_B=0.76\diagup-150°$ A, $\dot{U}_C=380\diagup150°$ V, $\dot{I}_C=0.76\diagup150°$ A

(4) $\dot{U}_B=220\diagup-120°$ V, $\dot{U}_C=220\diagup120°$ A, $I_B=0.44\diagup-120°$ A, $I_C=0.44\diagup120°$ A

2.28   (1) $R=15$ Ω, $X_L=16.1$ Ω

(2) $I_A=I_B=15$ A

第 3 章

3.01   (1) $u_C(0_+)=u_C(0_-)=0$ V, $i_1(0_+)=0$, $i_2(0_+)=100$ A;

(2) $u_{R_2}=99$ V, $u_{R_1}=1$ V, $i_1=1$ A, $i_2=0$ A

3.02 $i_L(0_+)=3$ A, $u_L(0_+)=-3$ V, $i_1(0_+)=4$ A, $i_k(0_+)=1$ A

3.03　$i(t)=\dfrac{1}{3}e^{-10t}$ mA

3.04　$u_C(t)=10-4e^{-5t}$ V, $i_C(t)=0.2e^{-5t}$ mA, $i_1=i_C=0.2e^{-5t}$ mA

3.05　$i_C(t)=2e^{-500t}$ mA

3.06　$i_L(t)=3.8-1.8e^{-5t}$ A, $i(t)=0.2-1.2e^{-5t}$ A

3.07　$i_L(t)=2e^{-90t}$ A, $u_R=12e^{-90t}$ A

3.08　$u_C(t)=6-4e^{-\frac{1\,000t}{6}}$ V

3.09　(1) $i_l(t)=\begin{cases}2(1-e^{-2t}) & 0\leqslant t\leqslant 1 \\ 2(1-e^{-2})e^{-(t-1)} & t\geqslant 1\end{cases}$;

　　　(2) $i_L(0)=0$ A, $i_L(1)=2(1-e^{-2})$ A, $i_L(\infty)=0$

3.10　(1) $i_1(t)=i_2(t)=2(1-e^{-100t})$ A;

　　　(2) $i_1(t)=3-e^{-200t}$ A, $i_2(t)=2e^{-50t}$ A

3.11　$u_C(t)=2(1-e^{-1.5\times10^5t})$ V, $u_o=4+2e^{-1.5\times10^5t}$ V

3.12　$i_1=2-e^{-2t}$ A, $i_2=3-2e^{-2t}$ A, $i_L(t)=5-3e^{-2t}$ V

第 4 章

4.01　-6 V

4.02　(1) 1 V; (2) 0.7 V; (3) 0.3 V

4.04　S 接通 1:D_1 截止,D_2 导通,$I=-5$ mA,$I_A=0$;

　　　S 接通 2: D_1 导通,D_2 截止,$I=I_A=5$ mA

4.05　(a) 14 V; (b) 8.7 V; (c) 0.7 V

4.07　PNP,锗管,C、E、B

4.08　(a) 放大,(b) 放大,(c) 饱和,(d) 截止

4.09　(3)为正常工作情况

4.10　(1) N 沟道耗尽型; (2) $U_{GS(off)}=-3$ V; (3) $I_{DSS}=6$ mA

第 5 章

5.01　(c)可以

5.02　(1) $I_B=0.06$ mA, $I_C=2.4$ mA, $U_{CE}=4.8$ V; (2) $R_B=480$ kΩ; (3) $R_B=320$ kΩ;

　　　(4) I_B、I_C 不变,U_{CE}减小

5.04　(2) $R_B=600$ kΩ;(3) 烧坏管子,串入一固定电阻

5.05　(1) $I_B=0.03$ mA, $I_C=1.2$ mA, $U_{CE}=5.88$ V; (3) $A_u=-52.8$; (4) $r_i=1.085$ kΩ,

　　　$r_o=5.1$ kΩ

5.06　(1) $I_B=0.027$ mA, $I_C=1.65$ mA, $U_{CE}=7.75$ V; (3) $A_u=-77.5$; (4) $r_i=1.1$ kΩ,

　　　$r_o=3$ kΩ

5.07　(1) $I_B=0.043$ mA, $I_E=2.65$ mA, $U_{CE}=9.4$ V; (2) $A_u=0.99$, $r_i=58.22$ kΩ,

　　　$r_o=14.67$ Ω

5.08 (1) $U_{om}=3.15$ V, $U_{im}=0.036$ V; (2) 220 kΩ

5.09 (1) $V_B=3.33$ V, $I_C=1.22$ mA, $U_{CE}=9.08$ V;

(2) $A_u=-36.4$, $r_i=8.54$ kΩ, $r_o=6.8$ kΩ;

(3) 静态工作点无变化,电压放大倍数减小,输入电阻增大

5.10 $A_{u1}=-0.97$, $A_{u2}=0.99$

5.11 (1) $I_C=0.26$ mA, $U_{CE}=6.6$ V; (2) $A_{ud}=-55.4$

5.12 $A_u=-12.5$, $r_i=1\,041.7$ kΩ, $r_o=5$ kΩ

5.13 (1) $I_{B1}=0.0098$ mA, $I_{C1}=0.492$ mA, $U_{CE1}=10.7$ V, $I_{C2}=0.96$ mA, $U_{CE2}=6.7$ V;

(3) $A_u=-12.03$, $r_i=346$ kΩ, $r_o=10$ kΩ; (4) 增大输入电阻

第 6 章

6.01 (a) R_5 引入两级之间电流串联负反馈;(b) R_{10}、C 串联支路引入两级之间电压并联负反馈;(c) A_2、R_3 引入电压串联负反馈;(d) R_L 与 A_1 同相端之间的连线引入两级之间电流并联负反馈

6.02 (1) $A_{uf}=-102.5$, $r_i=100$ kΩ, $R=66.8$ kΩ; (2) $R_F=10.25$ MΩ

6.03 $U_o=-3.5$ V

6.04 (1) 电流并联负反馈;(2) $u_O=-\dfrac{u_I}{R_1}(R_L+\dfrac{R_F R_L}{R})$, $i_O=-\dfrac{u_I}{R_1}(1+\dfrac{R_F}{R})$;(3) 稳定负载电流

6.05 $U_O=-6$ V

6.06 $u_O=2u_{I1}+4u_{I2}+4u_{I3}$

6.07 $u_{O1}=(1+\dfrac{R_2}{R_3})u_I$, $u_{O2}=-\dfrac{R_4}{R_3}u_I$, $u_O=(1+\dfrac{R_2+R_4}{R_3})u_I$

6.08 (1) $u_O=(1+\dfrac{R_1}{R_2})u_{I1}-\dfrac{R_1}{R_2}(1+\dfrac{R_3}{R_4})u_{I2}$; (2) $u_O=(1+\dfrac{R_1}{R_2})(u_{I1}-u_{I2})$

6.09 $u_O=\dfrac{R_3}{R_2}(u_{I2}-u_{I1})$

6.11 $u_O=-\dfrac{R}{R_1}u_{I1}-\dfrac{R}{R_2}u_{I2}-\dfrac{1}{R_1 C}\int u_{I1}\,dt-\dfrac{1}{R_2 C}\int u_{I2}\,dt$

6.13 $R_1=10$ MΩ, $R_2=2$ MΩ, $R_3=1$ MΩ, $R_4=200$ kΩ, $R_5=100$ kΩ

6.15 $U_T=2$ V

6.16 $U_T=-1.5$ V

6.17 $U_T=-1.5$ V

6.18 $U_{TL}=-3$ V, $U_{TH}=+3$ V

6.19 $f=120.11$ Hz, $8.33\%\leqslant q\leqslant91.67\%$

6.20 (1) $f_{min}=108.27$ Hz, $f_{max}=338.63$ Hz; (2) $R_P\leqslant1.5$ kΩ

第 7 章

7.01 (1) $U_o=9$ V, $I_o=90$ mA; (2) $U_o=4.5$ V, $I_o=45$ mA; (3) 短路; (4) $U_o=12$ V

7.02 (1) $U_o=30$ V; (2) $U_o=35.36$ V; (3) $U_o=22.5$ V; (4) $U_o=25$ V

7.03　(1) U_o：63 V～10.9 V；(2) $U_o=7.9$ V，$V_{B1}=-6$ V；

　　　(3) $U_o\uparrow\rightarrow I_{B2}\uparrow\rightarrow I_{C2}\uparrow\rightarrow I_{B1}\uparrow\rightarrow I_{C1}\downarrow$

7.04　$U_o=\dfrac{(R_1+R_2)R_4}{R_1R_4-R_2R_3}U_{\times\times}$

7.06　U_o：4.5 V～18 V

7.07　U_o：13.4 V～28.2 V

7.08　$\alpha=0°$时：$U_o=198$ V，$I_o=198$ mA；

　　　$\alpha=90°$时：$U_o=99$ V，$I_o=99$ mA

7.09　30 V，$\theta=45.8°$；60 V，$\theta=66.8°$

第 8 章

8.01　$U_{IL(max)}=3$ V，$U_{IH(min)}=5.63$ V

8.03　F_1：高电平，F_2：高电平，F_3：高阻态，F_4：高电平，F_5：低电平，F_6：高电平

8.04　F_1：高电平，F_2：低电平，F_3：低电平，F_4：低电平

8.05　(a) $F_1=A\overline{B}\overline{C}+\overline{A}B+BC$

　　　(b) $F_2=AC+\overline{B}$

　　　(c) $F_3=\overline{A}BC+\overline{A}\,\overline{B}\overline{C}=A\overline{B}+\overline{A}C+B\overline{C}$

　　　(d) $F_4=\overline{A}\,\overline{B}+AB$

8.06　(a) $A=1$，F 为高阻态，$A=0$，$F=B$；(b) $B=0$，F 为高阻态，$B=1$，$F=A$

8.07　正逻辑的与门变为负逻辑的或门；正逻辑的或门变为负逻辑的与门；非门逻辑功能不变

8.09　(1) $F=AB+C$

　　　(2) $F=DE$

　　　(3) $F=A\overline{B}+B\overline{C}+\overline{A}C$

　　　(4) $F=A\overline{B}+\overline{B}C+AD$

　　　(5) $F=\overline{B}+C+A\overline{D}$

　　　(6) $F=ABC+A\overline{B}\,\overline{C}$

8.11　(1) $F=AB+\overline{A}\,\overline{B}$，同或门

　　　(2) $F=AB+BC+AC$，多数表决器

8.12　(a) $F=\overline{A}\,\overline{B}C+\overline{A}B\overline{C}+A\overline{B}\,\overline{C}+\overline{A}BC+A\overline{B}C+AB\overline{C}=A\overline{B}+\overline{A}C+B\overline{C}$

　　　当 A、B、C 的值不同时输出为 1，A、B、C 的值相同时输出为 0

　　　(b) $F_3=\overline{M}B_3+M\overline{B}_3$，$F_2=\overline{M}B_2+M\overline{B}_2$，$F_1=\overline{M}B_1+M\overline{B}_1$，$M=0$ 时，$F_3F_2F_1=B_3B_2B_1$，

　　　$M=1$ 时，$F_3F_2F_1=\overline{B}_3\overline{B}_2\overline{B}_1$

8.13　(1) $F=\overline{A}\,\overline{B}\,\overline{C}D+\overline{A}\,\overline{B}C\overline{D}+\overline{A}B\overline{C}\,\overline{D}+\overline{A}BCD+A\overline{B}\,\overline{C}\,\overline{D}+A\overline{B}CD+AB\overline{C}D+ABC\overline{D}$

　　　当 A、B、C、D 中 1 的个数为奇数时，$F=1$，否则 $F=0$，该电路是奇校验

　　　(2) $P=0$ 时，数据正确，$P=1$ 时，数据错误

8.14　按 $F_{A>B}=\overline{\overline{\overline{A}\overline{B}}}$，$F_{A=B}=\overline{AB+\overline{A}\overline{B}}=\overline{\overline{A}\overline{B}\cdot\overline{A\overline{B}}}$，$F_{A<B}=\overline{A}B=\overline{\overline{\overline{A}B}}$画图

8.15 按 $F = A \oplus B \oplus C$ 画图

8.16 设 X 为被减数，Y 为减数，D 为差，B_1 为借位输入，B_O 为借位输出

按 $D = \bar{X}\,\bar{Y}B_1 + \bar{X}Y\bar{B_1} + X\bar{Y}\bar{B_1} + XYB_1$，$B_O = \bar{X}\,YB_1 + \bar{X}Y\bar{B_1} + X\bar{Y}B_1 + XYB_1$ 画图

第 9 章

9.01

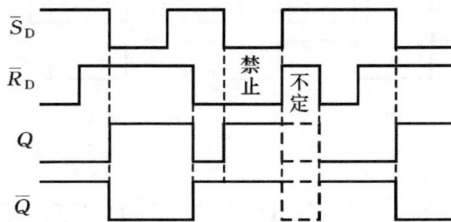

9.02

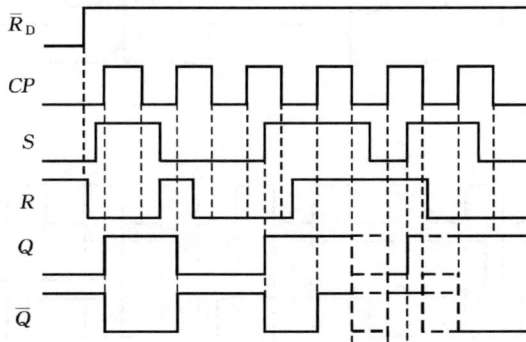

9.03

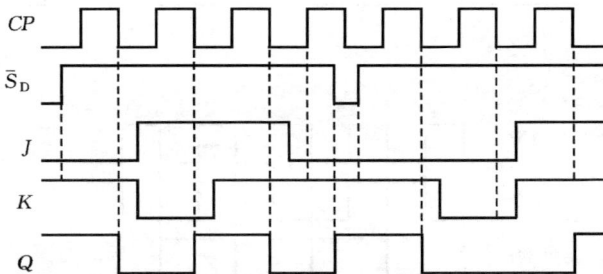

9.04

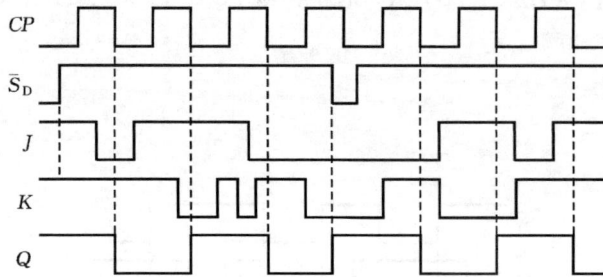

9.05

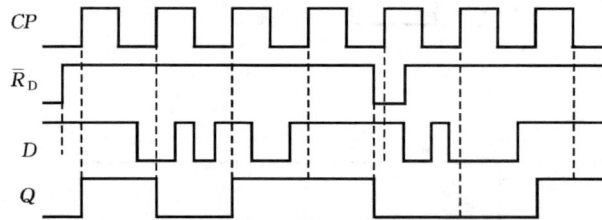

9.06

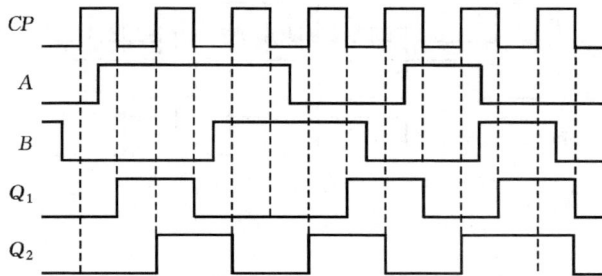

9.07

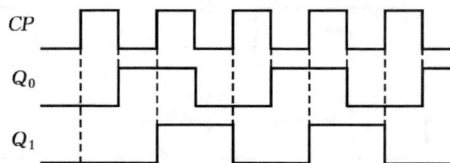

9.08

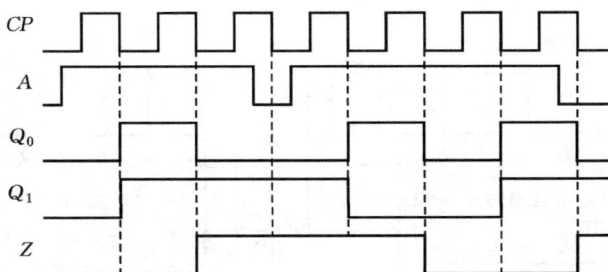

9.09

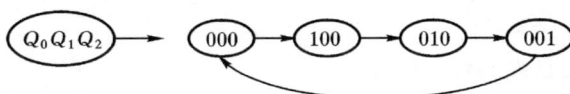

9.10 异步五进制加法计数器

9.11 同步六进制加法计数器

9.12 异步六进制加法计数器，Y 为进位输出

9.13 (a) 8421 码六进制计数器；(b) 5421 码七进制计数器

9.14 8421 码五十进制计数器

9.15 (a) **0011～1111** 为循环的十三进制计数器；(b) **0000～1100** 为循环的十三进制计数器。

9.16 六进制计数器

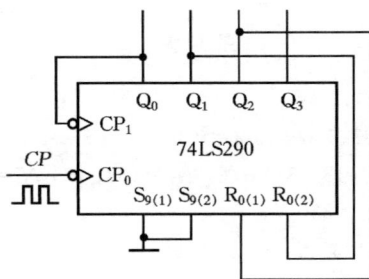

二十四进制计数器

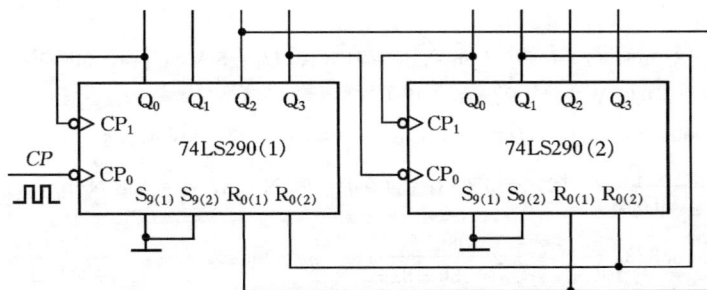

9.17

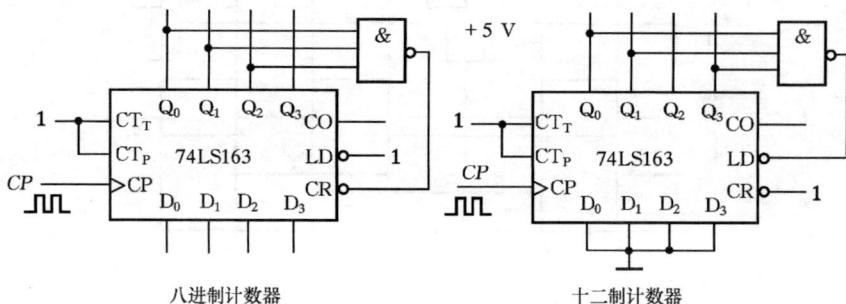

八进制计数器 十二制计数器

9.18 1k×8 位

9.19 14 根地址线,8 根数据线

9.22 $Y_2 = AC + \overline{A}B$, $Y_1 = AB + A\,B$, $Y_0 = B\overline{C} + \overline{A}B$

第 10 章

10.03 (1) 定时器处于复位状态;

(2) $T_1 = 0.728$ ms, $T_2 = 0.693$ ms, $T = 1.42$ ms, $f_0 = 0.7$ kHz

10.06 156 V

10.07 $-\sin\omega t$ V

10.08 -0.72 V

10.09 10100101

第 11 章

11.02 $P_{Cu} = 12.5$ W, $P_{Fe} = 337.5$ W

11.03 $P_{Cu} = 12.5$ W, $P_{Fe} = 287.5$ W, $\cos\varphi = 0.6$

11.04 (1) $I_{N1} = 5\,026$ A, $I_{N2} = 18.18$ A; (2) $N_1 = 133$; (3) $N_2 = 106$

11.05 (1) $U_{1N} = 6\,600$ V, $U_{2N} = 230$ V;

(2) $\cos\varphi = 0.033$; (3) 4.3%; (4) $\eta = 0.95$

11.06 (1) $I_{N1} = 5.33$ A, $I_{N2} = 204.6$ A; (2) $N = 387$

11.07 (1) $K \approx 6.11$; (2) $I_1 = 22.73$ A, $I_2 = 138.88$ A; (3) $\Delta p_{Cu} = 60$ W, $\Delta p_{Fe} = 120$ W

11.08 $N_2 = 56$

11.09 (1) $K = 8.366$; (2) $I_1 = 8.9$ mA, $I_2 = 74$ mA, $U_1 = 5$ V, $U_2 = 0.597$ V;

(3) $P_L = 0.045$ W; (4) $P'_L = 0.002\,4$ W

11.10 $n_0 = 3\,000$, $S_N = 0.02$, $f_2 = 1$ Hz, $n_0 - n = 60$, $n_0 = 3\,000$, $n_0 - n_0 = 0$

11.11 (1) $I_N = \dfrac{P}{\sqrt{3}U\eta\cos\varphi}$; (2) $s = 0.013$; (3) $T_N = 290$ N·m, $T_m = 638$ N·m, $T_{st} = 551$ N·m

11.13 (1) $\eta_1 = 0.833$, $\cos\varphi_1 = \dfrac{4\,800}{\sqrt{3} \times 380 \times 8.9}$; (2) $\eta_2 = 0.625$, $\cos\varphi_2 = \dfrac{1\,600}{\sqrt{3} \times 380 \times 4.8}$

11.14　(1) $P=2$; (2) $s=0.047$;

　　　　(3) $Y:I_N=20.45$ A, $I_{st}=132.93$ A;　　$\triangle:I_N=11.84$ A, $I_{st}=76.96$ A;

　　　　(4) $T_N=26.6$ kN·m, $T_{st}=37.2$ kN·m, $T_m=47.9$ kN·m

11.15　(1) $I_N=22.87$ A; (2) $T_{st}=1.9T_N=137.18$ N·m, $I_{st}=160$ A;

　　　　(3) $T'_{st}=45.73$ N·m, $I'_{st}=53.36$ A;

　　　　(4) $T'_{st}=\dfrac{1.9}{3}T_N<0.7T_N$, 不能用 Y/△降压启动

第 12 章

12.03　控制功能:(1) 启动时,只有 1M 先启动,2M 才能启动;

　　　　　　　　(2)1M 和 2M 均有自锁功能;

　　　　　　　　(3)2M 可以单独停车,1M 和 2M 可以同时停车。

　　　　保护功能:1M 和 2M 均有过载保护、失压保护和短路保护。

12.04　电路中的错误有:

　　　　(a) FU 和 Q 的位置颠倒了;

　　　　(b) 主电路中 KM₂ 的接线错误,电动机不能实现正反转;

　　　　(c) 自锁功能:KM₁ 和 KM₂ 的自锁功能分别由其各自的常开触点来实现;

　　　　　　互锁功能:KM₁ 和 KM₂ 的互锁功能分别由对方的常闭触点来实现;

　　　　(d) 主电路中缺少过载保护的发热元件,控制电路中缺少短路保护。

12.07　当 K 闭合时,灯 HL 亮,同时 KT1 开始计时,KT1 计时时间到后,其常开延时闭合的触
　　　　点闭合使得 KA 得电,并自锁,KA 的常闭触点断开,灯 HL 熄灭;KA 的常开触点闭合,
　　　　KT2 开始计时,KT2 的计时时间到时,其常闭延时断开的触点断开,使 KA 失电,KA 的
　　　　常闭触点又闭合,灯又亮,开始下一个周期的循环。如此重复,直到 K 断开。

12.08　当按下开关 0002 时,继电器线圈 0500 接通,触点 0500 实现自锁,此时再按开关 0002,
　　　　继电器 0500 所在回路不能断开。由于触点 0500 闭合使得时间继电器 TIM00 接通,延
　　　　时 15s 后动作,其常闭触点断开继电器 0500 失电。

12.14　梯形图:　　　　　　　　　　　　　　　　指令:

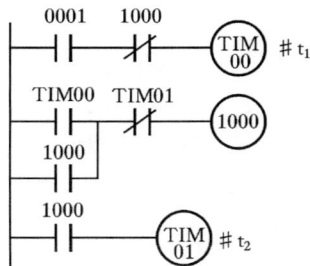

```
LD          0000
AND NOT     1000
TIM         00
            ♯t₁
LD          TIM 00
OR          1000
AND NOT     TIM 01
OUT         1000
LD          1000
TIM         01
            ♯t₂

END
```

12.15　梯形图：

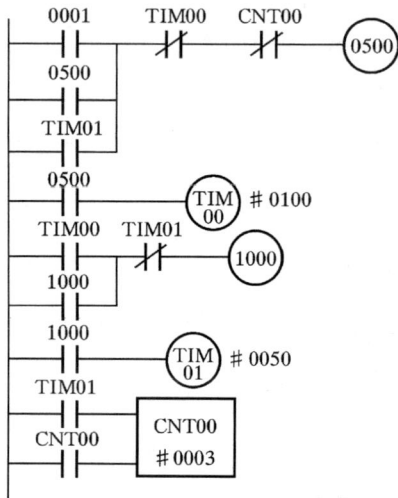

指令：

LD	0001
OR	0500
OR	TIM 01
AND NOT	TIM 00
AND NOT	CNT 00
OUT	0500
LD	0500
TIM 00	
＃0100	
LD	TIM 00
OR	1000
AND NOT	TIM 01
LD	1000
TIM 01	
＃0050	
LD	TIM 01
LD	CNT 00
CNT 00	
＃0003	
END	

电工电子技术试题答案

一、1. $I=1$ A，$P_{U_s}=10$ W；2. $U_a=9$ V；3. $I=\sqrt{2}\approx1.414$ A；4. $|AF|=1$，$\varphi_A+\varphi_B=2n\pi$，$n=$

0，1，2，…；5. c；6. 增大；7. c；8. 自锁，互锁；9. $U_o=-4$ V；10. 串联电压负反馈；

11. r_i 高，r_o 低，同相；12. b；13. $U_o=-3$ V；14. C 断开；15. $U_o=5(1+\dfrac{R_2}{R_1})$

二、1. 开路电压：$U_k=3+7\times1+6=16$ V

2. 等效内阻：$R_0=3+4=7$ Ω

3. 电流：$I=\dfrac{16}{7+1}=2$ A

三、1. 相量图

2. $I_2=\sqrt{I_1^2+I_3^2}=\sqrt{8^2+6^2}=10$ A，

$\varphi_2=\tan(\dfrac{6}{8})=36.87°$，

$\dot{I}_2=10\angle-36.87°$ A

3. $Z=\dfrac{\dot{U}}{\dot{I}_2}=\dfrac{220\angle0°}{10\angle-36.87°}=17.6+j13.2$ Ω，$R=17.6$ Ω，$X_L=13.2$ Ω

4. $P_2=UI_2\cos\varphi_2=220\times10\times\cos36.87°=1\ 760$ W

$Q_2=UI_2\sin\varphi_2=220\times10\times\sin36.87°=1\ 320$ W

$\cos\varphi=\cos36.9°=0.8$

四、1. 换路前：$u_C(0_-)=60$ V

2. 换路后：$u_C(0_+)=u_C(0_-)=60$ V　　$u_C(\infty)=0$

3. 时间常数：$\tau=RC=[(6//3)+3]\times2\times10^3\times10^{-6}=10^{-2}$ s

4. $u_C(t)=0+(60-0)e^{-\frac{t}{10^{-2}}}=60e^{-100t}$ V

$i_1=-C\dfrac{du_C}{dt}=12e^{-100t}$ mA

$i_2=i_1\dfrac{R_2}{R_2+R_3}=4e^{-100t}$ mA

五、1. 当静态工作点为 $U_{CE}=6$ V 时

$U_{CE}=U_{CC}-I_CR_C-I_E(R_{E1}+R_{E2})$，$I_C\approx I_E$

所以 $I_C=2$ mA，$I_B=40\ \mu F$

又 $U_{CC}=I_BR_B+U_{BE}+I_E(R_{E1}+R_{E2})$

所以 $R_B=231.5$ kΩ

2. 微变等效电路图

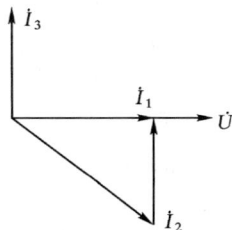

3. $r_i = r_B // [r_{be} + (1+\beta)R_{E1}]$

$\qquad = 6.42\ \text{k}\Omega$

$A_u = -\beta \dfrac{R_C // R_L}{r_{be} + (1+\beta)R_{E1}}$

$\qquad = -50 \dfrac{2 // 10}{1.5 + 51 \times 0.1}$

$\qquad = -12.6$

$r_o = R_C = 2\ \text{k}\Omega$

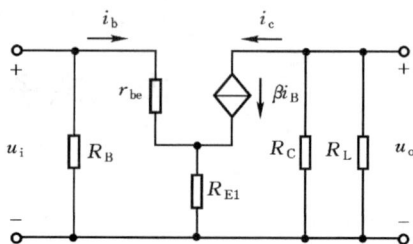

六、1. A_1:同相器,A_2:反相比例器,A_3:积分器

2. $u_{O1} = u_{I1}$,$u_{O2} = -\dfrac{R_3}{R_1}u_{I2}$

$u_O = \dfrac{1}{C}\int(\dfrac{R_3}{R_1 R_4}u_{I2} - \dfrac{1}{R_5}u_{I1})dt = -\dfrac{1}{CR_5}\int u_{I1}\,dt + \dfrac{R_3}{CR_1 R_4}\int u_{I2}\,dt$

或 $C\dfrac{du_O}{dt} = \dfrac{u_{I1}}{R_5} - \dfrac{R_3}{R_1 R_4}u_{I2}$

七、$F = \overline{\overline{AC+\bar{B}} \cdot \overline{\bar{B}(A+C)}}$;$F = AC + \bar{B}$

八、1. 驱动方程:$J_0 = \bar{Q}_2$,$K_0 = 1$;$J_1 = 1$,$K_1 = 1$,$J_2 = Q_0 Q_1$,$K_2 = 1$;$CP_1 = Q_0$

2. 状态表

CP	Q_2	Q_1	Q_0	$J_0 = \bar{Q}_2$,	$K_0 = 1$;	$CP_1 = Q_0$; $J_1 = 1$, $K_1 = 1$;		$J_2 = Q_0 Q_1$;	$K_2 = 1$
0	0	0	0	1	1	1	1	0	1
1	0	0	1	1	1	1	1	0	1
2	0	1	0	1	1	1	1	0	1
3	0	1	1	1	1	1	1	1	1
4	1	0	0	0	1	1	1	0	1
5	0	0	0	1	1	1	1	0	1

逻辑功能:五进制计数器

九、1. $I_N = \dfrac{P_N}{\sqrt{3}\eta U_1 \cos\varphi} = \dfrac{11\,000}{\sqrt{3}\times 0.87 \times 380 \times 0.85} = 22.6\ \text{A}$

2. 直接启动时的启动电流 $I_{st} = 7 I_N = 158.2\ \text{A}$

$T_N = 9\,550 \times \dfrac{11}{1\,450} = 72.4\ \text{N} \cdot \text{m}$

直接启动时的启动转矩 $T_{st} = 1.9 T_N = 137.65\ \text{N} \cdot \text{m}$

3. Y-△降压启动时的启动电流 $\dfrac{1}{3}I_{st} = 52.7\ \text{A}$

Y-△降压启动时的启动转距 $\dfrac{1}{3}T_{st} = 45.9\ \text{N} \cdot \text{m}$

4. 因为 $0.7 \times T_N = 50.7\ \text{N} \cdot \text{m} > \dfrac{1}{3}T_{st}$,所以不能启动。

中英文名词对照

二画

二极管　diode
二进制　binary
PN结　PN junction
十进制　decimal system
二-十进制　binary coded decimal system

三画

三要素法　three-factor method
三相电路　three-phase circuit
三相四线制　three-phase four-wire system
三角形联结　triangular connection
三相异步电动机　three-phase induction motor
门电路　gate circuit
与门　AND gate
与非门　NAND gate

四画

支路　branch
支路电流法　branch circuit method
中性点　neutral point
互锁　mutual-locking
负反馈　negative feedback
反馈系数　feedback coefficient
欠压保护　under voltage protection

五画

功率因数　power factor
电位　electric potential
电位差　electric potential difference
电压　voltage
电压传输特性　voltage transmission characteristics
电压放大倍数　voltage gain
电压比较器　voltage comparator
电压源　voltage source
电流源　current source

电路　circuit
电路元件　circuit element
电路模型　circuit model
电流　current
电流放大系数　current amplification coefficient
电阻　resistance
电感　inductance
电容　capacitance
电磁转矩　electromagnetic torque
平均功率　average power
结点　node
对称三相电路　symmetrical three-phase circuit
相电流　phase circuit
线电流　line circuit
电流放大系数　current amplification coefficient
正弦波振荡器　sinusoidal oscillator
布尔代数　Boolean algebra
可编程逻辑器件　programmable logic devices
可编程控制器　programmable logic controller
非线性失真　non-linear distortion
饱和失真　saturation distortion
截止失真　cut-off distortion
交越失真　crossover distortion

六画

二端网络　two-terminal network
网孔　mesh
回路　loop
负载　load
有效值　effective value
自锁　self-locking
过载保护　overload protection
共模抑制比　common-mode rejection ratio
交流通路　alternating current path
并联谐振　parallel resonance

机械特性　torque-speed characteristic

全响应　complete response

共发射极电路　common-emitter circuit

共集电极电路　common-collector circuit

异或门　exclusive-or gate

七画

角频率　angular frequency

串联谐振　series resonance

阻抗　impedance

初相位　initial phase

时间常数　time constant

时钟脉冲　clock pulse

运算放大器　operational amplifier

译码器　decoder

沟道　channel

八画

周期　period

变压器　transformer

定子　stator

转子　rotor

转矩　torque

转差率　slip

饱和　saturation

放大　amplification

单向导电性　unilateral conductivity

受控源　controlled source

变比　ratio of transformation

视在功率　apparent power

转速　speed

转移特性　transfer characteristic

非门　not gate

或门　or gate

或非门　nor gate

变频器　frequency converter

软启动　soft starting

单稳态触发器　monostable flip-flop

九画

相位　phase

相位差　phase difference

相序　phase sequence

品质因数　quality factor

响应　response

信号　signal

脉冲前沿　pulse leading edge

脉冲后沿　pulse trailing edge

相量　phasor

相频特性　phase-frequency characteristic

差分放大电路　differential amplifier

差模信号　differential-mode signal

施密特触发器　Schmitt trigger

十画

诺顿定理　Norton's theorem

通频带　pass band

效率　efficiency

继电器　relay

调制　modulation

积分电路　integrating circuit

十一画

谐波分析　harmonic analysis

谐振　resonance

断路器　circuit breaker

寄存器　register

基极　base

虚地　imaginary ground

十二画

短路　short circuit

傅里叶级数　Fourier series

晶体管　transistor

晶闸管　thyristor

集成电路　integrated circuit

集电极　collector

编码器　coder

十三画

叠加原理　superposition theorem

频率　frequency

触发器　flip-flop

数模转换　digital-analog convertion

零点漂移　zero drift

截止频率　cutoff frequency

源极　source

滤波器　filter

十四画

磁通　flux

磁阻　reluctance

赫兹　Hertz

稳态　steady state

漏极　drain

模数转换　analog-digital convertion

磁路　magnetic circuit

磁链　flux linkage

磁场强度　magnetic field intensity

磁感应强度　flux density

磁化曲线　magnetization curve

截止　cut-off

熔断器　fuse

十五画以上

额定值　rated value

瞬时值　instantaneous value

额定电压　rated voltage

额定功率　rated power

额定转矩　rated torque

戴维宁定理　Thevenin's theorem

激励　excitation

参考文献

[1] 秦曾煌. 电工学[M]. 5 版. 北京:高等教育出版社,1999.

[2] 叶挺秀. 电工电子学[M]. 2 版. 北京:高等教育出版社,2004.

[3] 史仪凯. 电工技术(电工学 I)[M]. 北京:科学出版社,2004.

[4] 史仪凯. 电子技术(电工学 II)[M]. 北京:科学出版社,2004.

[5] 唐介. 电工学(少学时)[M]. 北京:高等教育出版社,1999.

[6] 杨振坤. 电工技术[M]. 西安:西安交通大学出版社,2002.

[7] 陈国联. 电子技术[M]. 西安:西安交通大学出版社,2002.

[8] 姚海彬. 电工学(电工学 I)[M]. 北京:高等教育出版社,1999.

[9] 刘全忠. 电工学(电工学 II)[M]. 北京:高等教育出版社,1999.

[10] 康华光. 电子技术基础,模拟部分[M]. 4 版. 北京:高等教育出版社,2001.

[11] 康华光. 电子技术基础,数字部分[M]. 4 版. 北京:高等教育出版社,2001.

[12] 吴道娣. 非电量电测技术[M]. 3 版. 西安:西安交通大学出版社,2006.

[13] 王鸿明. 电工技术与电子技术(上册)[M]. 北京:清华大学出版社,1999.

[14] 杨振坤. 电工电子学 CAI[CD]. 北京:高等教育出版社,2003.

[15] 王佩珠. 电路与模拟电子技术[M]. 南京:南京大学出版社,1995.

[16] 叶挺秀. 电工电子学[M]. 北京:高等教育出版社,1999.

[17] 张克农. 数字电子技术基础[M]. 北京:高等教育出版社,2003.